纺织服装高等教育"十二五"部委级规划教材

现代机织技术

XIANDAI JIZHI JISHU

蔡永东 主编

东华大学出版社

内 容 提 要

本书以当今机织物生产过程中的典型工作任务或岗位,按照"能力为本位,职业实践为主线"的思想,架构成工作过程导向的教材内容体系。本书分为"织造设备原理与构造""织造工艺设计与质量控制""织造综合技能训练"三大模块。其中,模块一"织造设备原理与构造"分设"络筒机""整经机""浆纱机""其他前织设备"和"无梭织机"5个教学单元,模块二"织造工艺设计与质量控制"分设"络筒工艺设计与质量控制""整经工艺设计与质量控制""浆纱工艺设计与质量控制""织机上机工艺设计"和"下机织物整理与织疵识别"5个教学单元,模块三"织造技能综合训练"分设"织机故障诊断与排除""白坯织物生产工艺设计""色织物生产工艺设计"和"机织生产计划安排"4个教学单元,共计14个教学单元。

本书可供高职院校"现代纺织技术"专业机织课程教学之用,也可作为纺织企业技术人员的培训教材。

图书在版编目(CIP)数据

现代机织技术/蔡永东主编. —上海:东华大学
出版社,2014.1
ISBN 978-7-5669-0420-1

Ⅰ.①现… Ⅱ.①蔡… Ⅲ.①机织—技术
Ⅳ.①TS105

中国版本图书馆 CIP 数据核字(2013)第 292997 号

责任编辑:张 静
封面设计:李 博

出 版:东华大学出版社(上海市延安西路 1882 号,200051)
本 社 网 址:http://www.dhupress.net
天猫旗舰店:http://dhdx.tmall.com
营 销 中 心:021-62193056 62373056 62379558
印 刷:上海市崇明县裕安印刷厂
开 本:787 mm×1 092 mm 1/16 印张 24.75
字 数:618 千字
版 次:2014 年 1 月第 1 版
印 次:2014 年 1 月第 1 次印刷
书 号:ISBN 978-7-5669-0420-1/TS・463
定 价:49.00 元

前　言

本教材是在作者编写的国家级"十一五"规划教材《新型机织设备与工艺》（第二版）的基础上重新进行系统整理编写而成的。本教材在编写过程中，按照"现代织造技术"国家精品资源共享课程的建设要求，遵循"教材建设与教学改革和课程建设发展相适应，注重理论与生产实践的结合，强化职业技能训练，以充分体现高等职业教育的特色"的原则，精心组织素材，合理编辑教材结构，努力打造成符合当今高职教育要求的精品教材。

本教材以当今机织物生产中的典型工作任务或岗位，按照"能力为本位，职业实践为主线"思想，架构成工作过程导向的教材内容体系。本教材分成"织造设备原理与构造""织造工艺设计与质量控制""织造综合技能训练"三大模块，各模块下分设若干个教学单元，共计14个教学单元，每个学习单元都以典型机织设备或产品为载体进行知识的选取与重构，基本实现理论与实践为一体。其中，模块一"织造设备原理与构造"分设"络筒机""整经机""浆纱机""其他前织设备"及"无梭织机"5个教学单元，模块二"织造工艺设计与质量控制"分设"络筒工艺设计与质量控制""整经工艺设计与质量控制""浆纱工艺设计与质量控制""织机上机工艺设计"及"下机织物整理与织疵识别"5个教学单元，模块三"织造技能综合训练"分设"织机故障诊断与排除""白坯织物生产工艺设计""色织物生产工艺设计"及"机织生产计划安排"4个教学单元。

本教材与国内现有同类教材相比，体例上有所突破，形式新颖，重点突出，强化技能训练。主要体现在以下几个方面：

（1）将"课程学习指南""课程评价考核方案"编入导论部分，便于教学组织与实施；

（2）各模块有学习指南、考核方案及理论测试样卷，各单元有内容提要，各单元（或节）后附有形式多样的思考与训练题等，便于学生自主学习；

（3）教材内容符合当前的机织生产实际，内容翔实，大量案例精选自生产一线。

本教材由南通纺织职业技术学院蔡永东教授策划、主编、统稿，参加编写人员有南通纺织职业技术学院许金玉、马顺彬、周祥、姜生、佟昀、张曙光、瞿建新及沙洲职业工学院倪春锋、南通职业大学秦姝等，其中倪春锋、秦姝、许金玉、马顺彬为副主编。在本教材的修订过程中，得到了江苏大生集团、江苏华业纺织有限公司及南通东邦纺织品有限公司等纺织企业的大力支持，并提供了内容丰富的一手生产技术资料，在此表示致谢。

本书是"现代织造技术"国家精品资源共享课程的配套教材，该课程已在"中国爱课程网"全面上线（其登录网址为：www. icourses. edu. cn）。本书作为"现代纺织技术"高职专业的教材，建议安排教学时数100左右，在具体教学过程中，根据专业方向需要，教学时数和教学内容可酌情增减；尽量采用现场教学的方法讲授设备原理，并结合工艺实训，以强化工艺应用能力培养。本书也可作为纺织企业技术人员的培训教材。

由于织造技术发展迅速，编者水平有限，书中肯定存在不足之处，恳请广大读者批评指正。

编　者

目　录

模块一　织造设备原理与构造

模块二　织造工艺设计与质量控制

模块三　织造综合技能训练

导 论

第1部分 机织生产概况

一、织造技术发展简史

人类最初的织造技术是手工编织,随着生产的发展,出现了手工提经和手工引纬的织机雏形。我国大约在春秋时代,就出现了木结构的手工引纬和脚踏提综的古老织机,图1所示便为汉代画像石上描绘的春秋时期的带有机架的斜织机。后来,水平式织机代替了斜织机,并为满足织制大花纹织物,又发展出提花织造技术,图2所示为宋代楼寿的《耕织图》所绘的一台大型提花织机。可以说东方的手工纺织技术的发展走在世界前列,而机械化纺织技术的兴起应该在西方,目前世界上已发展为数字化纺织技术。

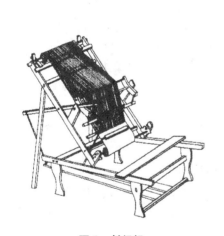

图1 斜织机　　　　　　　　　　图2 宋代《耕织图》中的提花织机

17世纪末至18世纪初,欧洲发明了投射梭子装置,从而加速了织造技术革新的步伐。1785年英国人卡特赖特发明了第一台动力传动的织机,从而开始了工业化织造的时代,但是该织机所采用的引纬原理在本质上与早已为人类使用的手工织机并无不同,即两者都是用梭子载引纬纱,通过上、下两片经纱形成的梭口,经筘座的钢筘打纬,使经纬纱交织而形成织物,因此采用梭子引纬原理的织机统称为有梭织机。将近两个世纪来,有梭织机经历了不断的改进。1895年美国人诺斯洛普发明了一种在织机运转时期将纬纱纡子自动换进梭子中的自动换纡装置,即自动换纡织机。1926年日本人丰田佐吉发明了一种自动换梭织机,即丰田织机。该机在我国有着广泛的应用。后来又有人发明了箱形大纡库和车头卷纬机构以及机械式提花机、多臂机开口等技术,于是传统织机又进一步发展成为各种系列的自动织机,自动织机的推广使用在纺织工业中具有划时代的意义。

尽管有梭织机经历了不断改革,但传统的引纬原理不变,即具有①大投射体(梭子)引纬,②投射体内容有纬纱卷装,③投射体反复投射三大特征。以笨重的梭子作为引纬工具,限制了有梭织机车速的进一步提高,至20世纪70年代有梭织机在技术上已达顶点,不可能期望有新的重大突破。从20世纪初,领先的织机设计者开始背离用梭子载纬的传统引纬方式,试制成从固定安装的大卷装筒子抽取纬纱,直接把纬纱引入梭口的织机,人们统称为无梭织机,其中包括剑杆、片梭、喷气、喷水织机和多相织机等。

无梭织机相继在工业中应用是始于20世纪50年代,特别是近30年来,无梭织机的发展速度极快,型号日益增多,功能日益完善。到了20世纪80年代,现代微电子技术广泛应用于织机,使之自动化程度更高,从而大大推动了织机的发展,织机产品更新换代的周期日益缩小。无梭织机取代有梭织机已成为不可逆转的潮流,目前全新一代的织机如多相织机、织编机也有一定的发展。

伴随织机的发展,织造准备设备也相应得到发展,络筒机、整经机、浆纱机、穿(结)经机等相继问世,并逐步发展成目前广为使用的自动络筒机、高速整经机、高性能浆纱机、全自动结经机等。

总之,现代织造技术由于机械制造工业、电子工业、化学工业,尤其是高新技术的机电一体化、信息科学的发展而不断提高,有梭织机已趋完善,各种无梭织机日益显示出其无可比拟的优越性;前织准备设备在高速、高效、大卷装、自动化方面取得了长足的进步;新的织造原理已经提出,预示着织造技术将有新的巨大进步。

二、 机织物的形成

织造机械加工的对象是纱线,制成的产品是织物。用纱线交织或编织而制成的织物主要有两大类:机织物和针织物。机织物主要是以两组纱线纵横交织而成,如日常穿用的棉布、呢绒、绸缎及家用纺织品如床单、产业用帆布等,其基本的特性是平整、挺括。针织物一般是用一组纱线成圈编结(纬编或经编)而形成,多用来制作内衣,如汗衫、棉毛衫,亦可作外衣、窗帘等,基本的特性是柔软而有一定的弹性。

机织物(由于其出现的历史悠远和使用普遍,通常简称为织物)是在织机上制成的,这个工艺过程称为织造。绝大多数的机织物是由互成直角的两个纱线系统交织形成的,沿织物长度方向(纵向)排列的是经纱,沿宽度方向(横向)排列的是纬纱,经纱与纬纱按一定的织物组织规律相互交错组合即是交织。

织物形成的原理(以有梭织造为例)如图3所示。经纱1从织轴上退解下来,绕过后梁2,穿过停经片3后进入梭口形成区。在梭口形成区,每根经纱按工艺设计规定的顺序分别穿过综丝4的综眼,然后穿过钢筘5的筘齿。梭子12的梭腔中安放纡子。在投梭机构作用下,梭子被投进梭口,引入纬纱,与经纱交织后于织口6处形成织物。边撑7的主要作用是撑开布幅。织成的织物经胸梁8被卷取辊9引离织口,经导布辊11并卷成布卷10。这种在织机上形成织物的过程称为织造。

如上所述,织造时必须有三个基本工作机构,完成三个基本运动:开口机件完成开口运动,用引纬器作引纬运动,再用筘进行打纬运动,从古代原始的手工织布到现代自动化的织机,都是运用这三个机构来完成织造的这三个基本运动的。此外为了维持织造过程的连续进行,还需要两个辅助运动,即送经运动和卷取运动。统称为织机的五大运动,这就成为织机的主要特征。

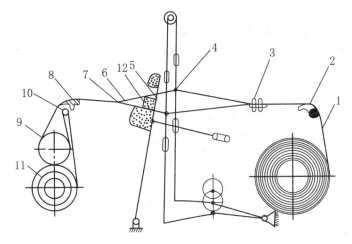

图3 织物形成原理

1—经纱 2—后梁 3—停经片 4—综丝 5—钢筘 6—织口 7—边撑
8—胸梁 9—卷取辊 10—导布辊 11—布卷 12—梭子

为了能在织机上织造,经纱和纬纱均需制成合适的卷装形式,一般经纱制备成织轴,纬纱则卷绕成纡子或筒子,纡子放在梭子中用于有梭织机,筒子则用在无梭织机上。在织造过程中,经纱会受到反复的拉伸和弯曲以及综丝、筘等机件的摩擦作用,故要求经纱应具有足够的刚度、弹性和耐磨性;织机上的引纬是间断的、不连续的,纬纱必须承受引纬时的退绕张力和急速的张力波动以及在纬纱通道上的摩擦,因此对纬纱的弹性、强度都有相应的要求。必须保证经纬纱的这些性能,才能降低织造中的经纬纱断头,这是提高织机生产效率的一个前提条件。

三、 机织物加工的一般工艺流程

机织物加工一般需经过织前准备、织造及下机织物整理三个阶段,其一般工艺流程如图4所示。

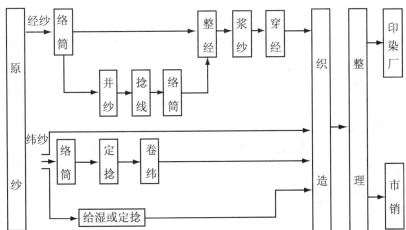

图4 机织生产工艺流程

在织造过程中,纱线要经受多次反复的摩擦、拉伸等机械性破坏。从纺部进入织部的原纱或由纺纱厂购进的绞纱、筒子纱或经漂染加工的纱线,无论在卷装形式和质量上都不能适应织造需要,还需经过一系列的织前准备工程,其主要任务如下:

(1)改变卷装形式。经纱在准备工程中,由单纱卷装变成具有织物总经根数的织轴卷装;纬纱在准备工程中,可不经过改变直接用来织造,也可经络筒或卷纬工序后进行织造。

(2)改善纱线质量。经纱经准备工程后,其外观疵点得到适当清除,织造性能也得到提高。通常,改善纱线质量的方法是清纱和经纱上浆。

织前准备工程是机织工程的重要组成部分,其质量优劣直接影响织造能否顺利进行和织物质量。

经、纬纱在织机上织造成织物,下机后还需经过必要的整理,如折布、验布、修布、定等、打包等,方可出厂。这个过程称为下机织物的整理。

四、 机织物种类

机织物的历史悠久、品种繁多,因而分类十分复杂,在服装用织物类中尤其如此。

(一)服装用机织物

服装用机织物常根据原料类别、纱线是否练漂染色、织物花纹情况和织物幅宽等进行分类。

1. 按原料类别分

(1)纯纺织物。经纬纱线都是由同一种纤维制成的织物。如棉织物、毛织物、丝织物、苎麻织物、玻璃纤维织物和金属纤维织物等。

(2)混纺织物。经纬纱线都是由两种或两种以上纤维制成的织物。如:涤/棉,简写 P/C(涤来源于英商品名 Terylene 音译,故国内写作 T/C);毛/涤,简写 W/P(国内记作 W/T)织物;涤/黏,简写 P/V(国内记作 T/V)织物;涤/腈,简写 P/A(国内记作 T/A)织物;等等。

(3)交并织物。经纬纱由两种及两种以上的不同原料并合成股线所制成的织物。如 11.7 tex 涤纶短纤纱与 11 tex 低弹长丝并成股线制成的织物等。

(4)交织织物。经纱是一种纤维而纬纱是另一种纤维所制成的织物。如蚕丝和人造丝交织的古香缎。

2. 按纱线是否漂染分

(1)本色织物。纱线未经漂染便加工成的织物,而所成织物也不再经练漂印染。如涤棉市布。丝织中,本色织物称为生织物。

(2)色织物。用练漂印染后的纱线或花式线加工成的织物。如棉缎条府绸、毛钢花呢、丝桑格绢等。

3. 按织物花纹情况分

(1)素织物。即无花纹的织物,在织物中占有相当的比例。如纯棉细布等。

(2)小花纹织物。指花纹面积较小的织物,常用多臂开口装置织造。如小花纹府绸。

(3)大提花织物。指单根经纱受控起花、花纹范围大的织物,常用提花开口装置织造。如花软缎等。

4. 按织物幅宽分

织物幅宽在 1.6 m 以上的称为阔幅织物;1 m 左右的称为狭幅织物;30 cm 以下的狭带

状和管状织物称为带织物，如松紧带。

此外，由各种不同原料制成的服装用织物，常按其质量和厚薄分类。内衣和夏季用织物、丝绸织物等属于轻薄织物，冬季用外衣、劳动布和海军呢等属于厚重织物。织坯经过不同后整理也产生不同织物，如印花织物、染色织物、抑菌织物、阻燃织物、抗皱织物、拒水织物、涂层织物、轧花织物等。

（二）装饰用机织物

起美化作用的装饰织物也品种繁多，家庭、旅馆、餐厅、剧院、飞机等处处需要用它们配套布置，常按用途划分。其中机织物有：

（1）床上用品。如绸缎被面、被套、床单、枕套等。

（2）家具布。如椅套、沙发套等。

（3）室内用品。如窗帘布、帷幔织物、贴墙布、地毯。

（4）餐厅和盥洗室用品。如桌布、浴巾、餐巾等。

（三）产业用机织物

产业越发达，机织物使用的场合也越多，各个产业部门使用的机织物举例如下：

（1）第一产业用。如农用和建筑工地用的水龙带（直径较大，用于排灌、施肥和输水）、渔民用帆布和农业露天仓库所用的遮盖布等。

（2）第二产业用。如传送带、帘子布、筛网、过滤织物、造纸毛毯等。

（3）第三产业用。如由桑蚕丝或合成长丝织成的人造血管、降落伞织物等。

第 2 部分　课程学习指南

本课程是"现代纺织技术"高职专业中的一门专业核心技术课程，旨在培养学生在现代机织设备使用与工艺实施等方面的职业素质与技能，为有关后续课程的学习及以后从事相关工作打下坚实的理论与技术基础。

一、课程学习内容提示

本课程分"织造设备原理与构造""织造工艺设计与质量控制""织造综合技能训练"三大模块组织教学，各模块的主要学习内容说明如下：

（一）织造设备原理与构造模块

本模块要求学生能够掌握机织物生产中有关设备的基本工作原理，为后面学习生产工艺设计及从事设备维护工作打下基础，主要学习内容为：

① 典型自动络筒机、高速整经机、电子分条整经机、高性能浆纱机等前织设备的技术特征、主要机构组成与工作原理。

② 织机五大机构的工作原理及四类无梭织机的技术特征和品种适应性，重点掌握剑杆织机、喷气织机的有关内容。

③ 机织生产中的辅助设备如纬纱准备、穿结经等织机辅助装置及其工作原理。

（二）织造工艺设计与质量控制模块

本模块要求学生在熟练掌握机织设备工作原理的基础上，掌握有关机织生产的工艺设计原理和方法，能够进行机织生产过程中的质量检验与控制，为以后从事生产工艺设计与质

量控制等工作任务打下坚实基础,主要学习内容为:

① 络筒、整经工艺设计的原则与方法,针对不同品种进行络、整工艺设计与实施。

② 常用浆料的性能及上浆工艺设计的原则与方法,针对不同品种进行浆料配方及上浆工艺设计与实施。

③ 织造参变数内容及其选择原则,在不同类型的织机上,针对不同品种进行织造上机工艺设计与实施。

④ 前织半制品的疵点类型及其成因和织疵的种类及其成因,质量检验与控制方法。

（三）织造综合技能训练模块

本模块是该课程的综合技能训练环节,是学完前面两大模块的教学内容后进行的强化实战训练,旨在培养学生综合运用本课程所学到的知识来分析和解决生产中的实际问题的能力,为以后承担企业中相关技术性工作任务打下一定的基础,主要学习内容为:

① 机织设备中的常见故障诊断分析与排除。

② 白坯织物工艺流程选择与生产工艺设计。

③ 色织物投产工艺与经浆排花工艺设计。

④ 机织生产计划调度（或机器配台）。

二、 课程学习方法指导

对本课程的学习,学生应注意以下几个原则:

（1）打好基础。从目前企业中正在使用的各种典型机织生产设备、主要机构及装置中,抓住与分析、运用有关的能力概念、能力原理和方法（如各生产工序中的张力控制理论及张力装置选用,前织生产中的卷绕成形理论及质量要求,浆料性质与上浆工艺,织机的五大运动及其织造参变数选择等）,掌握最为基础的内容,为应用好各种新型织造设备、继续学习新的织造技术打下坚实的基础。

（2）重视方法。以机织设备中的典型机构分析、工艺原理为主要学习内容,这样才能抓住各种机织设备的共性,真正做到"少而精"。只要学会了方法,具备了分析、综合运用的能力,就能一通百解。

（3）加强应用。由于本专业对应用性要求比较高,学习本课程应当以应用为目的。要把注意力集中到设备的技术特性、作用原理和工艺运用的分析上。应用中尤其要注意现代织造生产中主要设备的特点及各类产品生产时的工艺要求。通过典型产品的生产工艺应用举例,达到举一反三、正确应用的要求。而对各种设备的内在结构分析、计算,不作详细的讨论。

（4）注重实践。根据"工学结合"教学模式的要求,注重工艺运用观念,以培养综合运用专业知识分析、解决问题及动手实践的能力。除了学习必需的理论知识外,还须加强实践动手能力的培养。为此,除了完成规定的实验、实训项目外,还应在课外时间自主进行有关工艺分析与设计训练,力求达到"学用结合"之目标。

三、 课程学习建议

① 明确课程教学内容与目标,根据教学大纲的要求,做好课前准备、课中做好学习记录及课后及时巩固与训练。

② 由于本课程的学习内容多、课时少,建议学生充分利用各种学习资源,如教学参考

书、专业期刊杂志、专业网站及课程网站等进行自主学习。

③ 由于本课程的专业实践性较强,建议学生利用课外时间到校内外实训基地进行自主技能训练,以培养动手实践的能力。

④ 本课程作为国家精品资源共享课程,已在"中国爱课程网"全面上线,其登录网址为:www. icourses. edu. cn。可利用业余时间在线自主学习。

第3部分　课程评价考核方案

一、考核要求

本课程为考试科目。

二、考核形式

采取过程考核方式,每个模块教学结束后进行考核,分应知(知识)与应会(技能)两个部分,并结合平时的学习态度。

应知部分考核的题型灵活多样,内容难易结合(其中基本内容题占65%左右,水平题占20%左右,综合运用题占15%左右),试题内容一般有基本概念解释、填空、选择、简答、工艺计算与分析、综合运用等。

应会部分考核以实践技能操作、工艺设计或小论文等形式进行。

学习态度考核主要依据平时学习情况、作业完成情况、团队意识、职业素质养成等过程记录。

三、成绩评定办法

采用百分制,每个模块成绩评定分为三个部分:平时学习占10%,应知部分占40%,应会部分占50%。按模块一占30%、模块二占40%、模块三占30%进行课程成绩评定。

四、考核方案

具体考核方式与考核标准如下:

"现代织造技术"课程评价考核方案表

模块	考核内容		比例(%)	考核形式	评价方式	成绩评定(%)
模块一　织造设备原理与构造	知识	络筒机、整经机、浆纱机、穿结经及四类无梭织机的基本概念、工作原理、机构组成等	40	闭卷	教师评价	30
	技能	主要织造设备上机操作,工艺流程的绘制,有关简单机构分析、设备调研报告等	50	现场操作PPT汇报小论文答辩	学生自评教师评价	
	态度	平时学习态度,作业完成情况,团队意识,职业素质养成等	10	过程记录	学生互评教师评价	

模块		考核内容	比例(%)	考核形式	评价方式	成绩评定(%)
模块二 织造工艺设计与质量控制	知识	浆料知识,络筒、整经、浆纱、织机等上机工艺设计的基本原理、原则和方法,织疵识别等	40	闭卷	教师评价	40
	技能	上机工艺设计方案的合理性、完整性,上机工艺调试的规范性,制定技术措施的可行性等	50	工艺设计方案 上机工艺调试 PPT 汇报 小论文答辩	学生自评 教师评价	
	态度	平时学习态度,作业完成情况,团队意识,职业素质养成等	10	过程记录	学生互评 教师评价	
模块三 织造综合技能训练	知识	织机故障类型与诊断方法,白坯织物与色织物生产工艺设计的主要内容、原则和方法,机器配台原则与方法等	40	闭卷	教师评价	30
	技能	织机常见故障的排除,白坯织物与色织物生产工艺设计方案制定,机织生产计划调度方案设计等	50	织机故障现场排除 机器配台方案 织物生产工艺设计 PPT 汇报	学生自评 教师评价	
	态度	平时学习态度,作业完成情况,团队意识,职业素质养成等	10	过程记录	学生互评 教师评价	

模块一

织造设备原理与构造

【学习指南】

本模块分设"络筒机""整经机""浆纱机""其他前织设备"和"无梭织机"5 个教学单元。要求学生能够掌握机织物生产中有关设备的基本工作原理,为后面学习机织生产工艺设计,以及从事设备维护工作打下基础。主要学习内容为:

① 典型自动络筒机、高速整经机、电子分条整经机、高性能浆纱机等前织设备的技术特征、主要机构组成与工作原理。

② 织机五大机构的工作原理及四类无梭织机的技术特征和品种适应性,重点掌握剑杆织机、喷气织机的有关内容。

③ 机织生产中的辅助设备如纬纱准备、穿结经等织机辅助装置及其工作原理。

教学单元1 络 筒 机

【内容提要】 本单元对络筒的任务、要求和工艺流程作一般介绍,重点分析络筒成形原理,在此基础上,对自动络筒机的主要机构如张力装置、清纱装置及捻接器的结构与工作原理进行系统阐述。

第一节 络 筒 概 述

络筒(又称络纱)是纺织生产中将管纱或绞纱等卷装形式重新卷绕成符合后道工序加工要求或半制品运输要求的各种筒子的工艺过程。它既可应用在纺部的后加工工序,也可应用在织部的前道准备工序。

一、络筒工序的任务与要求

1. 络筒工序的任务

(1)增加卷装容量。将前道工序生产的纱线加工成容量较大、成形良好的筒子,供整经、无梭织机的供纬、漂白、染色使用。

(2)清除纱线疵点。清除纱线上的粗节、细节、棉结等疵点和杂质,以提高纱线质量,增加后道工序的生产效率,改善成品质量。

(3)制成成形良好的筒子。制成的筒子无重叠,成形良好。

2. 络筒工序的要求

对于络筒工序,除了改变卷装形式、清除纱疵外,还需达到以下要求:

(1)筒子卷装应坚固、稳定、成形良好,无脱边、凸环等疵点。

(2)纱圈排列均匀,无重叠,有利于高速退绕。

(3)络筒张力和卷绕密度的大小必须符合工艺要求。张力均匀一致,不损伤纱线的物理机械性能;卷绕密度沿筒子轴向和径向分布均匀,尤其是染色用筒子。

(4)结头小而牢,后道工序不出现脱结现象。在采用捻接方式的情况下,结头强度要达到原纱强度的80%以上,结头的直径和长度尽可能小。

(5)有些后道工序(如集体换筒的整经)要求筒子的卷绕长度一致,长度误差必须在许可范围内,这就需要筒子定长(或定重);若后道工序(如无梭织机的纬纱筒子)不需要精确定长,则络筒长度尽可能长些,以增大筒子的容量。

二、络筒机的种类与工艺流程

完成以上络筒工序任务与要求的是络筒机,其种类有普通络筒机和自动络筒机两类。

1. 普通络筒机

按喂入卷装的不同可分为管纱喂入型、绞纱喂入型和筒子纱喂入型。管纱喂入型用于大多数场合,绞纱喂入型仅用于色织准备工序,筒子纱喂入型用于倒筒。

目前,我国纺织企业所使用的普通络筒机均为国产设备,速度较慢(管纱喂入型一般为550～750 m/min、绞纱喂入型140～160 m/min、筒子纱喂入型600～1 200 m/min),产量低,自动化程度较低,用工较多,络筒质量一般。

普通络筒机的外形如图1-1所示,纱线自管纱1退绕下来,经导纱杆2引入导纱板3,再经过圆盘张力器4和清纱装置5及张力杆6,引入槽筒7的沟槽,最终在槽筒上卷绕成筒子。

2. 自动络筒机

自动络筒机是以机电一体化操作代替人工操作,从而实现换管操作、断头接头自动化。现代自动络筒机已具有张力自动控制、防叠、电子清纱、防毛羽、除异性纤维等功能,通过触摸显示屏实现人机对话、调整工艺参数、实时显示每一单锭的质量状态等。

目前,我国纺织企业所使用的自动络筒机既有国产设备又有引进设备,最近引进的自动络筒机主要有德国赐莱福公司的Autoconer338、日本村田公司的No. 21C、意大利萨维奥公司的Orion M/L。

日本村田No. 21C自动络筒机单锭示意图如图1-2所示,(a)为纱库型,(b)为托盘型和细络联型。其中纱库型适用于任何工厂,托盘型及细络联型仅适用于纺纱厂(或纺织联合厂)且具有细络联机构的场合。

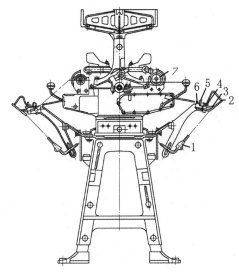

图1-1 普通络筒机的外形图

1—管纱 2—导纱杆 3—导纱板 4—张力器
5—清纱装置 6—张力杆 7—槽筒

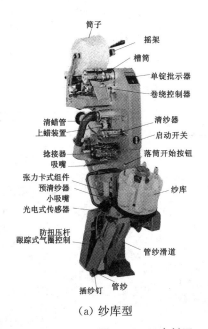

(a) 纱库型

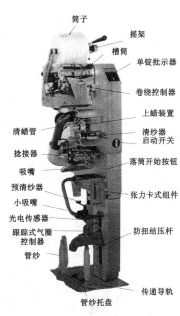

(b) 托盘型和细络联型

图1-2 日本村田No. 21C自动络筒机单锭示意图

三、络筒机的主要技术特征

1. 普通络筒机的主要技术特征（表 1-1）

表 1-1　部分普通络筒机的主要技术特征

机型	GA014PD	GA015	GA036	GS669
制造厂	天津宏大	天津宏大	天津宏大	上海新四
机器形式	双面槽筒式	双面槽筒式	单面直线式	单面单锭式
喂入形式	绞纱线	管纱线	筒子纱线	管纱线
卷绕线速度(m/min)	140，160	400～740	600～1 200	300～1 000
标准锭数（锭/台）	100	80	36	60
卷绕系统	防叠卷绕	防叠卷绕	精密卷绕	防叠卷绕
导纱机构	槽筒式	槽筒式	旋转拨片式	槽筒式
防叠方式	无触点间隙开关	无触点间隙开关	无重叠	电子间隙防叠
断纱自停机构	机械式	机械式	光电式	电子式，气动式
张力装置	消极式圆盘	消极式圆盘	积极式圆盘	积极传动式
清纱装置	机械式	电子式	机械式	电子式
接头方式	人工	空气捻接器	空气捻接器	人工
功率(kW)	2.18	4.77	14.4	5

2. 自动络筒机的主要技术特征（表 1-2）

表 1-2　部分自动络筒机的主要技术特征

机型	Espero-M/L	Autoconer 338	Orion M/L	No. 21C
制造厂	青岛宏大	德国赐莱福	意大利萨维奥	日本村田
喂入形式	纱库型、单锭式	纱库型、单锭式	纱库型、单锭式	纱库型、托盘式、细络联式
卷绕线速度(m/min)	400～1 800(变频)	300～2 000	400～2 200	最高 2 000
标准锭数（锭/台）	60	60	64(8 锭/节)	60
防叠方式	机械式	电子式	电子式	"Pac21"卷绕系统
张力装置	圆盘式双张力盘气动加压	—	—	栅式张力器
电子清纱器	全程控制	全程控制	全程控制	全程控制
接头方式	空气捻接，机械搓捻	空气捻接	空气捻接，机械搓捻	空气捻接
监控装置	设置工艺参数、数据统计、故障检测	传感器纱线监控，张力自动调控，负压控制吸风系统	传感器纱线监控，张力自动调控，工艺参数监控及统计检测	Bal-Con 跟踪式气圈控制器，张力自动调整，Perla 毛羽减少装置，VOS 可视化查询系统

第二节　筒子卷绕成形原理

一、筒子的卷绕形式与种类

（一）筒子的卷绕形式

在纺织生产中,为适应不同的后道工序加工,筒子的卷绕方式很多,根据筒子上的纱圈卷绕形态可将络筒分成四种卷绕方式。

1. 平行卷绕

筒子上的纱圈螺旋线升角较小的卷绕。这种卷绕方式所构成的纱圈在筒子表面的稳定性较差,故只能采用有边盘的筒管制成有边筒子。平行卷绕筒子上的纱线沿轴向退绕时不顺畅,只能做低速切向退绕,容易引起张力波动。平行卷绕的有边筒子多用于丝织。

2. 交叉卷绕

筒子上的纱圈螺旋线升角较大的卷绕。这种卷绕方式所构成的纱圈在筒子表面的稳定性较好,可采用无边盘的筒管制成无边筒子。无边筒子上的纱线沿轴向退绕时较为顺畅,张力波动也较小。采用交叉卷绕并辅之以较小的络筒张力,便能卷绕成密度较小的松式筒子,供筒子直接染色用。在棉纺织、毛纺织生产中,普遍采用交叉卷绕的筒子。

3. 精密卷绕

在筒子成形过程中,导纱的一个往复内筒子卷绕纱圈数恒定的卷绕(即卷绕比不变)。精密卷绕的筒子是用锭轴传动的,所形成的卷装内纱圈排列整齐有序,卷绕密度比较均匀,多用于化纤长丝卷绕,用于染色的松式筒子也是一例。

4. 紧密卷绕

在相邻两次导纱往复中纱线紧挨纱线,排列紧密,卷绕密度大,常用于缝纫线的卷绕。

（二）筒子卷绕成形的种类

经过络筒制成的筒子,可根据其成形的不同分为有边筒子和无边筒子两大类,每类又可分为若干种,如图1-3所示。

1. 有边筒子

图1-3(a)为有边筒子。退绕时,有边筒子上的纱线一般只能沿切向退绕,而且难以适应高速。

2. 无边筒子

无边筒子的应用范围广泛,根据其外形可分为以下三种类型:

(1)圆柱形筒子。如图1-3(b)(c)所示。其中图(b)所示筒子因圆柱形高度较小,又被称为饼形筒子。

(2)圆锥形筒子。如图1-3(d)(e)所示。工厂习惯称为锥形筒子或宝塔筒子。

(3)三圆锥形筒子。如图1-3(f)所示。

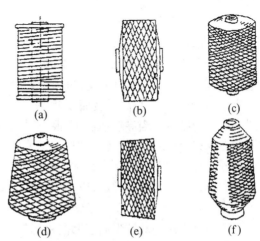

(a)　　(b)　　(c)

(d)　　(e)　　(f)

图1-3　各种卷绕成形的筒子

该种卷绕成形方式多用于化纤长丝。

二、卷绕原理

纱线在筒子上的卷绕路线为往复螺旋线,其运动是由卷取运动和导纱运动两个基本运动叠加而成的。卷取运动指的是因筒子回转使纱线所产生的运动;导纱运动指的是使纱线沿筒子母线方向所做的往复运动。卷取运动与导纱运动是相互垂直的。

(一)卷取与导纱运动传动的两种方式

1. 卷取与导纱运动传动由一个部件完成

在这种络筒机上,筒管插在可回转的锭杆上,络筒时筒子搁置在主动回转的槽筒表面,接受槽筒表面的摩擦传动进行卷绕。槽筒表面设有曲线沟槽,以引导纱线沿筒子轴向做往复运动,因此导纱运动规律取决于槽筒表面的沟槽曲线。槽筒沟槽曲线在纺机厂已按纺织工艺生产的要求设计制造完毕,纺织厂只能使用,无法改变其外形曲线。这种络筒机因卷绕滚筒为槽筒而称之为槽筒络筒机,为纺织厂普遍采用。

2. 卷取与导纱运动传动由两个部件完成

在这种络筒机上,卷取运动是由无沟槽的光滑滚筒传动筒子而完成的;往复运动则是由导纱器引导纱线沿筒子轴向作往复运动而完成的,导纱器的往复运动规律可按预定的程序进行控制,随着筒子直径的增大而改变,能满足特定的卷绕要求。

(二)筒子卷绕速度方程

图 1-4 所示为筒子的卷绕速度及其分解图,纱线以螺旋线的形状卷绕在筒子上,螺旋线的上升角 α 称为卷绕角或导纱角。当纱线来回绕在筒子上时,相邻两层纱线呈交叉状,交叉角为 2α,筒子卷绕速度方程关系表达式如下:

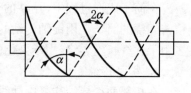

$$V = \sqrt{V_1^2 + V_2^2} \qquad (1-1)$$

$$\tan\alpha = V_2/V_1 \qquad (1-2)$$

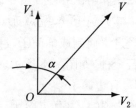

式中:V_1 为筒子表面的线速度(m/min);V_2 为筒子卷绕时往复运动的导纱速度(m/min);V 为筒子卷绕速度,也是络筒速度(m/min);α 为卷绕角或导纱角(°)。

图 1-4 筒子的卷绕速度

筒子卷绕速度方程表明,络筒速度是由筒子表面线速度(卷取速度)与纱线往复运动的导纱速度两部分合成的。由式(1-2)可知,筒子卷绕角 α 取决于导纱速度 V_2 与筒子表面线速度 V_1 的比值。而卷绕角的大小,又决定了筒子卷绕形式和筒子的结构。当导纱速度 V_2 很小时,卷绕角 α 也很小,则各层的纱圈几乎平行而成为平行卷绕;当导纱速度 V_2 较大时,卷绕角 α 也增大,则成为交叉卷绕。在交叉卷绕的筒子上,每层纱线互相束缚,不会移动,两端纱圈不易脱落,因此有条件卷绕成无边筒子。这种筒子在后道工序加工时,纱线可以沿筒子轴向退绕,能适应高速。

(三)筒子的传动分析

下面对常用的圆柱形筒子和圆锥形筒子的传动进行简要分析:

1. 圆柱形筒子

筒子靠摩擦传动时,筒子表面线速度 V_1 是常数,如往复导纱速度 V_2 也保持不变,则由

式(1-2)可知卷绕角 α 在各层中始终保持不变,所以:

$$\tan \alpha = \frac{V_2}{V_1} = \frac{h_x n_x}{\pi d_x n_x} = \frac{h_x}{\pi d_x} \qquad (1\text{-}3)$$

式中: d_x 为筒子的卷绕直径(mm); n_x 为筒子的卷绕速度(r/min); h_x 为卷绕螺距,即筒子每
　　转的实际导纱动程(mm)。

若在导纱每一往复单程 h 内的卷绕圈数为 m ,由式(1-3)可得:

$$m = \frac{h}{h_x} = \frac{h}{\pi d_x \tan \alpha} \qquad (1\text{-}4)$$

由式(1-3)可知:卷绕圆柱形筒子时,若卷绕角 α 不变,则各层纱圈之间的螺距 h_x 随 d_x
的增加而增加。又由式(1-4)可知:每一往复单程内的卷绕圈数 m 随着卷绕直径的增加而
逐渐减少;同一层的卷绕螺距 h_x 不变,所以同一层的卷绕密度是均匀的;随着卷绕直径 d_x 的
增加,由于卷绕螺距 h_x 增加,卷绕圈数 m 逐渐减少,卷绕密度有所下降。

2. 圆锥形筒子

采用圆锥形筒子卷绕时,一般用槽筒对筒子进行摩擦
而传动。由于筒子两端的直径大小不同,因此筒子上只有
一点的速度等于槽筒表面线速度。这一点称为传动点。
其余各点在卷绕过程中均与槽筒表面产生滑移,如图1-5
所示,在传动点 B 的左边各点上,槽筒的表面线速度均大
于筒子表面的线速度,而 B 点右边的情况正好相反,只有
B 点保持纯滚动。 B 点处的筒子半径 ρ 称为传动半径,根
据理论分析可得到:

$$\rho = \sqrt{\frac{R_1^2 + R_2^2}{2}} \qquad (1\text{-}5)$$

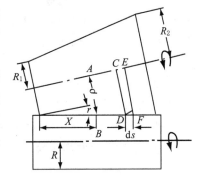

图1-5　圆锥形筒子传动

式中: R_1 为筒子小端半径(mm); R_2 为筒子大端半径(mm)。

在卷绕过程中,筒子两端半径不断地发生变化,因此筒子的传动半径也在不断地改变。
传动点 B 的位置由图1-5所表示的几何关系确定:

$$X = (\rho - R_1)/\sin \alpha \qquad (1\text{-}6)$$

式中: X 为筒子小端至传动点 B 的距离(mm)。

进一步分析可知:传动半径总是大于筒子的平均半径 $(R_1 + R_2)/2$,并随筒子直径的增
大,传动点 B 逐渐向筒子的平均半径方向移动,筒子大小端的圆周速度趋于一致。

在摩擦传动的条件下,随着筒子卷绕直径增加,筒子转速逐渐减小,于是每层卷绕圈数
m 逐渐减少,而螺旋线的平均螺距 h_p 逐渐增加,即:

$$h_p = \frac{h_0}{m} \qquad (1\text{-}7)$$

式中: h_0 为筒子母线长度(mm)。

由于传动点 B 靠近筒子大端一侧,于是筒子小端与槽筒之间存在较大的表面线速度差
异,小端处纱线卷绕时与槽筒的摩擦比较严重,故有些厂家将槽筒设计成略具锥度的圆锥体

或减小圆锥筒子的锥度,这样大大地减少了筒子小端的纱线磨损程度。

(四)导纱运动规律

纱线沿筒子母线方向的往复运动称为导纱运动。常见的导纱运动可分为等速导纱运动和变速导纱运动两类。

1. 等速导纱运动

等速导纱时,导纱速度 V_2 为常数。等速导纱运动的位移方程为:

$$s = V_2 t \tag{1-8}$$

式中:s 为纱线沿筒子母线的位移量(mm);t 为导纱时间(min)。

对于圆柱形筒子,等速的导纱速度与不变的筒子表面线速度合成后,使筒子的卷绕速度恒定,则筒子上各处的卷绕角相等,筒子上的纱圈节距相等,从而可以保持纱线张力恒定,筒子卷绕密度也是均匀的。因此,等速导纱运动规律适宜用于圆柱形筒子。

2. 变速导纱运动

圆柱形筒子虽然有卷绕张力均匀、卷绕密度均匀的优点,但也存在着不适宜高速退绕的缺陷。所以,如果需要高速退绕,筒子只能做成圆锥形。

在络制圆锥形筒子时,由于筒子大端的卷绕速度比小端的卷绕速度大,且沿筒子母线上各点的卷绕速度均不相同,因此,为使络筒张力变化平稳,也使络筒速度恒定,则不能采用等速导纱运动规律,必须采用变速导纱运动规律才能实现等速退绕。经理论推导,这个变速导纱运动是呈正弦规律变化的,它与槽筒表面线速度合成后的卷绕速度才是等速的,从而使筒子大小端的络筒速度相近,络筒张力差异很小,筒子成形良好。

三、 筒子的卷绕密度

(一)概况

1. 筒子卷绕密度的概念

筒子卷绕密度是指筒子上绕纱部分单位体积内的纱线质量,其计量单位是“g/cm^3”。生产中一般采用称量法计算卷绕密度。根据卷绕密度的大小,交叉卷绕可分为紧密卷绕与非紧密卷绕两种。

2. 根据不同用途确定筒子卷绕密度

不同纤维、不同线密度、不同用途的筒子有着不同的卷绕密度。如:整经用棉纱筒子的卷绕密度要求为 $0.38\sim0.45\ g/cm^3$;染色用筒子纱的卷绕密度一般为 $0.32\sim0.37\ g/cm^3$。以这样的卷绕密度制成的筒子结构松软,染料可以顺利浸透纱层,以达到均匀染色的效果。

(二)影响筒子卷绕密度的主要因素

影响筒子卷绕密度的主要因素有络筒张力、筒子卷绕方式(即卷绕角的大小)、筒子加压等。

1. 络筒张力

络筒张力对筒子卷绕密度有着直接影响,张力越大,筒子卷绕密度也越大,因此,实际生产中通过调整络筒张力来改变卷绕密度。络筒张力还对筒子内部卷绕密度的分布有极大的影响。纱线绕上筒子后,纱线张力产生的压力压向内层,由于纱线具有一定的弹性使得纱层较软,各纱层所产生的压力会向内层传递,最终使里层的纱圈产生变形,卷绕密度增加。靠近筒管处的纱层,由于筒管的支持仍保持原有的形状,密度也较大;而靠近筒子表面的纱层所受压力较小,卷绕密度也较小。这种变化如图 1-6 所示,曲线I为张力的变化,曲线II为卷绕密度的变化。

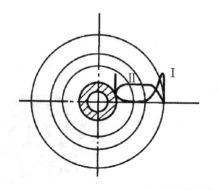 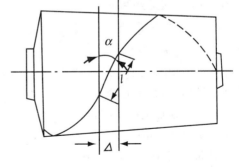

图 1-6　筒子内纱线张力和卷绕密度的变化　　图 1-7　筒子卷绕角对卷绕密度的影响

2. 筒子的卷绕角

（1）理论分析。如图 1-7 所示,在两个相互平行、距离为 Δ、且垂直于筒子轴心线的平面之间,截取一段长度为 l 的纱段,则 $l=\Delta/\sin\alpha$。当 Δ 一定时,卷绕角 α 越小,l 越长。显然,纱线质量越高,即筒子的卷绕密度越大。棉纺织生产中所用的整经筒子,其卷绕角为 30°左右;而用于染色的松式筒子,其卷绕角为 55°左右。

（2）圆锥形筒子大小端卷绕密度的差异。对于圆锥形筒子而言,只有传动点的卷取速度与槽筒相切,而筒子大端的卷取速度比小端大,故筒子大端的卷绕角比小端小,因此,筒子大端的卷绕密度大于小端的卷绕密度。

（3）圆锥形筒子里外层卷绕密度的差异。随着筒子直径的增大,筒子上传动点的位置逐渐向小端移动,于是筒子大端的半径与传动半径的比值不断减小,筒子小端的半径与传动半径的比值不断增大(即筒子大端的卷取速度逐渐减小,而筒子小端的卷取速度逐渐增大),从而使得筒子大端外层的卷绕角 α 比里层大一些,筒子小端外层的卷绕角 α 比里层小一些。所以:

① 筒子大端:外层的卷绕密度比里层小,即外松内紧。

② 筒子小端:外层的卷绕密度比里层大,即内松外紧。

筒子小端这种内松外紧的结构是易于出现菊花芯的原因之一。

3. 筒子加压

筒子与槽筒之间的压力大小对筒子的卷绕密度有很大的影响,压力越大,卷绕密度也大。随着筒子的卷绕直径不断增大,筒子的自身质量增加,筒子与槽筒之间的压力增大,从而造成筒子卷绕密度沿筒子径向分布不匀。

在现代自动络筒机上,均有较完善的压力调节机构,且能吸收筒子高速回转产生的跳动,故筒子卷绕密度均匀,成形良好。图 1-8 所示为新型自动络筒机上装有的压力调节装置。当筒子卷绕直径增大时,平衡气缸内的气压是恒定的,但气缸随筒子直径增大而上抬,其作用力的力

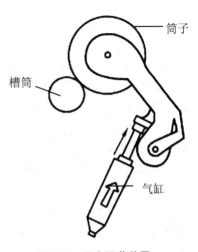

图 1-8　压力调节装置

臂增大,从而平衡筒子在络筒过程中逐渐增大的筒子质量,保持筒子作用在槽上的压力恒定,使卷绕密度内外一致。

四、纱圈的重叠与防叠

(一)纱圈重叠的产生及其对生产的影响

1. 纱圈重叠现象

在摩擦传动的筒子卷绕过程中,筒子直径逐渐增大,筒子转速逐渐降低,当筒子卷绕到某些特定的卷绕直径时,筒子上的下层纱圈连续叠绕在一起,形成凸起的条带状,如图 1-9 所示。这种现象称为重叠。

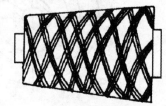

图 1-9 纱圈重叠的筒子

2. 纱圈重叠对生产的影响

筒子上凹凸不平的重叠条带使筒子上的纱圈易塌陷,前后纱圈嵌入纠缠,引起筒子卷绕密度不匀,筒子卷绕容量减少,在后道工序退绕时容易产生大量的断头,严重影响后道工序的质量和生产效率。重叠严重时,甚至会造成络筒不能正常进行。

3. 纱圈重叠原因的理论分析

在络筒过程中,筒子受槽筒的摩擦而传动,纱线被卷绕在筒子上。与此同时,纱线在槽筒沟槽的作用下沿筒子轴向往复运动,当运动到筒子端部时折回。如图 1-10 所示,点 1 为前一个导纱周期在筒子端部的折回点,点 2 为后一个导纱周期在筒子端部的折回点,弧$\overset{\frown}{12}$所对应的筒子端面的圆心角 ϕ 称为纱圈位移角。

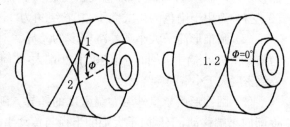

图 1-10 纱圈位移角

纱圈位移角 ϕ 与一个导纱周期内的绕纱圈数 n 之间有如下关系:

$$\phi = 2\pi(n - n_0) \tag{1-9}$$

式中:n 为一个导纱周期内的绕纱圈数;n_0 为 n 的整数部分。

在一个筒子的整个络纱过程中,因槽筒转速和导纱速度恒定,络筒速度是恒定的,在一个导纱周期内卷绕到筒子上的纱线长度不变。随着筒子卷绕直径的逐渐增加,在一个导纱周期内筒子转过的转数逐渐减小,一般由空筒管时的 10 转左右减小到满筒时的 2 转多,其间 n 达到一系列的整数值(9、8、7、6、5、4、3)。根据上述的纱圈位移角与一个导纱周期内绕纱圈数的关系为整数时,纱圈位移角 ϕ 为 0°,即相邻两个周期的折回点 1 和 2 重合。这种情况称为一次完全重叠,如图 1-11 所示。若在一个导纱周期内绕纱圈数 n 的尾数为 0.5 时,则纱圈位移角 ϕ 为 π°,即相隔的两个周期的折回点发生重合。这种情况称为二次完全重叠。所以,发生完全重叠的条件可归纳为:纱圈位移角 $\phi = 2\pi/i$（$i = 1, 2, 3\cdots$）。根据 i 的值分别称为 i 次完全重叠。显然,i 越小,纱圈折回点越集中,重叠所造成的后

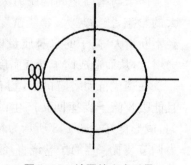

图 1-11 纱圈的完全重叠

果也越严重,即一次完全重叠是最严重的重叠。

(二)防叠措施

通过以上分析可知:在一个往复导纱过程中,筒子转过的转数在较大范围内(筒子从满到空)缓慢减小。在此过程中,纱圈位移角也是连续减小的,因此会不可避免地出现满足发生重叠条件的时刻。但是,如果在出现重叠时,破坏重叠发生的条件,使重叠立即中止,就可达到防叠的目的。这也是槽筒式络筒机防叠的基本依据。目前,络筒机的防叠措施主要有:

1.间歇性通断槽筒电动机

通过间歇性地通断槽筒电动机,可使槽筒转速在一个周期内经历"等速→减速→加速→等速"的变化过程。在槽筒减速和加速时,筒子转速也呈现出"等速→减速→加速→等速"的变化规律,但由于惯性的存在,筒子的转速变化总是滞后于槽筒的转速变化,只要槽筒的回转速度达到一定值,筒子便会在槽筒上打滑。这种滑移改变了纱圈位移角,使得它不再规律性地缓慢变化。这样,即使在等速阶段出现了重叠,它也不会持续发生,因此达到了防叠的目的。

2.变频电机控制槽筒周期性的差微转速变化

在自动络筒机上,以变频电机传动单锭槽筒,络筒机的微机控制中心按预设的变速频率,经变频器控制电动机产生周期性的差微转速变化,达到防止筒子重叠的目的。

3.筒子握臂周期性的微量摆动

通过筒子握臂周期性地微量摆动,使筒子传动半径做微量波动,从而改变一个导纱往复中筒子端面的纱圈位移角,达到防叠的目的。如图1-12所示,偏心轮1以22次/min的转速转动,经转子2、连杆3、轴4,使叉子5左右摆动,再经横杆6和拨叉7,使筒子握臂轴8做微量的径向往复转动。当筒子小端向下摆动时,筒子的传动半径减小,筒子转速增加;当筒子小端向上摆动时,筒子的传动半径增大,筒子转速减小。偏心轮1每转一周,筒子转速就随之做微量的变化。这种变化改变了正常的纱圈位移角,从而达到防叠的目的。

4.采用防叠槽筒

(1)设置虚槽和断槽。在槽筒表面,自槽筒中央引导纱线向两端的沟槽称为离槽,自槽筒两端引导纱线返回中央的沟槽称为回槽。若将回槽取消,纱线凭借自身张力的作用,无需导纱仍能滑回中央位置,这种在槽筒上无回槽的部分称为虚槽(一般设置在回槽起始处附近),如图1-13所示。若使回槽缺掉某些区段(一般缺在与离槽的相交处),这种回槽不完整的部位称为断槽。在槽筒上设置虚槽和断槽,当出现显著重叠时即会引起传动半径变化,从而引起筒子转速改变,结果使纱圈位移角发生变化,达到防叠目的。

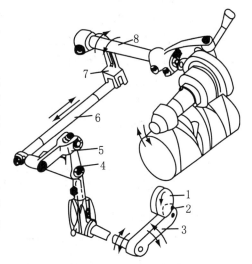

图1-12 摆动握臂式防叠机构

1—偏心轮 2—转子 3—连杆
4—轴 5—叉子 6—横杆
7—拨叉 8—筒子握臂轴

图 1-13　虚槽槽筒

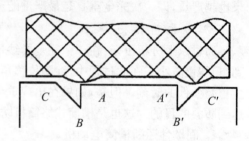

图 1-14　直角槽筒及其对称分布

（2）沟槽中心线左右扭曲。将沟槽中心线设计成左右扭曲的形状，可将已达到一定宽度的重叠条纹推出槽外，使重叠条纹与槽筒表面接触，筒子转速立即改变，使纱圈位移角发生改变，破坏了重叠的条件，具有防叠效果。

（3）采用直角槽筒。将 V 形槽口改为直角槽口且对称安排，如图 1-14 所示槽筒同一母线上的直角槽口 ABC 和 $A'B'C'$。直角槽口的径向槽缘沿轴向做相反对称的分布，无论筒子沿轴向向左（或向右）游动，筒子上的轻微重叠条带总有一点被搁置在沟槽之外，起到抗啮合防重叠的作用。

5. 防叠精密卷绕

从空管到满管，精密卷绕条件下每层的卷绕圈数保持恒定。在精密卷绕的成形过程中，每一圈纱线的斜率和圈距保持恒定不变，交叉角则逐渐减小。为了保持每层的卷绕圈数相同，绕线长度应一层一层地减小。精密卷绕装置上，纱线的返回不是位于前一动程返回点的前面，就是位于前一动程返回点的后面，在返回点处有一个整数值的位移，从而完全消除了重叠的形成。

6. 步进精密卷绕

采用这种技术卷绕纱线时，每完成一步又回复到前一步的卷绕角，步间对应点为相同的卷绕角，为了防止重叠，步中为精密卷绕方式，卷绕角在 $2° \pm 1°$ 内递减。

第三节　络筒张力和张力装置

一、络筒张力的作用

络筒时，纱线以一定的速度从管纱或绞纱上退绕下来，因受到拉伸和各导纱件的摩擦作用而产生张力。适当大小的络筒张力有利于提高络筒质量，可使筒子卷绕紧密，成形稳定而坚固。同时，适当的张力可以拉断纱线的薄弱环节，提高纱线的条干均匀度，有利于提高后道工序的效率和产品质量。

二、管纱退绕过程及构成张力的主要组成部分

1. 管纱退绕过程

从细纱机生产出来的细纱管纱，其纱圈的卷绕是由平行卷绕和交叉卷绕两种方式交替进行构成的，平行卷绕的纱层称为绕纱层，交叉卷绕的纱层称为束缚层。在络筒过程中，管纱上的纱线在逐层退绕时，一方面沿着纱管轴上升，另一方面绕着纱管轴做回转运动。这两个运动的复合使纱线的运动轨迹构成一旋转的空间螺旋线，也称为气圈。如图 1-15 所示，图中 8 为退绕点，即细纱管纱表面受到退绕过程影响的一段纱线的终点；9 为分离点，即纱线

开始脱离卷装表面或纱管的裸出部分而进入气圈的过渡点。

2. 构成纱线张力的主要组成部分

络筒时纱线的张力主要由以下几个部分组成：

① 纱线从附着于管纱表面过渡到离开管纱表面所需克服的黏附力和摩擦力；

② 纱线从静止于管纱表面,经加速到络筒速度所需克服的惯性力；

③ 由于气圈旋转作用而引起的纱线张力；

④ 纱线退绕过程中,纱线与导纱部件接触时的摩擦而引起的张力；

⑤ 由张力装置产生的纱线张力。

三、 管纱络筒时张力的变化规律

1. 管纱退绕一个层级时纱线张力的变化规律

管纱上的纱线是分层卷绕的,层级顶部的纱线在退绕时,受卷装表面摩擦的纱段长度短,引起的张力小,但顶部的管纱直径小,气圈转速高,离心力造成的纱线张力大;而底部的管纱直径大,气圈转速低,离心力造成的纱线张力小。在一个层级中,其顶部和底部的直径差异不大,使得一个层级中的纱线退绕时,络纱张力的波动小。

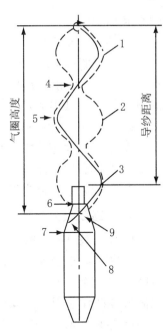

图 1-15 管纱轴向退绕时 形成的气圈
1,2,3—第一、二、三节气圈
4—气圈颈部　5—气圈腹部
6,7—层级顶部、底部
8—退绕点　9—分离点

2. 整个管纱退绕时纱线张力的变化规律

整个管纱退绕时,纱线仅与卷装表面静止的纱线相摩擦,张力很小。随着退绕的进行,气圈节数逐渐减少,纱管裸露出的长度逐渐增加,退绕的纱线既与卷装表面的纱线相摩擦,又与裸露的纱管相摩擦,阻力增加,纱线张力增大。气圈节数的减小往往在最末一级气圈的颈部与纱管顶部相碰撞时发生。气圈节数每减少一节,络筒张力有明显的增加,尤其在气圈由双节变化到单节时,张力增加较多。由此表明,气圈形状和摩擦纱段长度是影响管纱退绕张力的决定因素,对两者进行控制,可以减少退绕张力的变化,使络筒张力均匀。

3. 导纱距离对退绕张力的影响

导纱距离即纱管顶部到导纱部件的距离。导纱距离对退绕张力的影响较大,因为它影响到气圈的节数和形状。实验表明,在导纱距离等于 50 mm 和大于 250 mm 时,络筒张力都能保持较小的波动;而导纱距离为 200 mm 时,络筒张力的波动较大。因此,新型自动络筒机通常采用 250 mm 以上的导纱距离。

四、 均匀络筒退绕张力的措施

为了改进络筒工艺,提高络筒质量,可采取适当措施,均匀络筒时的退绕张力,在进行高速络筒时尤为必要。

1. 正确选择导纱距离

如前所述,短距离和长距离导纱都能获得比较均匀的退绕张力,故在实际生产中,可以选择 70 mm 以下的短距离导纱或 500 mm 以上的长距离导纱,而不应当选用介于两者之间的中距离导纱。

2. 使用气圈破裂器

将气圈破裂器安装在退绕的纱道中,可以改变气圈的形状,从而减小纱线张力的波动。气圈破裂器的作用原理是:当运动中纱线气圈与气圈破裂器摩擦碰撞时,可将原来的单节气圈破裂成双节(或多节)气圈,从而避免退绕张力突增的现象。

在高速络筒条件下,传统气圈破裂器仍存在不足,即当管纱上剩余的纱量为满管的30%或以下时,摩擦纱段长度明显增加,络筒张力急剧上升。故在有些新型自动络筒机上安装了可以随管纱退绕点一起下降的新型气圈控制器,它能根据管纱的退绕程序自动调整气圈破裂器的位置,使退绕张力在退绕全过程中保持均匀稳定。

五、 络筒张力装置

1. 张力装置的作用

管纱沿轴向退绕时,因自身因素产生的纱线张力的绝对值很小。若采用这样的张力进行络筒,将得到极其松软、成形不良的筒子。使用张力装置的目的在于适当增加纱线张力,提高张力的均匀程度,以卷绕成成形良好、密度适当的筒子。但是,张力不宜过大,过大的张力会造成纱线弹性损失,不利于织造。络筒张力要根据织物性质和原纱性能而定,一般为原纱强力的10%~15%。

2. 对张力装置的要求

① 给予纱线的附加张力要均匀,不致扩大纱段的张力波动幅度。

② 与纱线接触的面要光滑,不致刮毛纱线。

③ 结构简单,便于调节,以适应不同纱线线密度的要求。自动络筒机上的张力装置,在自动接头时,应能打开以便纳入纱线。

3. 张力装置工作原理

按现有张力装置的工作原理,可分为累加法与倍积法两种。

(1)累加法张力装置工作原理。纱线通过两个紧压的平面之间,因摩擦作用而获得张力。设纱线进入张力装置前的张力为 T_0,则当它离开张力装置时的张力 T 可用下式表示:

$$T = T_0 + 2fN \tag{1-10}$$

式中:f 为纱线与摩擦表面之间的摩擦系数;N 为摩擦面之间的正压力(N)。

若纱线连续通过两个或两个以上的这种形式的张力装置,则纱线的最终张力 T 为:

$$T = T_0 + 2f_1N_1 + 2f_2N_2 + \cdots + 2f_nN_n \tag{1-11}$$

式中:f_1,f_2,$\cdots$,f_n 为各摩擦表面与纱线之间的摩擦系数;N_1,N_2,$\cdots$,N_n 为各摩擦面之间的正压力(N)。

由上式可知,纱线通过各个张力装置后的张力是累加的,所以称为累加法。图 1-16 所示为纱线通过一个累加法张力装置后纱线张力的变化曲线。

累加法张力装置的特点是不扩大纱线张力的不均匀程度,从而降低了张力的不匀率。其不足之处在于:当纱线上的粗节或结头通过压板之间时,会对压板引起冲击,从而发生动态张力波动,纱线速度越高,这种张力波动越大。因此,累加法张力装置对加压圆盘的缓冲措施的要求较高,以适应高速的要求。

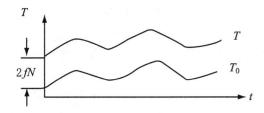

图 1-16 纱线通过累加法张力装置前后的张力变化图

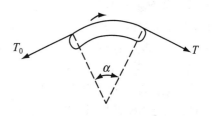

图 1-17 纱线绕过曲面的示意图

(2) 倍积法张力装置工作原理。若纱线在张力装置中绕过一个曲面(通常为圆柱面),则因纱线与曲面的摩擦而获得张力。如图 1-17 所示,设纱线进入张力装置之前的张力为 T_0,则纱线离开张力装置后的张力 T 可用欧拉公式表示:

$$T = T_0 e^{f\alpha} \tag{1-12}$$

式中:e 为自然对数的底;f 为纱线与摩擦表面之间的摩擦系数;α 为摩擦包围角(°)。

由上式可知,纱线通过各个张力装置后的张力是按一定倍数增加的,故称之为倍积法张力装置。通过倍积法张力装置前后,纱线张力的变化如图 1-18 所示。倍积法张力装置扩大了纱线张力的不均匀程度,从而扩大了张力不匀率。

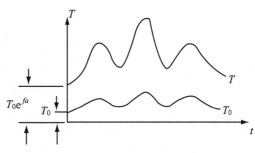

图 1-18 纱线通过倍积法张力装置前后的张力变化图

4. 几种常见的张力装置形式

张力装置的形式主要有普通圆盘式、弹簧圆盘式、电磁圆盘式、电磁栅式等。

(1) 普通圆盘式张力装置。如图 1-19 所示,上、下圆盘 1 通过缓冲毡块 2 上的张力垫圈 3 的质量来获得压力,纱线在两圆盘之间通过时受摩擦阻力的作用而获得附加张力,张力大小可以通过增减垫圈质量进行调整,一般用在国产普通络筒机上。

(2) 弹簧圆盘式张力装置。如图 1-20 所示,圆盘由微型电机单独传动,纱线在圆盘与压纱板之间通过,压纱板受圈簧扭力压向圆盘,拨动指针可调节压力大小。

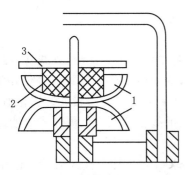

图 1-19 普通圆盘式张力装置
1—上、下圆盘 2—缓冲毡块 3—张力垫圈

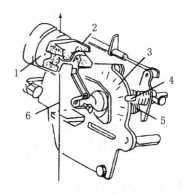

图 1-20 弹簧圆盘式张力装置
1—圆盘 2—压纱板 3—面板
4—指针 5—弹簧 6—纱线

(3)电磁圆盘式张力装置。张力盘由单独电机驱动积极回转,纱线从两个张力盘之间通过,张力盘的转动方向与纱线的运行方向相反,以减少灰尘集聚和张力盘的磨损,压板压力受电磁力大小的控制而对纱线张力进行调节,电磁力的大小又可通过电脑根据张力传感器检测信号集中调节。

(4)电磁栅式张力装置。图 1-21 所示为村田 No.21C 型自动络筒机电磁栅式张力装置,纱线从交错配置的栅式组件形成的纱路中通过,张力大小通过电磁阀对栅式组件的通道大小进行调节,而电磁阀的电压大小可通过电脑根据张力传感器检测信号集中调节,从而达到自动调节和控制张力的作用。

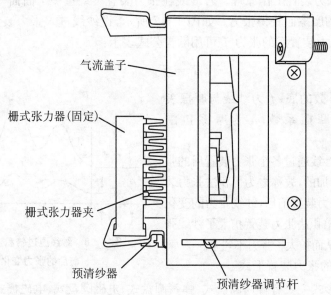

图 1-21　村田 No.21C 型自动络筒机电磁栅式张力装置

第四节　清　纱　装　置

清纱装置的作用是清除纱线上的粗节、细节、杂质等疵点。清纱装置有机械式和电子式两大类。

一、机械式清纱装置

机械式清纱器有板式和梳针式两种。板式清纱器的结构最为简单,纱线从板式清纱装置上的一个狭缝中通过,缝隙大小(即清纱隔距)一般为纱线直径的 1.5～2.5 倍,缝隙过大,清纱效率低;缝隙过小,造成纱线被刮毛甚至断头。梳针式清纱器与板式装置相似,用一排后倾 45°的梳针板代替上清纱板,梳针号数根据纱线的线密度而定。梳针式清纱装置的清除效率高于板式清纱器,但易刮毛纱线。

机械式清纱器适用于普通络筒机,生产质量要求低的品种。板式清纱器还用作自动络筒机上的预清纱装置,可防止纱圈和飞花等带入,其间距较大,一般为纱线直径的 4～5 倍。

二、 电子清纱器

（一）工作原理

电子清纱器按工作原理分,有光电式和电容式。

1. 光电式电子清纱器

光电式电子清纱器是将纱疵形状的几何量(直径和长度),通过光电系统转换成相应的电脉冲信号进行检测,与人的视觉检测纱疵比较相似。整个装置由光源、光敏接收器、信号处理电路和执行机构组成。光电式电子清纱器的工作原理如图1-22所示,光电检测系统检测到的纱线线密度变化信号,由运算放大器和数字电路组成的可控增益放大器进行处理,主放大器输出的信号同时送到短粗节、长粗节、长细节三路鉴别电路中进行鉴别,当超过设定值时,将触发切刀电路切断纱线,清除纱疵,并通过数字电路组成的控制电路储存纱线的平均线密度信号。

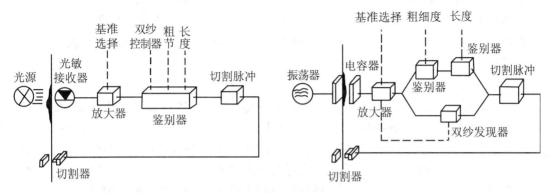

图1-22 光电式电子清纱器的工作原理图 　　　图1-23 电容式电子清纱器的工作原理图

光电式电子清纱器的优点是检测信号不受纤维种类和温湿度的影响,不足之处是对于扁平纱疵容易出现漏切现象。

2. 电容式电子清纱器

如图1-23所示,检测头由两块金属极板组成的电容器构成,纱线在极板间通过时会改变电容器的电容量,使得与电容器两极相连的线路中产生变化的电流。纱线越粗,电容量变化越大;纱线越细,电容量变化越小。以此来间接反映纱线条干均匀度的变化。除了检测头是电容式传感器以外,其他部分与光电式电子清纱器类似,纱疵通过检测头时,若信号电压超过鉴别器的设定值,则切刀切断纱线以清除纱疵。

电容式电子清纱器的优点是检测信号不受纱线截面形状的影响,不足之处是受纤维种类和温湿度的影响较大。

（二）电子清纱器的工艺性能

1. 纱疵样照

为了正确使用电子清纱器,电子清纱器制造厂需提供相配套的纱疵样照和相应的清纱特征及其应用软件。如果制造厂不能提供可靠的纱疵样照,一般采用瑞士泽尔韦格-乌斯特纱疵分级样照,该公司生产的克拉斯玛脱(Classimat)Ⅱ型(简称CMT-Ⅱ)纱疵样照,根据纱疵长度和纱疵横截面增量把各类纱疵分成23级,如图1-24所示。

(1) 短粗节。纱疵截面增量在+100%以上、长度在8 cm以下,称为短粗节。短粗节分为16级(A1,A2,A3,A4,B1,B2,B3,B4,C1,C2,C3,C4,D1,D2,D3,D4)。其中,

纱疵截面增量在＋100％以上、长度在 1 cm 以下，称为棉结；纱疵截面增量在＋100％以上、长度为 1～8 cm，称为短粗节。

（2）长粗节。纱疵截面增量在＋45％以上、长度在 8 cm 以上，称为长粗节。长粗节分为 3 级（E，F，G）。其中纱疵截面增量在＋100％以上、长度在 8 cm 以上的 E 级纱疵称为双纱。

（3）长细节。纱疵截面增量为 −75％～−30％、长度在 8 cm 以上，称为长细节。长细节分为 4 级（H1，H2，I1，I2）。

国际上一般将 A3，B3，C2，D2 称为中纱疵，将 A4，B4，C3，D3 称为大纱疵。棉纺中一般将 A3，B3，C3，D2 称为有害纱疵。

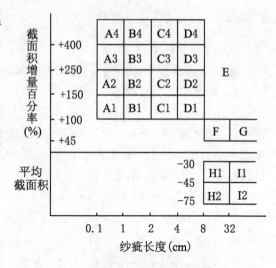

图 1-24　CMT-Ⅱ型纱疵分级图

2. 清纱特性线

即纱疵样照上用直线或某种曲线表示的清纱特性。清纱特性指某种清纱器（机械式或电子式）所固有的清除纱疵的规律性。清除特性线决定了该清纱器对纱疵的鉴别特性。

为了合理地确定电子清纱器的清纱范围，使用厂应拥有所用清纱器的特性线，包括短粗节、长粗节、长细节清纱特性线。有了纱疵样照和清纱器的清纱特性线，就可根据产品的生产需要，合理选择清纱范围，以达到既能有效控制纱疵又能增加经济效益的目的。

图 1-25 所示为不同种类清纱器的 8 种清纱特性线。其中：

图（a）为平行线型。不管纱疵的长短，只要粗度达到并超过设定门限 D_A 值时，就一律予以清除。机械式清纱器的清纱特性线就是典型的平行线型。

图（b）为直角型。纱疵粗度（D 或 S）和长度（L）同时达到并超过设定门限 D_A（或 S_A）和 L_A 时，纱疵就被清除。两个设定门限中有一项达不到的纱疵，都予以保留。直角型清纱特性可用于清除长粗节和双纱，但不适用于清除短粗节。如瑞士佩耶尔 PI-12 型光电式电子清纱器的 G 通道。

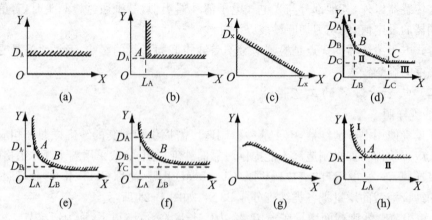

图 1-25　清纱特性线

图(c)为斜线型。在设定门限 D_X 与 L_X 两点连线上方的粗节,都予以清除;但纱疵长度超过 L_X 的粗节,不论粗度大小,一律清除。如瑞士洛菲 FR-60 型光电式电子清纱器,在清除棉结时,就采用这种斜线型清纱特性线。

图(d)为折线型。用三根直线把清除纱疵范围划分为Ⅰ,Ⅱ,Ⅲ三个区,每区的直线有不同的斜率。折线型清纱特性可用于短粗节、长粗节和长细节通道。如瑞士洛菲 FR-600 型光电式电子清纱器中的 LD 型就采用这种折线型清纱特性线。

图(e)(f)为双曲线型。凡达到及超过设定门限 $D_A×L_A$(或 $D_B×L_B$)这一设定常数的纱疵,都予以清除。图(f)中的曲线比图(e)中的曲线上移了距离 Y_C。如 PI-12 型的短粗节通道及国产 QSR-Ⅰ 和 QSR-Ⅱ 型就是这种双曲线型清纱特性线。

图(g)为指数型。其清纱特性线为一指数曲线,即以指数曲线来划分有害纱疵和无害纱疵。指数型曲线特性与纱疵的频率分布接近,所以能较好地满足清纱工艺要求。如瑞士乌斯特公司的 UAM-C 系列和 UAM-D 系列中,短粗节 S、长粗节 L 和长细节 T 这三个通道就是指数型的清纱特性曲线。

图(h)为组合型。组合型由曲线与直线相组合或由曲线与曲线相组合。图中Ⅰ区为双曲线型清纱规律,Ⅱ区为直线型清纱规律,曲线和直线的交点正好是粗度和长度的门限设定值。如日本 KC-50 型电容式电子清纱器和短粗节通道就是这种曲线和直线相组合的清纱特性。

(三)电子清纱器的主要技术特征

电子清纱器是把纱线的线密度变化这一物理量线性地转换成对应电量的装置,按检测原理可分为光电式、电容式、光电加光电(双光电)、电容加光电组合式。

国外于 20 世纪 90 年代初推出具有检测纱线夹入外来有色异性纤维的电子清纱器。它在原电子清纱器上加一个光电异性纤维探测器,若原来是光电式,就构成双光电探头;若原来是电容式,则构成电容加光电组合探头。这样,一个探头专门检测纱疵,另一个探头专门检测外来有色异性纤维。

国内外几种电子清纱器的主要技术特征见表 1-3。

表 1-3 国内外几种电子清纱器的主要技术特征

型号			QSD-6	QS-20	精锐 21	Trichord Clearer	Uster Quantum-2
检测方式			光电式	电容式	电容式	双光电电容加光电组合	电容加光电组合
适用线密度(tex)			6~80	5~100	8~58,20~100	4~100(棉型)	4~100
清疵范围	棉结 N(%)		—	—	—	+50~+890	+100~+500
	短粗节	S(%)	+80~+260	+70~+300	+50~+300	+5~+99	+50~+300
		长度(cm)	1~9	1.1~16	1~10	1~200	1~10
	长粗节	L(%)	+15~+55	+20~+100	+10~+200	+5~+99	+10~+200
		长度(cm)	10~80	8~200	8~200	5~200	10~200
	长细节	T(%)	−15~−55	−20~−80	−10~−85	−5~−90/−5~−99	−10~−80
		长度(cm)	10~80	8~200	8~200	1~200/5~200	10~200

续表

型号	QSD-6	QS-20	精锐 21	Trichord Clearer	Uster Quantum-2
纱速范围(m/min)	450～900	300～1 000	200～2 200	300～2000	300～2 000
信号处理方式	相对测量	信号归一	智能化	智能化	智能化
清除有色异纤功能	—	—		有	有
制造单位	上海上鹿电子	无锡海鹰集团	长岭纺电	日本 Keisokki	瑞士 Uster

注:表中 N, S, L, T 分别表示棉结、短粗节、长粗节、长细节等纱疵的粗度,即纱疵横截面与标准纱线横截面比值的百分率。

(四)电子清纱器的主要功能

(1)清纱功能。清除棉节(N)、短粗节(S)、长粗节(L)、长细节(T)等各种纱疵,有的还可清除异性纤维和不合格捻结头。

(2)定长功能。完成对筒子纱长度的设定和定长处理。

(3)统计功能。有产量、结头数、满筒数、生产效率、纱疵统计等。各种统计数据可按全机、节、单锭方式进行统计。

(4)自检功能。具有在线自检能力,自检内容主要有灵敏度、信号数据、切刀能力、纱疵处理器的运算操作等。

(五)电子清纱器的主要工作性能指标

电子清纱器在实际使用中,其工艺性能的优劣用以下几个考核项目衡量,这些项目综合反映了电子清纱器工作的正确性、各锭之间的一致性和长期工作的稳定性,下面介绍部分主要考核指标:

(1)正确切断率(简称正切率)

$$正确切断率 = \frac{正确切断数}{正确切断数 + 误切断数} \times 100\%$$

(2)清除效率

$$清除效率 = \frac{正确切断数}{正确切断数 + 漏切断数} \times 100\%$$

(3)品质因素

$$品质因素 = 正确切断率 \times 清除效率$$

(4)空切断率

$$空切断率 = \frac{空切断数}{正确切断数 + 误切断数} \times 100\%$$

电子清纱器工艺性能的考核工作,一般通过目测法,将被切断的纱疵对照纱疵样照来判别纱疵的清除情况,然后采用倒筒试验检查漏切的有害纱疵。在提高清纱器的灵敏度之后,检验漏切情况。检查漏切有害纱疵的方法还有从布面上检查残留纱疵和使用纱疵分级仪检查漏切纱疵两种。前者容易进行,但只能反映总的清除效果,不能反映各锭的工作情况;后者较为科学,但必须在具备纱疵分级仪的条件下进行。

第五节 捻接装置

自动络筒机都采用捻接器对断头进行捻接,生产出"无结头"纱线。捻接器又可分为机械式与空气式两大类。

一、空气捻接器

(一)空气捻接器的工作过程

它是将两根纱头放入一个经特殊设计的捻接腔,在高压空气的吹动下进行解捻、搭接、捻接等,其工作过程如图1-26所示。

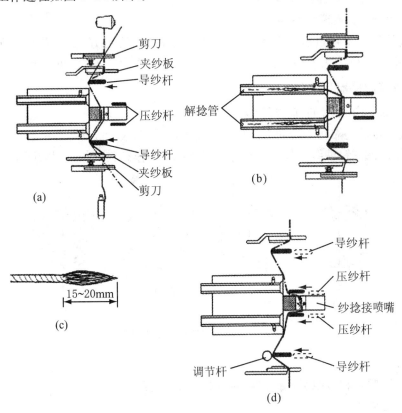

图 1-26 空气捻接器的工作过程图

1. 上、下纱的导入

如图1-26(a)所示,上、下吸嘴吸住上、下纱头,并通过导纱杆将上、下纱推入捻接器。

2. 夹住纱线

用夹纱板将上、下纱头夹持定位。

3. 定长切割

用上、下剪刀将上、下纱端剪切成规定长度的纱尾。

4. 解捻

如图1-26(b)所示,将经过定长切割的上、下纱尾吸入上、下解捻管,并通过空气进行解捻。压缩空气从解捻管的侧面进入,产生与纱线捻向相反的回转气流,使纱尾解捻,形成平行的纤维束,同时吸走部分纤维,使纱尾呈毛笔尖状,如图1-26(c)所示。

5. 拉出纱尾并定位

通过上、下导纱杆将上、下纱尾从解捻管中拉出,由捻接长度调节杆确定捻接的长度,并将两纱尾定位在捻接腔内。

6. 捻接

如图1-26(d)所示,具有一定压力并经过过滤的压缩空气进入捻接腔,对两纱尾喷射,使其缠绕回旋而加捻成纱。

7. 动作复位

完成捻接动作后,关闭气阀,动作复位。

(二)空气捻接器的特点

空气捻接器的捻接过程一般是先退捻再加捻,结头质量好,捻接粗度为原纱直径的1.2~1.3倍,结头强力为原纱强力的80%~85%,并基本保持了原纱的弹性。

二、机械捻接器

(一)机械捻接器的工作过程

机械式捻接器是靠两个转动方向相反的搓捻盘,将两根纱线搓捻在一起。搓捻过程中,纱条受搓捻盘的夹持,使纱条在受控条件下完成捻接动作。其工作过程如图1-27所示。

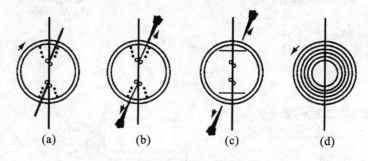

图1-27　机械式捻接器工作过程

1. 纱线引入

通过上、下吸嘴将纱线引入捻接器的一对搓捻盘之间。

2. 解捻与牵伸

解捻动作是通过两个搓捻盘的转动来完成的。纱线引入后,两个搓捻盘闭合,并以相反方向转动,夹在搓捻盘之间的两根平行纱线因搓捻盘的摩擦作用而产生滚动,由于纱线两端的滚动方向相反,结果使纱线解捻,且解捻过程中伴随着牵伸作用,使单纱变细,以保证并捻后的纱线直径仅为原纱直径的1.1~1.2倍。

3. 中段并拢、去掉多余纱尾

固定在搓捻盘上的两对凸钉,如图1-27(a)所示的四个小圆圈,随搓捻盘的解捻一起转动,纱线解捻结束时,两对凸钉恰好相互并拢,并将纱线中段拨在一起。然后,由一对夹纱钳将纱头的多余部分拉掉,如图1-28(b)所示,使纱头形成两根毛笔状的须条,以获得良好的捻接效果。

4. 纱头并拢

如图 1-27(c)所示,当多余的纱头被拉断后,捻接器的拨针(图中的 12 个黑点)相互靠拢,使纱头与另一根纱线的纱身并在一起。

5. 搓捻

如图 1-27(d)所示,拨针从搓捻盘中退出,搓捻盘反向转动(与解捻方向相反),使纱线重新加捻,形成无结的捻接纱。

6. 捻接结束

捻接完成后,搓捻盘打开,纱线从捻接器引出,捻接器盒盖关闭,防止尘埃、纤维飞入。

(二)机械捻接的特点

机械捻接的纱具有结头条干好、光滑、没有纱尾等特点,捻接处的直径仅为原纱直径的 1.1～1.2 倍,结头强度约为原纱强度的 90%,结头外观和质量都优于空气捻接器,克服了空气捻接纱的结头处纤维蓬松的缺点。但是,目前机械式捻接器仅适合于加工纤维长度在 45 mm 以下的纱线。

【思考与训练】

一、 基本概念

平行卷绕、交叉卷绕、精密卷绕、紧密卷绕、气圈、传动半径、累加法、倍积法、清纱品质因素。

二、 基本原理

1. 络筒工序的任务是什么?
2. 自动络筒机一般由哪几个部分组成? 各部分的主要机构有哪些? 起什么作用?
3. 试从筒子的成形原理出发,比较圆锥形和圆柱形筒子的形成结构。
4. 什么是筒子重叠? 成因如何? 如何防止?
5. 络筒时张力构成如何? 如何均匀络筒张力?
6. 试比较累加法与倍积法张力装置的工作原理与特点。
7. 试比较电容式与光电式清纱器的工作原理与特点。
8. 根据 CMT-Ⅱ纱疵样照,纱疵如何分级?
9. 试比较空气捻接与机械捻接的工作原理与特点。

三、 基本技能训练

训练项目:上网收集或到校外实训基地了解有关络筒机,对各种各类络筒机进行技术分析。

教学单元2 整 经 机

【内容提要】 本单元对整经方法及分批与分条整经机的工艺流程做一般介绍,并对筒子架的类型与结构组成进行较为详细的阐述,重点介绍分批整经机与分条整经机的结构组成和工作原理。

第一节 整 经 概 述

一、整经方法

整经工序因纱线的种类和工艺特点,广泛采用的整经方法有以下几种:

(一)分批整经法

分批整经法是将织物所需的总经根数,根据筒子架可容纳的筒子的最大数量,分成几批,分别卷绕在若干个经轴上,再把这若干个经轴在浆纱机或并轴机上并合,卷绕成一定长度的织轴。织轴上经纱的总根数即为织物所需的总经根数。

分批整经法的优点是生产效率高,整经质量好,利于浆纱分绞,适宜大批量生产,因而是棉纺织厂采用的主要方法。分批整经法的缺点是在经轴并合时不易保持色纱的排花顺序。这种方法主要应用于原色或单色织物,少数色纱排花不很复杂的色织物也可采用。

(二)分条整经法

分条整经法是将织物的全部经纱数根据配列循环和筒子架容量分成根数基本相等的若干份,再按照工艺规定的幅宽和长度,以平行四边形的条带状依次挨着排列卷绕在一个大滚筒上。全部条带卷满后,再一起从大滚筒上退解出来,卷绕到织轴上,称为倒轴。所以,分条整经法可以直接获得织轴。

分条整经法的特点在于能得到色纱排列顺序。由于分条整经法一次整经的批量不大,所以,它广泛应用于花色品种多变的小批量色织、毛织、丝织等复杂生产中。分条整经法的缺点是张力不易均匀,换条、倒轴、接头等停车操作时间多,生产效率不高,故在筒子架容量许可的条件下,条带数应少些为好。

(三)特种整经法

除分批整经法和分条整经法外,还有少数用于特殊织造的特种整经法。

1. 球经整经法

球经整经法是指将经纱先引成绳状纱束,绳状纱束再以交叉卷绕结构松软地卷成球状。这是绳状纱线染色的准备。纱条染色烘干后,再经分经机把经纱分梳成片状,并卷绕成经轴。几个经轴在并轴机上合并成织轴。牛仔布生产工艺中,纱线染色方法有两种:球经纱线染色和分批整经后染浆联合机染色。而绳状纱线染色的效果要优于片纱染色。

2. 整浆联合法

整浆联合法一般分为分批整经联合法和分条整浆联合法两种。

（1）分批整浆联合法。分批整浆联合法是指用整浆联合机完成整经和上浆，得到已上浆的经轴，再用并轴机把几个经轴合并成织轴。一次整经的经纱数是总经纱数的 1/4 ～1/6。分批整浆联合法通常用于总经根数较多的化学纤维长丝的整经和上浆，以减少上浆时的经纱覆盖系数。

（2）分条整浆联合法。将织物的全部经纱数根据配列循环和筒子架容量分成根数基本相等的若干条带，各条带分别经过上浆、烘燥装置后，再依次挨着排列卷绕在一个大滚筒上。全部条带卷满后，再一齐从大滚筒上倒卷到织轴上。

分条整浆联合法实际上是在分条整经机的筒子架与大滚筒之间增加一套上浆、烘干装置，适用于既要保持色纱的排列次序且需上浆的经纱为单纱的织物。

3. 分段整经法

分段整经法是将全幅织物的经纱分别卷绕在数个狭幅整经轴上（即分为数小段），然后将数个小经轴的经纱同时退解出来，再卷在织轴上。这种方法用在有对称花纹的多色整经时，只要将相同排花的狭幅经轴正反组合，即可组成较大的对称循环花纹，甚为方便。目前，在针织行业的经编织物生产中采用分段法整经。整经机为狭幅，将数个狭幅经轴串连起来，达到需要的幅宽，直接上机，供经编机织造。

二、整经机的工艺流程

（一）分批整经机

分批整经机可分为两大类：一类是传统的滚筒式摩擦传动整经机；另一类是新型整经轴直接传动的整经机。

1. 滚筒摩擦型传动整经机（传统中低速整经机）

以国产 1452 型分批整经机为例，如图2-1所示。自筒子退解出来的经纱1经张力装置2和导纱瓷板3引向整经机，导纱玻璃棒4和后筘5把经纱引导成一定宽度的纱片。再穿过电气自停停经片6和前筘7，绕过导纱辊8卷绕到经轴9上。

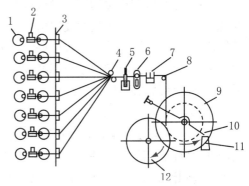

图2-1 传统中低速 1452 型整经机流程

1—经纱　2—张力装置　3—导纱瓷板
4—导纱玻璃棒　5—后筘
6—停经片　7—前筘　8—导辊　9—经轴
10—经轴臂　11—重锤　12—滚筒

1452 型整经机的经轴由滚筒12摩擦传动。经轴两边的轴头穿在经轴臂10的滚珠承里（轴承在落轴时可卸下）。1452 型整经机的加压方法是依靠重锤、经轴臂的质量和经轴本身的质量，老机改造后采用水平加压的方式。

滚筒式摩擦传动整经的主要缺点有：高速整经时，整经轴上的纱线受到剧烈的机械作用，特别是整经轴启动和刹车时，纱线严重磨损；在摩擦传动过程中，整经轴不可避免地发生跳动，这对经纱的张力均匀程度和整经轴圆整程度产生不良影响；经纱断头刹车时，所需刹车时间较长，断头找头困难，容易产生倒断头疵点。因此，滚筒式摩擦传动整经机已逐步淘汰,代之以整经轴直接传动的整经机。

2. 整经轴直接传动的整经机(新型高速整经机)

如贝宁格 ZC-L 型分批整经机等(图 2-2)。

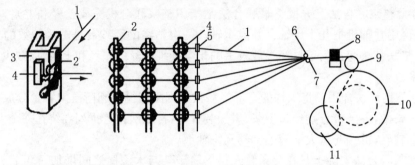

图 2-2 高速分批整经机(贝宁格型)工艺简图

1—纱经 2—夹纱器 3—立柱 4—断头探测器 5—导纱瓷板
6,7—导纱棒 8—伸缩筘 9—测长辊 10—经轴 11—加压辊

图 2-2 所示为高速分批整经机的流程图。自筒子架上的筒子引出的经纱 1,先穿过夹纱器 2 与立柱 3 之间的间隙,经过断头探测器 4,向前穿过导纱瓷板 5,再经导纱棒 6 和 7,穿过伸缩筘 8,绕过测长辊 9 后卷绕到经轴 10 上。经轴由变速电动机直接拖动。卷绕直径增大时,由与测长辊相连接的测速发电机发出线速度变化信号,经电气控制装置自动降低电机的转速,即将线速度作为负的反馈信号,以保持经轴的卷绕线速度恒定。加压辊 11 由液压系统控制压紧经轴,以给予经轴必要的压力,使经轴卷绕紧实而平整。夹纱器的作用是在经纱断头或其他原因停车时,把全部经纱夹住,保持一定的张力,避免因停车而导致纱线松弛,以保持整经纱路的清晰。

(二)分条整经机

图 2-3 所示为一种常见的分条整经机的工艺流程简图。纱线从筒子架 1 上的筒子 2 引出后,经导杆 3、后筘 4、导杆 5、光电断头自停片 6、分绞筘 7、定幅筘 8、测长辊 9 和导辊 10,逐条卷绕到滚筒 11 上。倒轴时,滚筒上的全部经纱随织轴 12 的转动,按双点画线由反时针方向退出,再卷到织轴上。

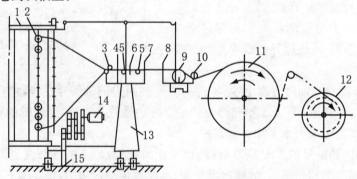

图 2-3 分条整经机的工艺流程简图

1—筒子架 2—筒子 3,5—导杆 4—后筘 6—光电断头自停片 7—分绞筘 8—定幅筘
9—测长辊 10—导辊 11—滚筒 12—织轴 13—分绞架 14—电动机 15—固定齿条

第二节 筒 子 架

整经机主要由筒子架和车头两个部分组成,筒子架置于整经机车头的后方,按一定的规律排列,用来放置筒子。

筒子架主要实现"调整经纱张力大小,保证片纱张力均匀,提供每批次或条带所需的经纱根数及配色循环"的工艺要求和断纱检测与信号反馈、指示的设备要求。

瑞士贝宁格(Benninger)等新型整经机还带有断纱时的夹纱装置、满轴(绞)电动剪纱装置等。整经筒子架已由单一的放置筒子功能逐步发展为新型筒子架所具有的纱线张力控制、断纱自停信号指示、换筒自动打结等多项功能。筒子架结构的不断完善,使整经速度、整经质量、生产效率得到提高。

一、 筒子架的类型

(一) 按筒子的退绕方式分

1. 回转筒子的切向退绕筒子架

用于部分有边筒子的筒子架,由于筒子的惯性作用,使得张力变化大,故这种方式不宜于高速整经,整经质量差,筒子容量也受限制,很少使用。

2. 固定筒子的轴向退绕筒子架

固定筒子的轴向退绕筒子架如图 2-4 所示,使纱线退绕条件大大改善,有利于整经速度及整经质量的提高,并使得筒子卷装容量增加,因此被广泛使用。

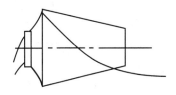

图 2-4　固定筒子的轴向退绕

(二) 按筒子的补充方式分

1. 复式筒子架

适用于连续换筒的整经机,如传统 1452A 型和 B 型(图 2-5)。其工作方式为:筒子架上引出的每根纱线由两个筒子(工作筒子和预备筒子)交替供应,预备筒子的纱头与工作筒子的纱尾接在一起;当工作筒子上的纱线退绕完毕时,预备筒子自动接替进入退绕工作状态,成为工作筒子,并换上新的满筒,以代替原来的工作筒子作为预备筒子。这种整经方式的换筒工作在整经连续生产过程中进行,减少了停台时间,称为连续整经方式。

连续换筒的整经机的主要缺点是:连续整经在持续的工作过程中,各个工作筒子的直径大小会产生显著的差异,造成片纱张力不匀,影响整经质量,且不利于高速,现已为单式筒子架所取代。

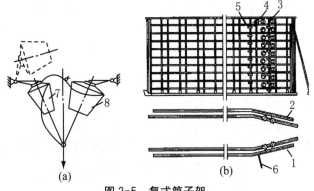

(a)　　　　(b)

图 2-5　复式筒子架

1,2—左右筒子架　3—立柱　4—锭座　5—张力装置
6—导纱瓷扳　7—工作筒子　8—预备筒子

2. 单式筒子架

筒子架上引出的每根纱线由一个筒子供给,当筒子的纱线用完时,必须停车进行集体换筒,因此属于间歇整经方式,也称集体换筒整经机。

单式筒子架的主要优点是:虽然需换筒停车,但工作过程中,各工作筒子的直径大小基本一致,因而片纱张力均匀。

随着后道工序对整经质量要求的不断提高,整经技术中自动化、机械化技术不断介入,新型高速整经机上普遍采用机械化集体换筒的单式筒子架。

与复式筒子架相比,机械化集体换筒的单式筒子架有如下优点:有利于整经高速;减少翻改品种产生的筒脚纱;有利于均匀整经片纱张力;有利于提高整经机械效率。

（三）按筒子架的外形分

可分为 V 形筒子架、矩形筒子架和矩-V 形筒子架三种。

在 V 形筒子架上,纱线离开张力装置后被直接引入整经机的伸缩箱,这为换筒和断头处理带来方便,并使得筒子架不同区域引出的纱线对导纱通道的摩擦包围角的差异很小,有利于片纱张力均匀。由于纱线所受的导纱摩擦作用较弱,因此特别适合于低张力的高速整经机。V 形筒子架上同排张力器的工艺参数可以统一,便于集中管理。它的主要缺点是占地面积大。矩形筒子架的特点与 V 形筒子架相反。

V 形筒子架和矩形筒子架主要应用于新型间歇换筒的单式筒子架,应用于高速整经机;矩-V 形筒子架主要应用于连续换筒的复式筒子架,应用于低速整经机。

表 2-1　筒子架性能比较

工作方式	筒子架形式		换筒停车时间	片纱张力均匀度	主要应用
连续换筒 （复式筒子架）	矩-V 形		无	差	国产低速 1452A 型,1452B 型
集体换筒 （单式筒子架）	矩形	固定式	长	好	（瑞士）贝宁格(Benninger)的 GAAS 型
		小车式	较长		（德）哈科巴(Hacoba)的 G2-H 型 （瑞士）贝宁格(Benninger)的 GS 型 （德）赐莱福(Schlafhorst)的 MZD 型
		回转式	较短		（德）哈科巴(Hacoba)的 HH 型,G5-H 型 国产中速 1452G 型,高速 GA121 型
	V 形		较短		（瑞士）贝宁格(Benninger)的 CE/GCF 型 国产 GA121 型

（四）按筒子架能否横向移动分

可以分为固定式筒子架和横动式筒子架。前者用于分批整经,后者用于传统分条整经机(新型分条整经机亦采用大滚筒移动,其筒子架为固定式)。

二、几种典型筒子架的构造与特点举例

1. 固定式筒子架

固定筒子架的外形为矩形,供锥形筒子用。它的特点是装载筒子的支架是固定的,张力器架或导纱架可沿其轨道做横向移动,更换筒子时操作工人有足够的操作场地。图 2-6 所示为贝宁格 GAAS 型筒子架的结构简图,它由固定的载筒支架 1 和悬挂式可移动张力架 2 组成,张力架的移动由筒子架后面的手轮 3 控制。上下共分 8 层,每 10 列为一个结构单元。在正常工作时,张力架到筒子顶端的距离(导纱距离)可根据筒子直径的大小而定,随着筒子直径的逐渐减小,可随时改变张力架的位置,以获得最理想的气圈张力。换筒时,可用手轮 3 将两侧的张力架向外移动,形成较宽的工作通道,便于操作工人换筒、接头。

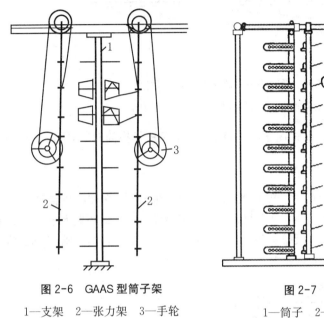

图 2-6　GAAS 型筒子架

1—支架　2—张力架　3—手轮

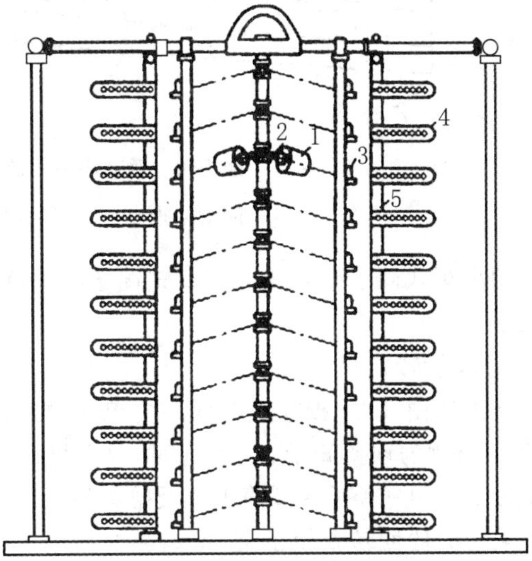

图 2-7　国产固定筒子架

1—筒子　2—锭子　3—张力装置
4—导纱瓷板　5—导纱架

图 2-7 所示为国产的固定筒子架。插纱锭子 2 固装在立柱上,并向下倾斜 15°。两侧有张力装置 3、导纱瓷板 4 和导纱架 5。纱线自筒子 1 的顶端引出,穿过张力装置和导纱瓷板,分层引向前方。导纱架 5 的上方有滑轮,换筒时可把导纱架拉至外侧,便于挡车工操作。该筒子架上下共 10 层,每侧 30 排,全架可容 600 个筒子。

采用固定式筒子架,由于换筒发生在同一时间,所有筒子的退绕直径大致相同,再加上筒子架的长度较短,因此整经时全片经纱的张力较均匀;但更换筒子需停车进行,效率较低。每个筒子的容量要求准确,否则将增加倒筒脚工作。该筒子架宜用于低线密度纱、批量小、品种多、质量要求高的棉织、色织、毛织和丝织生产。

2. 活动小车式筒子架

这种筒子架由若干辆活动小车和框架组成,其外形与固定式筒子架相同。图2-8所示为哈科巴整经机 G2-H 型筒子架平面(俯视)示意图。一批筒子装在若干辆活动筒子车上,每辆活动小车上下共 8 层,前后各 5 列,共可容纳 80 个筒子。每个筒子架的活动小车的数量可根据生产需要选择。备用活动小车数至少等于工作小车数。当一批筒子进行整经时,即可给预备小车装筒。换筒时,先将筒子架内剩有筒脚的活动小车依次拉出,然后将预先装满筒的活动小车推入。活动小车由导轨精确引导,每辆小车的两侧有两个转轮,前后有两个导轮,推拉时轻便灵活。筒子架两侧的张力架可用手轮控制沿筒子架顶端的轨道移动,用以调节导纱距离,方便操作。

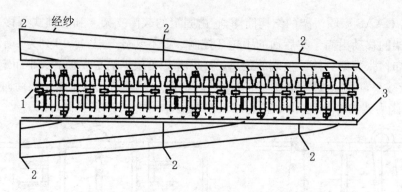

图 2-8　活动小车式筒子架(G2-H 型)

1—活动小推车　2—导纱瓷牙板　3—张力架

　　活动小车式筒子架除具有固定式筒子架的优点外,还缩短了换筒时间,提高了整经机的生产效率。

　　3. 分段旋转式筒子架

　　该筒子架由 3~5 根立柱构成一个单元,可以绕其中心轴旋转,立柱的外侧装有一组工作筒子 1,内侧为预备筒子 2。换筒时,只需将每个单元均旋转 180°,即可将预备筒转换到工作位置上。贝宁格 GS 型筒子架及哈科巴 G5-H 型筒子架均属于此类。国产 1452G 型整经机也采用分段回转式筒子架,见图 2-9 所示。

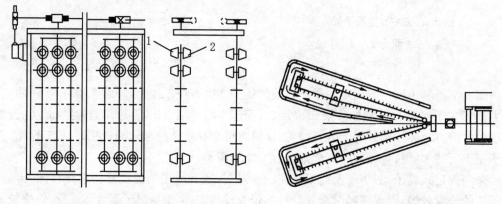

图 2-9　分段旋转式筒子架　　　　　　　**图 2-10　V 形循环链式筒子架**

1—工作筒子　2—预备筒子

　　4. V 形循环链式筒子架

　　V 形循环链式筒子架因两边纱架排列成 V 字形,并通过循环链条传动集体换筒而得名。图 2-10 为其俯视示意图。这种筒子架的里侧装预备筒子,外侧装工作筒子。工作筒子用完后,换筒时只需按动换筒按钮,电动循环传动链条即按图中箭头所示方向转动,将满筒转至工作位置,然后从新的满筒引纱至前方,再生头开车。一般而言,这种筒子架均配备有电动剪纱器,由人工从筒子架的前方向后方移动,可节约换筒时间。贝宁格 GE/GCF 型的筒子架为该形式。

　　三、整经张力装置

　　为使整经轴获得良好成形和足够的卷绕密度,整经筒子架设有张力装置,给纱线以附加张力。而在现代高速整经机上,当卷绕短纤纱的速度高达 700~1 000 m/min 时,能产生必要的卷绕张力,故这类整经机已取消张力装置。

设置张力装置的另一个目的是调节片纱张力。根据筒子在筒子架上的不同位置,分别给以不同的附加张力,即采用分段分区配置张力盘,达到全片经纱张力相对均匀的目的。

整经张力装置的形式多数为张力盘式,也有张力棒式。张力盘式又分单张力盘、双张力盘等,以及有柱式、无柱式等。

(一)单张力盘式张力装置

图 2-11 所示为单张力盘式张力装置。该装置广泛应用于中速(线速度小于 400 m/min)整经机。

经纱从筒子上退出,并穿过导纱瓷眼,然后绕过瓷柱 1。纱线退绕时,张力盘 2 紧压着纱线,绒毡 3 和张力圈 4 放在张力盘上,起到缓冲吸振的作用。张力盘的质量可以根据纱线的线密度、整经速度、筒子在筒子架上的位置等因素选定。

该张力装置综合运用了累加法和倍加法的原理,纱线张力取决于张力盘的质量和纱线对瓷柱的包围角。

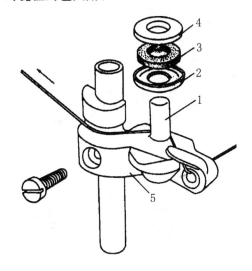

图 2-11 单张力盘式张力装置

1—瓷柱 2—张力盘 3—绒毡 4—张力圈

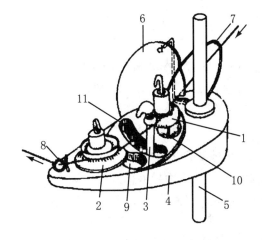

图 2-12 有柱式双张力盘装置

1,2—张力盘 3—导纱杆 4—张力盘座
5—立柱 6—导纱板 7—导纱杆
8—导纱钩 9,10,11—漏孔

(二)双张力盘张力装置

1. 有柱式双张力盘张力装置

图 2-12 所示为有柱式双张力盘张力装置结构。张力盘 1 和 2、导纱杆 3 装在张力盘座 4 上。张力盘座 4 固装在立柱 5 上。导纱板 6 和导纱杆 7 将纱线自筒子引入张力盘 1,绕过导纱杆 3,再经张力盘 2 后,穿过导纱钩 8 引向前方。漏孔 9,10,11 可以漏掉积聚的花衣。导纱杆 3 在漏孔 11 中的位置可以调节,以适应不同品种的整经张力要求。单纱张力的调节还可以通过配置不同的张力垫圈质量来实现。该张力装置的张力调节范围较广,经合理调节后片纱张力的误差值可控制在±2 cN。国产 GA121 型高速整经机采用此张力装置。

2. 无柱式双张力盘张力装置

图 2-13 所示为贝宁格 GZB 型无柱式双张力盘张力装置。无立柱的两对张力圆盘,安放在一个从筒子架顶端直通底部的 U 形金属导槽内,因设有保护装置,张力盘不会跳出 U 形座以外。第一组张力盘起减振作用,第二组张力盘控制纱线张力。纱线 1 经过两对上、下张力盘 8 和 3 及三个导纱眼 2,以直线前进。纱线张力通过调节第二对张力盘上的弹簧 10 的压力来控制,弹簧的压力可用装在筒子架底部的手轮集体调节,操作十分简便、迅速,而且可靠。下张力盘 3 由装在筒子架下面的小电动机驱动齿轮 5、6 和 7 集体传动,以达到张力盘均匀磨损,以及自动清除附着在张力盘上的花衣和尘屑的目的。另外,下张力盘的底部装有吸振垫圈 4,起减振作用,可避免因纱结通过而引起的张力突变现象,以确保张力盘平稳运行。

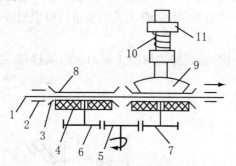

图 2-13　无柱式双张力盘张力装置

1—纱线　2—导纱眼　3—张力盘
4—吸振垫圈　5、6、7—齿轮　8、9—张力盘
10—弹簧　11—调节螺母

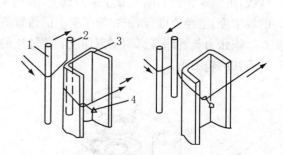

图 2-14　导纱棒式张力装置

1,2—导纱棒　3—纱架槽柱　4—自停钩

3. 导纱棒式张力装置

图 2-14 所示为导纱棒式张力装置。纱线自筒子引出后,经过导纱棒 1 和 2,绕过纱架槽柱 3,再穿过自停钩 4 而引向前方。在筒子架的后方,设有手轮、蜗轮和连杆。转动手轮时,可调节导纱棒 1 和 2 之间的距离,从而调节纱线对导纱棒的包围角,以改变和控制张力。这种张力装置不能调节单根经纱的张力。贝宁格 GE 式筒子架配置该张力装置。

四、断头自停装置和夹纱器

整经筒子架的前部有断头自停装置和夹纱器,其作用原理如下:

1. 断头自停装置

断头自停装置的作用是当纱线断头时,立即发生信号,使整经机停车。一般筒子架上每锭都配有断头自停装置。新型高速整经机对断头自停装置的灵敏度提出了很高的要求,要求整经速度为 600~1 000 m/min 时,保证断头不卷入经轴。目前,一般设定的停车距离(自停装置反应距离+整经机制动距离)为 3~4 m,即整经机必须在 0.3~0.4 s 内停转。

从各种高速整经机采用的断头自停装置的作用原理看,主要有接触式和电子式两种:接触式断头自停装置的经纱断头后,停经片下落,接通低压电路而停车。

赐莱福 Z25 型筒子采用的是静电感应式(电子式)断头自停装置,由探测感知件、纱线运行信号放大器和停车控制电路三个部分组成。其中纱线探测器的形状如图 2-15 所示,上部耳朵形的称为探测器,下面的方框部分为电路系统。探测器的感知件是耳形中间的 V 形槽 1,为白色瓷件。在 V 形槽的正面,四周涂有一层铜箔;在 V 形槽的反面,周围涂一层灰色银层。V 形槽中的瓷质件作为绝缘介质,从而构成一只电容器,电容量仅为 8~10 PF。整经机正常运行时,纱线 2 紧贴槽的底部,从而使该电容器的极板上感应电荷。由于纱线运行抖动或其表面不平滑,产生的电压信号类似"噪声电压",经放大、整形、滤波、功率放大,再由一套控制电路保证机台正常工作。一旦出现断头,自停装置发出的"噪声电压"消失,控制电路立即发动停车。

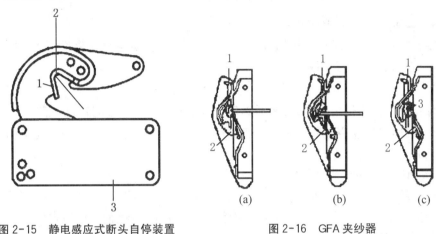

图 2-15 静电感应式断头自停装置

1—V 形槽 2—纱线 3—电路盒

图 2-16 GFA 夹纱器

1—夹纱器 2—断头自停钩 3—胶插塞

2. 夹纱器

新型高速整经机的筒子架上设有夹纱器。夹纱器的作用是当整经机停车时,迅速将每根纱线夹住,防止筒纱因惯性继续引出。在整经机正常运转时,夹纱器不与纱线接触。

图 2-16 所示为贝宁格整经机的一种夹纱器。每一根纱线进入自停钩之前,需先经过一只夹纱器。当发生断头或其他原因停车时,全机的夹纱器分别由两侧气动控制的横动杆带动,集体动作,使升降杆迅速下降,于是夹纱器同时将全部纱线夹紧。当停车处理完毕重新开车时,夹纱器便适当延时打开,使纱线在机器速度尚未达到正常的瞬间,获得一个初张力,保证自停钩顺利抬至工作位置。图中所示是 GFA 夹纱器的三种工作状态:(a)为运行时夹纱器 1 和断头自停钩 2 所处的位置;(b)为停车时的状态;(c)为个别装置不用时,所用胶插塞 3 中止其作用而不影响全机运行。

第三节 分批整经机

分批整经机的主要组成部分为筒子架和卷绕机构(车头),下面介绍卷绕机构:

分批整经时,片纱密度较稀(一般为 4~6 根/cm),为使经轴成形良好,以一很小的卷绕角进行卷绕,接近于平行卷绕方式。对卷绕过程的要求是整经张力和卷绕密度均匀、适宜,卷绕成形良好。

一、整经卷绕机构的工艺要求

① 卷绕过程应保持恒线速度,从而保证恒张力和恒功率。只有线速度恒定,才能保证

整经过程中自小轴到满轴时的张力始终一致,卷绕密度(松紧程度)内外一致。这个工艺要求主要由卷绕传动系统来实现。

② 经轴卷绕密度适中,经轴表面平整,以保持经纱原有的物理机械性能,避免浪纱、松边轴。这个工艺要求通过调整整经张力、经轴加压、保证良好的设备状态(如经轴盘片不歪斜)来实现。卷绕密度的单位为"g/cm^3"。

③ 经纱排列密度适中、均匀,以保证依次卷绕的各层级互不嵌入,保证片纱张力均匀。这个工艺要求主要由经纱均匀穿入伸缩筘来实现。

二、卷绕机构的组成与原理

卷绕机构主要由卷绕传动机构、加压装置、伸缩筘、启动与制动装置、上落轴装置、计长装置等组成。以下择要介绍:

(一)卷绕传动机构

为保持整经张力恒定不变,整经轴必须以恒定的表面线速度回转,从而整经卷绕功率恒定不变。因此,整经卷绕过程具有恒线速、恒张力、恒功率的特点。卷绕传动机构分为滚筒摩擦传动和直接传动两种方式。

1. 滚筒摩擦传动经轴的方式

用于传统中、低速整经机(整经线速度低于 400 m/min)机构(图 2-1 和相关内容)。

由于滚筒的表面线速度恒定,所以与滚筒摩擦转动的整经轴也以恒定的线速度卷绕纱线,达到恒张力卷绕的目的。

2. 直接传动经轴的方式

用于新型高速整经机(图 2-2 和相关内容)。

整经机的经轴两端为内圆锥齿轮,工作时与两端的外圆锥齿轮啮合,接受传动。采用经轴直接传动后,为保持整经张力恒定不变,随经轴的卷装直径逐渐增加,经轴转速应逐渐降低,以保证整经线速度恒定。这种方式对经轴的调速传动可以采用以下三种方式:

(1)直流电动机加可控硅无级调速传动。采用直流电动机加可控硅无级调速方式直接传动整经轴卷绕纱线,压辊紧压在整经轴的表面,施加压力,并将纱线速度信号传递给测速发电机。机构采用间接法恒张力控制,以纱线的线速度为负反馈量,通过控制线速度恒定来间接地实现恒张力的目的。德国赐莱福 MZD 型整经机采用这种方式。

(2)变量液压电动机传动。纱线经导纱辊卷入经轴,由变量液压电动机直接传动整经轴,在电动机的拖动下,变量油泵向变量液压电动机供油,驱动其回转。串联油泵将高压控制油供给变量油泵和变量液压电动机,控制它们的油缸摆角,以改变液压电动机的转速。瑞士贝宁格整经机采用这种方式。

(3)变频调速传动。由交流电动机传动整经轴卷绕纱线,根据所设计的整经线速度,油电位器设定一个模拟量,实际的整经线速度经测速发电动机测出,并作为反馈量来控制交流电动机的速度。随着经轴直径的增大,线速度的反馈量随之增大,控制电动机速度不断下降,使整个整经过程中线速度保持恒定。由于变频调速系统具有调速精度高、反应快、性能可靠等特点,目前高速整经机普遍采用变频调速传动方式。

(二)经轴加压装置

经轴加压的目的是保证经轴表面平整和均匀、适度的卷绕密度,加压方式有机械式、液压式和气动式。

1. 悬臂重锤式加压机构

悬臂重锤式加压机构是滚筒摩擦传动的传统整经机(如国产1452A型、1452B型)采用的经轴加压方式,见图2-1。对经轴加压压力的大小取决于经轴臂、重锤的质量和经轴本身的质量,另外还取决于夹板在导槽处的夹紧程度,即平板所产生的摩擦阻力的大小。因经轴臂的质量是不变的,故重锤的质量越大,夹板处夹得越紧,加压压力也越大。压力随经轴本身质量的不断增加而增加。为了保持压力的均衡,操作者应在卷绕过程中逐段减轻加压重锤的质量。但这样加压,压力仍呈锯齿形递增。经轴卷绕过程中,加压的不均衡对经轴的卷绕密度均匀是不利的。这种加压方式现已为水平加压方式所取代。

2. 机械式水平加压机构

机械式水平加压机构是悬臂式加压机构的改进,在老机改造中得到应用,能够保证随经轴卷绕直径的增加,经轴所受到的压力保持恒定。整经机的机械式水平加压机构如图2-17所示。图中1为经轴,轴头2上套有装在轴承座3内的滚珠轴承,轴承座3与滑动座4相连,滑动座4可沿滑轨5滑动,滑轨5的两端由托脚6和托架7固装在地面及机架上。滑动座4与齿杆8用螺母连接,齿杆8与齿轮9啮合,同轴有绳轮10,重锤11(60 kg)挂在绳轮上。重锤的重力经绳轮、齿杆、滑动座将经轴压向滚筒12。当经轴直径逐渐增大时,经轴沿滑轨水平外移。整经过程中,随整经轴的卷绕半径不断增大,卷绕加压压力基本不变。

这种加压装置亦为恒压装置,加压压力由重锤调节,使压力保持不变。国产1452G型整经机采用这种加压方式。

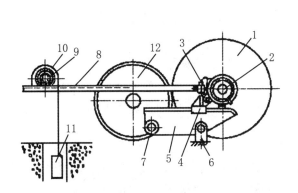

图 2-17　机械式水平加压机构

1—经轴　2—轴头　3—轴承座　4—滑动座
5—水平滑轨　6—落地托脚　7—托架　8—齿杆
9—齿轮　10—绳轮　11—重锤　12—滚筒

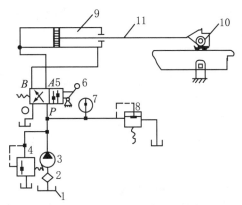

图 2-18　液压式加压机构作用原理

1—储油箱　2—滤油器　3—油泵　4—安全阀
5—换向阀　6—手柄　7—压力表　8—调压阀
9—油缸　10—滑动座　11—活塞杆

3. 液压式水平加压机构

液压式水平加压机构的特点是结构简单、加压均匀、操作方便。图2-18所示为液压式水平加压机构的作用原理图。

经轴轴头伸在滑动座10的滚珠轴承内。滑动座10与油缸活塞杆11相连。油缸9的前腔和后腔连管道 A 与 B,和二位四通换向阀5相连。油液经储油箱1和滤油器2,由油泵3输出,压力表7显示压强大小。调压阀可以调节油压的大小。操纵手柄6,可使油液经换向阀5

的 PB 油路进入油缸前腔,后腔油液经 AO 油路排回油箱;也可使后腔油液经 PA 油路进入油缸后腔,前腔油液经 BO 油路排回油箱。前者用于上轴和运转时加压,后者用于卸满轴。

以上三种加压形式适用于滚筒摩擦传动的中、低速整经机。

4. 直接传动整经机的液压压辊加压机构

直接传动整经机的经轴加压由压辊完成。压辊的压力由液压系统供给和调节。图 2-19 为其作用原理图。压辊 2 由杠杆 3 控制,并压向经轴 1,杠杆 3 的另一端与活塞杆 4 连接。油缸 5 的前腔接管道 A,后腔接管道 B,油液自储油箱 6,经滤油器 7,由油泵 8 压出。操纵电磁换向阀 9 可使油液走 PB 入油缸后腔,AO 排前腔;也可使油液走 PA 入油缸前腔,BO 排后腔。前者为加压,后者为卸压。调压阀 11 用来调节油液的压强大小,压力表 10 则显示油液的压强大小。

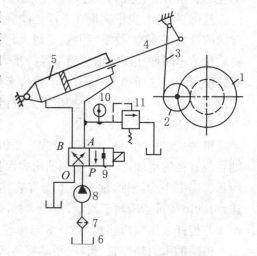

(三)经轴松夹和上落轴机构简介

直接传动整经机的经轴松夹和上落轴大多也采用液压式。液压式经轴松夹机构通常用左右两只油缸,分别经活塞和双臂杆,带动左右两侧传动经轴的锥齿夹头,使夹头与经轴盘轴端的锥形内齿产生啮合或脱开动作,达到使经轴夹紧或松开

图 2-19　液压压辊加压作用原理

1—经轴　2—压辊　3—杠杆　4—活塞杆
5—油缸　6—储油箱　7—滤油器　8—油泵
9—电磁换向阀　10—压力表　11—调压阀

的目的。液压式经轴的上落轴也用两只油缸,经活塞推动升降臂,从而将经轴举起或落下。

(四)伸缩筘

分批整经机上,伸缩筘是保证经纱排列均匀、控制片纱幅宽和片纱定位的部件。

现代高速整经机的伸缩筘可以左右往复移动和上下运动,引导纱线平均分布在整经轴表面,并且互不嵌入,以便于退绕,并可以防止纱线在固定位置磨损筘齿。伸缩筘的幅宽和位置的调节可以通过手轮来进行。

根据纱线直径和纱线排列密度,伸缩筘动程在 0~40 mm 范围内调整。在伸缩筘到导纱辊,以及导纱辊到整经轴卷绕点之间,存在着自由纱段。因为自由纱段的作用,整经轴上每根纱线卷绕点的左右往复移动动程远小于伸缩筘动程,一般为 2~5 mm。

(五)三辊同步制动

新型高速分批整经机的线速度很高,设计速度最高可达到 1 000 m/min。为了在发生经纱断头后能迅速制停,不使断头卷入经轴,分批整经机上配备高效的液动或气动制动系统。为了防止制动过程中测长辊、压辊与经纱发生滑移而造成测长误差和经纱磨损,高速整经机普遍采用测长辊、压辊和经轴三者同步制动,其中压辊在制动开始时迅速脱离经轴并制动,待经轴和压辊均制停后,压辊再压靠在经轴表面。

三、新型分批整经机的性能特征

(一)国产 GA121 型整经机的特点

GA121 型整经机接近 20 世纪 80 年代中期引进的整经机的水平,适用于纯棉、化纤混纺短纤纱,纱线线密度为 6～83 tex(98^s～7^s)。该机工作幅宽为 160 cm 和 180 cm,采用液压无级调速直接传动经轴,整经速度为 300～800 m/min,经轴盘片直径为 800 mm 和 1 000 mm,经轴轴芯直径为 267 mm,测长辊中心距离地面 1 240 mm。采用封闭式断纱自停装置和液压式经轴制动装置,断经制停车距离为 3～5 m。张力装置采用双柱(或三柱)张力盘式,纱线包围角可调。伸缩筘为人字形(W 形),筘座前后摆动,筘齿疏密及筘座轴向移动由电动机驱动。采用多功能计长表,能预设卷绕长度及满轴自停,有班产和断头次数累计。采用液压控制压纱辊和测长辊制动,断纱自停时实现经轴、压纱辊、测长辊同步制动。液压控制经轴的夹紧和松开,液压控制压纱辊的升降和加压,车头设有光电保护装置和经轴夹紧机构的安全顶紧销,确保操作安全。筒子架采用单式矩形,活动小车集体换筒式或小 V 形翻转换筒式,筒子数为 672～700 个。

（二）进口新型分批整经机的主要技术性能

我国自 20 世纪 80 年代以来引进了多种新型分批整经机,在当时具有代表性的整经机型号及其主要技术性能见表 2-2。

表 2-2　三种新型分批整经机的主要技术性能

制造厂	贝宁格(Benninger) (瑞士)	哈科巴(Hacoba) (德国)	赐莱福(Schlafhorst) (德国)
型号	ZDA	HH	MZD
工作幅宽(mm)	1 200～2 000	1 300～2 400	1 000～2 000
适用纱线	短纤	短纤	短纤
整经速度(m/min)	1 000	1 000～1 200	800
经轴传动	液压直接传动	直接传动	直接传动
经轴直径(mm)	1 000	1 000	1 000
整经架	V 形架链式换筒	H 形架回转式换筒	H 形架筒子车换筒
张力器和夹纱器	张力杆、夹纱器	双罗拉可调式	夹纱器
制动机构	液压式	液压式	液压式
落轴方式	液压式	液压式	液压式
断纱自停	张力器后	整经架前	筒子引出端静电感应
其他	活动挡风玻璃、游动筘	活动挡风玻璃、游动筘	活动挡风玻璃、游动筘

第四节　分条整经机

分条整经机主要用于小批量、花色品种多且变化频繁的毛织、色织和丝织行业。近年来我国引进和仿造了一些新型分条整经机,其中最先进的是电脑监控的电子型分条整经机。

一、分条整经机构

分条整经机的卷绕由大滚筒卷绕和倒轴两个部分组成(图 2-20)。新型分条整经机的卷绕一般有两种形式,即直流电动机可控硅调速和变频调速传动,都可达到整经恒线速度的目的。

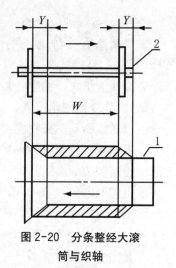

(一)大滚筒卷绕

分条整经机的整经大滚筒,如图 2-19 所示,由呈一体的一个长圆柱体和一个圆台体构成。首条经纱贴靠在圆台体表面进行卷绕,其余各条以其为依托,依次以平行四边形的截面形状卷绕在大滚筒上。对于纱线表面光滑的品种,圆台体的锥角应小些,有利于经纱条带在大滚筒上的稳定性,但大滚筒的总长度变长,即机器尺寸增加。在条带的导条速度有分档变化的整经机上,圆台体部分为框式多边形结构,圆台体的锥角可调,可达到导条速度与锥角之间的匹配,使条带精确成形,但框式多边形结构的圆台部分会导致首条经纱卷绕时因多边形与圆形周长之间的误差而出现卷绕长度差异,所以新型分条整经机普遍采用固定锥角的圆台体结构,锥角有 $9.5°$ 和 $14°$ 等系列,根据加工对象进行选择。

图 2-20 分条整经大滚筒与织轴

1—大滚筒 2—织轴

分条整经的卷绕由大滚筒的卷绕运动(大滚筒圆周的切线方向)和导条运动(平行于大滚筒的轴线方向)组成,大滚筒卷绕运动类似于分批整经机的经轴卷绕。新型分条整经机的大滚筒由独立的变频调速电动机传动,整经线速度由测速辊检测。在每一条带开始卷绕时,大滚筒的转速最高,随着卷绕直径增加,测速信号通过变频调速控制部分使大滚筒传动电动机的转速降低,实现大滚筒卷绕的恒线速。大滚筒装有高效的制动装置,一旦发生经纱断头,立即动作,能保证断头未被卷入大滚筒之前停车。

(二)导条

第一条带的纱圈以滚筒头端的圆台体表面为依托,避免纱圈倒塌。在卷绕过程中,条带依靠定幅筘的横移引导,向圆锥方向均匀移动,纱线以螺旋线状卷绕在滚筒上,条带的截面呈平行四边形,如图 2-21 所示。以后逐条卷绕的条带均以前一条带的圆锥形头端为

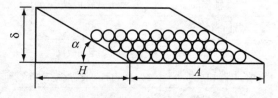

图 2-21 分条整经大滚筒上的经纱条带

依托。在全部条带卷绕之后,卷装呈良好的圆柱形状,纱线的排列整齐有序。

由于导条运动是定幅筘和大滚筒之间在横向所做的相对移动,因此其相对运动方式有两种:一是大滚筒不做横向运动,整经卷绕时由定幅筘的横向移动将纱线导引到大滚筒上,而倒轴时倒轴装置做反向的横向移动,始终保持织轴与大滚筒上的经纱片对准,将大滚筒上的经纱退绕到织轴上;另一种方式是定幅筘和倒轴装置不做横向运动,整经卷绕时由大滚筒做横向移动,使纱线沿着大滚筒上的圆台稳定地卷绕,倒轴时大滚筒再做反向的横向移动,保持大滚筒上的经纱片与织轴对准,将大滚筒上的经纱退绕到织轴上。由于第一种方式中定幅筘做横移,为保持筒子架上的经纱与定幅筘对准,筒子架和分绞筘均需做横移,使得移动部件多、机构复杂,因此新型分条整经机大多采用大滚筒横移的导条运动方式。

导条速度用大滚筒每转一转的条带横移量表示。在圆台体锥度固定的情况下,条带的

横移量取决于大滚筒每转一转时纱层厚度的增量。圆台体锥度 α、每层纱的厚度 b 与条带横移量 h 三者的关系为：

$$h = b/\tan\alpha \qquad (1\text{-}13)$$

由于圆台体锥度 α 已知，上机时只要工艺设计的纱层厚度值 b 与实际情况一致，那么由上式确定的 h 值能保证条带成形良好。为了保证纱层厚度值设定准确，一些新型分条整经机在定幅筘的底座上装有纱层厚度自动测量装置。

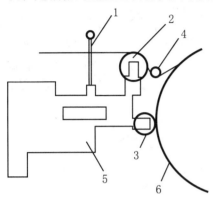

图 2-22　一种新型分条整经机的定幅筘底座

1—定幅筘　2—测长辊　3—测厚辊　4—导纱辊　5—底座　6—大滚筒

如图 2-22 所示，底座 5 上装有定幅筘 1、测长辊 2、测厚辊 3、导纱辊 4 等部件。测厚辊的工作过程是：在条带生头后，将测厚辊紧靠在大滚筒 6 的表面上，传感器检测其初始位置，随着大滚筒上的绕纱层数增加，测厚辊随之后退，传感器将后退距离转换成电信号，输入计算机并显示出来。一般取大滚筒 100 圈为测量基准，测量的厚度值经自动运算，得到精度达 0.001 mm 的横移量。控制部分按这个横移量使大滚筒和定幅筘底座做导条运动，实现条带的卷绕成形。测长辊 2 的一端装有一个测速发电机，将纱速信号和绕纱长度信号送到滚筒传动电动机的控制部分和定长控制装置。导纱辊 4 的作用是增大纱线在测长辊上的包围角，以减少滑移，提高测长精度。

定幅筘底座装在大滚筒机架上，在整经过程中，当大滚筒相对筒子架做横移进行条带卷绕成形时，定幅筘底座需做反向的横移，从而保证定幅筘与分绞筘、筒子架的直线对准位置不变。这由一套传动及其控制系统自动完成，并能实现首条定位、自动对条功能。首条定位可使定幅筘底座与大滚筒处于起步位置，即经纱条带靠近圆台体一侧的边纱与圆台体的起点准确对齐。自动对条是控制部分的计算机根据输入的条带宽度，在进行换条操作时，使定幅筘底座相对于大滚筒自动横移到下一个条带的起始位置，其精度可达 0.1 mm，对条精确，提高了大滚筒装表面的平整，消除带沟和叠卷现象，也缩短了换条操作时间。

（三）分绞

为使织轴上的经纱排列有条不紊，保持穿经工作顺利进行，需进行分绞工作。

分绞工作借助于分绞筘完成，分绞原理如图 2-23 所示。条带上的纱线依次引过通筘眼 1 和封点筘眼 2，通筘眼 1 与封点筘眼 2 间隔排列。通筘眼 1 不焊接，封点筘眼 2 在中部有两个焊封点，纱线在通筘眼 1 中可上下移动较大幅度，但在封点筘眼 2 中的移动受两个焊封点

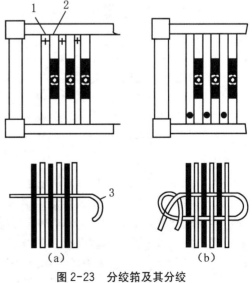

（a）　　　　　　　　　　（b）

图 2-23　分绞筘及其分绞

1—通筘眼　2—封点筘眼　3—分绞线

的约束。分绞时，先将分绞筘压下，通筘眼 1 中的纱线不动，留在上方，而封点筘眼 2 中的纱线随之下降，于是奇、偶数两组纱线被分为上、下两层，在两层之间引入一根分绞线 3，如图 2-23(a)所示。然后，把分绞筘上抬，通筘眼 1 中的纱线不动，留在下方，而封点筘眼 2 中的纱线随之上升，于是奇、偶数两组纱线被分为下、上两层，在两层之间再引入一根分绞线，如图 2-23(b)所示。这样，相邻经纱被严格分开，次序固定，便于穿经。

分绞筘内穿纱的多少视织物品种而异。一般每眼穿一根，如逢方平或纬重平组织时，每眼可穿两根。

（四）倒轴卷绕

滚筒上各条带卷绕之后，要进行倒轴工作，把各条带上的纱线同时以适当的张力再卷到织轴上。倒轴卷绕由专门的织轴传动装置完成。在新型高速整经机上，它也是一套变频调速系统，以控制织轴恒线速卷绕。在倒轴过程中，大滚筒做与整经卷绕时反方向的横移，保持退绕的片纱始终与织轴对准（图 2-20）。

倒轴卷绕张力的产生借助于大滚筒的制动器，制动器为液压或气压式。倒轴时，根据所需的经纱张力，调节液（气）压压力，制动器便对与大滚筒一体的制动盘施加一定的摩擦阻力，从而产生倒轴卷绕张力，使织轴成形良好，并达到一定的卷绕密度。

（五）对织轴的加压

新型的分条整经机采用织轴卷绕加压装置，利用卷绕时的纱线张力和卷绕加压压力两个因素来达到一定的织轴卷绕密度，所以能用较低的纱线张力来获得较大的卷绕密度，既保持了纱线良好的弹性，又大大增加了卷装中的纱线容量。加压装置的工作原理如图 2-24 所示。

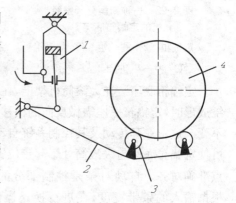

图 2-24　分条整经机织轴卷绕加压
1—加压油缸　2—托臂
3—压辊　4—织轴

液压工作油进入加压油缸 1，将活塞上抬，使托臂 2 升起，压辊 3 被紧压在织轴 4 上。工作油压力恒定，于是卷绕加压压力维持不变。这是一种恒压方式。不同的织轴卷绕密度通过工作油压力来调节。

部分分条整经机不装织轴卷绕加压装置，织轴卷绕时，为达到一定的织轴卷绕密度，必须维持一定的纱线卷绕张力。纱线张力的大小取决于整经滚筒上制动带的拉紧程度，制动带越紧，拖动滚筒转动的力就越大，从而纱线张力和织轴卷绕密度越大。这种机构对保持纱线的弹性和强力不利。

（六）经纱上乳化液

在毛织生产中，为提高经纱的织造工艺性能，在分条整经织轴卷绕（倒轴）时，对毛纱上乳化液（包托乳化油、乳化蜡或合成浆料）。经纱上乳化油（蜡）后，可在纱线表面形成油膜，降低纱线的摩擦系数，使织机开口清晰，有利于经纱顺利通过停经片、综、筘，从而减少断经和织疵。对经纱上合成浆料乳化液，在纱线表面形成浆膜，则更有利于经纱韧性和耐磨性的提高，在一定程度上起到了上浆作用。

上乳化液的方法有多种，比较常用的方法如图 2-25 所示。经纱从滚筒 1 上退绕下来，通过导辊 2 和 3 后，由带液辊 4 给经纱单面上乳化液，然后经导辊 5 卷绕到织轴 6 上。带液辊以一定速度在液槽 7 中转动,液槽的液面高度和温度应当恒定,调节带液辊的转速可以控制上液量,一般上液量为经纱质量的 2%～6%。

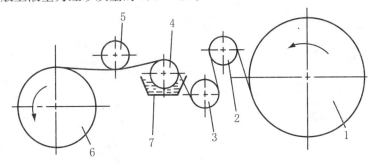

图 2-25 常用的经纱上乳化液方法

1—滚筒 2,3,5—导辊 4—带液辊 6—织轴 7—液槽

乳化液成分主要有白油、白蜡、油酸、聚丙烯酰胺、防腐剂和其他助剂。经纱上乳化液后,其织造效果有明显改观。毛纱上聚丙烯酰胺乳化液,可提高断裂伸长率 10%～30%,提高断裂强度 4%～5%,使织造经向断头率降低 20%～40%。上乳化油或乳化蜡后,断经、脱节和织疵均有减少,经向断头率降低 10%～30%。

二、 新型分条整经机的主要性能和特征

各种型号的分条整经机(表 2-3)主要由滚筒卷绕机构、分绞装置、倒轴部分、传动和制动系统、条带长度和张力检测控制装置等机构组成。新型分条整经机在滚筒的结构和导条器位移方面有所改进和创新。例如:新型分条整经机采用固定锥角的圆柱形滚筒,改变了用木条或金属条构成的滚筒的结构,更有利于条带的卷绕成形。在电子型分条整经机上采用与滚筒接触的测厚辊,测出每层纱的厚度,并通过位移传感器将厚度信号输入电子计算机,以控制导条器的移动距离。这种方法可以自动对条,而且条与条之间不出现条痕。

哈科巴 USK 电子型分条整经机采用电子计算机控制整经台(指导条器及其控制部分)的位移和经纱条带间的均匀衔接,从而保证了全幅经纱张力均匀,提高了织轴的卷绕质量。该机总体布局采用筒子架固定不动,分绞箱和整经台与筒子架基本保持直线关系,整经滚筒可横向移动。

表 2-3 几种新型分条整经机的主要技术规格

制造厂	哈科巴	哈科巴	贝宁格	贝宁格
型号	US 型	USK-电子型	SC-P 型	Super Tronic 型
工作幅宽(mm)	3 500	2 000～4 000	1 800～3 500	2 200～4 200
滚筒速度 (m/min)	0～600 无级可调	0～800 无级可调	800	800
倒轴速度 (m/min)	0～300 无级可调	0～300 无级可调	200	200
滚筒直径(mm)	800	1 000	800	1 000
斜度板(圆锥角)	集体可调	固定	集体可调	固定

续表

制造厂	哈科巴	哈科巴	贝宁格	贝宁格
条带位移	机械式控制	电脑控制	11级调速	电脑控制
传动	直流电动机	直流电动机	交流电动机和无级变速器	直流电动机
制动	皮带制动	气—油圆盘式	皮带制动	液压圆盘式
滚筒	金属框架	合成树脂	圆柱体（夹心结构）	金属框架外包金属板
分绞筘	可横动	固定	固定	固定
断头自停	电气接触式	电气接触式	电气接触式	电气接触式
筒子架容量(个)	480～576	480～576	640	640
张力装置	双圆盘式	双罗拉式	双圆盘式	双罗拉式

【思考与训练】

一、基本概念

分批整经、分条整经、分段整经、球经整经、整经张力。

二、基本原理

1. 分批整经和分条整经有何区别（原理、工艺流程与机构、应用范围）？
2. 筒子架有几种类型？特点如何？
3. 整经的张力装置有几种？有何特点？
4. 高速分批整经机与传统分批整经机在传动原理上有何区别？
5. 高速分批整经机有哪些主要装置？
6. 分条整经机有哪些主要装置？起何作用？
7. 分批整经机的伸缩筘起何作用？分条整经机的分绞筘、定幅筘起何作用？
8. 新型分批、分条整经机有何技术特点？

三、基本技能训练

训练项目1：到实训基地了解各种不同型号的分批整经机，并画出其工艺流程图。

训练项目2：到实训基地了解各种不同型号的分条整经机，并画出其工艺流程图。

教学单元3　浆　纱　机

【内容提要】　本单元对浆纱工序的任务与要求,以及浆纱机类型与工艺流程做一般介绍,简单扼要地介绍有关调浆设备的情况,并针对浆纱机的一般工艺流程,对其主要机构的组成与工作原理进行系统分析与讨论,在此基础上介绍有关浆纱机的自动控制。

第一节　浆　纱　概　述

一、浆纱的任务和要求

上浆过程中,浆液在经纱表面被覆,并向经纱内部浸透,浆纱经烘燥后,在其表面形成柔软、坚韧、富有弹性的均匀浆膜,使纱身光滑、毛羽贴伏;在纱线内部,加强了纤维之间的黏结抱合能力,改善了纱线的部分物理机械性能。合理的浆液被覆和浸透,能使经纱织造性能得到提高。

（一）浆纱的任务

上浆后,经纱可织性得到提高,具体表现在以下几个方面:

1. 耐磨性改善

经纱表面坚韧的浆膜使其耐磨性能得到提高。浆膜的被覆层力求连续完整,这样,浆膜才能对经纱起到良好的保护作用,以承受织造时织机的后梁、停经片、综丝眼和钢筘的剧烈作用。坚韧的浆膜要以良好的浆液浸透为基础,同时浆膜要具有良好的弹性,使之对经纱具有良好的保护效果。

2. 纤维集束性改善,纱线断裂强度提高

由于浆液使纤维之间的抱合力增强所产生的积极作用,使经纱断裂强度得到提高,特别是织机上容易断裂的纱线薄弱环节（如细节、弱捻等）得到增强,这无疑对降低织机经向断头有积极作用。在化纤长丝上浆中,改善纤维集束性还有利于减少毛丝的产生。

3. 良好的弹性、可弯性和断裂伸长

经纱经过上浆后,其弹性、可弯性和断裂伸长会有所下降,所以,上浆过程中对纱线的张力和伸长应进行严格控制,使用的浆膜材料应有较高的弹性。另外,控制适度的上浆率和浆液对纱线的浸透程度,使纱线内部部分区域的纤维仍保持相对滑移的能力,因此上浆后浆纱良好的弹性、可弯性和断裂伸长可得到保持。

4. 纱线毛羽贴伏、表面光滑

由于浆膜的黏结作用,使纱线表面的纤维游离端紧贴纱身,纱线表面光滑。在织制高密织物时,可减少邻纱之间的纠缠和经纱的断头,对于毛纱、麻纱、化纤及混纺纱、无捻长丝而言,毛羽贴伏和纱身光滑尤为重要。

5. 具有合适的湿度

合理的浆液配方和上浆工艺使浆纱具有合理的湿度。用淀粉上浆的棉浆纱在吸收一定量的空气中的水分后,其浆膜具有良好的弹性和韧性;相反,过分干燥的浆纱会使浆膜发脆,容易破裂、落浆。但是,吸湿性亦不可过强,因为过度的吸湿会引起再黏现象。烘干后的浆纱在织轴上由于过度吸湿发生相互黏连,影响织机开口,同时浆膜强度下降,耐磨性能也差。

6. 获得部分织物后整理效果

在浆液中加入一些整理剂,如热固性助剂或树脂,经烘房加热后,使它们不溶解,织制的织物就可获得硬挺度、手感、光泽、悬垂性等持久性的服用性能。

(二)浆纱的工艺要求

浆纱工程包括浆液调制和上浆两个部分,所形成的半成品是织轴。浆液调制工作和上浆工作分别在调浆桶和浆纱机上进行。

1. 上浆时对浆液的要求

① 浆液应具有良好的黏附性和浸透性,并有适当的黏度,以保证对纱线有恰当的被覆和浸透。

② 浆液经烘干后应能形成柔软、坚韧、光滑而富有弹性的浆膜。

③ 浆液的物理和化学稳定性良好。浆液在使用过程中不变质,不损伤纱线,不改变纱线的色泽。

④ 价格便宜,配方简单,浆液调制方便,退浆容易。

2. 对上浆过程的要求

① 上浆量符合工艺设计要求,避免过大或过小。

② 上浆均匀,轴与轴间、片纱与片纱间、单纱与单纱间都要保持一致,避免出现"毛轴"或"段毛"。

③ 上浆后纱线的回潮率和伸长率应符合工艺设计要求。

④ 织轴卷绕质量好,具有良好的分纱、排列和圆整度,没有"倒""并""绞"等疵点。

⑤ 在保证浆纱质量的前提下,不断提高浆纱生产率,并逐步提高浆纱的自动化程度。

二、 浆纱机概况

经纱上浆通常是在浆纱机上进行的。浆纱机首先把整经轴合并起来,获得织物的总经根数,然后在上浆装置中使经纱吸取浆液,再经过烘燥、分纱、测长打印和卷绕制成织轴。随着纺织原料结构的多样化和浆纱技术的不断进步,浆纱机的结构也有很大的发展,型号很多,各有特点。其基本组成部分包括轴架、上浆装置、烘燥装置、前车(车头)部分、传动系统、伸长和张力控制,以及控制浆纱过程的自控装置等。

(一)浆纱机分类

1. 按原纱品种分

有短纤纱、长丝纱和色纱用浆纱机三种。欧美各国趋向长丝、短纤纱共用一个机型,通过采用标准系列单元的不同组合来满足各品种的要求,而国内目前仍以分别适用于长丝或短纤纱的机型较多。

2. 按烘燥方式分

有烘筒式、热风式、热风烘筒联合式三种。近年来出现了烘燥新技术,所用热源有红外线、微波等。对于低线密度高密经纱、无捻的合纤长丝,在上浆烘燥后,经纱易黏连成片,以至分纱时困难,故在进入正式烘燥前应先进行预烘。预烘装置热源有热风、红外线和烘筒等。

3. 按浆槽数的多少分

有单浆槽、双浆槽和多浆槽三种形式的浆纱机。单浆槽浆纱机上只有一个浆槽供经纱上浆用,适用于一般经密织物的经纱上浆;双浆槽和多浆槽浆纱机,分别有两个和多个浆槽供经纱上浆使用,常用于高经密织物的经纱上浆。

4. 按传统工艺流程分

有轴经浆纱机、整浆联合机、染浆联合机等。轴经浆纱机为目前使用较多的浆纱机,是将几个经轴合并在一起进行上浆、烘干,而后卷绕成织轴。整浆联合机是在整经的同时进行上浆,将两道工序合并为一道,可先单轴上浆,后进行并轴;或条带上浆,再分条整经成织轴。染浆联合机既有染槽又有浆槽,把经纱的染色和上浆合并在一台机器上完成。

(二)浆纱机的性能要求

① 保持一定的均匀的上浆率和回潮率,浆膜完整,落浆少,浆纱强力增加,耐磨性良好。

② 浆纱张力均匀,意外伸长小,保持一定的弹性。

③ 浆纱排列均匀,浆轴平直圆整,卷绕松紧适当,计数打印准确。

④ 烘燥机构的烘燥效率高,耗汽耗水少。

⑤ 具有工艺参数指示和自动调节装置,以保证产品质量良好。

⑥ 改善劳动条件(烘房、浆槽外散热量少),操作简便(如按钮操纵等),劳动强度低(上落轴、上了机机械化、自动化)。

⑦ 适应多品种上浆(不同纤维、浆料、幅宽、纱线线密度、头份等)。

⑧ 外形尺寸小,机身轻,耗用有金色属少。

(三)几类浆纱机的工艺流程

1. 轴经浆纱机的工艺流程

轴经浆纱机的工艺流程较多,各有特色,但其基本形式大同小异,现以一种双浆槽浆纱机为例,如图3-1所示。经纱自经轴架1上的整经轴退绕出来,经过张力自调装置2,进入浆槽3上浆。湿浆纱经湿分绞棒4分纱和烘燥装置5后,通过上蜡装置6进行后上蜡。干燥的浆纱在干分绞区7被分离成数层,最后在车头8卷绕成织轴。这类浆纱机也是下文进行重点介绍的对象。

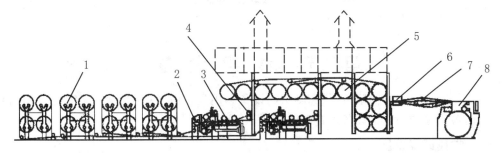

图3-1 轴经浆纱机工艺流程图

1—经轴架 2—张力自调装置 3—浆槽 4—湿分绞棒

5—烘燥装置 6—上蜡装置 7—干分绞区 8—车头

2. 长丝浆丝机的工艺流程

合纤长丝一般为疏水性纤维,根据长丝的特点,上浆要求加强集束性、上浆和烘燥温度不宜过高等,故多采用单轴上浆,工艺流程较短。图 3-2 所示为烘筒式浆丝机的工艺流程。这种上浆方式由于经丝在烘燥前后均不分绞,经丝断头少、排列均匀、伸长小,但易产生经丝间的黏连。

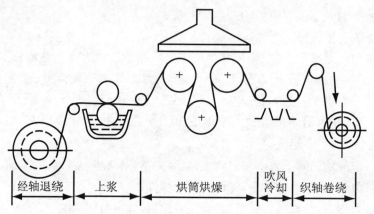

| 经轴退绕 | 上浆 | 烘筒烘燥 | 吹风冷却 | 织轴卷绕 |

图 3-2　烘筒式浆丝机的工艺流程

3. 靛蓝染浆联合机的工艺流程

图 3-3 所示为广泛使用的一典型靛蓝染浆联合机的工艺流程,其工艺流程较长。在气动张力装置的控制下,经纱从经轴上退绕下来,经 1～3 个水洗槽对纱线进行预处理,通过 4～6 个染槽和透风架的反复浸、轧、氧化而染色;染色后的纱线通过 1～2 个水洗槽洗涤,并由烘筒式烘燥装置进行染色预烘而进一步固色;然后由单浆槽或双浆槽上浆,经烘筒烘干,绕过储纱长度为 40～120 m 的储纱架上的导辊,最后卷绕成织轴。

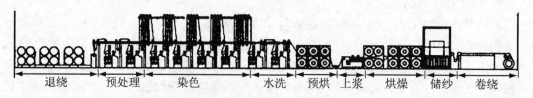

| 退绕 | 预处理 | 染色 | 水洗 | 预烘 | 上浆 | 烘燥 | 储纱 | 卷绕 |

图 3-3　靛蓝染浆联合机的工艺流程

第二节　调　浆　设　备

调浆设备是指调浆、输浆、计量和测试的设备和用具。由于织物品种、浆液配方和调浆方法不同,各厂家的调浆室设备配置有所区别。

一、常压调浆设备

常压调浆设备通常配有浸渍桶、煮釜、调浆桶、供应桶、输浆管、输浆泵、蒸汽管等。

浸渍桶主要用来浸渍各种粗制淀粉,经过浸泡搅拌后,按规定的浓度,定量地输送到调浆桶进行调浆。

煮釜的作用通常是用蒸汽烧煮滑石粉、乳化油脂或溶解防腐剂等辅助浆料。

调浆桶的作用是调制浆液。常压调浆桶具有蒸汽烧煮和机械搅拌调和两种功能,可按需要选择多只。该装置的维护和加料方便,使用较为广泛。调好的浆液经管路输向供应桶储存,在常压下,浆液的输送由输浆泵完成,或者使各桶处于不同的高度位置,利用液位差来输送浆液。

供应桶用于储备已经调好的浆液,并随时向浆槽供应所需的浆液。为保持浆液在供应桶内的恒定状态,必须进行低速搅拌和保温。

二、 高压调浆设备

近年来国内外普遍采用煮浆压力比常压高的高压煮浆方式。高压煮浆就是根据反应速度与温度在一定条件下成指数关系的原理,在密封容器中增加蒸汽压力,进而提高煮浆温度,加速浆料的糊化过程,且借助桶内压力实现自动输浆。其优点是节约蒸汽和电能,减少机台占地面积。

图3-4是国内使用较多的高压调浆设备示意图,图中(a)为调浆桶,(b)为供应桶。调浆桶内的浆液借助于桶内压力输送到供应桶,也可直接输送到浆纱机的浆槽中。

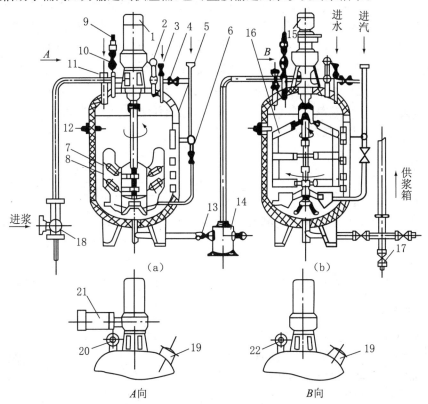

图3-4 高压调浆设备

1—高速搅拌器电机　2—电触点压力表　3—进水阀　4—压浆阀　5—液面观察镜
6—进汽阀　7—高速搅拌器　8—低速搅拌器　9—安全阀　10—放空阀　11—辅料口
12—液位信号发生器　13—输浆阀　14—过滤器　15—双速搅拌器电机　16—双速搅拌器
17—排污口　18—喷射泵　19—加料口　20,22—进浆口　21—低速搅拌器电机

调浆桶的桶体由不锈钢制成,桶外包有保温材料和厚钢板。桶内最高工作压力为 0.2 MPa,煮浆温度最高可达 120～130 ℃。桶底有环形管,其上的小喷口喷射的蒸汽直接对浆液加热。桶顶处的加料口 19 中可直接投入浆料,若采用生浆,则可由喷射泵 18 通过进浆口 20 输入。主轴上装有高速搅拌器 7,其外套有低速搅拌器 8。调浆桶采用电机 1 和 21 分别传动高、低速搅拌器,使其同方向旋转,以提高调浆效果。液位信号检测器 12 安装在桶体上方,其作用是指示和控制液位。电触点压力表 2 可通过双位信号调节指针控制桶内压力,以达到自动控制的目的。

供应桶有时也可在一定压力下单独用于调制淀粉浆液,若调制生浆,则由喷射器使其从进浆口 22 输入桶内。供应桶采用电机 15 传动减速器和速度分配器,使双速搅拌器 16 反向回转。

三、 输浆装置

浆液调制完成后,需由输浆装置将浆液向浆纱机的浆槽输送。输浆装置主要包括输浆管和输浆泵等。浆液输送方式有三种:①集体输浆,供应桶内的浆液经输浆管道顺序送入各浆纱机,浆液新鲜,质量容易控制;②单独输浆,每台浆纱机设有一条输浆管道,浆液专配专用;③综合输浆,供应浆槽的输浆管道用支管连通,配有专用管路开关,控制输浆路线。

为了避免输浆时的各种化学腐蚀,输浆管通常采用耐腐蚀的不锈钢管或聚氯乙烯塑料管等。输浆管的分岔点一般广泛地采用可迅速开、关和转向的二通、三通换向阀等,利用压缩空气或电磁力对阀门进行遥控,可实现供浆的自动化。

输浆泵的作用是产生一定压力,防止浆液阻塞,以便于输送。输浆泵有活塞式、皮膜往复式和齿轮泵式等。齿轮泵工作稳定、坚牢耐用、输出压力大,但对浆液黏度的破坏作用较前两种大。目前,齿轮输浆泵的应用较广。

第三节　浆纱机的主要机构

浆纱机是一种工艺流程很长的机械。由经纱上浆工艺流程可知,它一般由经轴架、浆槽、烘燥和卷绕等机构组成。另外,它还必须拥有一套功能完善的传动控制系统,其中包括传动机构、对上浆过程中的各项工艺参数(如浆槽液面高度、温度、压浆力、张力伸长等)进行自动控制的系统。下面对浆纱机的主要机构及其工作原理进行全面介绍与分析。

一、 经轴架

经轴架简称轴架,位于浆纱机后部。它用来放置整经轴,并将各经轴上的经纱退绕并合,以满足织物总经根数的需要。同时,经轴退绕区为经纱伸长第一控制区。该区的经纱伸长通过退绕张力来间接控制。因此,退绕过程中要求退绕张力尽可能小,使经纱的伸长少,弹性和断裂伸长得到良好保护,退绕张力应恒定,各经轴间的退绕张力要均匀一致,以保证片纱伸长恒定、均匀。

(一)经轴架形式和经纱退绕方式

1. 经轴架形式

经轴架按其结构大致可分为单列式、双列式和框架式(或称组合式)三类。单列式轴架的经轴成单排排列,如图 3-5 中(a)(b)(c)所示。这种形式的占地面积大,但操作比较方便。

双列式轴架是将经轴排列成上、下两列,如图 3-5 中(d)(e)所示。这种形式可以节约占地面积,但上轴操作不方便。框架式经轴架如图 3-5 中(f)所示,通常以四个经轴为一组,两组之间留有通道。这种形式的占地面积更小,而且操作控制方便。

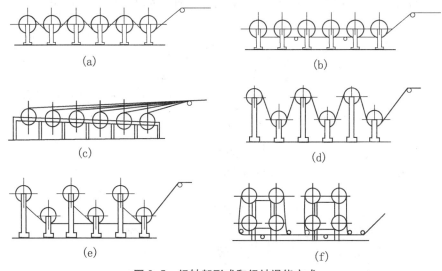

(a)　　　　　　　　　　　　　　　　　(b)

(c)　　　　　　　　　　　　　　　　　(d)

(e)　　　　　　　　　　　　　　　　　(f)

图 3-5　经轴架形式和经纱退绕方式

(a) 单列互退绕式　(b) 单列下退绕式　(c) 单列上退绕式
(d) 双列互退绕式　(e) 双列下退绕式　(f) 双列上退绕式

2. 经纱退绕方式

根据轴架形式,经纱从经轴上退绕的方式有互退绕法[图 3-5 中(a)(d)]、上退绕法[图 3-5 中(c)]和下退绕法[图 3-5 中(b)(e)(f)]。通常选择操作方便和张力均匀的退绕法。互退绕法的优点是退绕时不会使纱线显著松弛,但由于在各轴上绕过的纱线根数不等和附加压力的方向不同,故退绕阻力不同,轴与轴之间的张力不匀,伸长差异较大,回丝也较多。下退绕法或上退绕法改善了互退绕法所存在的缺点。特别是单列式的上、下退绕法,各轴的经纱互不相绕,不致产生附加张力,各轴所受阻力基本相同,故经纱退绕张力均匀,但经纱断头不易发现和处理。下退绕法则需在经轴下方加装托纱辊,以防止纱片下垂而产生打捻现象,其缺点是上轴引纱操作不便。

上述各种形式的轴架都只能起支承经轴的作用,并不能积极传动经轴回转,经轴的转动是依靠经纱来拖动的。这种轴架为消极式轴架。为了适应高速运转和精确的张力控制,经轴可采用积极传动的方式,即经轴由积极传动的传送辊带动,以最小且恒定的张力送出纱片,进行退绕。但由于积极式轴架的传动机构复杂,不易达到理想的均匀送纱的要求,且占地面积大、多经轴操作不方便,故采用的不多。

(二) 经轴退绕张力控制

1. 经纱退绕张力自控装置

传统浆纱机上,经轴的制动是采用弹簧夹制动从而改变弹簧夹的夹紧程度来控制摩擦制动力,但制动力小,紧急刹车时容易引起纱线扭结,并且需随经轴直径的减少不断调整,很难保证各经轴上的退绕张力均匀一致。目前,现代浆纱机上普遍采用经纱退绕张力自控装置来实现恒张力退绕,主要有气动控制和 PLC(可编程序控制器)控制等。前者以通过气动与继电器控制为主;后者以传感器检测经纱张力并由计算机处理来控制退绕张力,克服了继电器控制系统使用寿命短、故障多和维修难的缺点,使可靠性得到提高。

图 3-6 所示是一种典型的气动式经轴退绕张力控制装置。经轴引出的纱线汇集成一片,绕过张力自调装置中固定辊 1 和三臂杠杆 3 上的张力辊 2,然后引向机前。

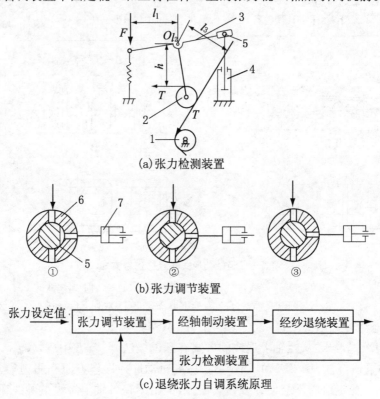

(a)张力检测装置

(b)张力调节装置

张力设定值 → 张力调节装置 → 经轴制动装置 → 经纱退绕装置 →

张力检测装置

(c)退绕张力自调系统原理

图 3-6　经纱张力自调装置
1—固定辊　2—张力辊　3—三臂杠杆　4—阻尼器
5—阀体转子　6—阀体外壳　7—制动气缸

受弹簧力 F 和经纱退绕张力 T 的作用,如图 3-6 中(a)所示,三臂杠杆 3 处于平衡位置。在静态平衡条件下,阻尼器 4 不发生作用,根据弹簧力 F 和经纱退绕张力 T 对三臂杠杆转轴 O 点的力矩平衡,可以求得静态经纱退绕张力:

$$T = \frac{Fl_1}{l_2 + l_3}$$

式中:l_1,l_2,l_3 分别为弹簧力和退绕张力对 O 点的力臂(cm)。

图 3-6(a)中,阀体转子 5 由固定在三臂杠杆上的张力指针带动,当经纱退绕张力发生变化时,三臂杠杆转动,驱动阀体转子 5 相对于阀体外壳 6 转动。阀体外壳和张力设定指针连在一起,当指针设定在某一张力刻度上时,阀体外壳的位置也随之固定。如果阀体外壳与阀体转子的相对位置如图 3-6(b)中①所示,则经轴制动气缸 7 内气压不变、制动力不变,经纱退绕张力也不变。此时的退绕张力由阀体外壳的位置确定,与张力设定值相对应。若因某种原因(如经轴直径减小、整经张力不匀等)使退绕张力增大,于是三臂杠杆转动,带动阀体

转子转到图 3-6(b) 中②所示位置,使制动气缸放气,制动力减小,经纱退绕张力下降,从而阀体转子又恢复到图 3-6(b) 中①所示位置。相反,一旦退绕张力减小,三臂杠杆带动阀体转子转到图 3-6(b) 中③所示位置,使得制动气缸充气,经纱退绕张力增大,结果阀体转子恢复到图 3-6(b) 中①所示位置。通过自调控制,经纱退绕张力始终限定在与张力设定指针相对应的张力值附近。

2. 均匀退绕张力的措施

① 为了获得片纱张力的均匀,采用下退绕式或上退绕式比互退绕式好。因为下退绕式或上退绕式的每个经轴上的纱只承担本经轴的牵引负荷,如果各轴的制动作用一致,片纱张力是基本均匀的。

② 以各轴的卷纱长度相等(即整经测长准确)为前提,用定码长加小纸条方法标出各轴在引纱中的张力差异,可调节制动力大小来缩小各轴的张力差异。但是,若各轴的卷纱长度不相等,用定码长加小纸条方法来调节,就会出现"生拉硬牵"现象,使短码长的经轴受到额外伸长,影响张力均匀。

③ 少加或不加制动力,用轴承处加油的方法来调节轴与轴间的差异,可减少和防止经纱的强拉伸长。采用互退绕式引纱时,可在最后两个经轴上加装简易式张力补偿装置。

④ 尽可能采用各种张力自动控制装置,使经纱张力波动在一定范围内,但装置机构不宜过分复杂,否则会给操作带来不便。

二、上浆装置

上浆装置的作用是让经纱按规定的浸浆路线通过浆槽,使浆液浸透纱线并黏附于其上,再经过压浆辊挤压出多余的浆液,使被覆量与浸透量达到所需的比例,获得一定的上浆率。

图 3-7 所示是一种双浸双压上浆装置。经纱 1 从经轴架引出后,经导纱辊 2 和引纱辊 3 进入浆槽 8,第一浸没辊 5 把纱线浸入浆液中吸浆,然后经第一对上浆辊 6′ 和压浆辊 7′ 压浆,将纱线中的空气压出,部分浆液压入纱线内部,并挤掉多余浆液。此后,经第二浸没辊 5′ 和第二对上浆辊 6、压浆辊 7 再次浸浆与压浆。

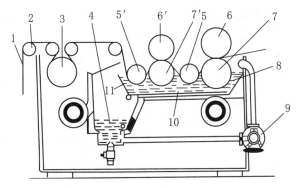

图 3-7 双浸双压上浆装置

1—经纱 2—导纱辊 3—引纱辊 4—预热循环浆箱
5, 5′—前、后浸没辊 6, 6′—前、后压浆辊
7, 7′—前、后上浆辊 8—浆槽 9—循环浆泵
10—蒸汽管 11—溢流口

经过两次逐步浸、压的纱线,出浆槽后由湿分绞棒将其分成几层(图中未画出),再进入烘房烘燥。蒸汽从蒸汽管 10 通入浆槽 8,对浆液加热,使其维持一定的温度。循环浆泵 9 不断地把浆箱 4 中的浆液输入浆槽,浆槽中过多的浆液从溢流口 11 流回浆箱,保持浆槽一定的液面高度。

(一)上浆机理

1. 浸浆与压浆

在浆槽中经浸没辊浸过浆液的经纱,受到压浆辊和上浆辊之间的挤压作用,浆液被压入纱线内部,多余的浆液被压浆辊挤出并回入浆槽,使纱线获得一定的浸透、被覆和上浆率。

经纱经受浸压的次数,根据不同纤维、不同的后加工要求而有所不同。经纱上浆可采用单浸单压、单浸双压(即一次浸浆和两次上浆)、双浸双压、双浸四压(利用两次浸没辊的侧压)。黏胶长丝上浆还经常采用沾浆,即由上浆辊表面把浆液带上,并带动压浆辊回转,经丝在两辊之间通过时沾上浆液,其上浆量很小。各种浸压方式如图 3-8 所示。

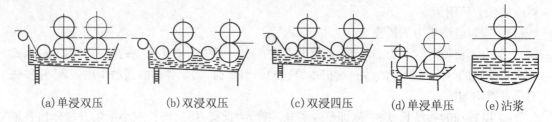

(a)单浸双压　　　(b)双浸双压　　　(c)双浸四压　　　(d)单浸单压　　　(e)沾浆

图 3-8　各种浸压方式的示意图

纱线在一定黏度的浆液中浸浆时,主要是纱线表面的纤维进行润湿并黏附浆液,自由状态下浆液向纱线内部的浸透量很小。带有一定量浆液的纱线,进入上浆辊和压浆辊之间的挤压区经受压浆作用,上浆辊表面带有的浆液、压浆辊表面微孔中压出的浆液,连同纱线本身沾有的浆液,在挤压区入口处混合并参与压浆,如图 3-9 所示。

浆纱通过压浆辊与上浆辊时,浆液要发生两次分配,第一次分配发生在加压区,第二次分配发生在出加压区之后。当浆纱进入加压区发生第一次浆液分配时,一部分浆液被压入纱线内部,填充在纤维与纤维的间隙中,另一部分被排除而流回浆槽。纱线离开加压区时发生第二次浆液的分配,压浆力迅速下降为零,压浆辊表面的微孔变形回复,伴随着吸收浆液。但这时经纱与压浆辊尚未脱离接触,故微孔同时吸收挤压区压浆后残剩的浆液和经纱表面多余的浆

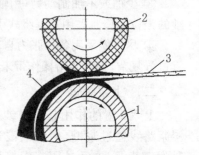

图 3-9　挤压区中的液膜
1—上浆辊　2—压浆辊
3—纱线　4—浆液

液。如微孔吸浆过多,则经纱失去过量的表面黏附浆液,使经纱表面浆膜被覆不良;相反,经纱表面吸附的浆液过量,以致上浆过量。经过挤压后,纱线表面的毛羽倒伏,粘贴在纱身上。

2. 覆盖系数

浆槽中纱线的排列密集程度以覆盖系数来衡量。覆盖系数的计算公式为:

$$K = \frac{d_0 \times M}{B} \times 100\%$$

式中:K 为覆盖系数;d_0 为纱线计算直径(mm);M 为总经根数;B 为浆槽中的排纱宽度(mm)。

纱线的覆盖系数是影响浸浆和压浆均匀程度的重要指标。覆盖系数过大,使浸浆和压浆程度存在很大差异,并使整幅纱片的上浆率偏低。在一定的上浆条件下,上浆率与覆盖系数存在一定的关系。排列过密的经纱之间的间隙很小,于是压浆后纱线侧面出现"漏浆"现象。为改善高密条件下的浸浆效果,可以采用分层浸浆的方法,使浸浆不匀的矛盾得到缓解,"漏浆"现象也有所减少。解决问题的主要办法是采用双浆槽或多浆槽上浆,以降低纱线覆盖系数。降低覆盖系数不仅有利于浸浆、压浆,而且对下一步的烘燥和保持浆膜完整也非

常有利。不同纱线的合理覆盖系数存在一定差异,一般认为覆盖系数小于 50%(即纱线之间的间隔与直径相等)时可获得较好的上浆效果。

（二）上浆装置及其分析

上浆装置主要由浆槽、引纱辊、浸没辊、压浆辊、上浆辊、循环浆箱、湿分绞等构成。

1. 浆槽

浆槽是存储浆液、进行上浆的装置。它通常与循环浆箱连接使用。循环浆箱浆液的输入,根据液面的升降,由浮筒式自控装置控制。浆液由输浆泵经输浆管输入浆槽,溢流板或溢流孔的位置决定浆槽液面的高度。浆槽的槽壁一般为夹层结构,内层为不锈钢板,外层包覆碳钢板,中间填以玻璃纤维作隔热保温。浆槽中的浆液可由布设于浆槽内的鱼鳞管煮浆管喷射蒸汽而直接加热。这种直接加热方法的效率较高,多用于棉纱的高温上浆。也有采用设在浆槽壁夹层内的蒸汽管道,使热介质升温来间接加热浆液。这种间接加热方法多用于长丝的低温上浆。

浆槽容积与浆纱机的工作宽度和所采用的浸压形式有关,如采用双浸双压工艺,则为 300～350 L。大容积浆槽的浆液存留时间较长,且受循环浆泵的机械作用,因而影响浆液浓度和黏度的稳定,会引起上浆率和回潮率的波动;但浆槽容积过小,在半热浆供应时,有可能造成浆液烧煮不透,以致浸透性差,出现上浆率和回潮率的变化,故浆槽容积不应小于150 L。

浆槽的多少视经纱对上浆辊的覆盖系数和品种的特殊要求等而定。如覆盖系数高的经密织物,则用双浆槽或多浆槽;两种或以上不同性质纱线上浆时,尽量分别在各自浆槽内上浆,宜用双浆槽或多浆槽。采用双浆槽或多浆槽上浆时,应注意各层经纱张力的均匀一致,防止浆纱张力和伸长差异过大,影响浆轴质量。

2. 引纱辊

引纱辊设置在轴架与浆槽之间,其作用是将经纱从经轴上引出后送入浆槽,由传动系统积极传动,其与上浆辊之间的速度差异会影响经纱的湿伸长和吸浆量。

传统浆纱机上的引纱辊是用铸铁制成的,外包细布,借以增加牵伸力和调节其表面线速度。现代浆纱机上,引纱辊则多为橡胶包覆辊,在引纱辊和上浆辊之间设置一套微调装置,以控制引纱辊的表面线速度,使之比上浆辊的表面线速度略大。这样,经纱在浆槽中可调节成零伸长或有一定的收缩(负牵伸)。这不仅对减少浆纱的总伸长有利,而且可改善纱线的吸浆条件。

3. 浸没辊

经纱进入浆槽后,由浸没辊把经纱浸入浆液内,其结构形式和高低位置决定了经纱的浸浆长度,会影响到经纱的吸浆条件,从而对上浆率高低和浆纱质量产生一定影响。但不宜单纯用调节浸没辊位置高低的方法来改变上浆率的大小,以免增加经纱的张力和伸长。浸没辊的位置一般以轴芯与浆液平面平齐为准,并应在运行过程中保持不变,以稳定上浆条件。经纱浸浆长度通常为 430～530 mm。

浸没辊的形式有花篮式和罗拉式。花篮式由于为中空结构,纱线两侧都可以浸浆,吸浆均匀,但花篮中心轴处易积浆块,造成浆斑疵点。同时,花篮回转时,起搅拌浆液的作用,容易破坏浆液黏度和引起泡沫,在高速时影响更大。罗拉式浸没辊搅拌浆液的作用极小,因而浆液黏度比较稳定,有利于高速运转。但采用单罗拉式浸没辊,经纱只是单侧浸浆,另一侧与罗拉接触，不利于浆液的均匀浸透，故有些浆纱机采用双罗拉或三罗拉式浸没辊，这虽然可以改变单侧浸浆，但若断纱被浸没辊缠绕，则不易发现和处理。

4. 上浆辊与压浆辊

上浆辊与压浆辊成对配置。上浆辊采用钢管外包不锈钢板，表面镀铬，由边轴经伞形齿轮带动回转。压浆辊为铸铁辊，外包弹性材料，由上浆辊摩擦传动。浸没辊连同上浆辊与压浆辊组成不同的浸压方式。除此之外，压浆辊的加压强度、压浆辊的表面状态等条件都对上浆过程有着重要的影响。

（1）浸压方式。浸过浆液的经纱经过压浆辊和上浆辊之间的挤压作用后，获得一定的浸透和被覆，其浸透和被覆的效果与浸压方式有着密切关系。比较如下：

① 单浸单压式：如图3-8(d)所示。其浆槽容积较小，浆液周转快而新鲜，上浆率稳定，纱线受到的张力和伸长都较小，特别适宜于湿伸长较大的黏纤纱上浆。

② 单浸双压式：如图3-8(a)所示。浆纱经过两对压浆辊和上浆辊的挤压，可以获得较好的压榨和浸透条件，故上浆较为均匀，浆纱毛羽减少，纱身光洁，在织机上开口清晰，"三跳"疵布减少，断头率降低，可提高生产效率。但采用单浸双压方式，浆纱的伸长率有所增加，浆槽容积也比单浸单压大，对浆液黏度的稳定不利。对于棉纱上浆来说，采用单浸双压方式，利大于弊，对中、高线密度棉纱更为有利。

③ 双浸双压：这是重复两次单浸单压的结构，如图3-8(b)所示。此法特别适用于合纤类疏水性纤维的混纺纱和高经密织物的上浆。现代浆纱机大多为双浸双压的浸压方式，并可根据工艺需要选择适当的浸压方式。

④ 双浸四压：这是利用浸没辊对上浆辊侧向加压的结构，如图3-8(c)所示。这类浸压方式可在单浸单压、单浸三压、双浸双压、双浸三压、双浸四压的不同配置中选择。加压点的增多对疏水性纤维和高经密织物的上浆有利。

（2）压浆辊的加压装置。压浆辊的压力增大时，上浆率减小；反之，上浆率增加。压浆辊的压浆力除来自压浆辊的自身质量外，还有在压浆辊的两端施加的附加压力。加压装置的加压形式有杠杆式、弹簧式、气动式、液压式和电动式等。

杠杆式重锤加压装置通过变更重锤在杠杆上的位置来调节压力的大小。这种装置结构简单，但需要人工控制，而且压浆辊高速回转时杠杆容易跳动，容易造成上浆不均匀。

弹簧式加压装置利用弹簧的压力对压浆辊加压。由于是人工调节，难以使上浆辊两端的压力一致，因此，弹簧式加压往往出现压浆辊两端压力不一致的现象，造成上浆不均匀。

气动式加压装置如图3-10所示，利用压缩空气的压力变化来调

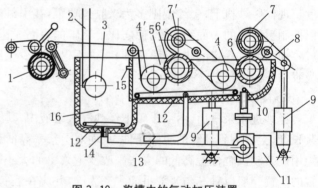

图3-10 浆槽中的气动加压装置

1—引纱辊 2—进浆管 3—浮筒 4，4′—浸没辊
5—浆槽 6，6′—上浆辊 7，7′—压浆辊
8—加压杠杆 9，9′—气缸 10—喷浆管
11—循环浆泵 12，12′—鱼鳞煮浆管
13—管道 14—出浆管 15—溢流口 16—预热循环浆箱

节压浆力的大小。该装置具有调压方便、压浆力稳定、易于实现自动控制等优点,因而被新型浆纱机广泛采用。其气压控制原理如图3-11所示。空气压缩机所提供的压缩空气1,经汽水分离器2后分为两路:一路控制压浆辊的加压;另一路控制浸没辊的加压。前者再分成两路,分别进入低压减压阀3和高压减压阀4,在浆纱机高速运行时对压浆辊施加高压,而在制动减速或低速运行时施加低压,以保证上浆的均匀。压缩空气最后由电磁换向阀11和9分别控制前、后压浆辊的加压强度。在另一路控制浸没辊侧向加压的系统中,经减压阀6的压缩空气,通过电磁换向阀12和10,分别对前、后浸没辊进行加压。

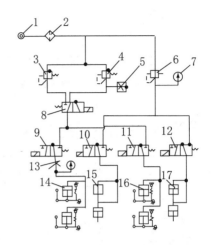

图3-11　浸没辊、压浆辊气压控制系统

1—气源　2—汽水分离器　3,4,6—减压阀
5—排气节流阀　7—压力表
8～12—电磁换向阀　13—节流阀
14—后压浆辊加压气阀　15—后浸没辊加压气阀
16—前压浆辊加压气阀　17—前浸没辊加压气阀

（3）双压式的前后压力配置。采用单浸双压和双浸双压方式时,前后两个压浆辊(靠经轴架为前,近烘房为后)加压强度的配置有两种方式:一种是前小后大,另一种是前大后小。前小后大配置的意图是把浆液逐步地压入纱线内部,达到增加浸透的目的。这种配置适用于浓度和黏度比较高的浆液。前大后小配置的意图是浆纱通过第一个压浆辊时能得到较多的浸透作用,经过第二个压浆辊时能得到较好的被覆作用,从而兼顾浸透和被覆。这种配置适用于浓度和黏度比较低的浆液。采用后一种配置,还能减少落浆率,浆纱毛羽也较少,从而使织机断头率有所下降。

（4）压浆辊的表面状态。浆纱在压浆辊和上浆辊之间受到挤压的程度,主要由浆纱单位面积上受到的压力决定,这与压浆辊表面包覆层的弹性密切相关。浆纱受到的挤压,不仅局限于压浆辊和上浆辊相接触的压力区,而且还受到浆纱离开压力区的瞬间时该包覆层的弹性回复能力和纱线本身变形能力的影响。

老式浆纱机上,压浆辊包覆层大多采用浆纱绒毯和包布,其表面具有吸附浆液的功能,但浆纱绒毯和包布因新、旧、软、硬,其具有的弹性不同,对上浆的影响很大。新型浆纱机多采用橡胶压浆辊,其弹性稳定,压浆力和压强不易变化,故可获得稳定的上浆率。橡胶压浆辊有两种规格:一种是光面橡胶辊;另一种是微孔橡胶辊。微孔橡胶压浆辊表面能吸附浆液,性能更接近于包布。使用双压浆辊时,由于靠近烘房的压浆辊起决定性作用,故微孔橡胶辊与光面橡胶辊一同使用时,通常将微孔橡胶辊配置在近烘房处为好。

5. 湿分绞棒

湿分绞棒安装在浆槽与烘房之间,如图3-1中的所示。湿浆纱经湿分绞棒被分成$n+1$(n指分绞棒根数)层以后,平行地进入烘房,在初步形成浆膜后,才接触烘房的第一根导纱辊,并继续烘燥。这样可减少或避免浆纱在烘燥中黏并在一起,减少出烘房后的分纱困难,有利于浆膜完整和提高烘燥效率。

通常使用1～3根湿分绞棒进行分绞,也有用5根的。湿分绞的分绞层数不宜过多,分绞层数过多，不仅操作不便，断头也增加。湿分绞后，应在 3～5 m 处不接触烘房内的导纱辊。否则干燥后经纱仍会黏并在一起，降低湿分绞的作用。

湿分绞棒可由浆纱机边轴或独立电机传动，使之随浆纱机一起转动或停止，也可始终保持回转状态。停车时，湿分绞棒继续转动，防止黏浆。湿分绞棒的转动速度（其表面线速度）与浆纱速度的比例通常为 1∶20～1∶30，这样慢速转动，不仅可防止积聚和凝结浆块，同时起到抹纱作用，又利于降低浆纱的毛羽指数。

三、烘燥装置

经纱在浆槽中经压浆辊的挤压后，部分浆液被压出，但进入烘燥装置前，湿浆纱中仍含有大量水分，必须经过烘燥使之汽化，使黏附在经纱上的浆液逐渐固化形成浆膜，并达到工艺要求的浆纱回潮率。故对烘燥过程提出的要求为：纱线伸长小，浆膜成形良好，烘燥效率高，能量消耗少。

因此，水分的多少影响到烘燥装置的负荷，当烘燥装置的烘燥能力一定时，则水分的多少就影响到浆纱机的运转速度和生产率。

（一）烘燥方法

湿浆纱中的水分可归纳为两种：一种是附着于纱线的表面或存在于纤维间较大空隙中的水分，称为自由水分；另一种是渗入纤维内部，与其呈物理性结合的水分，称为结合水分。大部分自由水分可用机械力的方法去除（如浆纱机上压浆辊的挤压力），而部分自由水分和结合水分必须通过烘燥装置，用汽化的方法去除。通常，浆纱的烘燥方法按热量传递方式分为热传导烘燥法、热对流烘燥法、热辐射烘燥法和高频电流烘燥法。由于后两种方法在浆纱机上很少使用，故下面主要介绍目前常用的热风式、烘筒式和热风烘筒联合式的烘燥装置。

1. 热对流烘燥法

热风式烘燥装置主要采用热对流烘燥法。用加热的空气，以一定的速度吹向浆纱的表面，以便热空气中的热量传给湿浆纱，进行热湿交换，使湿浆纱中的水分汽化而烘干浆纱。

热对流烘燥法的特点是：湿浆纱与热空气进行热湿交换，烘燥作用比较均匀缓和，可保持浆纱的原形，对保护浆膜、减少毛羽十分有利。由于其载湿体是空气，排除湿空气时会损失部分热量，从而烘燥效率较低。采用以对流为主的烘燥方法，其烘房结构复杂，转笼、导辊增多，穿纱长度较长，因而纱线容易产生意外伸长，处理断头也较困难。此外，当纱线排列密度较大时，因热风的吹动，纱线会黏成柳条状，以致浆纱分绞困难，从而影响浆纱质量。

2. 热传导烘燥法

烘筒式烘燥装置主要采用热传导烘燥法。湿浆纱与高温的金属烘筒表面接触后，从烘筒表面获得热量，浆纱温度迅速升高，使浆纱所含水分不断汽化，浆纱的回潮率不断降低，浆纱表面逐步形成浆膜。

采用热传导烘燥法时，应注意影响烘燥的一些因素。如烘筒内部的冷凝水层、烘筒外围存在的蒸汽膜和积滞蒸汽层，都是妨碍烘燥的因素。在这些因素中，尤以冷凝水层和积滞蒸汽层的影响最为严重。为此，必须经常排除烘筒内部的冷凝水层，利用风扇把烘筒外部的积滞蒸汽层驱散。此外，也可采用烘筒与喷射热风相结合的方式，以提高烘燥效率。

热传导烘燥法的特点是：纱线直接与高温烘筒表面接触，烘燥效率高，可提高浆纱机的速度，烘燥温度容易控制。如将烘筒分成数组，分别控制，可适应不同浆料和不同纱线的烘干要求。因采用积极传动烘筒握持经纱,从而可减少浆纱伸长率。浆纱排列整齐,不会产生柳条,浆纱横向回潮率也较为均匀。由于烘筒直接接触浆纱,有助于贴伏经纱毛羽。但在使用黏附性能良好的合成浆料时,应在烘筒表面包覆防黏材料,以防纱片与烘筒表面黏附,造成浆膜剥离破裂而增加浆纱毛羽。如在烘筒接触浆纱前采用预烘,即把经纱分为多层进行预烘,则可避免浆纱之间相互黏结,对经密较高的织物用纱和无捻长丝的上浆更为有利。

(二)烘燥装置

以往采用的单纯热风式和双烘筒式的烘燥装置正被淘汰。近年来,为了适应多品种和化纤混纺纱生产的需要,常采用多烘筒烘燥装置或热风和烘筒联合的烘燥装置。

1. 烘筒式烘燥装置

烘筒式烘燥装置的主要烘燥部件是一定数量的烘筒,此外还有进汽排水接头、冷凝水排出装置、安全阀、疏水器等。

(1)烘筒及其附件。

① 烘筒:烘筒由烘筒圆筒壁和两侧封头(闷头)组成。圆筒采用传热效能高、耐压、耐腐蚀的金属板制成,通常为直径为 800 mm 的不锈钢圆筒或直径为 570 mm 的紫铜皮圆筒。烘筒壁厚 2~3 mm,幅宽根据机幅决定(机幅宽度加 200 mm)。

图 3-12 所示为烘筒结构图。左侧装有链轮 1,由边轴用链条传动;右侧装有进汽管 2和排水管 3。蒸汽由金属波纹管,经汽密箱外壳 4、螺球环 5 和烘筒轴头 6 的空腔进入烘筒7。螺球环的螺纹与烘筒轴头的螺纹相连接,螺球环与圆球环 8 一起随烘筒转动。在弹簧的作用下,螺球环和圆球环紧压在石墨环 9 和 9′上,使空腔内的蒸汽无法外溢,以保证烘筒进汽工作的正常进行。

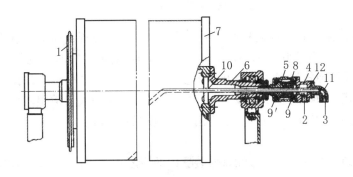

图 3-12　烘筒结构图

1—链轮或槽轮　2—进汽口　3—排水口　4—汽密箱外壳　5—螺球环　6—烘筒轴头
7—烘筒　8—圆球环　9,9′—密封环　10—虹吸管　11—弯头　12—密封垫

排除烘筒内冷凝水的虹吸管 10 是一端伸向烘筒内壁且呈弯曲状的紫铜管,另一端用平键和螺钉固定在弯头 11 上,弯头与汽密箱连接处有密封垫 12,以防蒸汽进入弯头空腔。刚开车时,由于烘筒内通入蒸汽,蒸汽压力把烘筒内储存的冷凝水压入虹吸管。然后,由于虹吸和蒸汽压力的作用,使烘筒内的冷凝水源源不断地排出。每个烘筒的冷凝水从虹吸管出来后,经金属波纹管、水管、过滤器和疏水器等,最终流入全机排水总管。虹吸管离烘筒内壁的距离越小,则运转时冷凝水越容易排出,烘燥效率也越高,但虹吸管的长度越长,其刚性越差。为了避免虹吸管与烘筒内壁的碰擦,此距离应为 5~8 mm。一般,烘筒直径小的高速

浆纱机采用此种排水装置。

② 安全阀：开冷车时，蒸汽进入烘筒，遇到积存的冷凝水便冷凝成水。如蒸汽的补充一时跟不上时，就会造成筒内压力低于外界大气压力的负压；又如当停车时，蒸汽管已关闭，烘筒内蒸汽冷凝成水，也会在烘筒内造成负压。为了避免出现压瘪事故，保证安全运转，在烘筒一侧的闷头上装有真空阀，其结构如图 3-13 中（a）所示。正常情况下，阀芯 1 依靠弹簧 2 和蒸汽压力的作用而紧压在具有锥形接触面的阀体镶座 3 上。当烘筒内产生负压时，大气压力克服了弹簧弹力，顶开阀芯，空气即进入烘筒。螺母 4 用以调节弹簧的压力。当需要大量排除烘筒内积水时，可将手柄 5 回转 90°，使其大半径作用在调节螺母上，于是阀芯打开，大量积水便可排除。

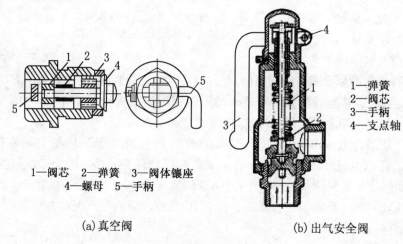

1—阀芯　2—弹簧　3—阀体镶座
4—螺母　5—手柄

（a）真空阀

1—弹簧
2—阀芯
3—手柄
4—支点轴

（b）出气安全阀

图 3-13　真空阀与出气安全阀

出气安全阀用来防止烘燥装置所用蒸汽的工作压力超过规定而造成事故。由于浆纱机供气系统的表压力值绝对小于 5×10^6 Pa，且在超压时，要求在短时间内排出的蒸汽量不应很大，所以一般采用弹簧加载并微微开启的安全阀，如图 3-13 中（b）所示。当管道蒸汽压力超过弹簧 1 的压力时，阀芯 2 即被顶起，蒸汽被排出。如需大量放出蒸汽，可扳动手柄 3，阀芯便压缩弹簧 1 而升起，蒸汽可大量排出。安全阀的弹簧根据工作压力而有不同规格，可根据需要选用。

③ 疏水器：疏水器的作用是排除烘燥装置内的冷凝水，同时阻止蒸汽泄漏。疏水器的形式很多，浆纱机一般选用热动力式疏水器，如图 3-14 所示，具有体积小、质量轻、结构简单、不易损坏、动作可靠的优点。冷凝水带着蒸汽进入疏水器的入口 1，通过滤网 2，沉积于管道 3 内。水量增加时，顶起阀板 4，溢出的冷凝水从出水口 5 流出。由于液体的体积保持不变，阀板底面的压力大于其顶面所受的压力，使阀板保持开启而冷凝水连续排出。当蒸汽流入时，由于体积膨胀，阀板顶面的压力加上阀板的重力大于其底面所受的压力，阀板自动关闭而阻止蒸汽逸出。

（2）烘筒的防黏。浆纱机烘房的导纱件和烘筒表面，常易发生黏结浆皮的现象，使用化学浆料时更为严重。因

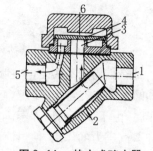

图 3-14　热力式疏水器

1—入口　2—滤网　3—管道
4—阀门　5—出水口　6—控制室

此,湿浆纱最先经过的几个烘筒和烘房内的导辊应采取防黏措施。

烘筒防黏的方法是在表面喷涂或包覆防黏材料。常用的防黏材料有聚四氟乙烯(俗称塑料王)和聚砜塑料等。聚四氟乙烯的性能良好,能耐高温和低温,耐强酸、强碱,化学稳定性也好。聚砜塑料除浓硝酸、硫酸外,对其他化学药品也相当稳定,但易溶于氯化烃和芳香烃。聚砜塑料的耐高温性能和耐磨性能不如聚四氟乙烯。

聚四氟乙烯经一定的喷涂工艺喷涂在烘筒上,并添加适当的填料(如 3% 左右的氧化铬),可延长涂层的使用寿命。

(3)烘筒式烘燥装置实例。烘筒式烘燥装置的配置方式很多,烘筒数一般为 2~13 个。图 3-15 所示的是目前浆纱机上广为采用的双浆槽全烘筒式烘燥装置,共采用 12 个烘筒。通常分为三组:两组为预烘烘筒,每组各 4 个,分别用于预烘出自两个浆槽的湿浆纱;最后 4 个为一组并合烘筒,用于烘干浆纱。由于湿浆纱首先与预烘烘筒接触,其表面应涂有聚四氟乙烯防黏层,并要求其烘筒温度高一些,以有利于防止浆皮黏结烘筒;而并合烘筒的温度可低些,否则过高的烘筒温度会烫伤纤维和浆膜。故烘筒的温度应分组控制,通常为 2~3 组。出浆槽的湿浆纱先分为两层,分别绕上层 2 个和下层 2 个烘筒进行预烘,这样两个浆槽的纱线就分成四层,由预烘烘筒烘燥。

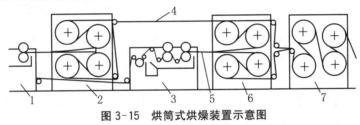

图 3-15 烘筒式烘燥装置示意图
1—第一浆槽 2—第一烘房 3—第二浆槽
4—第一层浆纱 5—第二层浆纱 6—第二烘房 7—第三烘房

浆纱的分层预烘不仅可减少浆纱在烘筒表面的覆盖系数,有利于纱线中的水分蒸发,提高烘燥速度,降低汽耗,从而提高烘燥效率,而且使纱线之间的间隙增大,避免了邻纱的相互黏连现象。湿浆纱预烘到浆膜初步形成之后,再汇合成一片继续烘燥,可使纱线干分绞后浆膜完好,表面毛羽也少。

2. 热风和烘筒联合式烘燥装置

热风和烘筒联合式烘燥装置主要有两种配置方式:一种是热风烘房与烘筒分为两个区段,浆纱先经热风烘房,使其回潮率降低到 40%~50%,然后再经烘筒烘燥;另一种是以多烘筒为主,前面加装热风预烘装置,它与前者的区别是热风预烘装置先使浆纱中较小部分的水分蒸发,使其初步形成浆膜,以免浆纱发生相互黏并,大部分水分主要依靠烘筒烘燥来蒸发,故烘筒表面必须采取防黏措施。此外,老机改造时,常将烘筒装在烘房内,烘筒内部不通蒸汽,仅利用烘房内部热空气的热量来加热烘筒表面,使烘筒对纱线起熨烫和烘燥作用,以达到贴伏浆纱毛羽的效果。

(1)热风预烘房。由热对流烘燥原理可知,热风烘房主要由加热空气的加热器、控制空气流动方向的风道和喷嘴、使空气产生一定压力的送风机等组成。热风烘燥装置的形式可分为一次加热大循环烘燥和分段加热分段循环烘燥两种。图 3-16 所示为大循环烘燥装置烘房的结构示意图。热空气从纱片的上、下两侧,以 8~10 m/s 的速度从喷嘴 1 喷射出来,垂直吹向纱片,通过热湿交换之后,热空气经相邻的吸嘴2回流到循环风机的进风口。循环风机在吸入回流热空气的同时,吸入部分来自烘房外的干燥空气,两部分的空气混合,其中少量通过排风道排出烘房,其余大部分经加热器加热后投入循环使用。

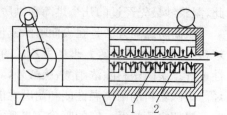

图3-16　热风烘房结构示意图
1—喷嘴　2—吸嘴

热风烘房的长度和个数可根据上浆的具体要求选择。合纤长丝上浆时,为加强预烘效果,一般采用两个串联的热风烘房,上浆后的长丝能保持良好的圆形截面。

(2) 热风和烘筒联合式烘燥装置实例。图3-17所示为双浆槽浆纱机的热风和烘筒联合式烘燥装置。该烘燥装置由热风预烘、烘筒分层预烘和烘筒并合烘燥三个部分组成。由双浆槽上、下配置输出的两片湿浆纱,分别先经上、下单程热风喷射预烘,蒸发小部分水分后,再分别经两个烘房的上、下两层预烘烘筒烘燥,去除部分水分,在大部分水分被去除后,再合并起来,经四个烘筒完成全部烘燥任务。这种配置取热风与烘筒烘燥的长处,可达到提高浆纱质量的目的。

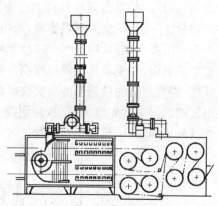

图3-17　双浆槽热风和烘筒
联合式烘燥装置

四、车头部分的装置

浆纱机车头部分由测湿、张力检测、上蜡、分纱、浆纱牵引、织轴卷绕、测长打印等装置组成,其主要作用是保证纱线排列均匀、纱片不偏斜,织轴卷绕张力均匀、松紧适度,打印计长准确,落轴灵活,车速调节方便。

(一)测湿和张力检测装置

1. 测湿装置

测湿装置的作用是检测浆纱回潮率。该装置由测湿部件和回潮率指示仪两个部分组成。测湿方法有电阻法、电容法、微波法和红外线法。通常采用电阻法,即用两根导电金属辊为检测辊,经烘燥后,浆纱在两根检测辊间接触通过,利用浆纱回潮率不同电阻也不同的原理,测出两导辊间流过电流的大小,指示仪表则把测得的电流,经放大处理后,用指针在刻度盘上指示出来。浆纱值车工可根据回潮率的检测指示来调节车速、汽压和排汽等,以控制浆纱回潮率。

在新型浆纱机上,浆纱回潮率检测系统不仅能指示回潮率的大小,而且把检测到的变化信号输送到自动控制装置,自动调节车速的快慢或汽压的大小,使浆纱回潮率保持稳定。

2. 张力辊

张力辊主要用来检测拖引辊与上浆辊或烘筒之间浆纱片纱的张力大小和波动情况。如图3-18所示,张力辊12两端的轴承座安装在升降齿条上,同时与弹簧11相连接,经纱5从张力辊的下方绕过。当经纱张力变化时,与弹簧力共同作用使张力辊升降,经齿条带动齿轮,再通过链轮传动指针摆动,指示读数。

（二）上蜡装置

经纱上浆后，尤其是上浆率较高时，为增加浆膜的柔软性和耐磨性，采用浆纱后上蜡工艺，同时能达到克服静电、增加光滑、开口清晰、减少织疵的目的。

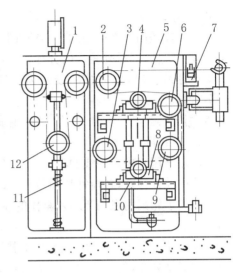

图3-18 张力与双面上蜡装置

1—张力装置   2，3，6，9—导纱辊
4，10—上蜡辊 5—经纱 7—打印装置
8—蜡槽 11—弹簧 12—张力辊

上蜡装置一般由熔解蜡液的蜡槽和传动上蜡辊慢速回转的传动机构组成。蜡槽为装有加热管的长槽，槽内盛有已熔融的蜡液和上蜡辊，上蜡辊的下半部分浸没在蜡液内，以经纱行进的相同方向慢速回转。经纱在上蜡辊的上边缘擦过，既可上蜡，又可抹纱而伏贴毛羽。改变上蜡辊的回转速度，可以控制纱线的上蜡量。后上蜡有单面与双面上蜡之分，双面上蜡比较均匀，效果较好，但机构较复杂。

图3-18所示的是一种双面上蜡装置，其传动如图3-19所示，通过边轴1传动一对圆锥齿轮、链轮和行星摆线针轮减速器，最后带动上蜡辊3和4转动，两根上蜡辊分别在纱片的正、反两面上蜡。

（三）分纱装置

分纱装置的作用是将烘燥后的浆纱，借助分纱棒和伸缩筘按层分开，并均匀排列，以便于织造的进行和减少织疵。

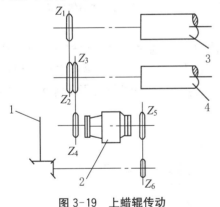

图3-19 上蜡辊传动

1—边轴 2—行星摆线针轮减速器
3，4—上蜡辊 $Z_1 \sim Z_6$—链轮

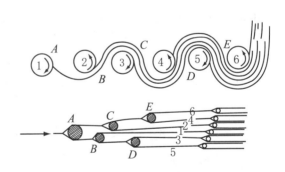

图3-20 分纱棒的分纱过程

1. 分纱棒

分纱棒又称分绞棒，其主要作用在于将烘燥后黏连在一起的浆纱重新分开成单根。分纱一般只分一次，质量要求高的品种可分两次。分两次时，先用大分纱棒分绞，再用小分纱棒分绞，后者称复分绞。图3-20所示为分纱棒的分纱路线。

分纱棒的根数等于经轴数减"1"。图3-20所示有6个经轴，故采用A，B，C，D，E 5根分纱棒，将经纱分成6层。如用小分纱棒进行复分绞，可把已分成的6片纱分为12片，有利于减少"并纱"疵点。

分纱棒是用表面镀铬的空心铁管制成的,其两端呈扁平状,以便于穿纱。离烘房最近的第一根分纱棒,因承受较大的分纱张力,其直径比其他的大。

穿分纱棒时,以先放的绞线为引导。放绞线和穿分纱棒操作在经轴上机时进行,穿小分纱棒用的绞线则在整经时放置。产生断头后,需要重放绞线和穿分绞棒,否则将产生"并纱"疵点。无断头时,尽量少放绞线和穿分纱棒,以减少停车或开慢车次数。

2. 伸缩筘

伸缩筘用来确定纱线的卷绕位置,使纱片排列均匀,幅宽与织轴幅宽相适应。伸缩筘的形式采用梳针片式,各梳针片插装在可以伸缩的菱形架上,通过一侧的手轮进行幅宽调整,另一侧的手轮则用来调节纱片整体的左右位置。有的浆纱机上,其转动手轮还可以使伸缩筘升降。

伸缩筘常见的排列方式有 V 形排列、平行排列、连续人字形排列等,如图 3-21 所示。这些排列方式中,两组梳针片衔接处的间隙与梳针片内的筘齿间隙不易调整一致,影响纱线的均匀排列。采用大人字形筘可避免上述不均匀的缺点。

(a) V 形排列

(b) 平行排列

(c) 连续人字形排列

图 3-21 伸缩筘结构形式

3. 平纱辊

为了防止浆纱进行时对伸缩筘产生定点磨损,常采用偏心平纱辊或伸缩筘升降装置,以采用平纱辊为多。平纱辊的作用是使纱片做上下运动,以扩大经纱与筘齿的摩擦接触段,防止筘齿定点磨损,使浆纱排列均匀,避免重叠。

图 3-22 所示为偏心平纱辊作用图。经纱穿过伸缩筘 1,通过两根平纱辊 2,3 后,绕过测长辊 4 和拖引辊 5。平纱辊转动一周时,纱片上下运动一次,起平纱、避免定点磨损伸缩筘、清除筘齿积聚浆渣的作用。抬纱杆 6 在经轴上机时抬起,待纱线摆布均匀后放下,纱片便落入筘齿中。浆纱机开车时,抬起杆在下方位置不动。

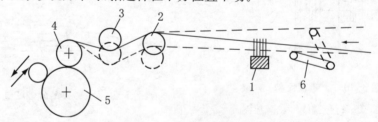

图 3-22 偏心平纱辊作用图
1—伸缩筘 2,3—偏心平纱辊 4—测长辊 5—拖引辊 6—抬纱杆

(四) 拖引辊、测长辊、压纱辊

拖引辊是浆纱机主传动的重要机件。拖引辊握持全片经纱向前,是计算浆纱机速度的部件。为了增大对经纱的握持力,拖引辊包覆橡胶面或棉布。拖引辊与上浆辊间的线速度差异,决定了浆纱的伸长率。用调速装置调节拖引辊与上浆辊间的线速度差异,就可以调节

浆纱的张力和伸长。因此,拖引辊又是浆纱张力和伸长的控制机件。

测长辊为一空心辊,紧压在拖引辊表面,依靠摩擦回转,从而给测长打印装置提供计长信号。

压纱辊实际上是一根导纱辊,兼有增加纱片对拖引辊的摩擦包围角和均匀分布纱线的作用。

图 3-23 所示是测长辊和压纱辊的气动加压装置。测长辊 3 和压纱辊 4 分别由各自的气缸作用而获得加压,压紧力可根据不同的品种进行调节。上、落轴时,气缸活塞反向运动,抬起两辊。

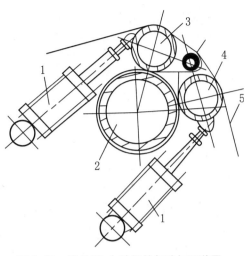

图 3-23　测长辊、布纱辊的气动加压装置

1—气缸　2—拖引辊
3—测长辊　4—布纱辊　5—经纱

(五)织轴卷绕装置

浆纱从拖引辊送出后,经卷绕装置的作用卷绕到织轴上。为保持一定的卷绕密度,织轴卷绕的线速度必须略大于拖引辊送出的线速度,而为了保证卷绕线速度恒定,织轴的转速必须随卷绕直径的增加而逐渐减小。在卷绕过程中,为了保证经纱张力和卷绕线速度两者都恒定,要求织轴卷绕装置具有恒功率的负载特性,也就是具有软的机械特性。可实现恒张力卷绕的织轴卷绕装置种类较多,下面介绍几种现代浆纱机上使用较为广泛的织轴卷绕装置:

1. 重锤式织轴卷绕装置

这是一种重锤式张力自动调节无级变速织轴卷绕装置。该装置结构紧凑,调节灵敏,运行稳定,机械效率高,为国内外新型浆纱机广泛采用。

该装置有 GZB 和 GZX3 两个系列。前者为基本型;后者是将前者的一对减速齿轮用一套周转轮系取代,使其调速范围扩大,以适应大卷装织轴的卷绕。

图 3-24 所示为 GZB 重锤式织轴卷绕装置,由变速和调节两个部分组成。其中,变速部分依靠移动活动链轮 2′ 和 4′ 的轴向位置来改变传动比。压力凸轮 6 用滑键滑套在链轮 4′ 的套筒上,与前者相配套的压力凸轮 6′ 则固装在变速输出轴 5′ 上。当变速输出轴 5 回转时,经两个凸轮间缺口处的镶嵌钢球 7,使变速输出轴 5′ 通过齿轮 13 和 14 及传动轮 15 拖动织轴卷绕。重锤 12 依靠自身重力,通过控制凸轮 10、转子 9,使杠杆 8 具有以支点轴 13 为中心做顺时针摆动的趋势,再经活动链轮 2′、滚珠链 3 推动活动链轮 4′ 外移,从而使压力凸轮 6 紧压钢球 7。

随着织轴卷绕直径的增加,卷绕阻力矩增大,使两个压力凸轮的位置发生偏转,压力凸轮 6′ 经钢球作用于压力凸轮 6,使活动链轮 4′ 克服链条拉力向左移动,并经滚珠链使活动链轮 2′ 也向左移。由于输入轴链轮张开,变速器输出转速相应降低,织轴转速也随之降低,以维持卷绕线速度恒定。织轴卷绕直径不断增加,上述过程便不断重复进行,直至满轴。

满轴落轴后换上空织轴时,在极短的时间内,钢球和压力凸轮恢复原来位置,输出轴上的两个链轮张开,同时在重锤和杠杆的作用下,输入轴上的两个链轮合拢,使滚珠链回到该两个链轮的大直径处,又开始卷绕小直径织轴。

卷绕张力可通过重锤 12 在重锤杠杆 11 上的移动来进行调节,向杠杆末端移动,可得到大的张力。重锤一经调节,即用螺钉固定于杠杆上。

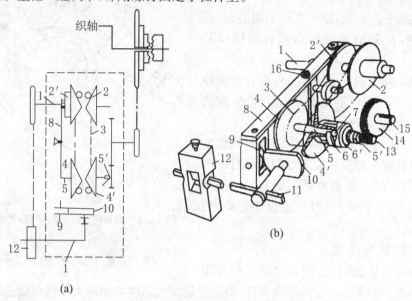

图 3-24　重锤式织轴卷绕装置

1—输入轴　2,2′,4,4′—圆锥齿轮　3—滚珠链　5,5′—输出轴
6,6′—压力凸轮　7—钢球　8—杠杆　9—转子　10—平衡凸轮　11—重锤杆
12—重锤　13,14—螺旋齿轮　15—出轴　16—支点轴

2. 液压式织轴卷绕装置

图 3-25 所示为张力反馈式液压无级变速织轴卷绕装置,具有结构简单、控制精度高、与主传动的同步性好、卷绕张力均匀等特点。张力检测辊 6 的轴承座可在轨道上前后移动,链条 14 的一端与张力检测辊相连,另一端固定在链轮 10 上,由同轴齿轮 11 传动齿杆 12,从而带动油缸 9 的活塞杆。油压的大小根据工艺要求由溢流阀 17 调节,其功能相当于张力设定器。

在浆纱机运转过程中,当作用于张力检测辊的经纱张力 T_1 和 T_2 的合力 T' 与油缸产生的拉力 T 相等时,张力检测辊静止,表明经纱的卷绕张力符合工艺要求。当 $T'>T$ 或 $T'<T$ 时,表明经纱的卷绕张力偏离工艺要求,则系统通过张力检测辊的前后移动,经链轮 10、齿轮 11、齿杆 12、杠杆 13、连杆 15 改变变量泵 16 的摆架倾角,调整

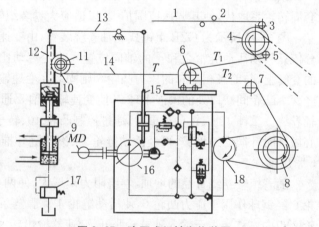

图 3-25　液压式织轴卷绕装置

1—经纱　2—平纱辊　3—测长辊　4—拖引辊
5,7—导纱辊　6—张力检测辊　8—织轴　9—油缸
10—链轮　11—齿轮　12—齿杆　13—杠杆　14—链条
15—连杆　16—变量泵　17—溢流阀　18—油马达

变量泵的输出油量和油马达 18 的输出转速,从而使织轴的转速变化,以保持卷绕张力的恒定。

(六)测长打印装置

测长打印装置的作用是在浆纱过程中测定浆纱的卷绕长度,并按工艺设计的墨印长度打印标记,作为织轴卷绕、织机落布、整理开剪和统计产量的依据。该装置由测长和打印两个部分组成。

工艺设计中的墨印长度就是指两个墨印之间的浆纱长度,也就是织成一匹布所需要的经纱长度。它与织物规定匹长的关系为:

$$墨印长度(m) = \frac{规定匹长}{1 - 经纱织缩率}$$

例 织物匹长为 40.25 m,经纱织缩率为 6.5%,则:

$$墨印长度 = \frac{40.25}{1 - 6.5\%} = 43.05 \text{ m}$$

早期的浆纱机多采用差微式机械测长打印装置,机械故障率高,墨印长度误差大。新型浆纱机一般采用电子式测长打印装置,在测长辊回转时,通过对接近开关产生的脉冲信号进行计数,从而测量测长辊的回转数,即浆纱长度。当测长辊的回转数达到预定数值(即墨印长度)时,计数器发出一个电信号,触发驱动电路工作,通过电磁铁带动打印锤,在浆纱上打一个墨印;或者通过电磁阀的开启,使喷墨打印装置给浆纱喷上一个墨印。

电子式测长装置具有结构简单、工作稳定可靠、墨印长度调节十分方便等优点,因而使用极为广泛。喷墨式打印装置采用非接触式的喷印工作方式,在浆纱高速运行时可以避免打印动作对浆纱的机械损伤。

五、传动系统

目前浆纱机的传动方式很多,比较先进的传动方式都具备浆纱速度变化范围广、过渡平滑、经纱伸长控制准确、卷绕张力恒定和自动控制的特点。下面介绍企业中使用较为广泛的浆纱机的两大类传动机构,即主传动型传动系统与多单元型传动系统:

(一)主传动型传动系统

在传统浆纱机上,浆纱机的主传动是指由主电机对拖引辊、烘筒、上浆辊、引纱辊的传动,通常由边轴驱动;浆纱机的其他传动,如循环风机、排气风机、循环浆泵、湿分绞棒和织轴卷绕等,有的需要单独传动,有的则可由主传动间接拖动。织轴卷绕机构如采用单独传动,则必须与主传动同步,使织轴能及时卷绕从拖引辊送出的浆纱。织轴传动与主传动来自一个系统的,称为一单元传动;织轴传动与主传动来自两个不同系统的,称为二单元传动。传统浆纱机使用较多的是一单元传动。

1. 主传动的要求和种类

主传动的负载特性应满足以下要求:具有恒转矩的负载特性,即具有转速变化而转矩保持恒定的硬的机械特性;能任意无级变速(包括从爬行速度到最高车速),调速范围大,以适应自动控制车速的要求;能做长时间的低速运行,以满足操作上的需要。

近年来,为适应织轴大卷装化和卷绕速度的高速化,浆纱机的主传动机构有了较大的发展。新型浆纱机采用的主传动形式,归纳起来主要有以下几种:以可控硅作为无级调速控制的直流电机;通过直流发电机输出电压作为无级调速控制的直流电机;可平滑变速的三相交流整流子电机;交流感应电机配合液压式无级变速器;交流感应电机配合PX调速范围扩大型无级变速器;交流变频调速等等。下面仅选两例分别介绍:

2. 三相交流整流子电机传动系统

三相交流整流子电机属于交流调速电机,其特点是设备费用低、控制电路简单、启动力矩大、调速范围广,并具有硬的机械特性,但体积大、调速不便、维修保养工作量大。图3-26为GA301型浆纱机采用的这种形式的传动示意图。电动机 M_1 经皮带轮传动减速器1,其输出轴经过第一XP1型无级变速器2和链轮传动拖引辊6。减速器的输入轴,经一组圆锥齿

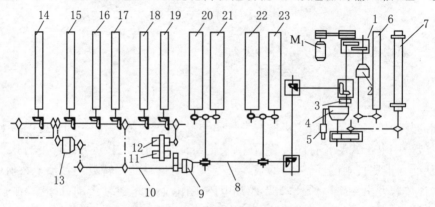

图3-26　GA301型浆纱机传动系统

1—减速器　2—第一无级变速器　3—离合器　4—GZX3A型无级变速　5—重锤　6—拖引辊
7—织轴　8—前段边轴　9—第二无级变速器　10—后段边轴　11,12—铁炮　13—第三无级变速器
14,15—引纱辊　16,17,18,19—上浆辊　20,21,22,23—烘筒

轮,传动前段边轴8。该边轴经螺旋齿轮传动烘筒20~23,并经过第二XP1型无级变速器9传动后段边轴10。后段边轴除传动上、下两组上浆辊16~19外,还将动力传入第三XP1型无级变速器13。该变速器的输出轴经链轮分别传动上、下两根引纱辊14和15。铁炮11和12的作用是调整上、下两组上浆辊的转速,使之保持一致。此外,减速器1的输入轴还经离合器3传动GZX3A型无级变速器4,并经齿轮和链轮传动织轴6。

无级变速器的种类较多,其中P型无级变速器简称PIV。其工作原理是采用金属齿链传动带和锥形齿链盘,依靠链与盘之间的啮合力和摩擦力传递动力,优点是传动力矩大、无滑移,适于高速传动。

XP1型无级变速器是在P型变速器的输入端加设一套周转轮系而构成的,如图3-27所示。它可以实现精密微量变速,以无级调节经纱张力与伸

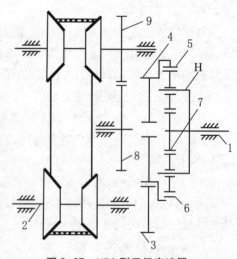

图3-27　XP1型无级变速器

1—输入轴　2—输出轴　3,8,9—传动齿轮
4—外齿轮　5—首轮　6—行星齿轮
7—末轮　H—转臂

长。图 3-26 中,全机用三只 XP1 型无级变速器,分别用来调节拖引辊与烘筒、烘筒与上浆辊、上浆辊与引纱辊之间的张力与伸长。另外,如将其与自控系统的驱动装置相连,还可以实现自动控制。

3. 直流调速传动系统

图 3-28 为祖克 S432 型浆纱机传动系统。全机由直流电机 1 或微速电机 2 传动。正常开车时,直流电动机 1 通过齿轮箱 4 变速分三路传出:一路经一对铁炮 5、一对皮带轮 6、减速齿轮 7,传动拖引辊;另一路经 PIV 无级变速器 8、齿轮箱 9、一对减速齿轮 10,传动织轴;第三路就是传动边轴,拖动烘筒、上浆辊和引纱辊运行。速度为 2~100 m/min。

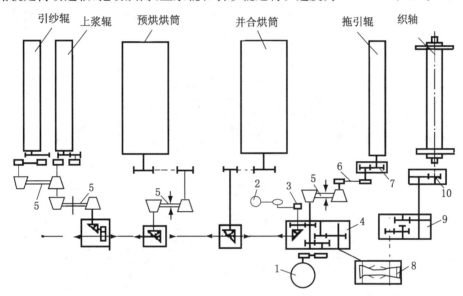

图 3-28 祖克 S432 型浆纱机传动系统

1—直流电机　2—微速电机　3—超越离合器　4,9—齿轮箱　5—铁炮
6—皮带轮　7,10—减速齿轮　8—PIV 无级变速器

全机微速运行时,微速电机 2 得电回转,经蜗杆蜗轮减速箱和一对链轮减速后,通过超越离合器 3(此时超越离合器 3 起啮合作用),传动齿轮箱 4 内的齿轮,使全机以 0.2~0.3 m/min 的速度运行。这一微速运行的功能主要是防止因停车或落轴时间过长而产生浆斑等织疵。按快速按钮后,直流电动机启动,超越离合器 3 起分离作用,从而使微速电动机的传动系统与齿轮箱 4 脱开。

祖克 S432 型浆纱机的主传动采用直流电机可控硅双闭环调速系统,主电路采用三相全桥式整流电路,由 380 V 三相电源经进线电抗器供电,经可控硅整流输出,驱动直流电机。改变可控硅控制角的大小,就能改变电枢电压的数值,从而改变电动机转速。直流电机可控硅调速系统的特点是具有恒转矩特性,调速范围大(调速比为 50),全速范围内控制性能优良。

(二)多单元型传动系统

近年来,织机技术的进步和新型纤维的广泛应用,对经纱上浆提出了更高的质量要求。与此同时,浆纱技术本身也在向高速化、大卷装方向迅速发展,为此,浆纱机的传动方式不断改进。新型浆纱机的传动系统中取消了传统的边轴传动和调节各区的无级变速器,分别在车头织轴卷绕、拖引辊、烘房、上浆辊和引纱辊等处用变频电机单独传动。每个单元都有速度反馈系统,运用同步控制技术,实现了浆纱机的多单元精确同步传动。如德国祖克浆纱机的七单元、台湾大雅浆纱机的十一单元等,它们在微电脑的程序控制下,保证浆纱机各区域的纱线运行稳定、张力和伸长适度。这种传动方式与传统的边轴传动相比,传动的可靠性和张力控制精度得到大大提高。

图3-29为新型祖克浆纱机传动控制图,采用七单元(七只变频电机)控制全机传动,其变频器属于高动态性并带有速度反馈的矢量控制通用变频器。其中,车头的一只变频器控制织轴卷绕,另一只变频器控制拖引辊传动;烘房有一只变频器,控制烘筒传动;一个浆槽有两只变频器,一只变频器控制上浆辊传动,另一只变频器控制引纱辊传动,双浆槽共有四只变频器。因此,全机有七只变频器,故称七单元传动。

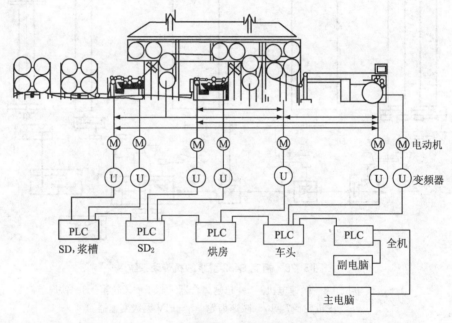

图3-29 新型祖克浆纱机传动控制图

第四节 浆纱机的自动控制

现代浆纱机的重要进展是应用现代电子技术和结构新颖的各类自控装置,把一些上浆工艺参数自动控制在规定范围内,为提高浆纱质量、提高浆纱机生产率、减轻劳动强度提供了有利条件。

浆纱自动控制的项目有浆槽液面高度、浆槽浆液温度、压浆辊压力、烘房温度或烘筒温度、浆纱回潮率、上浆率等。其中有的已在前文介绍,此处不再复述。

一、 浆液液面高度的自动控制

浆液液面高度通常由溢浆方式加以控制,如图3-7所示。循环浆泵不断地把浆液从预热浆箱输入浆槽,工作浆槽上设溢流孔或溢流板,使浆槽内多余的浆液经溢流孔或溢流板回流到预热浆箱内,从而自动维持一定的液面高度。这种方式的控制装置结构简单,调节浆槽液面高度准确、方便,因而应用较为广泛。循环浆泵长时间对浆液进行机械作用,虽可使浆液不结皮或沉淀,但对浆液黏度稳定有一定的不利影响。

另一种为直接补给式的浆液液面高度自动控制。该方式使用不多,其工作原理如图3-30所示。在浆槽1的壁上装有高位电极2和低位电极3,两者相差6～12 mm。由于浆液本身是导电体,当液面低于低位电极3时,低位电极不通,控制器4使二位三通电磁阀5的线圈导通,压缩空气经减压阀6进入薄膜阀7的上方,打开薄膜阀,浆液经薄膜阀流入浆槽,于是浆液液面上升。当液面上升到高位电极2后,电路导通,控制器4切断电磁阀5的线圈电流,阀位改变,薄膜阀内的压缩空气经电磁阀5、消声器8排到空气中,薄膜阀关闭,停止供浆。

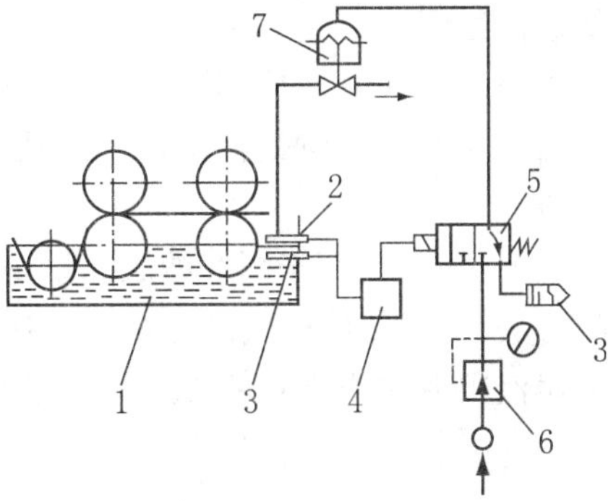

图3-30　浆液液面高度自动控制原理图

1—浆槽　2—高位电极　3—低位电极
4—控制器　5—二位三通电磁阀
6—减压阀　7—薄膜阀　8—消声器

二、温度的自动控制

烘房、烘筒的温度,以及浆槽、煮浆设备中浆液的温度,一般都可通过调节进汽阀的开口度(即增减进汽量)来自动控制。根据控制的精度要求,可分别采用简单的开关控制方式和比例控制方式。

开关控制方式较简单,只要将一个温度传感器插入需要控制温度的地方,当测得该处温度偏离给定值时,便通过执行机构,开启或关闭热源,使温度稳定在给定值允许的范围之内。比例控制方式是选定时间 T 作为控制周期,通过定时电路使温度控制器能在时间 $t(t<T)$ 内进行自动控制。如果加上温度自动补偿器,还可获得更高的控制精度。

控制器一般由温度计(热敏传感器)、电磁放大器(放大电路)和控制电路等组成。执行机构多采用控制阀、薄膜阀和电磁阀等。

1. 浆液温度的自动控制

保持浆槽中某一设定的浆液温度,对稳定浆液黏度、进行均匀上浆是极其必要的。使用温度自动控制装置,能使浆液温度保持不变。图3-31中,(a)所示为浆槽的温度自动控制,(b)为煮浆桶的温度自动控制。

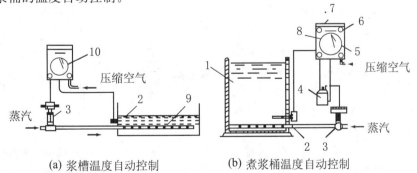

(a) 浆槽温度自动控制　　　(b) 煮浆桶温度自动控制

图3-31　浆液温度自动控制装置

1—煮浆桶　2—温度计　3—薄膜调节阀　4—继电器　5—记录仪　6—信号灯
7—定时器　8—时间、温度调节器　9—浆槽　10—自动调节计

2. 烘筒温度的自动控制

自动控制温度时,一般有四种测温方法:①凝结水温度;②蒸汽温度;③蒸汽压力;④烘筒表面温度。

上述方法中,①使用较多,虽然简单,但精度差;欧美各国多采用方法③,此时使用气动式自动控制器检测烘筒出口处的压力;方法④较为理想,但测量旋转烘筒的表面温度较为困难。

图3-32为用于短纤纱烘筒烘燥的一种典型烘筒温度自动控制图。它以蒸汽压力为测温方法,图示是单独烘筒的温度控制,每个烘筒的表面温度取决于供给该烘筒的蒸汽压力,而蒸汽压力的调节通过减压阀2控制膜片压力阀5来实现,停车或开慢车时蒸汽被关闭。

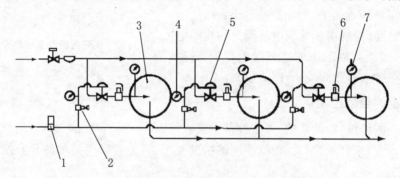

图3-32 烘筒温度自动控制图

1—电磁阀 2—减压阀 3—烘筒 4—气压表 5—膜片压力阀 6—安全阀 7—蒸汽压力表

烘筒温度的自动调节,除特殊情况外,不必对每一个烘筒进行调节,可分组进行。

三、压浆辊压力自动控制

浆纱速度变化时,为维持上浆率不变,压浆辊压力应相应调整。实现这一功能的自动控制系统分为气动式和液压式两类。典型的气动式自动控制原理如图3-33所示。

测速辊1带动测速发电机2转动,将纱线速度转换成电压信号并输入控制器3。控制器3的电路参数已由调节器4和5,分别根据高速和低速时工艺规定的压浆辊做了相应的预设。在浆纱过程中,气缸6和7上部的空气压力决定了压浆辊加压力的大小。该压力通过压力传感器8转换成电压信号,电压信号输入控制器3后,控制器3根据预设定参数和当前的车速、压力,发出控制信号,控制压力辊的三种压力变化状态:①浆纱速度不变,二位三通电磁阀9和10均不工作,压浆辊维

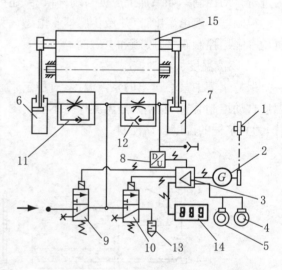

图3-33 压浆辊压力自动控制原理图

1—测速辊 2—测速发电机 3—控制器
4,5—调节器 6,7—气缸 8—压力传感器
9,10—电磁阀 11,12—单向节流阀
13—消声器 14—数码管 15—压浆辊

持原有压浆力不变;②浆纱速度提高,电磁阀 9 的线圈通电,电磁阀 10 断电,压缩空气经电磁阀 9、单向节流阀 11 和 12 分别充入气缸 6 和 7 的上部,使压浆辊压力增加;③浆纱速度降低,电磁阀 10 通电,电磁阀 9 断电,气缸 6 的 7 上部的压缩空气经单向节流阀 11 和 12、电磁阀 10、消声器 13 排入空气,压浆辊压力减小。压浆辊压力由数码管 14 显示。经自动调节后,压浆辊的压力和浆纱速度符合预设定的工艺要求。

四、 浆纱伸长率的自动控制

随着浆纱高速化和纤维品种、织物结构的多样化,经纱张力和伸长的控制将显得更为重要。

根据浆纱机的工艺特点,经纱张力一般分五区或六区等,各区所承受的张力和伸长是不同的。现以经纱张力分五区为例,阐述各区的张力要求和伸长控制:

1. 退绕区张力的自动控制

从经轴架到引纱辊的区域为退退区。在该区,经纱由引纱辊牵引,经轴消极转动,因制动装置对经轴施加阻力而产生退绕阻力。此段经纱张力与其他各区(上浆区除外)相比是较低的,其伸长率也较小。调节经轴制动装置的制动力,即可改变该区的张力和伸长。新型浆纱机多采用气动式闭环控制系统来实现经轴退绕张力的自动控制。前文已介绍,这里不再复述。

2. 上浆区张力的自动控制

从引纱辊到上浆辊的区域为上浆区。在该区,由于引纱辊主动拖动经纱送入浆槽,而且通过经纱伸长调节装置的调节,使它的表面线速度略大于上浆辊的表面线速度,所以该区域经纱的伸长率为负值,经纱略有收缩。负伸长率一般控制在 0.2%~0.3%。

3. 湿纱区张力的自动控制

湿纱区是从上浆辊到预烘烘筒之间的区域。这一区域的纱线为潮湿状态,物理性能有较大的变化,对伸长率的影响很大,如果控制不当,会直接影响浆纱质量和浆纱机的生产效率。在该区设置有经纱伸长调节装置,用以调节上浆辊和预烘烘筒的表面线速度,以控制张力和伸长。此区张力在保证纱线整齐排列的前提下,以小为宜。

4. 烘干、分纱区张力的自动控制

从烘筒到拖引辊之间的区域为烘干、分纱区。浆纱在该区由湿到干变化,因此张力对纱线的伸长有很大的影响。由于烘燥和分纱的需要,浆纱有适当的张力和伸长,但要防止张力过大而使浆纱的弹性损失过多,以致严重影响浆纱质量。该区一般是浆纱机上伸长率较大的区域。

5. 卷绕区张力的自动控制

从拖引辊到织轴的区域为卷绕区。为使织轴具有一定的卷绕密度,要求有较大的张力,一般为 0.2~0.3 N/根。因该区的浆纱已烘干,张力稍大一些,对浆纱质量的影响也大。该区张力在各区中是最高的,因而也有一定的伸长率,但伸长率并不是最大的。卷绕区的张力由织轴卷绕装置控制。前文已介绍,这里不再重复。

为了提高浆纱质量,必须根据不同品种的要求,对浆纱的张力和伸长加以控制。传统浆纱机通常采用设置经纱伸长调节装置的方法,一是 XP1 型无级变速器式,另一为铁炮式。通过其来调整各主动回转辊(筒)之间的速比,从而控制它们的表面线速度,以达到控制伸长率的目的。其中前者可进行精密调节,使用较为广泛;后者具有结构简单、调节方便的优点,但铁炮皮带传动有打滑现象。最新的多单元型浆纱机则采用变频调速电机,分别对各区的经纱张力与伸长进行程序调控,调节更为精确、方便。

五、 浆纱上浆率的自动控制

影响浆纱上浆率的因素很多,例如浆液浓度、黏度、温度、浆纱机的车速、压浆辊压力、浸没辊位置等。在生产过程中,一般以这些因素作为检测和控制对象,通过固定或调整这些影响因素来实现浆纱上浆率稳定的目的。

目前,采用以下几种检测原理,直接对浆纱上浆率进行在线检测:

① 利用 β 射线在线测定原纱和浆纱的绝对干燥质量,然后计算并显示浆纱上浆率。

② 应用微波测湿原理,对浆纱的压出回潮率 W_i 和原纱回潮率 W_j 进行连续测定,仪器根据下式计算浆纱上浆率 S:

$$S + W_i(1 + S) - W_j = \frac{S}{D}$$

上式中的 D 为浆液总固体率,由人工定期检测并输入上浆率测定仪。可见,仪器测得的浆纱上浆率尚不能真正反映其连续变化的过程。

浆纱上浆率的控制主要通过控制压浆辊压力来实现,亦可采用改变浆槽中浆液浓度和浆液温度的方法。考虑到浆液温度和浓度调整过程中的延时因素,为加快调整速度,可以使用小型浆槽,尽量减少浆槽中的浆液量。

【思考与训练】

一、 基本概念

覆盖系数、自由水分、结合水分、墨印长度、主传动、一单元传动、二单元传动、多单元传动。

二、 基本原理

1. 试述浆纱的任务与要求。

2. 浆纱机分类如何? 其在工艺流程上有何区别?

3. 试从浆纱浸压过程分析上浆机理。

4. 试比较几类浸压方式的使用特点。

5. 试对常用的两类烘燥方法进行分析与比较。

6. 烘燥机构上有哪些安全装置? 各起什么作用?

7. 浆纱机车头部分主要有哪些机构? 各起什么作用?

8. 试述现代浆纱机的传动系统的要求与特点。

9. 现代浆纱机上主要有哪些自控装置?

三、 基本技能训练

训练项目 1:上网收集或到校外实训基地了解有关浆纱机,对各种各类浆纱机进行技术分析。

训练项目 2:到校外实训基地了解原纱上浆与色纱上浆在设备要求上的区别。

教学单元4 其他前织设备

【内容提要】 本单元主要介绍其他前织准备工序中常见设备的使用情况,如对穿经与结经方法及其设备器材进行系统介绍,介绍了纱线定捻方法及其常用装置的工作原理,并简单扼要地介绍了倍捻机的工作原理。

第一节 穿 结 经

穿结经是经纱准备的最后一道工序。其目的是按照织物的工艺设计要求,将织轴上的经纱按一定的规律穿过停经片、综眼和钢筘,如图4-1所示。穿综的作用是为了在织造时经纱能形成梭口,以便纬纱与经纱进行交织;穿筘的目的在于使经纱保持规定的密度和幅宽。停经片是织机上经纱断头自停装置的探纱元件,其作用是在经纱断头时诱发织机自动停车。如果了机织物与即将上机的织物的工艺完全相同,也可采用结经的方法,用自动结经机将新织轴上的经纱与了机织轴上的经纱逐根打结,然后将结头拉过停经片、综眼和钢筘至机前。这种方法的生产效率高,其应用也越来越普遍。

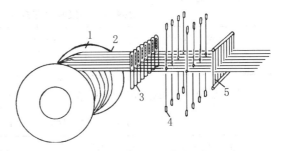

图4-1 穿经示意图
1—经轴 2—经纱 3—停经片
4—综丝 5—钢筘

一、 停经片、综框与综丝、钢筘

停经片、综框与综丝和钢筘都是织机的重要部件,其规格应正确,质量应良好。

(一)停经片

停经片是织机停经装置的传感元件。织机上的每一根经纱都穿入一片停经片,当经纱断头时,停经片靠自身质量落下,通过机械或电气式断经自停装置,使织机迅速停车。

停经片由碳素钢片冲轧而成,其表面和边缘应十分光洁,纱眼圆整,不允许有毛刺裂口,形状如图4-2所示。图中(a)为机械式停经片,(b)为电气式停经片。机械式停经片穿经时,先将其穿入停经杆,用穿综钩将经纱引过停经片中部的孔眼。在织轴穿好、经纱拉直后,才将电气式停经片插到经纱上,使用比较方便,了机时可卸下停经片与停经杆继续织造,因此,可节约回丝。

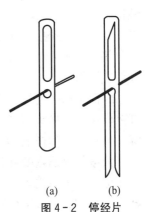

(a)   (b)
图4-2 停经片

停经片的尺寸、形状和质量的选择，与纤维原料、纱线线密度、织机种类和车速等有关。一般纱线线密度大，车速快，选用较重的停经片，反之用较轻的停经片。毛织一般用较重的停经片，丝织用较轻的停经片。无梭织机的停经片质量与纱线线密度的关系见表4-1所示。

表4-1 无梭织机的停经片质量与纱线线密度的关系

纱线线密度(tex)	≤9	9~14	14~20	20~25	25~32	32~58	58~96	96~136	136~176	176~
停经片质量(g)	≤1	1~1.5	1.5~2	2~2.5	2.5~3	3~4	4~6	6~10	10~14	14~17.5

停经片穿在停经杆上的允许密度与纱线线密度和停经片的厚度有关。纱线的线密度小，停经片的密度可大些；停经片的厚度薄，停经片的密度可大些。每根停经杆上停经片的排列密度可按下式计算：

$$P = \frac{M}{m(B+1)}$$

式中：P 为停经杆上的停经片允许排列密度（片/cm）；M 为总经根数；m 为停经杆排数；B 为综框上机宽度（cm）。

棉织生产中，每根停经杆上停经片允许密度与纱线线密度的关系见表4-2所示。

表4-2 停经片允许排列密度与纱线线密度的关系

停经片允许排列密度(片/cm)	8~10	12~13	13~14	14~16
纱线线密度(tex)	48以上	21~42	11.5~19	11以下

无梭织机上，每根停经杆上停经片允许密度与停经片厚度的关系见表4-3所示。

表4-3 停经片允许排列密度与停经片厚度的关系

停经片允许排列密度(片/cm)	23	20	14	10	7	4	3	2
停经片厚度(mm)	0.15	0.2	0.3	0.4	0.5	0.65	0.8	1.0

（二）综框和综丝

综框是织机上开口机构的一个组成部分。综框的升降使经纱按一定规律上、下运动而形成梭口，以便与纬纱交织成所需的织物组织。常见的综框有木综框、金属综框和铝合金综框。

1. 综框的构造与种类

图4-3所示为目前棉纺织厂使用较多的一种复列式金属综框，由综丝、综框架、综丝杆和综夹等组成。

综框架由金属管1和综横头5组成。综横头5将上、下金属管固结在一起，上、下综丝杆3横穿在综横头两侧的小孔内，两端用铁圈6约束，以免综丝杆从综横头的小孔中滑出。综丝4穿在综丝杆上，为减少综丝杆在开口时的弯曲变形，在金属管和综丝杆上装有综丝夹2，其数量与综框宽度有关。

综框有单列式和复列式两种形式：单列式每页综框上只挂1列综丝；复列式每页综框上挂2~4列综丝，适于织制高经密织物。

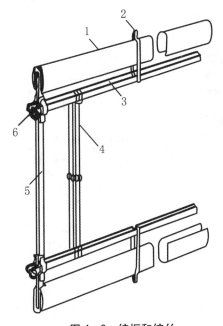

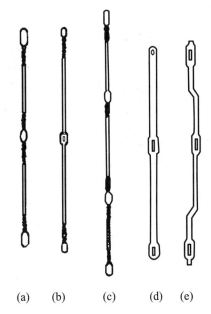

图 4-3 综框和综丝

1—金属管 2—综丝夹 3—棕丝杆

4—综丝 5—综横头 6—铁圈

图 4-4 各种综丝

2. 综丝的种类与规格

综丝分为钢丝综和钢片综两种。如图 4-4(a)(b)(c)所示,钢丝综由两根钢丝并合焊接而成,两端呈环形,称为综耳,中间有综眼。为减少综眼与经纱的相互摩擦,同时便于穿经,综眼所在平面与综耳所在平面成 45°夹角(也有成 30°夹角的)。如图 4-4(d)(e)所示,钢片综由薄钢片制成,有单眼式和复眼式两种,复眼式钢片综的作用类似于复列式综框。钢片综的综眼形状为四角圆滑过渡的长方形,有利于减少其对经纱的磨损。综丝规格主要有直径和长度。综丝直径以钢丝的号数(S. W. G.)表示,其粗细根据纱线线密度而定,低线密度用直径较小的综丝,反之用直径较大的综丝。综丝长度以综丝两端综耳最外侧的距离为准,可根据织物种类和开口大小而定。

(三)钢筘

钢筘的功能较多,其一是确定织物的经密和幅宽,其二是打纬时将梭口内的纬纱打向织口,实现交织。喷气织机上异型筘筘槽是引纬气流和纬纱飞行的通道。

1. 钢筘的分类

(1)从外形上分。钢筘从外形上分,可分为普通筘和异型筘。普通筘用在一般织机和采用以轨道片方式引纬的喷气织机上。异型筘仅在喷气织机上使用。

(2)从制作方式上分。钢筘从制作方式上分,可分为胶合筘、焊接筘和黏结筘等。图 4-5(a)所示为胶合筘。它是用胶合剂将筘片 1、扎筘线 3 和筘边 2 固定在扎筘木条 4 上,筘的两边用筘边和筘帽 5 固定。图 4-5(b)所示为焊接筘。它采用碳钢筘条,用钢丝扎筘,再用锡铅焊料将筘条、筘片和钢丝焊牢。黏结筘是用铝合金轧制的 U 形型材作为上、下筘条,将扎好的筘片插入其中,再注入树脂类黏结剂,使两者牢固结合。

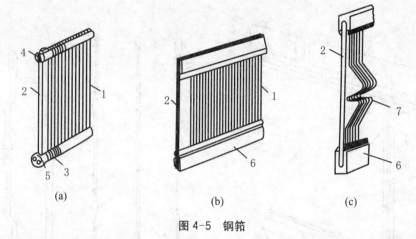

图 4-5　钢筘

1—筘片　2—筘边　3—扎筘线　4—扎筘木条　5—筘帽　6—筘梁　7—异型筘片

2. 钢筘的规格

钢筘的筘齿密度是筘的主要规格,通常用筘号表示,筘号有英制筘号 N_{ek} 和公制筘号 N_{mk} 两种。公制是以 10 cm 内的筘齿数表示,英制是以 2 英寸内的筘齿数表示。公制筘号 N_{mk} 可按下式计算:

$$N_{mk} = \frac{P_j(1-a_w)}{b}$$

式中: P_j 为坯布经密(根/10 cm); b 为每筘穿入经纱数(根); a_w 为纬纱织造缩率。

公制、英制筘号可用下式进行换算:

$$N_{mk} = 1.969N_{ek}; \quad N_{ek} = 0.508N_{mk}$$

每筘穿入经纱数应根据织物的结构和织物条件而定。一般,织造平纹织物时,每筘穿入 2～4 根经纱;而织制高经密织物时,筘齿中穿入的经纱根数与布面外观、经纱断头率等有密切关系,筘齿中穿入的经纱根数少,有利于得到匀整的织物外观,但因采用较大的筘号,筘齿密,增大了经纱与筘齿间的摩擦,会使经纱断头增加和加剧钢筘磨损。为解决这一问题,织造特别紧密的织物可采用双层筘,即将单位长度内的筘片分成两排,如图 4-6 所示。采用双层穿筘法后,不论前排或后排,每筘穿 4 根经纱,但这 4 根经纱穿入另一排时,均被分配在左、右两个筘齿中,这样可以避免因 2

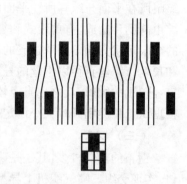

图 4-6　双层筘的经纱穿法

根运动规律相同的经纱穿入一个筘齿而导致的容易产生错位的现象。

钢筘在使用前必须经过检查,筘面应光滑、平整,筘齿无稀密不匀,筘的表面、筘片之间应清洁、无油污锈渍。有明显稀密不匀的钢筘不能使用,以免产生筘痕经档。

二、穿经

（一）手工穿经

手工穿经是在穿经架上进行的,由穿经工用专用的穿综钩逐根穿过停经片、综眼,然后用插筘刀按经纱工艺规定穿过钢筘的筘齿。穿综钩与插筘刀如图 4-7 所示。

穿综钩　　　　　　　　　　　　　插筘刀

图 4-7　穿综钩与插筘刀

手工穿经的劳动强度大,生产效率低,但简便易行,穿经质量好,可适用于任何织物组织,故目前仍被普遍采用。

(二)半自动穿经

半自动穿经机是由半机械式的三自动穿经机与手工操作配合来完成穿经过程的。它是在穿经架上安装自动分纱器、自动吸停经片器和自动插筘器,可以代替手工穿经的部分操作,具有自动分纱、自动吸停经片和自动插筘三种功能,从而减轻了穿经工的劳动强度,提高了生产效率,但经纱穿过停经片孔眼和综眼仍需手工完成。

1. 自动分纱器

图 4-8 所示为自动分纱器的传动图。分纱器及其驱动装置通过导轮 9 放置在导轨 10 上,锥形螺旋分纱杆 4 插入纱片。当电动机 1 通过蜗杆 2、蜗轮 3 驱动螺旋分纱杆 4 回转时,一些经纱被推动并间隔地排列在螺旋分纱杆的表面,便于穿经工取纱。当螺旋分纱杆上的纱被取光后,电动机再次开启并自动分纱。在分纱的同时,通过两对蜗杆蜗轮 5 和 6 及 7 和 8,使导轮 9 回转,并带动分纱器沿导轨 10 前进。

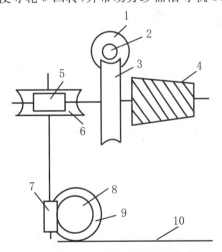

图 4-8　自动分纱器的传动图

1—电动机　2—蜗杆　3—蜗轮　4—螺旋分纱杆
5,7—蜗杆　6,8—蜗轮　9—导轮　10—导轨

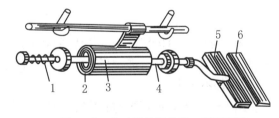

图 4-9　自动吸停经片器工作原理图

1—压簧　2—电磁线圈　3—线圈壳　4—伸缩杆
5—U 形隔磁器　6—磁钢

2. 自动吸停经片器

自动吸停经片器主要由电磁线圈制成的伸缩杆组成。图 4-9 所示为自动吸停经片器的工作原理图。当电磁线圈通电时,伸缩杆 4 右移吸向线圈壳 3,压簧 1 压缩,同时伸缩杆的右端带动 U 形隔磁器 5 连同磁钢 6 伸向停经片,从每一列停经杆上各吸出一片待穿的停经片;接着电流断开,在压簧 1 的作用下,伸缩杆 4 复位,将被吸住的停经片拖到穿经位置。

3. 自动插筘器

当经纱穿过停经片和综眼之后,自动插筘器可以将纱头穿过钢筘。图4-10所示为自动插筘器的工作原理图。将电源开关14接通,电动机1运转,并由此带动装于电动机输出轴上的蜗杆2,同时传动蜗轮3。蜗轮3被弹簧4紧压在摩擦盘7上,摩擦盘装于插筘刀轴5的右端,插筘刀8的中央方孔与轴5中间部分的方轴套合。因此,当蜗轮转动时,带动摩擦盘和插筘刀轴旋转,同时使插筘刀随轴转动,将纱头穿过钢筘。当一束纱被穿过钢筘后,由于插筘刀轴5左端的限位圆盘10上的凸钉受到升降杆11的阻拦,插筘刀轴5停止转动,此时摩擦盘7与蜗轮3之间产生滑移。当穿经工把经纱勾在插筘刀的刀钩上时,顺势用穿综钩触动开关9,使电磁铁12瞬时通电又立即断开,电磁铁将升降杆11吸下,解除了升降杆11对限位圆盘10和插筘刀轴5的制约作用,插筘刀立即随插筘刀轴一起旋转,将勾住的经纱传入筘齿,接着插入下一个筘齿。此时,电磁铁已断电,升降杆11在拉簧13的作用下上升,再一次使轴5停止转动。

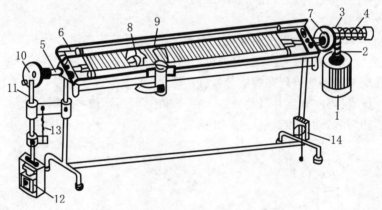

图 4-10 自动插筘器的工作原理图

1—电动机 2—蜗杆 3—蜗轮 4—弹簧 5—插筘刀轴 6—筘架 7—摩擦盘 8—插筘刀
9—开关 10—限位圆盘 11—升降杆 12—电磁铁 13—拉簧 14—电源开关

(三) 自动穿经

自动穿经是由机械进一步替代半自动穿经中的手工操作部分,能自动完成分纱、吸停经片、穿综和插筘等动作,进一步降低了穿经工的劳动强度,提高了劳动生产率,但由于价格较高,应用仍不普遍。

图4-11为自动穿经机的工艺流程图。经纱1从织轴3上引出后,经过导纱辊4,然后经纱被夹纱辊5和夹纱板6夹住。张力板7紧贴纱片并给经纱一定的张力。海绵球8紧压绒布夹板9,其目的是防止取纱时相邻纱线移动。捻线辊10由单独可逆电动机传动,以增加经纱的附加张力,防止纱线松弛纠缠。纱线由分纱器11分出,并由穿引针12按工艺要求穿过停经片13和综丝14。勾纱钩15用来勾拢纱线,然后由插筘刀16将经纱头插入钢筘17。

穿经机有两种配置方式:一种为主机固定,纱架移动;另一种是纱架固定,主机移动。无论采用何种配置,都必须包括几个主要机构,即传动系统、前进系统、分纱机构、分片机构、分综机构、穿引机构、勾纱装置和插筘机构。由于机械穿经时经纱穿入钢丝综综眼的准确度较难控制,所以使用自动穿经机时必须使用钢片综。

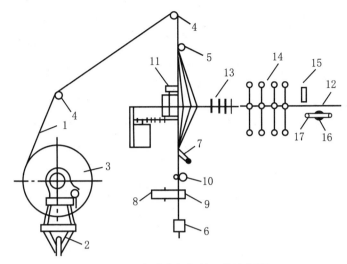

图 4-11　自动穿经机的工艺流程图

1—经纱　2—织轴车　3—织轴　4—导纱辊　5—夹纱辊　6—夹纱板　7—张力板
8—海绵球　9—绒布夹板　10—捻线辊　11—分纱器　12—穿引针　13—停经片
14—综丝　15—勾纱钩　16—插筘刀　17—钢筘

三、结经

结经就是对织物品种不变的经纱,在旧织轴了机后,将经纱在后梁处剪断,再将新织轴上的纱头与旧织轴的纱头——对接起来,然后将结头拉过停经片、综眼和钢筘。使用自动结经机,虽然经纱的梳理与定位仍由人工完成,但打结由结经机自动完成,大大降低了劳动强度,提高了生产效率。由于在织造过程中,织轴上有的经纱会变换位置,多次使用结经机会使经纱相互扭绞;另外,综、筘、停经片也需维修保养。因此,纺织企业在使用若干次结经机结经后,改用手工穿经一次,以利于解决上述问题。

自动结经机配有固定机架和打结机头。机架用来夹持梳理好的了机经纱和上机经纱,并提供打结机头的工作轨迹。打结机头的机构比较复杂,要完成打结过程,各个机构的运动必须紧密配合。首先将新旧经纱分为两层并夹牢,打结时挑纱针从上、下纱层中各挑出一根经纱,交给推纱叉送到打结处。前后聚纱钳握住经纱,以确定其位置。然后夹纱器夹纱,剪刀剪去纱头,最后打结。

(一)挑纱机构

挑纱机构如图 4-12 所示。当挑纱凸轮 1 回转时,通过转子 2,摆杆 3,

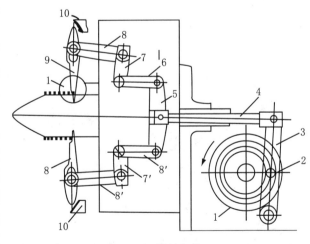

图 4-12　挑纱机构

1—挑纱凸轮　2—转子　3—摆杆　4—长连杆
5—杠杆　6,6′—上、下连杆
7,7′—上、下牵手　8,8′—上、下杠杆
9,9′—上、下挑针　10,10′—上、下防冲板

长连杆 4,杠杆 5,上、下连杆 6 和 6′,上、下牵手 7 和 7′,上、下杠杆 8 和 8′,使上、下挑针 9 和 9′运动,以挑取上、下层的经纱。上、下防冲板 10 和 10′用来防止挑纱针弹回时冲击纱层而造成纱层重叠。

（二）前聚纱钳

图 4-13 所示为前聚纱钳的传动图。当前聚纱钳凸轮 1 回转时,通过转子 2、摆杆 3、连杆 4 和滑块 5,使上、下聚纱钳 6 和 6′摆动。当凸轮大半径与转子接触时,前聚纱钳合拢,将经纱聚到预定位置,以便打结。

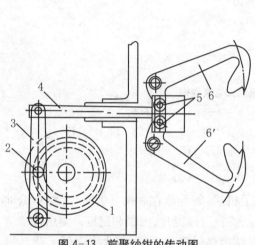

图 4-13　前聚纱钳的传动图

1—前聚纱钳凸轮　2—转子　3—摆杆
4—连杆　5—滑块　6,6′—上、下聚纱钳

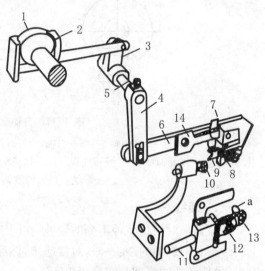

图 4-14　压纱和剪纱机构的传动图

1—剪纱凸轮　2—剪压连杆　3,4—单臂杠杆
5—短轴　6—剪压滑杆　7—剪刀　8—压纱器
9—燕尾板　10—活动压纱头　11—聚纱凸轮连杆
12—托架　13—连接板　14—活动剪刀

（三）压纱和剪纱机构

图 4-14 所示为压纱和剪纱机构的传动图。当剪纱凸轮 1 回转时,通过剪压连杆 2、单臂杠杆 3 和 4 及短轴 5,使剪压滑杆 6、剪刀 7 和压纱器 8 做往复运动。当剪纱凸轮的大半径向右时,压纱器 8 将由燕尾板 9 汇聚的经纱压在活动压纱头 10 上。聚纱凸轮连杆 11 的端部装有托架 12 和连接板 13,连接板 13 上的销钉 a 与活动剪刀 14 铰连。在压纱器压纱后,打结器衔纱,前聚纱钳开启,剪刀闭合,剪断前端经纱,而后端经纱仍由压纱器压住。

（四）后聚纱钳

图 4-15 所示为后聚纱钳的传动机构。当后聚纱凸轮 1 回转时,通过转子 2、摆杆 3、连杆 4 及滑块 5,使上、下聚纱钳 6 开闭。在聚纱钳 6 闭合时,把上、下层各一根经纱聚集在后聚纱板 7 的缺口上。后聚纱钳将两根经纱的后端聚拢,便于打结器的夹纱。

（五）打结机构

图 4-16 所示为打结机构。螺旋齿轮 5 和 6 驱动与齿轮 5 固装在一起的套筒 7,夹纱器座由键 8 与套筒 7 相连,因此夹纱器既可以随套筒一起回转,又可相对于套筒滑动。夹纱器的往复运动（打滑）是由打结凸轮 1 通过连杆 2 和 3 来完成的。

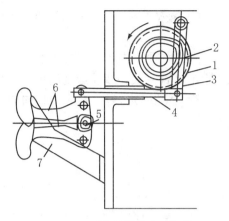

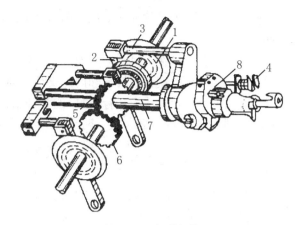

图 4-15　后聚纱钳的传动机构

1—后聚纱凸轮　2—转子　3—摆杆
4—连杆　5—滑块　6—聚纱钳　7—后聚纱板

图 4-16　打结机构

1—打结凸轮　2，3—连杆
5，6—螺旋齿轮　7—套筒　8—键

　　打结过程如图 4-17 所示。活套在打结管 1 上的夹纱器 2 以顺时针方向回转,同时向外伸出,夹住经纱,如图中(a)所示;夹纱器继续绕打结管回转并向里运动,经纱在打结管上成圈,如图中(b)所示;夹纱器继续回转并向外运动,将经纱交给从打结管内伸出的勒紧针 3,如图中(c)所示;夹纱器继续回转并向里运动,勒紧针夹住纱尾向管内缩进,脱结针 4 伸出把纱圈从打结管上脱下形成结头,如图中(d)所示。与此同时,取结钩 5 将结子拉紧,然后离开。

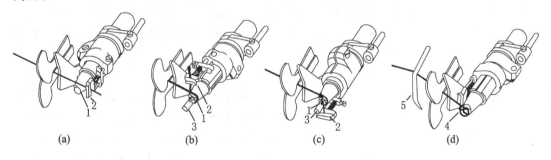

图 4-17　打结过程

1—打结管　2—夹纱器　3—勒紧针　4—脱结针　5—取结钩

第二节　纬纱定捻

一、纬纱定捻的目的和要求

　　纬纱定捻的目的在于稳定纱线捻度,从而减少织造过程中的纬缩、脱纬和起圈等弊病。由于喷气、喷水引纬属于消极式引纬,定捻的目的主要是减少退捻,减少由于纱头退捻歪斜、松散造成的纬缩、断纬疵点。

　　涤/棉混纺纱因涤纶的弹性好,扭捻性强,退解时易发生扭结和脱落,造成大量纬缩和脱纬疵布。故涤/棉混纺纬纱在上机使用前必须定捻,而且定捻效果要好,否则,将严重影响织物的质量。

总之,各种纬纱在上机织造之前,都要经过定捻,保证织物质量,提高织造效率。定捻效果的好坏,主要看捻度稳定情况和内外层纱线的捻度稳定是否一致。纬纱捻度的稳定性可用稳定率表示,测定方法为:将定捻后的管纱引出 1 m 长,一端固定,另一端缓慢地向固定端靠近,到纱线开始扭结时,记下两端的距离,按下式计算:

$$捻度稳定率 = \left[1 - \frac{纱线起扭时两端的距离(cm)}{100}\right] \times 100\%$$

捻度稳定率为 40%~60%,即能满足织造的工艺要求。

定捻效果的检测方法为:双手执长度为 1 m 的纱,两手分开,然后缓慢移近,至两手距离为 20 cm 左右时,看下垂纱线的扭结程度,一般应为 3~5 转。这种检测方法简单易行,能粗略地鉴别定捻效果。

二、 纬纱定捻方法

纬纱定捻有多种方式,分别适用于不同情况。定捻方式不同,则定捻机理、设备、效果也不同。

(一)纱线自然定捻

纱线自然定捻是指纱线在常温、常湿的自然环境中存放一段时间,以稳定纱线捻度的定捻方式。

由于纺织纤维的蠕变特性,管纱在放置过程中,纤维内部的大分子相互滑移错位,各个大分子本身逐渐自动皱曲,纤维的内应力逐渐减小,呈现松弛现象。同时,纤维之间产生少量的滑移错位,其结果使纱线内应力局部消除,纤维的变形形态和纱线结构得到稳定,从而使纱线捻度达到稳定。

影响纱线松弛过程的因素主要有纤维结构、松弛时间、温度、湿度等。一般情况下,化学纤维在高温高湿条件下较易松弛。由纤维的应力松弛特征可知:松弛过程延续一段适当的时间,即可获得比较满意的应力消除效果。低捻度的天然纤维纱线在常温、常湿的自然环境中存放一段时间后,捻度即可稳定,纱线卷缩、起圈的现象大大减少。生产中,纱线一般在有较高相对湿度的布机车间存放 24~48 h,纱线吸收周围介质中的水分,使纱线直径增加,进而相邻纱圈之间的摩擦作用力得到加强,纬纱从纱管上退绕下来时,脱圈现象减少。

自然定捻的工序短,节省费用,纱线的物理机械性能保持不变,但定捻效果不够稳定,易受环境温湿度条件的影响。

(二)纱线给湿定捻

纱线给湿定捻是指纱线在较高回潮率的环境中存放一段时间,以稳定纱线捻度。

适当的纬纱回潮率,有利于提高纬纱的强力,稳定纬纱的捻度,增加纱层间的附着力,可减少纬缩或脱纬疵布;纬纱回潮率过小,会增加脱纬现象;纬纱回潮率过大,会造成坯布的黄色条纹;并且引起纱线退解困难。通常,纺厂来的纯棉纬纱,其回潮率只有 5%~6%,而纯棉纬纱适宜的回潮率应是 8%~9%,所以纬纱定捻需要增大回潮率。

纱线给湿后,由于水的润滑性,易使纤维分子间的结合松弛,加速纤维内应力下降,使纱线捻度迅速稳定下来。

纱线给湿定捻的方法有以下几种：

1. 喷雾法

棉织生产采用喷雾法时，纬纱室内的相对湿度应保持在 80％～85％，将纬纱纡子放置 12～24 h 后使用；用喷雾器将水汽直接喷洒在管纱上，3～4 h 后使用。实践证明，棉纱在相对湿度为 80％～85％的条件下存放 24 h 后，纡子表面的回潮率可提高 2％～3％。在丝织生产中，低捻度的天然丝线在相对湿度 90％～95％的给湿间内存放 2～3 d，也可得到较好的定捻效果。

2. 水浸法

把纬纱装入竹篓或钢丝篓，在 35～37 ℃的热水中浸泡 40～60 s，取出后在纬纱室内存放 4～5 h 即可供织机使用。用于浸泡的池水应保持清洁，每隔 2～3 h 换一次水，以免污染纱线。

3. 机械给湿法

用纬纱给湿机将水或蒸汽直接喷洒在纬管上进行给湿。

图 4-18 所示为毛刷式给湿机工艺流程，图 4-19 所示为喷嘴式给湿机工艺流程。纡子运行于给湿机的倾斜帘子上，在帘子上方，用毛刷或喷嘴将水或溶有浸透剂的溶液喷洒到纬纱上，对纬纱给湿。纡子一边随帘子前进，一边受到给湿，然后跃落到储纱框内。浸透剂的作用是加速水分向管纱内部浸透，常用的浸透剂有棉籽油肥皂、土耳其红油、拉开粉、食盐、浸透剂 M 等。

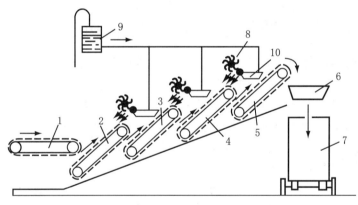

图 4-18　毛刷式给湿机工艺流程

1—供给帘子　2，3，4，5—输送帘子　6—漏斗　7—储纱框　8—毛刷　9—溶液箱　10—溶液槽

机械给湿定捻的设备简单，定捻效果较好，但半成品储量较大，坯布上易产生水渍和色档。

（三）纱线热湿定捻

在热和湿的共同作用下，纬纱定捻效率大大提高。为了减少筒子内外层纱线的定捻差异和黄白色差，可采用如图 4-20 所示的热湿定捻锅。定捻时，先将纬纱置于锅内，再将锅内抽真空，然后通入蒸汽，让

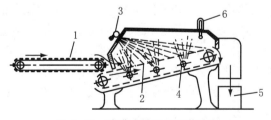

图 4-19　喷嘴式给湿机工艺流程

1—供给帘子　2—铜条帘　3—喷雾器
4—蒸汽阀　5—储纱框　6—温度计

热、湿充分作用到纱线内部。化纤纱及棉与化纤混纺纱的弹性较好,常温下纱线捻度不易稳定,尤其是捻度较大的纱线,宜采用给湿、加热的方法稳定纱线捻度。热湿定捻通常用筒子纱,也可采用纬管纱。

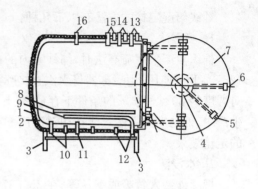

热湿定捻有高温和低温两种,前者温度一般为80~90℃,定捻时间可短些;后者温度一般为45~60℃,定捻时间可长些。

生产中有时采用简易蒸纱室对纬纱进行热湿定捻。将纬纱堆放在一个封闭的房间里,通入蒸汽至一定温湿度,然后闷一定时间即可。

热湿定捻效果良好,半成品流通快,对强捻纱、混纺纱、化纤纱较为适合,但生产成本较高。有资料表明,经过热湿定捻的纱线,其物理性能有所变化:纱线的回潮率增大而均匀;毛羽有所

图 4-20　热湿定捻锅

1—箱外体　2—箱内筒　3—座架　4—手轮
5—压紧方钢　6—固定扣　7—箱盖　8—导轨
9—加热管　10—排水阀　11—疏水器
12—进气口　13—压力表　14—温度计
15—安全阀　16—真空泵接头

减少;强力有下降趋势,定捻温度越高,强力下降幅度越大;由于纤维膨胀,纱线会产生热收缩,线密度变粗。如涤纶的热定捻缩率一般为1.0%~1.5%。

第三节　倍　捻　机

倍捻机是倍捻捻线机的简称。倍捻机的锭子每转一转可在纱线上施加两个捻回,加捻后的纱线可直接络成股线筒子,与普通环锭捻线机相比,可省去一道股线络筒工序。由于倍捻机不使用普通捻线机的钢领和钢丝圈,锭速可以大大提高,加之具有倍捻作用,因而产量比普通倍捻机高。如倍捻机的锭速为15 000 r/min 时,相当于普通捻线机的30 000 r/min。倍捻机制成的股线筒子容量比普通管纱容量大得多,故合股后的股线结头少。倍捻机还可给纱线施加强捻,最高捻度可达3 000 捻/m。

图 4-21 所示为倍捻机加捻原理图。筒子(并纱筒子)纱从静止不动的筒子 1 上引出,自筒子顶端进入空心管 2,这区段的两根纱尚未加捻,如线段 ab 所示。纱线进入空心管后,先随锭子和储纱盘 3 的每一回转加上一个捻回,如线段 bc 所示。这区段的加捻作用与普通环锭捻线机相同。当这段加了捻回的线从储纱盘 3 下面的横向孔眼中穿过并引向上方时,随锭子和储纱盘的每一回转又加上一个捻回,即纱线在锭子和储纱盘一转时共获得两个捻回,如线段 cd 所示。

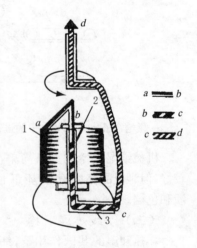

图 4-21　倍捻原理图
1—并纱筒子　2—空心管
3—储纱盘

倍捻机的种类,按锭子安装方式不同,可分为竖锭式、卧锭式、斜锭式三种;按锭子的排列方式不同,分为双面双层和双面单层两种。每台倍捻机的锭子数随形式不同而

不同,最多达 224 锭。

图 4-22 所示为一种竖锭式倍捻机。纱线从筒子 1 上退解下来,先穿过锭翼 2。锭翼为活套在空心管 3 上的一根钢丝,上有导纱眼,随退绕张力慢速转动。纱线自锭翼导纱眼引出后,进入静止的空心管 3,再穿入高速旋转的中央孔眼,并从储纱盘 4 的横向穿纱眼 5 中引出。纱线在储纱盘的外圆绕行 90°～360° 后,进入空间,形成气圈 6,经导纱钩 7、超喂罗拉 8、往复导纱器 9,卷绕到筒子 11 上。筒子由槽筒 10 摩擦传动。倍捻机的锭子则由传动龙带 12 集体摩擦传动,图中 13 为盛纱罐,14 为气圈罩。纱线在盛纱罐和气圈罩间旋转加捻。

倍捻机在棉纱、化纤混纺纱、毛纱方面的应用日益增多。倍捻机的不足之处有:锭子结构比较复杂;接断头比较麻烦(须用引纱钩);耗电量略高;对易擦伤起毛的纤维(如蚕丝),使用受到限制。

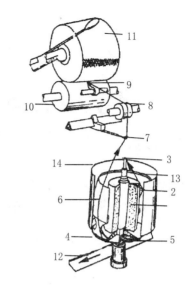

图 4-22 竖锭式倍捻机

1—并纱筒子 2—锭翼 3—空心管 4—储纱盘
5—横向穿纱眼 6—气圈 7—导纱钩 8—超喂罗拉
9—往复导纱器 10—槽筒 11—股线筒子
12—传动龙带 13—盛纱罐 14—气圈罩

【思考与训练】

一、基本概念

穿经、结经、筘号、捻度稳定率、纱线自然定捻、纱线给湿定捻。

二、基本原理

1. 穿结经的任务和要求是什么?
2. 穿经的方法有几种? 各有何特点?
3. 结经与穿经在应用上的区别是什么?
4. 何谓公制筘号和英制筘号? 如何进行换算?
5. 常用的穿结经机械有几种? 各有何特点?
6. 为什么要对纬纱进行定捻? 定捻的方法有哪几种?
7. 纬纱的给湿方法和常用设备有哪些?
8. 试述倍捻机的加捻原理与特点。

三、基本技能训练

训练项目 1:深入企业认识停经片、综框与综丝、钢筘,并进行穿结经实训。

训练项目 2:深入校外实训基地认识自动穿经机、自动结经机、倍捻机等前织设备的工作过程与主要原理。

教学单元5　无梭织机

【内容提要】　本单元先对织机概况进行简单介绍,在此基础上,分别对织机的开口、引纬、打纬、卷取和送经五大机构及主要辅助机构,就有关机构组成与工作原理进行重点介绍与分析。

第一节　织机概述

在纺织工业的织造部门中,新型无梭织机的劳动生产率几乎是传统有梭织机的 3～5 倍。采用无梭织机的主要优点是用工成倍减少,劳动强度大幅度降低,以及单位厂房面积所能提供的生产量大大提高。至于在品种适应性和坯布质量方面,现代无梭织机完全可与最好的有梭织机相媲美。在工业发达的国家,无梭织机已基本取代有梭织机。当今我国广大纺织企业面临转型升级、产品档次提升及企业活力增强的形势,故采用先进技术的纺织厂家随之增多,从而大大加快了无梭织机的推广应用速度。下面就有关无梭织机的原理做较为详细的阐述,同时对有梭织机的有关机构原理做一般性介绍。

一、织造基本原理

机织物由两组相互垂直的纱线交织而成。两组纱线按一定的组织规律形成机织物的过程称为织造过程;实现织造过程所使用的机器称为织机。

（一）织机的机构

织机的机构,按其直接参与形成织物与否,分为主要机构与辅助机构。

1. 主要机构

① 开口机构:将经纱按一定规律分成上、下两片,形成梭口。

② 引纬机构:将纬纱引入梭口。

③ 打纬机构:将引入梭口的纬纱打向织口。

④ 卷取机构:将织成的织物,按一定的速率引离织口,并卷取织物。

⑤ 送经机构:随着织物的形成,均匀地从织轴上送出具有一定张力的经纱。

五个主要机构的运动称为五大运动。织物织造过程就是由这些主要机构配合完成的。

2. 辅助机构

① 启制动机构:传递电动机的动力,使织机启动运转,或按需要制动织机。

② 保护机构:在织机工作失常或经、纬纱断头时,及时切断传动,并使制动机构发生作用,迅速停车,防止织疵产生,确保织机安全运转。

③ 自动补纬机构:在有梭织机上,当梭子中的纬纱即将用完时,自动更换梭子或纡管;

在无梭织机上,通过储纬机构及时将纬纱提供给引纬机构,使织机连续运转。

④ 选色机构:在有梭织机上使用多梭箱机构,在无梭织机上有各自特色的选色机构。

⑤ 织边机构:在有梭织机上,为了制织某种布边组织,有时需用织边机构;而无梭织机必须拥有一套布边装置。

⑥ 电气控制机构:用于控制全机运动及工艺参数,在无梭织机上尤为突出,是以微电脑为核心的。

⑦ 其他附属机构:如集中加油系统、喷水织机的抽吸系统或织物脱水系统、喷气织机的压缩空气站等。

辅助机构不直接参与形成织物,但与主要机构配合,可以提高织物的产、质量水平,降低劳动强度。

（二）织机的分类

1. 按照所用原料的种类或织物厚重程度分

可分为三大类:轻型织机、中型织机和厚重型织机。丝织工业主要使用轻型织机,只有织制起绒织物时才使用中型织机;细特(高支)苎麻织物也采用轻型织机;棉织工业和毛织工业中,织制精梳毛织物时使用中型织机;呢绒类织物是由粗特(低支)纱线织制的厚重织物,采用重型织机。这种分类方法基本上用于有梭织机。

2. 按照织物用途分

分一般和专用织机两种。前者织制一般衣着和装饰用织物;后者织制特殊用途的织物,如造纸毛毯织机、织带机等。

3. 按照引纬方式分

分有梭织机和无梭织机两大类。有梭织机中又有自动换梭和自动换纤之分及单梭箱和多梭箱之分;无梭织机又有片梭织机、剑杆织机、喷气织机和喷水织机等。图 5-1 所示为某喷气织机的外形图。

图 5-1　喷气织机

4. 按照开口机构所能织制组织图案的复杂程度分

分踏盘(凸轮)织机、多臂织机和提花织机三种。前者用于组织较为简单的织物,多臂织机用于织制小花纹织物,而后者用于织制组织较为复杂的大花纹织物。

5. 按照可制织的织物宽度分

可分为狭幅织机和阔幅织机两种。通常,工作筘幅在 160 cm 以下的叫狭幅织机,工作幅宽在 160 cm 以上的叫阔幅织机,无梭织机大多数为阔幅织机。

二、国内外织机发展情况

（一）国际织机发展状况

无梭织机相继在工业中应用始于 20 世纪 50 年代。特别近 20 年来,无梭织机的发展速度极快,型号日益增多,功能日趋完善。到 20 世纪 80 年代,现代微电子技术已广泛应用于织机,使之自动化程度更高,从而大大推动了织机的发展,织机产品更新换代的周期日益缩短,无梭织机取代有梭织机成为不可逆转的潮流。

无梭织机取代有梭织机是大势所趋,是不以人们意志为转移的客观规律。可以从以下几个方面分析:

(1)从数量上分析。在全世界400万台左右的织机中,无梭织机已占60%以上,其所生产的织物已占2/3以上,1978年时,无梭织机的生产数量首次超过有梭织机。目前,无梭织机的生产量已占80%以上。

(2)从入纬率分析。无梭织机的入纬率日益提高,挠性剑杆织机和片梭织机已达到1 600 m/min,喷气织机和喷水织机已超过2 500 m/min。

(3)从品种适应性分析。无梭织机对各种纤维(包括玻璃纤维、金属纤维等)、纱线细度、织物组织结构、轻薄和厚重织物(包括装饰用、产业用等)的生产都能适应,综片数可达32页之多,纬纱可达16色以上,每平方米质量可达30～550 g,可称"万能织机"。

(4)从机电一体化分析。微电脑的应用日益广泛,主控部分采用128位的CPU操作台、电子送经、电子卷取、电子储纬,自动寻断纬、修纬、穿线等均配有独立的16位或32位的CPU,各CPU之间用光导纤维串行连接,能保证织机的可靠性能,确保高质量、高档次、高附加值产品的快速开发。

(5)从发展趋向综合分析。剑杆织机在向进一步开发品种方面发展,喷气织机在向进一步提高效益方面发展,片梭织机尚有潜力,喷水织机将近极限。

当今世界上研究和制造无梭织机的国家和公司较多,但主要集中于西欧的一些国家和亚洲的日本等国。如:比利时Picanol公司生产剑杆织机(GTM系列、GTX和GAMMA等)和喷气织机(PAT系列、DELTA和OMINI等);瑞士Sulzer公司生产喷气织机(LW5000、LW5001、LW5100、LW5200等)、片梭织机(PU系列、P7100、P7150、P7200、P7300等)、剑杆织机(F2001、G6100、G6200、G6300、FAST系列、TP600、TPS600)等;意大利Somet公司生产剑杆织机(如SM92、SM93、Themall、ThemaIIE及Excel和Super Excel等)和喷气织机(Star15、Mayer系列等);意大利Vamtex公司生产剑杆织机(如C/401、C401/S、P401/S、P1001系列,1151E、9000L等);法国SACM公司生产MAV系列刚性剑杆织机;德国Dornier公司生产DLW系列喷气织机和高性能刚性剑杆织机;日本丰田(Toyota)公司生产JA系列喷气织机,津田驹(Tsudaroma)公司生产ZW系列喷水织机、ZA系列喷气织机,日产(Nissan)公司生产LA系列喷气织机和LW系列喷水织机;等等。这些都是世界上高档无梭织机的主要代表。

另外,韩国和我国台湾地区近年来也研制了一些中档型无梭织机。如:韩进公司的HR系列剑杆织机和HW系列喷水织机,双龙胜利公司的喷气和喷水织机;台湾金鸡的KR566型和300型钢带剑杆织机及KA560型喷气织机,益进公司的IC-916型剑杆织机。这些织机也具有一定的生命力。

(二)国内织机发展现状

20世纪末,我国有各类织机约110万台,其中棉织机90多万台,绝大部分仍是自动换梭织机,无梭织机占10%左右,并且我国的自动换梭织机与国际先进织机的差距很大。具体表现在:①入纬率低,仅为喷水、喷气织机的1/5,剑杆、片梭织机的1/3;②品种适应存在局限性,难以织造低特高密、高特高密、稀松、特宽、特种纱线的织物;③产品质量差,分散性疵点难以控制,布面质量不够理想,常靠"修、补、洗"提高入库一等品率和出口合格率,最为突出的是停车、开车、换纬等引起的稀密路、歇梭、横档和云织等织疵比国外多出好几倍;④噪音大,单台织机达95 db以上,车间高达105 db以上;⑤劳动生产效率低,一万平方米织物的用工数,美国为30.22工,日本为45.22工,而我国为99.02工,仅相当于日本20世纪50年代中期的水平;⑥劳动强度大,每班开、关车高达200次左右,每次用力60 N;⑦机物料消耗大,每台每年为40 kg以上,在一定程度上制约了我国织造业的发展。

我国发展无梭织机较晚,是从20世纪60年代开始研究的,已成批生产G234型、G235型和GN723型剑杆织机。其中,G234型、G235型属刚性叉入式剑杆织机,在帆布行业得到了广泛使用;GN723型挠性宽幅剑杆织机在毛毯生产中使用,发挥了较好的作用,但和当今的国外织机相比,存在着明显的差距。20世纪80年代以来,我国大量引进了国外各种型号的先进无梭织机,已取得良好的经济效益和社会效益,从而大大推动了我国的无梭织机发展。

进入21世纪以来,我国织造装备有了长足进步,尤其是国产GA747系列剑杆织机得到普遍推广,以取代传统有梭织机,使我国的织造无梭化得以明显提高,无梭织机占35%以上。目前,国内引进技术合作生产的高档无梭织机有咸阳纺机厂的津田驹ZA200系列喷气织机、沈阳纺机厂的日产GD761X型喷水织机、中纺机的FAST型剑杆织机和丰田JAT600型喷气织机等,也得到了广泛应用。另外,国内一些纺机厂已自主开发出一系列具有实用价值的中高档剑杆、喷气、喷水织机,以加速推进我国织造无梭化的进程。

【思考与训练】

基本原理:

1. 织机的机构组成如何?
2. 织机如何分类?
3. 为什么说无梭织机必将取代有梭织机?

第二节 开口机构

在织机上,如要实现经、纬纱的交织,必须按一定的规律将经纱分成上、下两层,以形成能通过纬纱的通道(即梭口);待纬纱引入梭口后,两层经纱再根据织物交织规律上下交替位置,形成新的梭口。如此反复循环的运动就称为开口运动,简称开口,由开口机构完成。开口机构应当具备两个基本作用:一是使综框(或综线)做升降运动,从而将全幅经纱分开,形成梭口;另一个作用则是根据织物组织所要求的交织规律,控制综框的升降顺序。

开口机构要适应多品种和高速化生产的需要,应具有结构简单、性能可靠、调节方便和管理容易的特点,并能做到"清、稳、准、小"四个字,即要做到梭口开清、综框运动平稳、开口时间与梭口高度准确、经纱摩擦与张力小。

随着织造技术的进步,织机正在向高速化和高性能化方向发展,于是出现了各种各样的开口机构与之相适应,归纳起来可以分为凸轮开口机构、连杆开口机构、多臂开口机构和提花开口机构。传统有梭织机采用的是内侧凸轮开口机构,无梭织机中广为使用的是外侧凸轮开口机构、多臂开口机构和提花开口机构。

一、开口运动的基本理论

(一)梭口与经位置线

从织机侧面看到的梭口如图 5-2 所示。经纱从织轴 1 上引出,绕过后梁 2 和停经架中的导棒 3,穿过综框、综眼,在织口 B 处与纬纱交织成布,再绕过胸梁 8,然后卷绕到卷布辊上形成布卷。

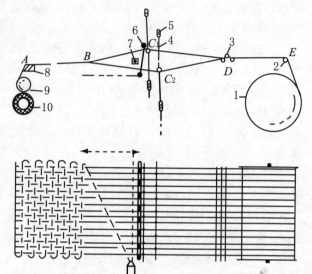

开口时,全部经纱随着综框的运动被分成上、下两层,形成一个棱形的通道 BC_1DC_2,这就是梭口。构成梭口上方的一层经纱 BC_1D 为上层经纱,而下方的 BC_2D 为下层经纱。梭口完全闭合时,两层经纱又随着综框回到原来的位置,此位置称为经纱的综平位置。

梭口的尺寸通常以梭口高度、深度来衡量。如图 5-3 所示,开口时经纱随同综框做上下运动时的最大位移 C_1C_2,称为梭口的高度,用 H 表示;从织口 B 到停经架中的导棒 D 之间的水平距离

图 5-2 织物形成示意图

1—织轴 2—后梁 3—导棒 4—综丝 5—综框
6—钢筘 7—引纬器 8—胸梁 9—卷布辊 10—布卷

为梭口的深度,由前部深度和后部深度组成。梭口的前半部 BC_1C_2 是梭口的工作部分,梭子或其他载纬器即从这里通过并纳入纬纱,完成经、纬纱的交织。

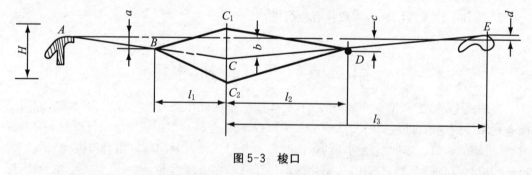

图 5-3 梭口

为了使梭口前部的下层经纱与筘座走梭板表面在筘座处于后止点附近位置时的倾斜状态一致,织口位置应设计得比胸梁低,而比综平时的综眼位置高。综平时的综眼 C 位于 AB 的延长线上,同时又处于 DE 的延长线上。停经架中的导棒位置 D 随后梁高度的改变而改变。胸梁高低、织口位置、综平位置一旦确定,一般不再改变,故在实际生产中所进行的经纱位置线的调整,确切地说是改变后梁的高低位置。

经纱位置线是织机上的经纱处于综平位置时,经纱自后梁经过停经片导棒、综平时综眼

到织口所经过的路线,简称经位置线。经位置线的设计与布面风格、断经等有关。如果后梁抬高,上、下两层经纱的张力差异较大,张力小的那层经纱在打纬时容易左右滑动,交织点处的经纱曲波大,交织清晰、丰满,具有府绸风格。如果后梁抬高过大,下层经纱的张力过大,容易造成断经,而上层经纱的张力过小,织造时容易产生三跳疵点。

如果停经片导棒和后梁处在 AB 的延长线上,经位置线将是一条直线,则称为经直线。经直线是经位置线的一个特例,此时形成的是等张力梭口。

过胸梁上表面所作的水平线称为经平线,是用来衡量后梁位置高低的一条参考线。

(二)经纱拉伸变形与影响因素

在开口过程中,经纱由于随着综框做上下运动,受到反复拉伸,以及经纱与经纱、综丝与钢筘之间的摩擦等机械作用。除此之外,在综丝眼处,经纱还要承受反复的弯曲作用。这些机械外力作用会使得经纱容易产生断头,拉伸变形越大,经纱断头就越多。

若不考虑送经和织物卷取过程的影响,开口过程中上、下两层经纱的拉伸变形 λ_1 和 λ_2,可根据梭口的几何形状求得:

$$\lambda_1 = BC_1 + C_1D - BC - CD = \frac{H}{2l_1l_2}\left[\frac{l_1+l_2}{4}H - l_2(b-a) - \frac{l_1l_2}{l_3}(b+d)\right] \tag{5-1}$$

$$\lambda_2 = BC_2 + C_2D - BC - CD = \frac{H}{2l_1l_2}\left[\frac{l_1+l_2}{4}H + l_2(b-a) + \frac{l_1l_2}{l_3}(b+d)\right] \tag{5-2}$$

$$\Delta\lambda = \lambda_2 - \lambda_1 = \frac{H^2}{l_1l_2}\left[l_2(b-a) + \frac{l_1l_2}{l_3}(b+d)\right] \tag{5-3}$$

式中:H 为梭口的高度(mm);l_1,l_2 分别为梭口前部深度和梭口后部深度(mm);l_3 为综丝眼距后梁的水平距离(mm);a,b,d 分别为织口、综丝眼和后梁距经平线的垂直高度(mm)。

当后梁位于胸梁之上时,d 值取正值,反之取负值。实际生产中一般取正值。参数 a 和 b 的值是不变的。梭口前部深度主要由筘座摆动的动程决定,也是个常量。因此,影响经纱拉伸变形的参数是梭口高度、梭口后部深度和后梁高度。

1. 梭口高度对拉伸变形的影响

经纱变形几乎与梭口高度的平方成正比,在快速变形条件下,经纱的伸长量和引起伸长变形的外力成正比,即梭口高度的少量增加会引起经纱张力的明显增大。因此,在保证纬纱顺利通过梭口的前提下,梭口高度应尽量减小。

2. 梭口后部深度对拉伸变形的影响

梭口后部深度增加,拉伸变形减小,反之拉伸变形增加。在生产实际中,应视加工纱线原料和所织制织物的不同而灵活掌握。如真丝的强力小,通常把丝织机的梭口后部深度放大。而在织造高密织物时,应将梭口后部深度缩短,通过增加经纱的拉伸变形和张力,使梭口得以开清。

3. 后梁高低对拉伸变形的影响

后梁的高低会对梭口上、下层经纱张力的差异有影响。该影响可分以下三种情况分析:

（1）后梁位于经直线上。此时 $\Delta\lambda=0$，上、下层经纱的张力相等，形成的是等张力梭口。

（2）后梁在经直线的上方。此时 $\Delta\lambda>0$，下层经纱张力大于上层纱线张力，形成的是不等张力梭口。

（3）后梁在经直线的下方。此时 $\Delta\lambda<0$，下层经纱张力小于上层纱线张力，形成的也是不等张力梭口，但这种情况在实际生产中并不能应用。

工厂常采用第二种配置。这种不等张力梭口在生产中有助于打紧纬纱，消除筘痕。

（三）开口方式

开口方式是指开口过程中经纱的运动方式，由开口机构中传动综框的机件运动决定。不同类型的开口机构，在开口过程中形成梭口的方式不完全相同。按开口过程中经纱的运动特征，共分为三种方式，分别是中央闭合、全开和半开梭口，如图5-4所示。

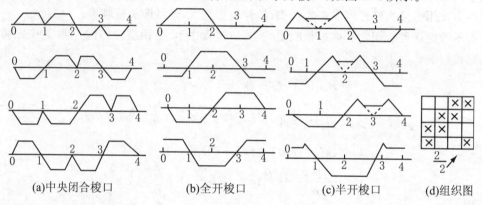

(a)中央闭合梭口　　(b)全开梭口　　(c)半开梭口　　(d)组织图

图5-4　三种开口方式

1. 中央闭合梭口

这种开口方式要求不论该综框的经纱下一次开口是否保持在原来的位置，都必须回到综平位置，然后再根据下一梭口的要求，由综平位置出发，向上、下两个方向分开，形成所需梭口，如图5-4(a)所示。

中央闭合梭口的开口方式使开口过程中所有经纱的张力基本相同，且变化规律一致，便于通过后梁的摆动进行调节。由于经纱每次都能回到综平位置，故挡车工处理断头很方便。但中央闭合梭口的开口方式增加了经纱受拉伸和摩擦的次数，可能增加经纱的断头，且形成梭口时，所有经纱在运动，梭口不够稳定，对引纬不利。某些毛织机和丝织机的多臂开口机构或提花开口机构常采用这种开口方式。

2. 全开梭口

与中央闭合梭口相比，这种开口方式仅要求下一次开口时，经纱要变换位置的综框上升或下降到新位置，而其他经纱所在的综框保持静止不动，如图5-4(b)所示。

全开梭口的开口方式使开口过程中经纱受拉伸和摩擦的次数减少，有利于降低经纱的断头数，且形成梭口时，只有部分经纱在运动，梭口较稳定，对引纬有利。但由于经纱没有统一的综平时刻，故在织造非平纹组织的织物时需专门设置平综装置，以利于处理经纱断头。凸轮、多臂和提花三种开口机构均可采用全开梭口的开口方式。

3. 半开梭口

这种开口方式介于中央闭合梭口与全开梭口之间，凡下一次开口时经纱要变换位置的综框上升或下降到新的位置,而留在下层的经纱保持不动,留在上层的经纱则稍微下降然后再上升,如图 5-4(c)所示。部分多臂开口机构采用半开梭口。

(四)梭口清晰度

当梭口满开时,梭口前部的上、下层经纱或位于同一平面,或位于不同的平面,可形成三种不同清晰度的梭口,如图 5-5 所示。

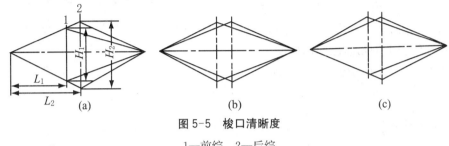

图 5-5 梭口清晰度

1—前综 2—后综

1. 清晰梭口

当梭口满开时,梭口前半部所有的上层经纱和所有的下层经纱各自位于同一平面,如图 5-5(a)所示。在其他条件相同的情况下,清晰梭口的前部具有最大的有效空间,引纬条件最好,但是,当综框页数较多或综框间距较大时,后几页综框的梭口高度过大,以至于相应的经纱伸长过大,易产生断头。

2. 不清晰梭口

为了缓解清晰梭口的上述缺点,通常将后几页综框的梭口高度适当减小,形成不清晰梭口。当梭口满开时,梭口前半部所有的上层经纱和所有的下层经纱各位于不同的平面,如图 5-5(b)所示。虽然这种梭口中各页综框的动程差距缩小,经纱张力比较均匀,但其前部的有效空间小,对引纬极为不利,易造成经纱断头、跳花、轧梭和飞梭等织疵或故障。

3. 半清晰梭口

在实际生产中,除特殊情况外,一般不采用不清晰梭口,而采用半清晰梭口。即当梭口满开时,梭口前半部所有的上层经纱不位于同一平面,而所有的下层经纱位于同一平面,如图 5-5(c)所示。

比较上述三种清晰程度不同的梭口,清晰梭口适合于任何引纬方式,如梭子(含片梭)、剑杆、喷气或喷水,尤其在应用于喷水引纬系统时,它显得特别重要,因为由喷水所引入的纬纱可能碰击经纱所形成的纱层,当经纱十分平整时就不会发生织疵。从综框未能得逞和经纱张力的观点来看,不清晰梭口后综的开口高度比较小,这对织造是有利的,轻微的不清晰梭口还有利于开清梭口、减少断头。对于剑杆织机,剑头沿着梭口底层运动,因此以下齐上不齐的半清晰梭口为宜。

(五)梭口高度与综框动程

为了保证引纬的顺利进行,梭口必须达到一定的高度。由于织机的引纬方式和机型不同,所要求的梭口高度差异也较大,有梭织机较无梭织机大得多,而无梭织机中喷气和喷水织机又较片梭和剑杆织机小。梭口高度大虽能增大可引纬时间角,但梭口高度的增大,一方面使开口过程中所造成的经纱伸长增加,另一方面使综框有更大的动程,从而使其加速度也增大。因此,在满足引纬要求的前提条件下,梭口高度应尽可能小一些。这也是反映织机性能的重要参数。

在剑杆织机上，为尽量缩小梭口高度，载纬器进、出梭口时都有一定的挤压，如图 5-6 所示。进梭口时的挤压是由于载纬器所处位置的有效梭口高度较小。这一方面是由于梭口未完全开足，另一方面是由于连杆打纬织机上的筘座尚未退到最后位置。出梭口时所受的挤压，一方面是由于梭口开始闭合，另一方面是由于连杆打纬织机上的筘座已向前摆动。

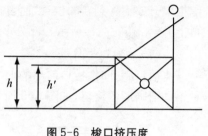

图 5-6　梭口挤压度

挤压的程度可用挤压度 ε 表示，即：

$$\varepsilon = \left[(h - h')/h \right] \times 100\%$$

式中：h 为载纬器前壁高度（mm）；h' 为载纬器前壁处的梭口高度（mm）。

在制织一般棉织物时，进梭口的挤压度应控制在 25% 以内，出梭口的挤压度不能超过 70%。

在确定了梭口高度以后，必须确定相应的综框动程，它是设计开口机构的重要参数。综框动程需考虑综眼有一定长度，以及开口机构的间隙和受力变形，因此开口机构应使综框运动的动程大于梭口高度。这个差值在有梭织机上一般为 10～12 mm，在无梭织机上应不超过 10 mm。

（六）开口运动的三个时期

在织机主轴一回转周期中，综框运动使梭口经历开放、静止和闭合三个时期。这三个时期的长短可用织机主轴一回转中所占角度来表示，如图 5-7 所示。这三个时期的长短分别用开放角、静止角和闭合角表示，由于梭口从闭合开始到梭口满开，综框一直处于运动之中，故开放角和闭合角之和又称为运动角。设计时，先确定静止角，一旦选定了静止角，则综框运动角也随之确定。确定静止角时，应注意，对于要求有较大可引纬时间角的引纬方式，如有梭织机，综框的静止角应大些；对于筘幅大的织机，应采用较大的静止角。在分配运动

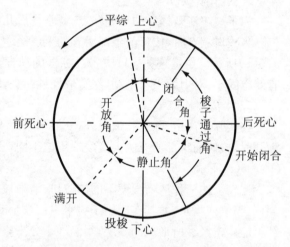

图 5-7　开口运动的三个时期

角时，为了降低综框运动的最大加速度，一般将开放角设计成与闭合角相等，即各占运动角的一半。

综框闭合时期和开放时期的衔接时刻称为综平时间，又称开口时间。它是指综框闭合时期和开放时期的衔接时刻，即上一次梭口闭合和下一次梭口开放之间，上、下运动的经纱交错平齐的瞬间。综平时间可用角度法或距离法表示。用距离表示时，是指曲柄在上心附近，综框平齐时，用钢筘到胸梁内侧的距离来表示开口时间（目前已几乎不采用）。用角度法表示时，是指曲柄在上心附近，综框平齐时，曲柄从前止点位置逆时针转过的角度。目前，工

厂一般采用角度法来表示开口时间。一般,平纹开口时间为 290°左右,斜纹开口时间为 300°左右。根据生产实际,工艺员可根据织物品种调节不同的开口时间,以满足生产需要。

采用角度法表示开口时间,其数值越小,说明开口时间越早。开口时间决定了开口运动在织造循环中的相位,影响到开口与打纬和引纬的配合。开口时间早,则打纬时梭口开得大,经纱张力大,经纱对纬纱的包围角也大,有利于形成紧密织物。但梭口开得早,闭合时间也早,这要求载纬器出梭口时间提早。由于开口时间早,一般不能使载纬器早入梭口,故开口时间早会减小可引纬时间角。

二、凸轮机构

凸轮开口机构属简单开口机构,只能用于织造一些简单组织如平纹、斜纹、缎纹等织物。

凸轮式开口机构按其机构可分为消极式和积极式凸轮开口机构,按安装的位置不同可分为内侧式和外侧式凸轮开口机构。

共轭凸轮开口机构以一对共轭凸轮控制一页综框的升降;等径凸轮则以一个凸轮起控制综框升降的作用。沟槽凸轮是在转子运动轨迹的两侧作包络线,使凸轮形能双向推动转子的沟槽,从而控制综框的升降。它们都是使每片综框独立强制升降,不用顶部吊综装置,可不用顶梁。

(一)凸轮

图 5-8 所示为平纹凸轮,它的外缘轮廓由若干段弧线所围成,这些弧线分别对应梭口的开放、静止和闭合三个阶段。其中,大半径圆弧线 $\overset{\frown}{AB}$ 和小半径圆弧线 $\overset{\frown}{CD}$ 分别对应综框(经纱)在下方和上方形成开口过程中的静止阶段,称为静止弧线;连接大、小半径圆弧的弧线 $\overset{\frown}{AD}$ 和 $\overset{\frown}{BC}$,使综框(经纱)由上方位置过渡到下方位置和由下方位置过渡到上方位置,前者称下降弧线,后者称上升弧线。在下降弧线和上升弧线上必有两个综平点 E 和 F,这表明,凸轮每一回转,受它控制的一组经纱依次经历上方静止($\overset{\frown}{CD}$ 弧线)、闭合($\overset{\frown}{DE}$ 弧线)、综平(E)、开放($\overset{\frown}{EA}$ 弧线),以及下方静止($\overset{\frown}{AB}$ 弧线)、闭合($\overset{\frown}{BF}$ 弧线)、综平(F)、开放($\overset{\frown}{FC}$ 弧线),共完成两次开口动作,如图 5-7 中的实线所示,受另一凸轮控制的另一组经纱的运动情况如图中的虚线所示。

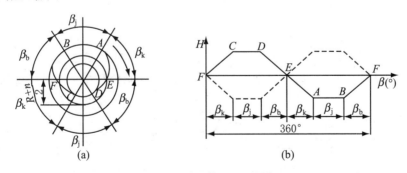

图 5-8　平纹凸轮及开口周期图

由此可见:凸轮一回转,开口两次,对应一个梭口的变化周期,对应主轴转两转,经纱依次形成织物的一个组织循环纬纱数 R_w 所包含的所有梭口。每开一次梭口,凸轮转过的角度为:

$$\beta = \frac{360}{R_w} \times S$$

式中：R_w为组织循环纬纱数；S为组织点飞数。

（二）弹簧回综式凸轮开口机构

弹簧回综式凸轮开口机构是一种消极式凸轮开口机构，在现代新型织机上应用较多。其结构如图5-9所示。每页综框对应一个开口凸轮，凸轮箱安装于织机墙板的外侧，故这种凸轮开口机构也称为外侧式凸轮开口机构。凸轮1与转子2接触，当凸轮由小半径转向大半径时，将转子压下，使提综杆3顺时针转过一定的角度，连接于提综杆弧形块4上的钢丝绳5和5′同时拉动综框下横梁，将综框6拉下，综框上横梁通过钢丝绳7和7′连接到吊综杆8和8′内侧的圆弧面上，吊综杆的外侧连接有数根回综弹簧9和9′，回综

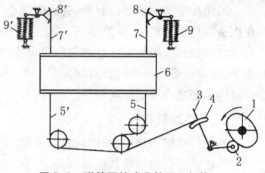

图5-9 弹簧回综式凸轮开口机构

1—凸轮 2—转子 3—提综杆
4—提综杆铁鞋 5,5′, 7, 7′—钢丝绳
6—综框 8,8′—吊综杆 9,9′—回综弹簧

弹簧始终保持紧张状态。当综框下降时，回综弹簧被拉伸，储存能量。当凸轮由大半径转向小半径时，弹簧释放能量，使综框回升至上方位置。

在这种开口机构中，综框下降由凸轮驱动，而综框上升则依靠弹簧的回复力，因此也是消极式凸轮开口。弹簧刚度的调节通过增减弹簧根数来完成，根据织物品种不同，综框每侧可选择7～15根拉伸弹簧。这种形式的开口机构可响应的最高织机转速可达1 000 r/min，各页综框的开口凸轮可以互换。改变弧形块在提综杆上的位置即可调节综框动程，而各页综框的最高位置则通过初始吊综来设定。弹簧回综的缺陷是拉伸弹簧长期使用后会产生疲劳现象，弹性回复力减弱，以致造成开口不清，产生三跳织疵。

用这种开口机构织制斜纹、缎纹类织物时，需根据R_w，在中心轴与凸轮轴之间选定合适齿数的过桥齿轮。安装凸轮时要注意凹段的轮廓曲线的位置，使各个凸轮有相同的回转方向。同时要区别凸轮的大小，第一页综框配大小半径差最小的凸轮，最后一页综框则配大小半径差最大的凸轮。

在实际生产中，凸轮可灵活运用。如：纬重平织物可用一般平纹凸轮织制；用$\frac{2}{2}$斜纹凸轮，改变穿综方法，可以织制破斜纹和山形斜纹。又如，此种凸轮采用不同穿法，可织$\frac{2}{2}$斜纹和$\frac{2}{2}$方平组织相间的条子织物，代替多臂开口机构。

（三）共轭凸轮开口机构

在消极凸轮开口机构中，由于回综不是由开口凸轮驱动控制，因此容易造成综框运动不稳定。为此，积极式凸轮开口机构应运而生，共轭凸轮开口机构是其中的一种。

共轭凸轮开口机构利用相互共轭的双凸轮，积极地控制综框的升降运动，不需要吊综装置，其传动过程如图5-10所示。由图可见，凸轮2从小半径转至大半径时（此时凸轮2′从大半径转至小半径）推动综框下降，凸轮2′从小半径转至大半径时（此时凸轮2从大半径转至小半径）推动综框上升，两个凸轮依次轮流工作，因此综框的升降运动都是积极的，且凸轮机

构位于织机墙板之外,故也称之为外侧式共轭凸轮开口机构。在共轭凸轮轴 1 上最多装有 10 组(或 14 组)共轭凸轮 2 和 2′,每组的两个凸轮控制一页综框,凸轮的转动方向如图中的箭头所示。凸轮驱动转子 3 和 3′,使转子与摆杆 4 一起往复摆动,然后通过连杆 5、双臂杆 6、拉杆 7 和 7′、传递杆 8 和 8′、调节杆 9 和 9′,以及竖杆 10 和 10′,使综框 11 在其导轨中升降,从而完成开口运动。

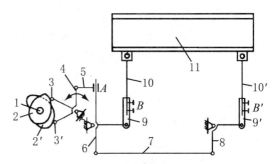

图 5-10　共轭凸轮开口机构

1—凸轮轴　2,2′—共轭凸轮　3,3′—转子
4—摆杆　5—连杆　6—双臂杆
7,7′—拉杆　8,8′—传递杆
9,9′—调节杆　10—竖杆　11—综框

外侧式共轭凸轮在无梭织机中应用很普遍,具有以下特点:

① 位于机器外侧,便于拆装、检修。

② 综框的升降均处于积极控制之中,有利于高速。

③ 凸轮基圆半径可适当放大,减少了凸轮压力角。

④ 共轭凸轮置于油浴之中,润滑良好,从而减少磨损。

⑤ 凸轮的材质要求高,加工精度高。

三、连杆开口机构

凸轮开口机构能按照工艺要求的综框规律进行设计,所以工艺性能好,但凸轮容易磨损,制造要求和成本高,因此在织制简单的平纹织物时,连杆开口机构能满足高速和机构简单的要求。

连杆开口机构一般是指只用于平纹、适应高速织机的开口机构,主要形式有六连杆开口机构、偏心连杆式开口机构等。

1. 六连杆开口机构

如图 5-11 所示,由织机主轴按 2∶1 的传动比传动的辅助轴 1,其两端装有相位差为 180° 的开口曲柄 2 和 2′,通过连杆 3 和 3′ 与摇杆 4 和 4′ 连接,摇杆轴 5 和 5′ 分别装有提综杆 6 和 6′,又通过传递杆 7 和 7′ 与综框 8 和 8′ 相连。这样,当辅助轴 1 回转时,提综杆 6 和 6′ 便绕各自轴心做上、下摆动,两者的摆动方向正好相反,因此综框 8 和 8′ 做获得平纹组织所需要的一上一下的开口运动。

六连杆开口机构中,综框处于上、下位置时没有绝对静止时间;相对静止时间则由曲柄和连杆的长度,以及各结构点的位置而定,不能像凸轮开口机构那样,可以按需要设计,而只能在一定的范围内进行选择。因此,这种开口机构仅适用于加工平纹织物的高速喷气织机或喷水织机。

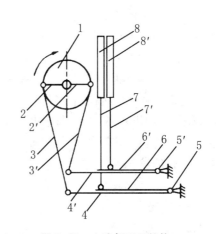

图 5-11　六连杆开口机构

1—辅助轴　2,2′—开口曲柄　3,3′—连杆
4,4′—摇杆　5,5′—摇杆轴　6,6′—提综杆
7,7′—传递杆　8,8′—综框

2. 偏心连杆式开口机构

日本的喷水织机（如 ZW 系列、LW 系列）在织造平纹织物时常用此类开口机构，可以装备 2，4，6 页综框。偏心连杆式开口机构属于曲柄连杆式开口机构，它与四连杆机构的作用原理相同。其结构如图 5-12 所示。综框 1 和 2 通过球形轴承连杆 4，连接在提综杆 5，6 和 9 上。提综杆和摇轴 7 固结成一体。摇杆 3 的一端固结在摇轴 7 上，另一端通过轴承与连杆相连。连杆与曲柄圆盘 8 连接，曲柄圆盘 8 固装在开口轴上。当开口轴经曲柄、齿轮传动而做回转运动时，曲柄圆盘 8 随之转动，通过球形轴承连杆 4 使综框做升降运动，穿过综框的经丝便形成梭口。为了使四页综框分别做上下运动而形成平

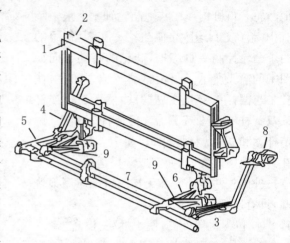

图 5-12　偏心连杆式开口机构

1，2—综框　3—摇杆　4—轴承连杆
5，6，9—提综杆　7—摇轴　8—曲柄圆盘

纹梭口，左、右机架的开口轴通过两套曲柄、连杆、摆轴和提综杆等零件传动，分别呈上、下配置状态，即使得 1 和 3 两页综框上升时 2 和 4 两页综框在下降的位置。综框架都采用铝合金材料，两边安放在导轨中，可加油润滑。综框中央有上下夹片，使综框运动平稳，适应织机高速运转。这种偏心连杆式开口机构俗称摇摆式开口机构，没有绝对静止时间，但有较长的近似静止时间，使水射流与纬丝有充分的时间通过梭口。

四、多臂开口机构

凸轮开口机构由于受到凸轮结构的限制，只能用于织制纬纱循环数较小的织物。当纬纱循环数大于 5 时，一般要采用多臂开口机构。它所控制的综框数一般可达 16 页，最多为 32 页。多臂开口机构的工作原理不同于凸轮开口机构。在凸轮开口机构中，综框的升降运动和升降次序由凸轮控制；而多臂开口机构中，综框的升降运动由拉刀和拉钩控制，综框的升降次序则由花纹机构控制。多臂开口机构的形式很多，我国棉织生产中广泛采用的是双拉刀复动式单花筒多臂开口机构，而各类先进的无梭织机（如剑杆织机）一般采用瑞士史陶比利公司生产的各种新型多臂机。尤其随着织机高速和自动化的发展，各类电子多臂机的应用越来越广泛。

（一）概述

1. 多臂机的一般组成

多臂开口机构如图 5-13 所示。拉刀 1 由织机主轴上的连杆或凸轮传动，做水平方向的往复运动。拉钩 2 通过提综杆 4、吊综带 5 和

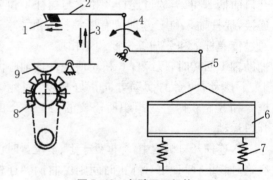

图 5-13　多臂开口机构

1—拉刀　2—拉钩　3—竖针　4—提综杆
5—吊综带　6—综框　7—回综弹簧
8—纹板　9—重尾杆

综框 6 连接。由纹板 8、重尾杆 9 控制的竖针 3，按照纹板图所规定的顺序上下运动，以决定拉钩是否为拉刀所拉动，从而决定与该拉钩连接的综框是否被提起，7 为回综弹簧。

环形纹板链的每一块纹板都可按工艺要求植或不植纹钉，当纹钉转至工作位置时，竖针下降，则下一次开口为综框上升；反之，综框维持在下方位置。为保证拉刀、拉钩的正确配合，纹板翻转应在拉刀复位行程中完成。

从多臂开口机构的工作过程可以看出，它由下列功能装置组成：纹板、阅读装置、提综装置和回综装置。纹板的作用是储存综框升降顺序的信息，一般都是在机下根据纹板图的要求预先制备好。阅读装置用于将纹板信息转化为控制提综动作。提综和回综装置则分别执行提综和回综动作。

2. 分类

多臂机的类型很多，分类方法可归纳如下：

（1）按拉刀往复一次所形成的梭口数，可分为单动式和复动式两种类型。单动式多臂机的拉刀往复一次仅形成一次梭口，每页综框只需配备一把拉钩，而拉动拉钩的拉刀由织机主轴按 1∶1 的传动比传动，因此主轴一转，拉刀往复一次，形成一次梭口。由于拉刀复位是空程，造成动作浪费。单动式多臂机的结构简单，但动作较剧烈，织机速度受到限制，因此仅用于织物试样机、织制毛织物和工业用呢的低速织机。

复动式多臂机上，每页综框配备上、下两把拉钩，由上、下两把拉刀拉动。拉刀由主轴按 2∶1 的传动比传动，因此，主轴每两转，上、下拉刀相向运动，各做一次往复运动，形成两次梭口。复动式多臂机由于动作比较缓和，能适应较高的速度，因此获得了广泛的应用。

（2）按纹板和阅读装置的组合，分为机械式、机电式和电子式三类。机械式多臂机采用机械式纹板和机械式阅读装置。机械式纹板有纹钉式和纹纸式。两种纹板方式对应的阅读装置有所不同。纹钉方式的阅读装置受纹板驱动而工作，在使用纹纸方式时，阅读装置的探针主动探索纹纸有孔或无孔的信息。

机电式多臂机采用纹纸作为纹板，逻辑处理与控制系统作为阅读装置。该系统通过光电探测纹纸的纹孔信息来控制电磁装置的运动，而该电磁装置与提综装置连接，于是电磁运动转化成综框的升降运动。

在电子多臂机上，储存综框升降信息的是集成芯片——存储器。作为阅读装置的逻辑处理与控制系统，顺序地从存储器中读取纹板数据，从而控制电磁装置的运动。电子多臂机的结构紧凑，能适应高速运转，花纹更改方便，是多臂开口机构的发展方向。

（3）按提综装置的结构，分为拉刀拉钩式和回转式两类。拉刀拉钩式的历史悠久。多臂机的拉刀的传动方式先后经历了曲柄连杆传动、改进的曲柄传动、凸轮传动，而凸轮形式又有消极式凸轮、沟槽凸轮、等径凸轮、共轭凸轮之分，故其机构较复杂，难以适应高速运转。

回转式多臂机采用回转偏心原理，依靠偏心圆盘、转子等的回转进行提综，机构的往复件少，能适应织机的高速运转。

（4）按回综方式，分为积极式和消极式两种。积极式回综由多臂机积极传动，而消极式则由回综弹簧装置完成。拉刀、拉钩式提综装置可配积极回综装置，也可配消极回综装置；而回转式多臂机采用积极式回综装置。

综合上述分类，结合多臂机开口技术的实际情况，表 5-1 列出了多臂机开口机构各种功能装置的组合搭配。

表 5-1　复动式多臂机各功能装置的组合

类型	纹板	阅读装置	提综装置	回综装置
机械式	纹钉	重尾杆	拉刀拉钩式	消极式
	纹纸	探针	拉刀拉钩式	积极式、消极式
			偏心盘回转式	积极式
机电式	纹纸	光电探测与控制系统	拉刀拉钩式	消极式
电子式	存储芯片	逻辑处理与控制系统	拉刀拉钩式	消极式
			偏心盘回转式	积极式

（二）积极式拉刀拉钩多臂机构

目前织机上使用较多的是如图 5-14 所示的多臂开口机构。它属于积极复动式全开梭口高速多臂机，由提综、选综和自动找纬三个部分组成。

1. 提综装置

如图 5-14 所示，综框的提升由上、下拉刀 12 和 17 与上、下拉钩 11 和 16 控制，综框的下降由复位杆 6 推动平衡杆 18 而获得。拉刀与复位杆等组成一个运动体。两副共轭凸轮装在凸轮轴的两边，主、副凸轮分别控制拉刀 12、17 和复位杆 6 做往复运动。当上拉刀 12 由右向左运动时，上拉钩落下，与上拉刀的缺口接触而被上拉刀拉向左边，与拉钩连接的平衡杆 18 即带动提综杆 19 绕轴芯以逆时针方向转动，通过连杆 20 等使综框上升。如上拉钩未落下，拉钩与拉刀不接触，则综框下降或停在下方。下拉刀 17 与下拉钩 16 等工作情况亦然。

拉刀在带动拉钩之前，能做一定量的转动，消除其与拉钩之间的间隙。拉刀的这种转动避免了拉钩受到的冲击，因而能适应织机的高速运转。

2. 选综装置

选综装置由花筒、塑料纹纸、探针和竖针等组成，如图 5-14 所示。塑料纹纸 7 卷绕在花筒 1 上，靠花筒两端圆周表面的定位输送凸钉来定位和输送。纹纸上的孔眼根据纹板图而定，有孔表示综框提升，无孔表示综框下降。当纹纸的相应位置上有孔时，探针穿过纹纸孔，伸入花筒 1 的相应孔内。每根探针 2 均与相应的横针 3 垂直相连接，横针抬起板 8 上抬时，相应的横针 3 随之上抬，在横针的前部有一小孔，对应的竖针 4 垂直穿过。在竖针 4 的中部有一突钩，勾在竖针提刀 5 上。当横针推刀 9 向右作用时，推动抬起的相应横针 3 向右移动，此时竖针的突钩与竖针提刀 5 脱开，与竖针 4 相连的上、下连杆 10 或 14 就下落，穿在上、下连杆 10 与 14 的下中部长方形孔中的上、下拉钩

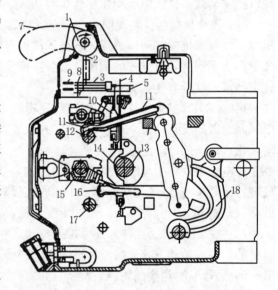

图 5-14　史陶比利 2232 型多臂开口机构

1—花筒　2—探针　3—横针　4—竖针
5—竖针提刀　6—复位杆　7—塑料纹纸
8—横针抬起板　9—横针推刀　10—上连杆
11—上拉钩　12—上拉刀　13—主轴
14—下连杆　15—定位杆　16—下拉钩
17—下拉刀　18—平衡杆　19—提综杆　20—连杆

11或16即落在上、下拉刀12或17的作用位置上,拉钩11或16随拉刀12或17由右向左运动,提起综框。反之,纹纸上无孔时,探针2、横针3和竖针4随即停止运动,此时竖针的突钩与竖针提刀5啮合,于是上、下拉钩11与16脱离上、下拉刀的作用位置,此时综框停在下方不动。

(三)回转式多臂开口机构

新型拉刀拉钩式多臂开口机构虽然有了很大的改进,但基于拉刀拉钩原理的多臂开口机构都存在共同的本质性缺陷:

① 由于拉钩靠自身质量下落与拉刀啮合,因此不适宜高速运转。

② 当综框升降时,开口负荷全部集中于拉刀拉钩啮合处,局部应力过大,导致拉刀刀口变形磨损。当织物向厚重型发展时,只能采取加固局部零件的方法。

③ 机构较复杂,维护保养困难。

为了适应织机高速化需要,国外在20世纪70年代发明了偏心轮回转式多臂开口机构,并于80年代中期投入使用。回转多臂开口机构采用回转变速装置和偏心轮控制装置联合作用的方式,使综框获得变速升降运动。

1. 回转变速装置

图5-15为回转变速装置的示意图。大齿轮1固定不动,短轴 O 由织机侧轴通过链轮、链条传动。做匀速回转运动的短轴 O,带动连杆5(实际上为一圆盘),并通过连杆3使一对行星齿轮2环绕大齿轮1旋转。行星齿轮2固装在连杆3的一端,连杆的另一端与方形滑块4相连,方形滑块嵌在滑槽6内,滑槽6又与多臂机主轴 O_1 连成一体。在主轴 O_1 上固装有偏心轮传动机构7,通过连杆8传动提综臂9。当织机运转时,通过上述机构使综框做变速往复运动。该变速运动是行星轮运动与滑块机构运动复合的结果,可获得织机主轴转角100°。

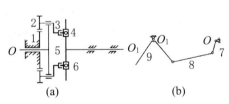

图5-15 回转变速装置

1—大齿轮 2—行星齿轮 3,5,8—连杆
4—方形滑块 6—滑槽
7—偏心轮传动机构 9—提综臂

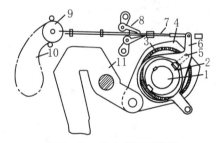

图5-16 偏心轮控制装置

1—主轴 2—圆环 3—偏心轮 4—曲柄盘
5—导键 6—分度臂 7—拉杆
8—棘爪 9—花筒 10—纹纸 11—提综臂

2. 偏心轮控制装置

图5-16是偏心轮控制装置的示意图。偏心轮3经滚珠轴承安装在圆环2上,圆环2用键固定在主轴1(即图5-15中的主轴 O_1)上。偏心轮3(相当于图5-15中的7)上设有供导键5进出的长方形滑槽。曲柄盘4(相当于图5-15中的9)组成一个四连杆机构,见图5-15(b)。控制系统由花筒9、纹纸10、分度臂6、导键5和偏心轮3组成。综框运动取决于花筒9上塑料纹纸10的信号,即纹纸上有孔表示提升综框,无孔表示综框下降。纹纸信号通过拉杆7、分度臂6控制导键5运动。导键5的作用是将圆环2的运动传递给偏心轮3,再传

到曲柄盘 4 和提综臂 11,使综框运动。当导键嵌入圆环上两个槽口中的任意一个时,即可传动偏心轮,此时综框运动。若导键脱开圆环槽口,则综框不动。

（四）电子多臂机

当所织织物的纬纱循环较大或经常更换织物品种时,纹纸(纹板)的制备是一项既费时又繁琐的工作。此外,机械式选综装置的结构比较复杂,不利于对信号进行高速阅读,在一定程度上影响整个机构的高速运转。事实上,纹纸(纹板)状态(有孔、无孔或有钉、无钉)是典型的二进制信号,非"0"即"1"。选综装置读入该二进制信号,经放大后输出二进制控制逻辑(如突钩与提刀的啮合或脱开)。因此,选综装置可等效成逻辑信号处理和控制系统。电子多臂开口机构正是基于这种思路,随着计算机控制技术的发展而发展起来的。各种电子多臂开口机构的提综装置可以不同,但电子控制的基本原理是完全一样的。

1. 提综装置

多臂机上有若干提综单元,每一提综单元控制一页综框。对应每一提综单元,多臂机主轴上都装有一个驱动盘、一个偏心盘组件和一根偏心盘外环杆,如图 5-22 所示。

图 5-17(a)中的驱动盘,通过花键套装在多臂机主轴 1 上,随其做非匀速回转。驱动盘的外廓上有两个凹槽 2,这两个凹槽相隔 180°,其作用类似于往复式多臂机的拉刀。偏心盘组件如图 5-17(b)所示。它活套在多臂机主轴上,其上有凸块杆回转轴 3、凸块杆 4 和凸块杆弹簧 5。在凸块杆弹簧的作用下,凸块杆上的凸块 6(其作用类似于往复式多臂机的拉钩)有嵌入驱动盘凹槽的趋势。在偏心盘组件上还有两个相对的保持槽 7 和 8(用来定位),分别受左保持臂 9 和右保持臂 10 的作用。若凸块杆上的凸块未嵌入驱动盘凹槽内,偏心盘组件上的保持槽则被保持臂转子压住,偏心盘组件保持静止,相应的综框也保持静止;若凸块杆上的凸块嵌入驱动盘凹槽内,偏心盘组件将随驱动盘一起转过 180°,即对应于织机主轴转一转,综框发生运动,使凸块位置改变,组织点发生改变。在形成下一梭口时,需视该页综框下一梭口的情况。若综框要改变位置,则凸块杆上的凸块仍嵌在驱动盘凹槽内,偏心盘组件将随驱动盘一起再转过 180°,综框回归到一次梭口形成前的位置;若下一次梭口时该页综框位置不变,则凸块杆上的凸块抬离驱动盘的凹槽,同时偏心盘组件上的保持槽被转子压住,偏心盘组件保持静止,综框就保持在一次梭口形成后的位置。

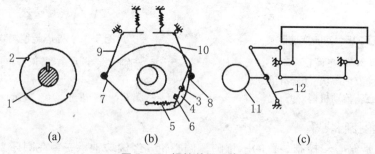

图 5-17　提综单元示意图

1—多臂机主轴　2—凹槽　3—回转轴　4—凸块杆　5—凸块杆弹簧
6—凸块　7,8—保持槽　9,10—左、右保持臂　11—外环杆　12—提综杆

偏心盘组件的转动使综框改变位置,是通过偏心盘外环杆实现的。如图 5-17(c)所示,偏心盘外环杆 11 活套在偏心盘组件的偏心盘上,偏心盘外环杆与提综杆 12 铰接,通过提综

杆使综框上升或下降。

凸块杆上的凸块是否嵌入驱动盘凹槽内,由提综选择装置的动作决定,而提综选择装置是根据纹板图决定的提综顺序动作的,其中包括电子控制装置。

2. 选综装置

如图 5-18 所示,多臂机主轴转一转时,其上另有一组共轭凸轮,通过转子臂控制电磁铁摆架上下往复摆动两次,对应地形成两次梭口。电磁铁摆架上有压针 1 的回转支点,压针受其上弹簧的作用,使其上端离开电磁铁 2。在电磁铁摆架上摆的过程中,电磁铁的得电、失电状态作对应于下一纬提综顺序的变化,进而决定压针的位置。若电磁铁得电,则电磁铁的吸力克服压针弹簧的作用力而将压针吸住,压针下部处于右侧位置;若电磁铁失电,则压针受其弹簧的作用,压针下部处于左侧位置。在紧接着的电磁铁摆架下摆的过程中,压针下部处于右侧位置,则压右侧保持臂;若压针下部处于左侧位置,则压左侧保持臂。即形成每一次梭口

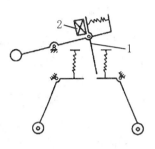

图 5-18　提综选择装置
1—压针　2—电磁铁

时,若电磁铁不吸合,左侧保持臂向外转动,而右侧保持臂静止;反之,电磁铁吸合,左侧保持臂静止,而右侧保持臂向外转动。

五、 提花开口机构

当需要织制复杂的大花纹组织(如各种图案、风景、人物等)织物时,必须采用提花开口机构。提花开口机构的主要特点是取消了综框,由综线控制经纱,可实现每根经纱独立的上下运动。提花开口机构由提综执行机构和提综控制机构两大部分组成:前者和提刀、刀架一起传动竖钩,再通过与竖钩相连的综线,控制经纱升降,形成所需的梭口;后者是对经纱提升的次序进行控制,有机械式和电子式两种方式。机械式是由花筒、纹板和横针等来实现对竖钩的选择,进而控制经纱的提升次序;而电子式是通过微机、电磁铁等来实现对竖钩的选择。

提花开口机构的容量(即工作能力)是以竖钩数目的多少来衡量的。竖钩数也称口数。提花开口机构的常用公称口数有 100,400,600,1 400,…,2 600 等,实际口数较公称口数略多。100 口的提花开口机构常用于织制织物的边字。

与多臂开口机构一样,提花开口机构也有单动式和复动式、单花筒和双花筒之分。复动式双花筒提花开口机构,由于机构的运动频率较低,因此能适应织机的高速运转。

提花开口机构,三种开口方式均可形成。低速提花开口机构多采用中央闭合梭口和半开梭口,而高速提花开口机构多采用全开梭口。

(一)单动式提花开口机构

单动式提花开口机构由织机的主轴直接传动,主轴一回转,刀架升降一次,形成一次梭口。图 5-19 为单动式单花花筒提花开口机构的简图。整个机构由提综装置、花纹控制装置和传动装置组成。

1. 提综装置

经纱穿过综丝 1 的综眼,综丝下端吊有重锤 2,上端与通丝 3 连接。通丝 3 穿过目板 4 的孔眼与首线 5 连接。首线 5 穿过底板 6 的孔眼,挂在竖钩 7 下端的弯钩上。每根首线悬吊的通丝根数取决于织物组织一个完全循环的纱线根数,一般不超过 8 根。刀架 8 中设有

若干把提刀 9,提刀位于竖钩的钩头附近。当横针 10 将竖钩推向左侧时,刀架 8 向上运动,由提刀 9 将竖钩 7,以及与竖钩 7 相连的首线 5、通丝 3、综丝 1 向上拉。这样,穿在综眼中的经纱被提升,形成上部梭口。而未被提起的竖钩 7,在重锤 2 的作用下,随底板的下降而沉于下方。这样,穿在综眼中的经纱下降,形成梭口。

2. 花纹控制装置

花纹控制装置的作用是管理经纱的升降次序。如图 5-19 所示,从机前看,最左边的一列竖钩,紧靠最上面一行横针的弯曲部分;中间部分的各列竖钩,从左向右分别紧靠自上而下相对应的每行横针的弯曲部分;最右边的一列竖钩,紧靠最下面一行横针的弯曲部分。在每根横针的右端,有一小弹簧 11。在弹簧的作用下,横针便能推动竖钩靠近提刀。横针的左端略伸出横针板 12,在横针板前面有花筒 13,花筒上套有纹板 14。这样,在花筒移进横针板时,横针由于弹簧的作用进

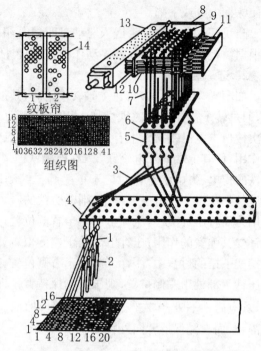

图 5-19 单动式单花筒提花开口机构

1—综丝 2—重锤 3—通丝 4—目板 5—首线
6—底板 7—竖钩 8—刀架 9—提刀 10—横针
11—弹簧 12—横针板 13—花筒 14—纹板

入纹板和花筒的筒眼中,这些横针就处于静止状态。与静止横针相对应的竖钩钩头则在提刀之上,当提刀上升时,相应的竖钩和经纱即被提起。如果纹板上对应横针处无孔眼,纹板即把横针推向右方,同时带动竖钩也向右移动,使其离开提刀,于是相应的竖钩和经纱便停留在下方。因此,纹板上有孔处即表示与其相对应的竖钩、经纱上升,无孔处即表示与其相对应的竖钩、经纱停留在下方。花筒每次转过 90°,刀架向上提升一次,形成一次梭口,引入一根纬纱。织物一个完全组织的纬纱根数即为所需的纹板块数。

3. 传动装置

传动装置如图 5-20 所示。织机主轴 1 经圆锥齿轮 2 与 4 传动竖轴 3,再经一对圆锥齿轮传动短轴 5,其传动比为 1:1,使主轴的回转数和提花机刀架的升降数相对应。开口曲柄 8 装在短轴 5 上,通过连杆 9 与双臂杠杆 10 的一端相连接,双臂杠杆 10 的另一端与升降齿杆 11 相连接。当开口曲柄 8 回转时,双臂杠杆 10 即以轴 12 为回转中心,传动升降齿杆 11,使刀架 6 随之做升降运动。扇形双臂齿杆 13 的里侧与升降齿杆 11 相啮合,外侧与固装在底板 7 旁边的齿条 14 相啮合。当升降齿杆 11 和刀架 6 上升时,扇形双臂齿杆 13 以轴 15 为回转中心转动,使底板 7 下降,反之则上升。因此,当刀架 6 上升时,挂在提刀上的竖钩随之上升,使经纱上升而形成梭口的上层;而未挂在提刀上的竖钩,则在重锤作用下随底板下降,使经纱也下降,从而形成梭口的下层。引纬之后,刀架 6 下降,底板 7 上升,上下两层经纱在中间闭合,从而完成一次开口动作。显然,单动式提花机提刀的运动频繁,不利于织机高速运转。

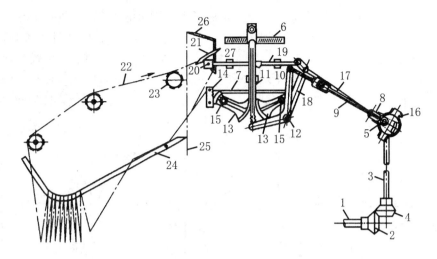

图 5-20 单动单花筒提花开口传动机构图

1—主轴 2, 4—圆锥齿轮 3—竖轴 5—短轴 6—刀架 7—底板 8—开口曲柄 9, 17—连杆
10—双臂杠杆 11—升降齿杆 12—双臂杠杆轴 13—扇形双臂齿杆 14—齿条 15—扇形双臂齿杆轴
16—偏心盘 18—摆杆 19—花筒传动轴 20—花筒 21—花筒拉钩 22—纹板
23—纹板导轮 24—托架 25—绳子 26—转杆 27—花筒倒转拉钩

当与短轴 5 固装在一起的偏心盘 16 转动时，连杆 17 做往复运动，使摆杆 18 以轴 12 为回转中心摆动，从而传动花筒传动轴 19 和花筒 20 做往复运动。由于花筒拉钩 21 的作用，使花筒转过 90°，调换一块纹板。纹板 22 沿着导轮 23 前进，转到下面的纹板由连接铁丝搁在托架 24 上。需要转花筒时，只要拉动绳子 25，通过转杆 26 和花筒倒转拉钩 27，即可使花筒做反向回转。

（二）复动式全开梭口提花机

全开梭口提花机与半开梭口提花机的不同之处，在于当要求经纱连续形成梭口上层时，由于停针刀和竖钩上的停针钩相互作用，使位于上层的经纱维持原状不动。一般全开梭口提花机上多采用 U 形竖针，但在工作过程中易产生变形和抖动，造成动作失误，从而影响车速的进一步提高。

1. U 形竖针运动原理

图 5-21（a）为纹板对应位置有孔时，横针 3 不推动 U 形竖针 4，而由提刀 2 带动竖针 4 上升。随着提刀 2 上升至最高位置，与竖针 4 相连的经纱形成梭口的上层，此时提刀 1 降到最低位置。如经纱在下一纬时需再次上升，仍由对应位置有孔的纹板控制，使竖针 4 上的停针钩 6 停在停针刀 5 上，竖针 4 和相连的经纱不下降，形成全开梭口，如图 5-21（b）所示。如果经纱在下一纬时需下降，则由对应位置无孔的纹板控制，此

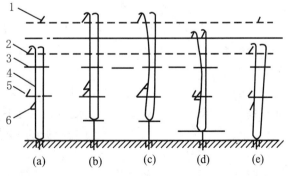

图 5-21 U 形竖针作用原理
1, 2—提刀 3—横针 4—竖针
5—停针刀 6—停针钩

时横针 3 推动竖针 4,使停针钩 6 与停针刀 5 脱开,竖针 4 即随提刀 2 下降,如图 5-21(c)所示。横针 3 对竖针 4 的作用持续到两把提刀 1 与 2 呈平齐状态,此时竖针 4 避开提刀 1 的上升运动,继续随提刀 2 下降,如图 5-21(d)所示。当提刀 1 提升到最高位置时,竖针 4 随提刀 2 下降至底板,经纱处于梭口下层,如图 5-21(e)所示。显然,U 形竖针在工作过程中,由于横针的作用,会产生弯曲、变形和磨损,在织造厚重织物时更为严重,最终影响提综能力和织机车速的提高。

2. 双钩单根式竖针工作原理

图 5-22(a)所示为前一次开口结束时的情形,上提刀 D 降到最低位置,而下提刀 C 升到最高位置,竖针 1 与 4 的下端 a 靠在底板 A 上,与它们相连的经纱处于梭口的下层;竖针 2 与 3 因它们的下片颚 c 被下提刀 C 勾住而处于最高位置,与它们相连的经纱处于梭口的上层。在图 5-22(a)中,接下来的一块纹板已进入工作位置,新纹板上对应横针 I 与 II 的位置上有孔,因而横针 I 与 II 不推动对应的竖针 1 与 2;而新纹板上对应横针 III 与 IV 的位置上无孔,故横针 III 与 IV 推动对应的竖针 3 与 4 向右。在图 5-22(b)中,梭口正在变换,随上提刀 D 上升,竖针 1 因其上片颚 d 被上提刀 D 勾住而随上提刀向上运动;竖针 2 的停针钩 b 受停针刀 B 的作用,仍使竖针

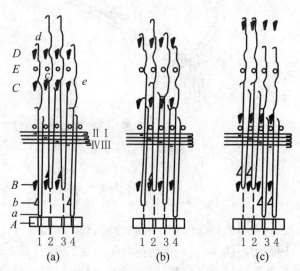

图 5-22　双钩单根式竖针作用原理

1, 2, 3, 4—竖针　A—底板
B—停针刀　C—下提刀　D—上提刀　E—隔栅

保持在最高位置;竖针 3 因其停针钩 b 被推离停针刀 B 而随下提刀 C 下降,竖针上凸部 e 与隔栅 E 的作用是确保上片颚 d 避开向上运动的上提刀 D;竖针 4 因其上片颚 d 被推离上提刀 D 而保持在下方位置。在图 5-22(c)中,上提刀 D 上升至最高位置,下提刀 C 下降至最低位置,竖针 1 与 2 因它们的上片颚 d 被上提刀 D 勾住而随上提刀升至最高位置,而竖针 3 与 4 的下端 a 靠在底板 A 上,处于最低位置,形成了新的梭口。

3. 单根回转式竖针的运动原理

图 5-23 所示为史陶比利 CR 型提花机的回转竖针结构。与其他结构的竖针相比,这种回转竖针在工作过程中不产生振动,承载能力较大,可以适应高速运转。每根回转竖针上有 4 个钩,停针钩 3 与底钩 4 同向,上钩 1 相对底钩 4 向右成 45°,而下钩 2 则向左成 45°。回转竖针的工作过程分为五个阶段。图 5-23(a)表示回转竖针的底钩贴在底板 D 上,竖针位于最高位置,经纱位于梭口下层,上提刀 A 和下提刀 B 分别做上、下移动。图 5-23(b)表示竖针沿顺时针方向转过 45°,上钩 1 与上升的上提刀 A 相垂直而被提升,同时,下钩 2 以同方向转过 45°,避开了下提刀 B 而下降,此时经纱位于梭口的上层。图 5-23(c)表示上提刀 A 下降,竖针沿逆时针方向转过 45°,停针钩 3 停在停针刀 C 上,竖针随上提刀略有下降。图 5-23(d)表示竖针继续沿逆时针方向回转 45°,下钩 2 与上升的下提刀 B 垂直而被再次提起。图 5-23(e)表示竖针随下钩 2 下降,竖针沿顺时针方向转过 45°,底钩 4 停在底板 D 上。

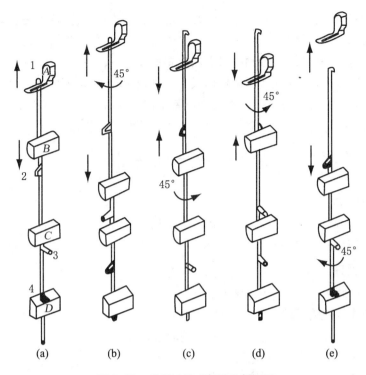

图 5-23 单根回转式竖针作用原理

1—上钩 2—下钩 3—停针钩 4—底钩 A—上提刀 B—下提刀 C—停针刀 D—底板

（三）电子提花开口机构

在最新的提花开口机构中，废除了机械式纹板和横针等控制装置，采用电磁铁来控制首线的上下位置。图 5-24 为以一根首线为提综单元的电子提花机开口机构的工作原理示意图。提刀 g 和 f 受织机主轴传动而做速度相等、方向相反的上下往复运动，并分别带动用绳子通过双滑轮 a 连在一起的提综钩 c 和 b 做升降运动。图 5-24(a)表示提综钩 b 在最高位置时被保持钩 d 勾住，提综钩 c 在最低位置，首线在低位，相应的经纱形成梭口下层。这是前次开口结束时的情形。此时，按织物组织图，电磁铁 h 得电，保持钩 d 被吸合而脱开提综钩 b，提综钩 b 随提刀 f 下降，提刀 g 带着提综钩 c 上升，首线维持在低位。图 5-24(b)表示提刀 g 带着提综钩 c 上升至保持钩 e 处，由于电磁铁 h 不得电，提综钩 c 被保持钩 e 勾住，提综钩 b 处于低位。这是第一次开口。图

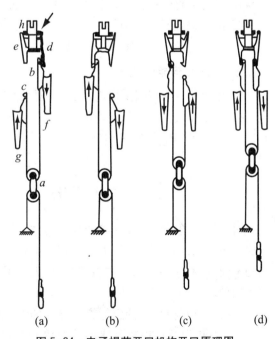

图 5-24 电子提花开口机构开口原理图

a—双滑轮 b, c—提综钩 d, e—保持钩 f, g—提刀 h—电磁铁

5-24(c)表示提综钩 c 被保持钩 e 勾住,提刀 f 带着提综钩 b 上升,首线被提升,第二次开口开始。图5-24(d)表示提综钩 b 上升至保持钩 d 处时,电磁铁 h 不得电,保持钩 d 勾住提综钩,使首线升至高位,相应的经纱到梭口上层位置。

电子提花机的经纱升降规律由微机通过电磁铁控制,响应速度快,能适应织机高速运转的要求,并且可以把复杂的花纹组织存储在电脑中,甚至在机器运转状态下修改花型。

【思考与训练】

一、基本概念

梭口、经位置线、经平线、开口方式、梭口清晰度、开口时间(综平时间)、可引纬时间角、梭口挤压度、提花机工作能力。

二、基本原理

1. 简述开口的两个基本作用,有何要求?
2. 常见的开口机构有哪几种?各有什么特点?
3. 从梭口形状分析,影响经纱拉伸变形的因素是什么?
4. 试比较三种开口方式的特点。
5. 试比较清晰梭口、不清晰梭口和半清晰梭口的特点。
6. 什么是综框运动角?综框运动的三个时间角是如何分配的?
7. 试述凸轮与连杆开口机构的种类及其工作原理。
8. 试述多臂开口机构的种类及其工作原理。
9. 试述提花开口机构的种类及其工作原理。
10. 试对三类开口机构从工作原理与品种适应性等方面进行系统比较。

三、基本技能训练

技能训练1:在实训基地内的有关织机上进行开口机构的认识与工作原理分析训练。

技能训练2:在实训基地内的GA747型剑杆织机和GA708型喷气织机等织机上进行开口机构拆装与调试训练。

第三节 引纬机构

引纬是指通过各种载纬器或介质,将纬纱引入由经纱构成的梭口中,实现经、纬纱交织,形成织物。引纬必须和经纱的开口相互配合。引纬是由引纬机构完成的。通常根据引纬方式的不同,有有梭引纬与无梭引纬之分,无梭引纬又分剑杆引纬、片梭引纬、喷气引纬和喷水引纬四种。

现将各种织机采用的引纬方法分述如下:

(1) 有梭引纬。将装有纬纱管的梭子通过梭口而纳入纬纱。这种引纬方式的结构简单,调节方便,能以连续的纬纱形成完整而光洁的布边,便于后续加工;织物质量稳定,适应性广;但容易造成轧梭、飞梭等故障,投梭机构的消耗动力多,机物料消耗大,噪声大,有效引纬利用率低,限制了车速的提高。

(2) 剑杆引纬。用特殊的引纬器——剑杆引入纬纱。根据引纬装置的结构可分为刚性剑杆和挠性剑杆两种,其特点是结构简单、动力消耗小、操作安全、生产率较高。

(3) 喷射(喷气、喷水)引纬。用喷射的流体(空气或水)将纬纱引入梭口。其特点是车速高(一般为 700 r/min 左右)、机物料消耗少、操作安全、噪声小,但尚存在布边不良和缺纬等缺陷。

(4) 片梭引纬。用具有夹持纱线能力的扁平的片梭将纬纱引入梭口。这种方式主要应用在宽幅织机上,适应性较广,布边成形良好,生产率较高,但机构复杂,对机件材料和加工精度的要求高。

本节重点介绍片梭引纬、剑杆引纬、喷气引纬和喷水引纬四大无梭引纬。

一、片梭引纬

片梭织机的引纬方法是用片状夹纱器,将固定筒子上的纬纱引入梭口。这个片状夹纱器称为片梭。片梭引纬的专利首先是在 1911 年由美国人 Poster 申报的,着手研制片梭织机是在 1924 年,从 1924 年起由瑞士苏尔寿(Sulzer)公司独家研制,到 1953 年首批片梭织机正式投入生产使用。这使得片梭织机成为最早实现工业化的无梭织机。

(一)概述

1. 片梭引纬分类

片梭引纬大致可分为以下两种类型:

(1) 单片梭引纬。单片梭引纬以捷克 Investa 公司的 OK 系列织机为代表。这种织机在织造过程中,始终用一把片梭引纬,当片梭由一侧到达另一侧完成一次引纬后,片梭要调转 180°,再进入投梭位置,将纬纱纱端递入片梭尾部的钳口中,然后再从对侧返回到原来的一侧,又引入一纬……如此循环而形成织物。由于只用一把片梭,需两侧供纬和投梭,加之片梭引纬后的调头限制了织机的速度提高,故单片梭织机不够理想,其数量也很少。

(2) 多片梭引纬。瑞士苏尔寿公司的片梭织机属于多片梭织机。这种片梭织机在织造过程中,采用若干片梭轮流引纬,仅在织机的一侧设有投梭机构和供纬机构,故属单向引纬。进行引纬的片梭,在投梭侧夹持纬纱后,由扭轴投梭机构投梭,片梭以高速通过分布于筘座上的导梭片所组成的通道,将纬纱引入梭口;片梭在对侧被制梭装置制停,释放掉纬纱纱端,然后移动到梭口外的空片梭输送链上,返回到投梭侧,再等待进入投梭位置,以进行下一轮引纬。

由于多片梭织机的使用极为广泛,本节仅以多片梭引纬的苏尔寿片梭织机为例进行介绍。

2. 片梭

片梭是片梭织机的载纬器,其作用与传统的梭子相同,但载纬方式截然不同。片梭是用其内部的梭夹钳口夹住纬纱纱端而将纬纱引入梭口的,纬纱卷装(筒子)固定在织机一侧,因而片梭的体积和质量可大大减小。载纬方式的不同使片梭织机的引纬原理也不同于传统的有梭织机。

片梭的结构如图 5-25 所示。它由梭壳 1 及其内部的梭夹 2 组成,梭壳与梭夹靠两颗铆钉 3 铆合在一起。梭壳前端(图中右侧)呈流线形,有利于片梭的飞行。梭夹用耐疲劳的优质弹簧钢制成,梭夹两臂的端部(图中左侧)组成一个钳口 5,钳口之间有一定的夹持力,以确保夹持住纬纱。

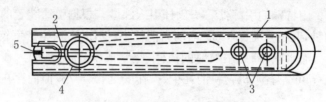

图 5-25 片梭

1—梭壳 2—梭夹 3—铆钉 4—圆孔 5—钳口

在织造过程中,每引入一根纬纱,梭夹钳口需打开两次:第一次打开是在投梭侧,为了让递纬器将纬纱纱端置于钳口之中;第二次打开是在片梭飞越梭口后,为了把片梭钳口中的纬纱释放掉。钳口的开启是靠梭夹打开器插入片梭尾部的圆孔 4 中来实现的。片梭尾部有两个孔,靠前部的圆孔供第一次打开递纬用,能将钳口打开到 4 mm,供递纬器进入钳口内;而靠后部的圆孔供引纬结束后打开钳口释放纬纱用,其张开程度比递纬时小得多。

为适应织物不同的纬纱种类和机器不同的筘幅,苏尔寿片梭织机的片梭有以下四种类型:

(1) D_1 型片梭。全钢质,质量约 40 g,梭壳外形尺寸(长×宽×厚)为 89 mm×14.3 mm×6.35 mm,梭夹钳口尺寸为 2.2 mm×3mm 和 2.2 mm×4 mm 两种,梭壳钳口夹持力为 16.7～21.4 N。这种片梭适用于筘幅 390 cm 以下,制织低、中线密度纬纱的片梭织机。

(2) D_2 型片梭。全钢质,质量约 60 g,梭壳外形尺寸(长×宽×厚)为 89 mm×15.8 mm×8.5 mm,梭夹钳口尺寸为 4 mm×5 mm,梭壳钳口夹持力为 29.4 N。由于夹持面和夹持力增大,这种片梭能牢牢地夹持住高线密度纱和结子线,可用于筘幅达 540 cm 的片梭织机。

(3) D_{12} 型片梭。全钢质,梭壳的外形尺寸同 D_1 型片梭,但梭夹尺寸同 D_2 型片梭,故夹持力大于 D_1 型片梭,而质量小于 D_2 型片梭,常用于织制某些特殊纱线。

(4) K_2 型片梭。其梭壳尺寸(长×宽×厚)为 86 mm×15.8 mm×8.5 mm,梭夹钳口尺寸为 2.2 mm×4 mm,质量约 22 g。因梭壳由 OFK 碳素纤维复合材料制成,在织造过程中,不需要润滑加油,故 K_2 型片梭适应于制织高清洁度的织物。

苏尔寿片梭织机为多片梭织机,需要若干把片梭循环引纬,每台织机所需片梭数与上机筘幅有关,可按下式计算:

$$片梭配备数 = \frac{上机筘幅(mm)}{254} + 5$$

例如,上机筘幅 3 200 mm 时,需配 18 把片梭。苏尔寿片梭织机的最小公称筘幅为 1 900 mm(早期机型有 1 800 mm),最大公称筘幅为 5 400 mm。

3. 片梭引纬过程

片梭引纬过程可根据片梭和纬纱的状态分为以下 10 个阶段,如图 5-26 所示:

① 片梭 8 从输送链向引纬位置运动,递纬器 7 停留在左侧极限位置,张力补偿器 5 处于最高位置,制动器 4 压紧纬纱 2。

② 片梭钳口打开,向夹有纬纱的递纬器靠近,补偿器与制动器同状态①的位置。

③ 递纬器打开,片梭钳口闭合,并夹持递纬器上的纬纱,准备引纬。制动器开始上升、

释放纬纱,补偿器开始下降。

④ 击梭动作发生,梭子带着纬纱飞越梭口。击梭时,制动器上升到最高位置,补偿器下降。递纬器开放,并停留在左侧极限位置。

⑤ 进入右侧制梭箱的梭子被制梭器 12 制动,然后回退一段距离,以保证右侧布边外留有的纱尾长度为 15～20 mm。补偿器上抬,使得因片梭回退而松弛的纬纱张紧。制动器压紧纬纱,并精确地控制着纬纱的张力(该张力可以调节)。这时,递纬器向左侧布边移动。

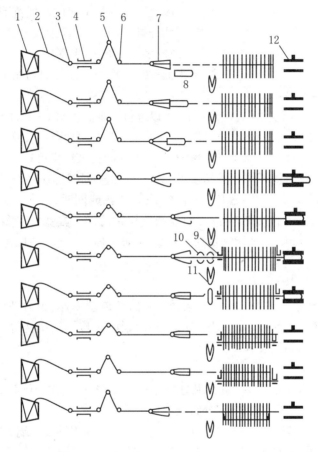

图 5-26　片梭引纬过程

1—筒子　2—纬纱　3—导纱眼　4—制动器　5—张力补偿器　6—导纱孔
7—递纬器　8—片梭　9—钳纱器　10—定中心器　11—剪刀　12—制梭器

⑥ 递纬器准备夹纱,定中心器 10 将纬纱移到中心位置。同时,两侧织边装置的钳纱器 9 钳住纬纱。制动器和补偿器停留在状态⑤的位置。

⑦ 递纬器夹持纬纱,张开的剪刀 11 上升,准备剪切纬纱,制动器和补偿器的位置不变。

⑧ 左侧剪刀剪断纬纱,右侧片梭钳口开放,释放纬纱。片梭被推出制梭箱,进入输送链,再由输送链送回击梭侧。

⑨ 递纬器向左侧极限位置移动,制动器压紧纬纱,补偿器上抬,拉紧因递纬器左移而松弛的纱线。梭口中的纬纱两端由钳纱器握持,被钢箅推向织口。

⑩ 递纬器夹持着纬纱退回到左侧极限位置,制动器压紧纬纱,补偿器上升到最高位置。

这时,两侧由钳纱器夹持的纬纱头端被钩针勾入新形成的梭口中,形成折入边。

周而复始地执行上述步骤,就是片梭引纬的全过程。

4. 片梭引纬的特点

片梭引纬类同有梭引纬,属于积极引纬方式,对纬纱具有良好的控制能力。片梭对纬纱的夹持和释放是在两侧梭箱中,于静态的条件下进行的,因此片梭引纬的故障少,引纬质量好。纬纱在引入梭口之后,它的张力受到一次精确的调节。这些性能都十分有利于高档产品的加工。

由于片梭对纬纱具有良好的夹持能力,因此用于片梭引纬的纱线范围很广,包括各种天然纤维和化学纤维的纯纺或混纺短纤维、天然纤维长丝、化学纤维长丝、玻璃纤维长丝、金属丝,以及各种花式纱线。但是,片梭在启动时的加速度很大($1\ 200 \times 9.8\ \text{m/s}^2$),为剑杆引纬的10～20倍。因此,对于以弱捻纱、强度很低的纱线作为纬纱的织物加工来说,片梭引纬显然是不适宜的,纬纱容易断裂。

片梭引纬具有2～6色的任意换纬功能,可以进行固定混纺比1:1的混纬和4～6色的选色。换纬时,选色机构的动作和惯性比较大。在非相邻片梭更换时,这种缺点比较明显。

片梭织机的入纬率较大,当织机转速为470 r/min时,入纬率可达1 400 m/min,表现出低速高产的特点,显然对提高织物成品质量、减小织机磨损和机械故障有重要意义。

片梭织机的幅宽为1 900～5 400 mm,能织制单幅或同时织制多幅不同幅宽的织物。单幅加工时,移动制梭箱的位置,可以方便地调整织物的加工幅宽。在多幅织造时,最窄的织物上机箱幅为330 mm,几乎能满足所有的织物加工幅宽要求。加工特宽织物和筛网织物,则是片梭引纬的特色。

（二）片梭引纬的主要机构

片梭织机的引纬系统主要包括筒子架、储纬器、纬纱制动器、张力平衡装置、递纬器、片梭、导梭装置、制梭装置、片梭回退机构、片梭监控机构、片梭输送机构等。这里仅介绍扭轴投梭机构、导梭装置和制梭装置。

1. 扭轴投梭机构

图5-27所示为苏尔寿片梭织机所用的投梭机构。该投梭机构的核心部件为扭轴8,故称之为扭轴投梭机构。它由以下四个部分组成:

（1）扭轴部分。扭轴8的一端固装在机架上,成为固定端;另一端为自由端,装有投梭棒7,其顶部与投梭滑块11相连;扭轴的中部装有摇臂6。它属于一个四杆机构。

（2）四杆机构部分。由摇臂6、连杆5、摆杆3和机架组成。摇臂6的回转中心为扭轴中心,而摆杆3的回转中心为回转轴4。

（3）投梭凸轮部分。投梭凸轮1装在投梭凸轮轴上,而投梭轴借助于一对圆锥形齿轮,由织机主轴以1:1的速比传动。投梭凸轮上还装有一个转子10。

（4）液压缓冲部分。液压缓冲器14与摆杆3的下端相连,当摆杆以顺时针方向摆动时,使缓冲器内的油压缩,从而产生缓冲作用。

扭轴投梭机构的工作原理为:在投梭前的相当长时间内,通过对扭轴加扭来储存投梭所需的能量;投梭时,扭轴迅速恢复原状态,将储存的弹性势能释放,使片梭加速到所需的飞行速度。整个工作过程分为以下四个阶段:

（1）储能阶段。在这一阶段,投梭扭轴被加扭,储存弹性势能。随着投梭凸轮1转向大半径,驱动转子2,使摆杆3以逆时针方向转动,连杆5向上移动,推动摇臂6以顺时针方向转动,扭轴受到加扭,直到投梭凸轮半径不再增大为止。此时回转轴 4 的轴心恰好与连杆 5 的两端中心三点呈一直线,且定位螺钉 9 刚好与摆杆 3 下端相接触。

(2)自锁阶段。前一阶段结束时,四杆机构进入自锁状态(摇杆 6 的作用力不能使摆杆 3 转动),且这一状态继续保持。扭轴保持在最大扭转状态,投梭棒 7 和投梭滑块 11 静止在外侧位置,等待引纬片梭就位,以及递纬器递纬等动作的完成。在这一阶段,投梭凸轮 1 仍然保持匀速回转,转子 2 将脱开与投梭凸轮的接触。

(3)投梭阶段。四连杆机构的自锁状态被解除,扭轴迅速复位,使投梭滑块 11 完成击梭动作。这一阶段的开始是当投梭凸轮回转到其上的转子 10 推动摆杆 3 上的弧形臂时,转子 10 的推动将使摆杆 3 稍有转动,从而消除了原来的自锁状态。扭轴迅速复位,并通过投梭棒使击梭滑块加速,片梭 12 进入导梭片 13。

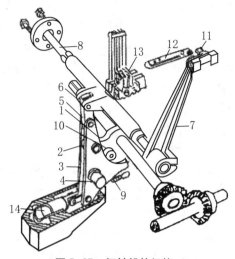

图 5-27　扭轴投梭机构

1—投梭凸轮　2、10—转子　3—摆杆
4—摆杆回转轴　5—连杆　6—摇臂
7—投梭棒　8—扭轴　9—定位螺钉
11—投梭滑块　12—片梭
13—导梭片　14—液压缓冲器

(4)缓冲阶段。该阶段使整个投梭机构在投梭后迅速而平稳地静止在初始位置。当摆杆 3 复位到一定位置时,液压缓冲器 14 开始起作用。此时片梭已经获得所需速度,即投梭已经完成,整个投梭系统受缓冲作用而平稳地向初始状态恢复,到达初始位置时能静止下来。这样可避免扭轴反向扭转,不致出现自由扭转振动,从而提高了扭轴的寿命。

投梭结束时片梭所获得的速度,即最大速度,与投梭系统的固有频率、投梭棒长度、扭轴的最大扭角和液压缓冲开始时的扭轴扭角有关。

投梭扭轴长 780 mm,直径为 15 mm 左右,其扭角可在 $27°\sim32°$ 范围内调节。扭角愈大,片梭获得的投射速度愈高,最大投射速度可达 35 m/s 左右。扭轴加扭过程长(约 $300°$),加之合理的投梭凸轮曲线,故投梭机构的耗用能量小且均匀。

2. 导梭装置

片梭引纬时飞行速度很高,加之质量轻、体积小,得采用由若干导梭片组成的通道来控制片梭飞行。导梭片等间隔地固装在筘座上,随筘座一起前后摆动,如图 5-28(a)所示。因投梭机构与筘座是分离的,这就要求筘座在片梭引纬时静止在最后方,让片梭在导梭片组成的通道中飞越梭口。片梭到达接梭箱后,筘座向机前摆动打纬,导梭片向前,从下层经纱退出梭口外,纬纱便从导梭片的脱纱槽中脱出而留在梭口

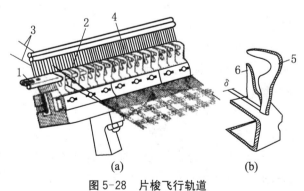

(a)　　　　　　　(b)

图 5-28　片梭飞行轨道

1—片梭　2—导梭片　3—经纱
4—钢筘　5—上唇　6—下唇

中,被钢箱继续打入织口,形成织物。完成打纬后,随箱向后摆动,导梭片又从下层经纱进入梭口,直至位于梭口中央并静止,供引下一纬的片梭飞行。

织造过程中,导梭片插入或退出梭口会引起经纱磨损,故导梭片越薄越好,以不影响经纱的密度;另一方面,它必须有足够的刚度,使它不致发生振动,而使得片梭飞越时因此而受到制动。导梭片的密度,至少有四片同时控制片梭。目前,新型的导梭片已由原来的上、下唇相对改为上、下唇左右错开一个距离 δ,如图5-28(b)所示,使集中的经纱磨损得以分散,从而有利于高密织物和不耐磨经纱的织造。

3. 制梭装置

片梭进入制梭箱后,制梭装置吸收片梭的动能,使片梭的速度迅速下降为零,并准确地制停在一定的位置上。制梭装置如图 5-29 所示。在片梭进入制梭箱之前,连杆 5 向左推进,制梭脚 3 下降,直至下铰链板 4 和上铰链板 6 位于一条直线,即进入死点状态,下制梭板 2 和制梭脚 3 之间构成制梭通道。片梭飞入制梭箱后,进入制梭通道,下制梭板和制梭脚的制梭部分采用合成橡胶材料,对片梭产生很大的摩擦阻力,使片梭制停在一定位置上。

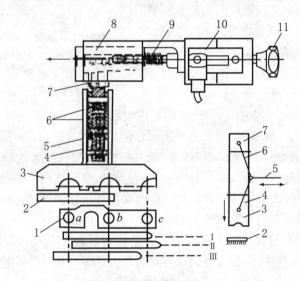

图 5-29　制梭装置

1—接近开关组合　2—下制梭板　3—制梭脚　4—下铰链板　5—连杆　6—上铰链板
7—升降块　8—滑块　9—调节螺杆　10—步进电机　11—手柄

制梭脚的前侧装有接近开关组合 1,上面有接近开关 a, b, c。接近开关 b 用于检测片梭的飞行到达时间,接近开关 a 和 c 则用于检测片梭的制停位置,从而通过下述三种途径自动调整制梭力:

① 当片梭制停在位置 I 时,接近开关 a 和 c 均有信号发出,说明制梭力正常,步进电机 10 不发生调节作用。

② 当片梭制停在位置 II 时,接近开关 a 无信号发生,说明制梭力不足,步进电机立即转动一步,滑块 8 向右移动 1 mm,升降块 7 下降,使制梭脚降低一定距离。经几次调整,直至被制停在位置 I。

③ 当片梭制停在位置 III 时,接近开关 c 不发生信号,说明制梭力偏大,电脑自动记录制

梭力偏大的次数,如 27 次引纬中有 20 次制梭力偏大,则每 27 次引纬后步进电机反向转动一步,使制梭脚上升一定距离。经几次调整,直至片梭被制停在位置Ⅱ;然后,再自动调节到位置Ⅰ。这样的调整方式有助于消除机构间隙对制梭的影响。

连杆 5 向右回退时,制梭脚上升,对片梭的制动被解除,以利于后续的片梭回退和退出制梭箱,进入输送链。

(三)片梭织机的多色纬织造

苏尔寿片梭织机除了单色织造的机型外,还有可多色纬织造的机型,如混纬、两色任意顺序引纬、四色任意顺序引纬、六色任意顺序引纬等。通常利用多臂机、提花机、专用的选纬纹板链装置和电脑控制的电磁铁来控制或驱动选纬和混纬动作。

1. 选纬机构

四色选纬机构和六色选纬机构的基本工作原理比较接近,生产中四色选纬机构使用较多。下面介绍一种常用的以多臂机作为选纬信号与驱动装置的四色选纬机构:

四色选纬机构的选纬执行装置如图 5-30 所示。选纬动作由多臂机的最后两页综框连杆驱动,选纬的信号装置占用了多臂机信号装置的一个部分。所使用的多臂机可以是电脑控制或光电控制,以及纹板纸、探针、花筒机械控制的多臂机。

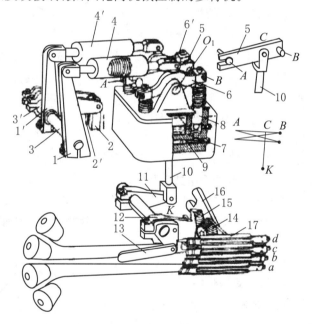

图 5-30 选纬执行装置

1,1′—杠杆 2,2′—连杆 3—轴 3′—轴管 4,4′—蓄能器 5—综合杆 6,6′—双臂杠杆
7—缸体 8—缓冲活塞 9—油液 10—连杆 11—杠杆 12—扇形杆 13—控制杆
14—锥形齿轮 15—锥形齿块 16—定位器 17—递纬器座

在选纬信号控制下,综框连杆做往复运动,通过一系列杆件推动连杆 2 和 2′做上下移动。该运动由轴 3 和轴管 3′传递,使杠杆 1 和 1′前后摆动。连杆向前摆动时,蓄能器 4 和 4′中的弹簧压缩变形,积聚能量。蓄能器作为一个运动协调部件,协调着多臂机综框连杆和选纬执行装置的运动。当蓄能器推动双臂杠杆 6 和 6′绕 O_1 轴做顺时针或逆时针方向摆动时,双臂杠杆 6 的 B 点和 6′的 A 点通过短轴分别带动综合杆 5 的 A 和 B 两点。双臂杠杆的摆

动构成综合杆的四个不同工作位置。连杆10的上端与综合杆上的C点铰接,下端K点经杠杆11、扇形杆12上的锥形齿块15,带动锥形齿轮14,以及与之固为一体的定位器16、递纬器座17,使定位器和递纬器座处于相应的工作位置。在四个工作位置上,递纬器a,b,c和d中的一个与进入击梭引纬状态的片梭对齐,同时向片梭递送相应的纬纱。

综合杆的四个工作位置与递纬器工作的对应关系为:

① A点、B点均在上方——递纬器d进入工作状态。

② A点在下方、B点在上方——递纬器c进入工作状态。

③ A点在上方、B点在下方——递纬器b进入工作状态。

④ A点、B点均在下方——递纬器a进入工作状态。

控制杆13与递纬器座经传动轴相互联动,递纬器座的四个工作位置对应着控制杆的四个不同位置,递纬器座和控制杆进入其中一个位置时,控制杆通过传递机构,使穿有相应纬纱的一套补偿器和制动器投入工作。

图5-31表示四色选纬的定位装置。定位器2上的四个缺口用于固定递纬器座3的四个工作位置。当双臂杆1的转子a纳入定位器的某一缺口中时,对应某一种纬纱的递纬器便进行工作。这时不允许选纬机构的执行装置进行换纬动作,多臂机综框连杆的运动由蓄能器暂存起来,转变为弹簧的变形。当转子a退出定位器的缺口时,蓄能器迅速释放弹簧的变形

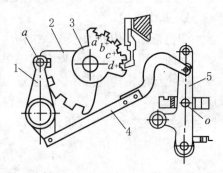

图5-31 四色选纬的定位装置

1—双臂杆 2—定位器
3—递纬器 4—连杆 5—杠杆

能,推动图5-30中双臂杠杆6和$6'$到达选定的位置,完成选纬动作。为避免双臂杠杆的运动冲击,在其两端还有缓冲活塞8,利用油液9吸收多余的运动能量。

图5-31中位于击梭箱内的杠杆5由共轭凸轮传动,绕O点摆动,通过连杆4、双臂杆1,控制转子a纳入和退出定位器缺口的时间,使递纬器座的运动和静止时间与击梭时间严格配合。

在不配备多臂开口机构的片梭织机上,一般以电脑控制的电磁选纬驱动装置代替多臂机的综框连杆,带动蓄能器运动,完成选纬动作。

2. 混纬机构

在混纬方式的机型上,配置了两个递纬器,分别由各自的筒子供纬。织造时,由这两个递纬器交替递纬给片梭,交替的比例是1:1或其他比例,一般不能任意引纬。混纬的目的是为了消除纬纱色差或纬纱条干不匀给布面造成的影响。轮流从两个筒子上引入纬纱而织制织物,可避免筒子之间的差异对织物外观的影响。

目前,常用的混纬机构十分简单。它由多臂机上最后一页综框连杆传动,可以进行任何比例的混纬或二色选纬。多臂机传动的混纬机构如图5-32所示。多臂机综框连杆1通过拉

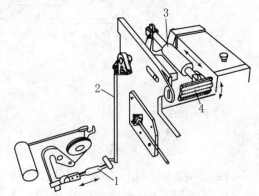

图5-32 多臂机传动的混纬机构

1—多臂机综框连杆 2—拉杆
3—蓄能器 4—二色递纬器座

杆 2 使蓄能器 3 做前后移动,然后经摆臂传递,使二色递纬器座 4 在上、下两个位置间往复摆动,完成混纬或二色选纬动作。混纬比和选纬顺序由多臂机纹板的指令孔控制。二色递纬器座摆动时,通过一系列杆件的传递,使相应的补偿器和制动器同步地投入工作。

二、剑杆引纬

剑杆织机的引纬方法是用往复移动的剑状杆作为引纬器叉入或夹持纬纱,将机器外侧固定筒子上的纬纱引入梭口。剑杆的往复引纬动作很像体育中的击剑运动,剑杆织机因此而得名。

在无梭织机中,剑杆织机的引纬原理最早被提出,起初是单根剑杆,后来发明了双剑杆引纬的剑杆织机。在 1951 年的首届国际纺织机械展览会(ITMA)上就展出了剑杆织机样机,并将无梭织机评为新技术。自 1959 年以来,继刚性剑杆后,相继出现了挠性、钢带、双相、伸缩、双层、三层等形式的剑杆织机,并投入工业化生产,尤其以良好的品种适应性而广泛应用于色织、巾被、丝织、毛织、麻织等行业,现已发展成为机型繁多、数量较多的一种无梭织机。

(一)概述

1. 剑杆引纬的分类

剑杆引纬的形式最多,可按以下几个特征分类:

(1)按剑杆的配置数量分,剑杆引纬有单剑杆引纬和双剑杆引纬之分。

单剑杆引纬仅在织机的一侧装有比布幅宽的长剑杆及其传剑机构,由它将纬纱送入梭口至另一侧,或由空剑杆伸入梭口到达对侧,握持纬纱后,在退剑过程中将纬纱拉入梭口完成引纬,如图 5-33(a)所示。

双剑杆引纬在织机两侧都装有剑杆和相应的传剑机构。其中,一根剑杆将纬纱送到织机中部,称为送纬剑;另一根剑杆从织机中部接过纬纱,并将其引出梭口,称为接纬剑。引纬时,纬纱由送纬剑送至梭口中央,然后交付给从对侧运动到梭口中央的接纬剑,两剑再各自退回,由接纬剑将纬纱拉过梭口,见图5-33(b)。

用于绒类织物双层梭口织造的剑杆引纬机构,同侧有上、下各一根剑杆,称为双层剑杆;或同侧有上、中、下各一根剑杆,称为三层剑杆。它们的剑杆由同一套传剑机构传动,因此仍可归属到单剑杆引纬(单侧双层、三层剑杆引纬)或双剑杆引

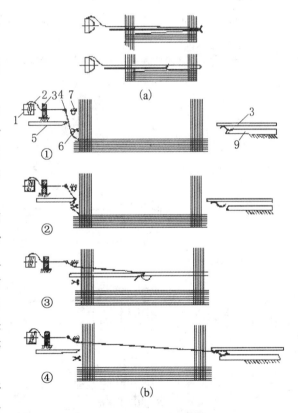

图 5-33 单剑杆引纬和双剑杆引纬

1—储纬器　2—纬纱　3—导纱器
4—选纬杆导纱孔　5—送纬剑　6—剪刀
7—导纱板　8—接纬剑　9—压板

纬(双侧双层、三层剑杆引纬)的范畴。

这两种形式相比较,单剑杆引纬时,纬纱不经历梭口中央的交接过程,比较可靠,剑头结构简单,但剑杆尺寸大,增加占地面积,且剑杆动程大,限制车速的提高,故这种剑杆织机仅应用于初始阶段,现除某些特种织机外已很少使用;而双剑杆引纬时,剑杆轻巧,结构紧凑,便于达到宽幅和高速,梭口中央的交接现已很可靠,极少失误,因此目前广泛采用的是双剑杆引纬。

(2) 按剑杆的结构形式分,剑杆引纬可分为刚性剑杆引纬和挠性剑杆引纬,通常作为剑杆织机的主要分类依据。

刚性剑杆由剑杆和剑头组成,剑杆为一刚性的空心细长杆,截面呈圆形或长方形。其最大特点是不需用导剑器材,在引纬的大部分时间里,剑杆、剑头可悬在梭口中运动,不与经纱接触,从而减少了对经纱的磨损,对于不耐磨的经纱织造十分有利,如玻璃纤维等。但刚性剑杆的长度是织机筘幅的一倍以上,打纬之前刚性剑杆必须从梭口中退出,因此机台宽度方向的占地面积较大,而且剑杆笨重,惯性大,不利于高速。

为解决这一问题,又产生了伸缩剑杆引纬和双向剑杆引纬。伸缩剑杆引纬如图 5-34 (a)所示,剑杆由相互活套的内杆 1 和外套 2 组成。进剑时,外套前移距离 x,内杆从外套中伸出,前伸距离为 $2x$;退剑时,外套后移,内杆缩回到外套之中。伸缩剑杆大大缩小了织机的占地面积。双向剑杆引纬如图 5-34(b)所示,在一根剑杆的两端各装一个剑头,剑杆从织

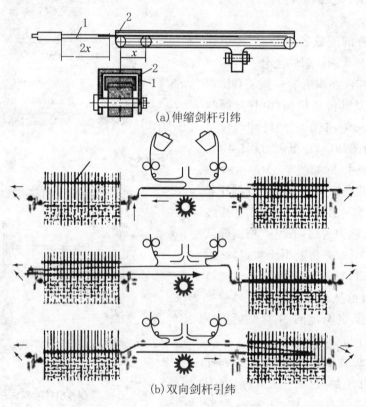

(a)伸缩剑杆引纬

(b)双向剑杆引纬

图 5-34 伸缩剑杆引纬和双向剑杆引纬

1—内杆　2—外套

机中央开始轮流地向两侧引纬,向一侧的进剑行程是另一侧的退剑行程。由于双向剑杆引纬时,左、右两侧织物的生产是关联的,当某一侧出现断头、工艺操作失误、机械故障时,将影响另一侧的生产,致使其生产效率降低,因此这种引纬方式没有得到推广和发展。

挠性剑杆由剑头和柔性剑带组成。剑带材料为钢带、尼龙带或碳纤维复合材料带等。在剑杆退出梭口时,柔性剑带能卷绕到传剑轮上,于是避免了机台占地面积过大的缺点。另外,剑带的质量小,有利于高速,而且能达到的幅宽大,故挠性剑杆引纬在生产实际中得到了最为广泛的应用。

由于剑带的刚性不足,剑带推动剑头在梭口中穿行时,要以导剑钩为导轨,如图5-35所示。导剑钩和剑带会对梭口下层经纱产生一定程度的摩擦,增加经纱断头。新一代的挠性剑杆引纬已经采用浮动导轨或干脆取消导轨,并从剑带的材料选择和截面形状设计上解决了引纬过程中剑头和剑带的稳定性问题。

(3) 按剑杆引纬的纬纱握持方式分,可归纳为两类:一类为叉入式剑杆系统;另一类为夹持式剑杆系统。

叉入式剑杆系统见图5-33(a)所示。纬纱挂在单剑杆的剑杆头上,被推送到梭口的另一侧,实现圈状引纬,每次引入双纬。亦可由送纬剑将纬纱送到织机中央,然后被接纬剑的剑头勾住,引出梭口。这种圈状引纬方式比较容易实现,剑头结构比较简单。但是,在引纬过程中,纬纱在剑头上快速滑移,受到磨损,纬纱紧边张力较大,容易断头。因此,剑杆的运动速度应控制得较低。另外,圈状引纬方式只适宜于少数厚重织物,如帆布等。

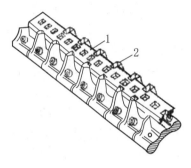

图 5-35 剑带和导剑钩
1—剑带 2—导剑钩

夹持式剑杆系统见图5-33(b)所示。送纬剑握持纬纱,送到织机中央,然后接纬剑接过纬纱,引出梭口,实现线状引纬,每次引入单纬。夹持式引纬,纬纱无退捻现象,且纬纱与剑头之间无摩擦,不损伤纬纱,纬纱始终处于一定的张力作用下,故有利于其在织物中均匀排列,但两侧布边均为毛边,需设成边装置,剑头结构也比较复杂。总的来讲,夹持式引纬比较合理,应用广泛。

(4) 按传剑机构的位置分。剑杆织机的传剑机构,或固装在机架上,或固装在筘座上。前者因引纬机构与打纬机构分开而称之为分离式筘座,后者被称为非分离式筘座。

在非分离式筘座的剑杆织机上,剑杆及其传剑机构随筘座一起前后摆动,同时剑杆相对于筘座左右运动,完成引纬。它可采用一般的曲柄连杆打纬机构,但打纬动程较大,以配合剑杆在梭口中的运动,且要求梭口高度较大,以避免剑头进出梭口时与经纱的过分挤压,加之筘座的转动惯量也大。这些都影响车速的进一步提高。这种形式目前只在中低档剑杆织机上应用。

在分离式筘座的剑杆织机上,传剑机构不随筘座前后摆动,筘座由共轭凸轮驱动。引纬时,筘座静止在最后方。而当筘座运动时,剑头退出筘的摆动范围。因而,在分离式筘座的剑杆织机上,钢筘的剩余长度有限制,超过时应将其截短。分离式筘座的剑杆织机由引纬时筘座静止在最后位置,因而所需梭口高度较小,打纬动程也小,加之筘座质量轻,有利于提高车速,故现在的高档剑杆织机普遍采用这种形式。

2. 剑杆引纬的特点

剑杆由传剑机构传动,设计合理的传剑机构使剑头运动具有理想的运动规律,配合储纬器的使用,保证了剑头在拾取纬纱、引导纬纱和交接纬纱的过程中纬纱所受的张力较小,作用较为缓和。与片梭引纬相比,剑杆头启动纬纱时的加速度仅为片梭引纬的 $1/10\sim1/20$,这显然对低线密度纱、低强度纱或弱捻纱等一类纬纱的织造是有利的,从而保持较低的断纬率和较高的织造生产效率。

在高级精纺毛纱和粗纺毛纱的织造中,剑杆织机的使用比较广泛,生产效率和产品质量也有明显提高。与有梭织机相比,织机速度提高一倍左右,并且基本避免了轧梭痕、跳花、脱纬、稀纬等常见疵点。

剑杆引纬以剑头夹持纬纱,纬纱完全处于受控状态,属于积极式引纬方式。在强捻纬纱的织造时(如长丝绉类织物、纯棉巴厘纱织物等),抑制了纬纱的退捻和织物纬缩疵点的形成。

目前,大多数剑杆织机的剑头通用性很强,能适应各种原料、不同粗细、不同截面形状的纬纱,无需调换剑头。因此,剑杆引纬十分适宜于加工装饰织物中纬向采用高线密度花式线(如圈圈纱、结子纱、竹节纱等),或低线密度纱和高线密度纱间隔形成粗细条,以及配合经向提花而形成不同层次和凹凸风格的高档织物。这是其他无梭引纬难以实现或无法实现的。

由于良好的纬纱握持和低张力引纬,剑杆引纬还被广泛用于天然纤维和人造纤维长丝织物及毛圈织物的生产。

剑杆引纬具有极强的纬纱选色功能,能十分方便地进行8色任意换纬,最多可达16色,并且选纬运动对织机速度不产生任何影响。所以,剑杆引纬特别适合于多色纬织造,在装饰织物加工、毛织物加工和棉型色织物的加工中得到广泛使用,符合小批量、多品种的生产特点。

双层剑杆织机适用于双重织物、双层织物的生产。织机采用双层梭口的开口方式,每次引纬同时引入上、下各一根纬纱。在加工双层起绒织物的专用剑杆绒织机上,还配有割绒装置。双层剑杆织机不仅入纬率高,而且生产的绒织物的手感和外观良好,无毛背疵点,适宜于加工长毛绒、棉绒、天然丝和人造丝的丝绒、地毯等织物。

在产业用纺织品的生产领域,由于刚性剑杆引纬不接触经纱,对经纱不产生任何磨损;同时,剑头具有理想的引纬运动规律,以及对纬纱强有力的握持作用。因此,在玻璃纤维和其他高性能纤维的特种工业用技术织物的加工中,通常都采用刚性剑杆织机。

叉入式引纬具有每次引入双纬的特点,特别适宜于帆布和带类织物的生产。国外专用的帆布剑杆织机采用叉入式引纬方法,可用来生产特厚型阔幅运输带的多层组织的帆布骨架。

由于剑杆引纬具有以上特点,决定了它的主要应用领域为:装饰类织物,如家俱布、窗帘布、地毯;粗纺、精纺毛织物;丝织物;色织物;双层起绒织物、毛圈织物;特种工业用织物,如玻纤织物、多层帆布织物、带织物等。

(二)剑杆引纬的主要机构

1. 剑杆引纬的主要器件

剑杆引纬机构所用的器件主要有剑杆、剑带、剑轮和导剑钩(片)等。

(1)剑杆和剑带。刚性剑杆应由轻而强的材料制成,一般可用铝合金杆(管)、薄壁钢管、碳素纤维或复合材料制成，后者质轻而刚性好，但价格昂贵。

挠性剑带要求弹性回复性能好，能经受反复的弯曲变形，而且要耐磨，有足够的强度，故一般由钢带、尼龙带或复合材料制成，厚 2.5～3 mm，宽 16～32 mm。挠性剑带有不冲齿孔和冲齿孔两种类型。不冲齿孔的剑带，如钢带、碳纤维带，由压轮将剑带与剑轮（无齿）压紧，剑带一端与剑轮固结（这会限制引纬的幅宽），剑轮的摆动就驱动剑带做往复运动。这类剑带的刚性好，筘座上不需装导钩，但钢带需涂油润滑，容易沾污织物，已趋于淘汰。而碳纤维带的价格较贵，又不能适应宽幅织造，故这类剑带的使用较少。冲有齿孔的剑带多由多层复合材料制成，一般以多层高强长丝织物为基体，浸渍树脂层压而成，表面被覆耐磨层。它可直接与传剑轮啮合做往复运动，不引纬时可卷缩在机下的剑带盒中，适应宽幅、高速织造，目前使用较为普遍。

（2）剑头。目前普遍使用夹持式引纬的剑杆织机上的两个剑头，实质上都是纬纱夹，送纬剑的剑头比较大，但夹持力比较小，接纬剑的剑头细长，在交接纬纱时伸入送纬剑的剑头中，但夹持力比较大，如图 5-36 所示。因而在交接过程中纬纱能够顺利地从送纬剑传递给接纬剑。

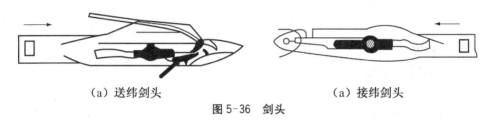

　　（a）送纬剑头　　　　　　　　　　　（a）接纬剑头
图 5-36　剑头

剑头的外形是两端尖、中间隆起的流线形，其上面要光滑，呈弧形，以便于顺利进出梭口。夹持纬纱的压力由弹簧产生，可按纱线品种调整。剑头多由轻质材料制成，如工程塑料、碳纤维复合材料等。剑头上与经纱摩擦的部分需耐磨，塑料剑头在这些部位可嵌薄钢皮。为保证夹持的可靠性，钳口部分可镶嵌硬质合金。剑头底部与导剑片或导剑钩接触处容易磨损，一般将剑头底板制成可调换的形式。

夹持式剑头可分为积极式和消极式两种。积极式交接时，接纬剑头的钳口先受交接指的积极作用而打开，依靠弹簧产生的夹持力，夹住送纬剑头上的供喂段纬纱；然后送交接指打开送纬剑头的钳口，释放供喂的纬纱。在这种交接中，纬纱没有附加张力，能适应各种特性的纱线。消极式交接时，接纬剑头是从送纬剑中夹持、拉出供喂纱段，纬纱受到附加的拉力作用，不利于结子纱等特殊纬纱的织造，也不宜用于特性差异大的多种纬纱的交替织造，但在常规纱线的织造中普遍采用。

（3）剑轮。剑轮往复运动，传动挠性剑带进出梭口。高速引剑时要求剑轮轻，而且有足够强度。材料可用铝合金，更多的则用高强度塑料，如尼龙，并以石墨、碳纤维充填增强。剑轮的直径一般为 250～300 mm，轮齿与剑带孔两者的节距应相互配合。无齿的剑轮，因需将剑带一端固定在剑轮上，不能做整周回转，为满足引纬动程，剑轮尺寸较大。

（4）导向器件。剑带在梭口中的导向器件起到两个方面的作用：一是稳定剑头和剑带在梭口中的运动；二是托起剑带，减少剑头、剑带与经纱的摩擦。有导剑钩和导剑片两种器件，如图 5-37 所示。导剑片托起剑带的高度较高，外形尺寸较大，配用在连杆打纬机构上；

导剑钩的尺寸小,多配用在凸轮打纬机构上。对较窄的剑带(16 mm),两侧均使用导剑钩;对较宽的剑带(24 mm 或 30 mm),往往紧靠织口的一侧有导剑钩。导剑钩至走剑板的高度略大于剑带与经纱相加的厚度。在有的织机上,为减少剑带与经纱的摩擦,将导剑钩制成类似导剑片上部的形状,稍稍托起剑带,"浮"在下层经纱之上约 1 mm,称为浮动导钩(图5-37)。

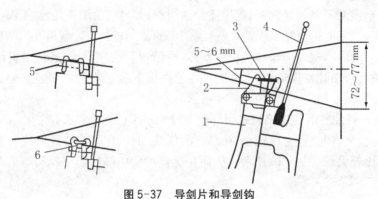

图 5-37　导剑片和导剑钩

1—筘座　2,5—导剑片　3—剑带　4—筘　6—浮动导钩

2. 传剑机构

传剑机构是剑杆织机的关键部分,是织机中式样类型最多的引纬机构。下面介绍几种常见和新型的传剑机构:

(1) 刚性剑杆织机的传剑机构。共轭凸轮传剑机构配以连杆打纬机构的引纬机构,是早期应用较多的刚性剑杆引纬形式。它属两个自由度的机构,共轭凸轮与曲轴均对剑杆起传动作用。这种形式的结构并不复杂,但传剑凸轮的轮廓线设计较为复杂,传动链较长,不宜高速,目前在帆布和多层输送带芯等产业用织物领域尚有应用。

图 5-38 为德国道尼尔(Dornier)刚性剑杆织机的传剑机构示意图。传剑凸轮 1 经摆杆 2 和连杆 3 带动扇形齿轮 4,进而扇形齿轮传动与伞齿轮 5 同轴的小齿轮啮合,经由伞齿轮 5 和增速齿轮 6,使剑轮 7 往复回转,带动刚性剑杆(底部镶嵌齿条)进出梭口。传动箱的结构紧凑(与打纬共轭凸轮在一起),加工精密,传动路线短,零件刚性好,可用于重负荷生产。该织机的传剑机构在扇形齿轮 4 的臂上设长槽,可用来调节剑杆动程,且筘座中央装有纬纱积极交接装置,可以适用于各种类型的纬纱和不同幅宽的织物,品种适应性好,入纬率可达 800 m/min,属高档刚性剑杆织机,价格昂贵。

(2) 扇形齿轮连杆式传剑机构。图 5-39 所示为在国产有梭织机的基础上改造而成的普及型剑杆织机的传剑机构。该机构为扇形齿轮连杆式,属一种非分离式筘座的传剑机构。其中的曲柄 1、牵手 2、筘座脚 3 与机架组成四连杆打纬机构。筘座上的传剑箱内装有小齿轮 8 及其同轴的大伞齿轮 9,进而带动小伞齿轮 10,以及与其同轴的剑轮 11 做传剑运动;小齿轮 8 由扇形齿轮 7 传动。扇形齿轮 7 由筘座的摆动与小偏心轮 6 的回转运动合成而得,属两个自由度的机构;其引剑动程主要由筘座摆动所产生,比曲柄轴高一倍转速的小偏心轮 6 的作用是改善前一个运动的特性,以减少剑头在布边外侧运动的空程,缩短织机的横向尺寸。该机构的结构简单,引剑动程可调(扇形齿轮上有长槽),但机构的传动链较长,交接时过冲量偏大。

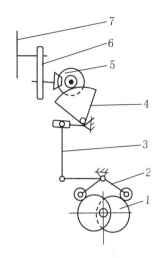

图 5-38 刚性剑杆传剑机构

1—传剑凸轮 2—摆杆 3—连杆
4—扇形齿轮 5—伞齿轮
6—增速齿轮 7—剑轮

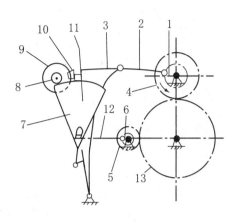

图 5-39 普及型剑杆织机的传剑机构

1—曲柄 2—牵手 3—筘座脚 4—曲轴齿轮
5—小偏心齿轮 6—小偏心轮 7—扇形齿轮
8—小齿轮 9—大伞齿轮 10—小伞齿轮
11—剑轮 12—连杆 13—中心轴齿轮

（3）变螺距螺杆式传剑机构。变螺距螺杆传剑机构用于分离式筘座的织机，传剑机构固定在机架上。Vamatex 型剑杆织机采用的便是这种传剑机构。它的工作原理如图 5-40 所示。

传剑机构由曲柄滑块机构和螺距螺杆机构组合而成。织机主轴通过同步齿轮和同步齿轮带传动曲柄轮轴 1 转动，曲柄 2 经连杆 3 传动滑块 4 做往复运动，装在滑块 4 上的转子 5 与不等距螺杆 6 啮合，从而推动变螺距螺杆 6 绕自身轴线做正反向旋转；螺杆末端装有传剑齿轮 7，由它传动剑带 8 伸

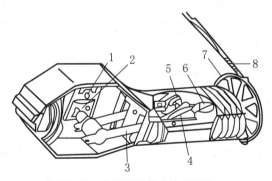

图 5-40 变螺距螺杆式传剑机构

1—曲柄轮轴 2—曲柄 3—连杆 4—滑块
5—转子 6—螺杆 7—传剑齿轮 8—剑带

缩，使剑头进出梭口，完成引纬动作。剑杆动程可以通过调节曲柄 2 的长度来实现。

因螺杆是不等距的，故螺杆做变速回转运动，变速回转的规律按剑头的运动规律要求设计。这种传剑机构的传动链短，没有中间齿轮，结构紧凑，运动精确，但滑块和不等距螺杆的设计与制造难度较大。

（4）共轭凸轮式传剑机构。共轭凸轮式传剑机构常用于分离式筘座的织机，传剑机构固装在织机墙板上。Somet 剑杆织机采用的传剑机构便是这种形式。其机构原理如图 5-41 所示。

织机主轴 3 上的共轭凸轮 1 和 2 驱动转子 4，使摆轴往复回转，通过连杆 7 使扇形齿轮 8 摆动，再通过小齿轮和同轴的圆锥齿轮 10 传动另一个圆锥齿轮 11，使传剑齿轮 12 往复回转。剑带是扁平的冲孔带，与传剑齿轮 12 啮合而往复进出梭口完成引纬。织机主轴转一转，两剑头进出梭口一次，完成一次引纬。

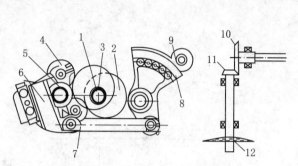

图 5-41 共轭凸轮式传剑机构

1，2—共轭凸轮 3—织机主轴 4—转子
5—摆轴 6—滑块 7—连杆 8—扇形齿轮
9—小齿轮 10，11—圆锥齿轮 12—传剑齿轮

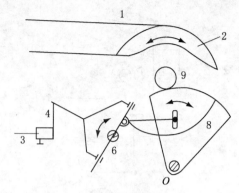

图 5-42 空间曲柄连杆式传剑机构

1—剑带 2—传剑齿轮 3—织机主轴
4—曲柄 5—连杆 6—摇杆
7—连杆 8—扇形齿轮 9—小齿轮

剑头的运动规律完全取决于引纬共轭凸轮的设计。引纬工艺调整时，改变摆轴 5 上滑块 6 的位置，进而改变连杆 7 的工作长度，以调节送纬剑和接纬剑的剑杆动程。若连杆的工作长度长，则剑杆动程大；反之则减小。改变剑带与传剑齿轮的初始啮合位置，可以调整两剑的交接冲程 d 和两剑进出时间差 $\Delta\alpha$。

（5）空间曲柄连杆式传剑机构。空间曲柄连杆传剑机构常用于分离式筘座的织机。它由空间曲柄连杆机构和放大机构组成，其特点在于虽是空间连杆机构，但用的全是传动副，没有一个球面副。Picanol 剑杆织机采用的传剑机构便是这种类型。其工作原理如图 5-42 所示。

随着织机主轴 3 回转，曲柄 4 在平行于织机墙板的平面内做回转运动，连杆 5 做空间运动，从而使摇杆 6 摆动；再通过连杆 7，使扇形齿轮 8 在垂直于织机墙板的平面内往复摆动，传动小齿轮 9，从而使传剑齿轮 2 回转，进而带动剑带 1 完成引纬。织机主轴转一转，剑头进出梭口一次，完成一次引纬。

剑杆动程靠连杆 7 与扇形齿轮 8 连接点的位置进行调节。当连接点的位置沿圆弧槽向 O 移近时，传剑齿轮 2 的回转量增加，剑杆动程增大；反之，剑杆动程减小。

剑杆织机采用的空间曲柄连杆传剑机构，从织机主轴到传剑齿轮的传动路线短，结构简单、紧凑，机件容易加工，并能较好地满足剑头的运动要求，但由于连杆机构本身的特点，故不如共轭凸轮理想。

（三）剑杆织机的多色纬织制

剑杆织机在多色纬织制方面有其优越性，选取色时只要使相应的纬纱处于送纬剑将经过的引纬路线上便可，故剑杆织机选色容易，选纬动作准确，装置简单，可使用的色纬数多。

剑杆织机在织制多色纬时，可以采用两种形式的选纬装置。一是用多臂开口（或提花开口）机构控制选纬的机械式选纬机构。它又有两种方式：一种是由提综臂直接驱动选纬杆，称为直接控制方式；另一种是使用多臂开口机构驱动一个中间装置，再由中间装置间接地驱动选纬杆，称为间接控制方式，这种方式现在已很少使用。二是采用独立的电磁式选纬装置，如目前剑杆织机上普遍采用的各种类型的电子选纬器。

另外，对于单一纬纱品种而布面质量要求高的织物，就要使用混纬机构。在大多数剑杆织机上,混纬工作可借助选纬机构来完成,但也有采用独立的混纬机构。

1. 机械式选纬机构

由多臂机(或提花机)直接控制的选纬机构,是一种常见的机械式选纬机构。如剑杆织机配置的是多臂开口机构,由于选纬动作的规律与开口运动基本相同,故可由多臂机上的最后几页综的提综臂作为选纬杆的原动件,用带护套的传动钢丝绳连接两者来实现选纬动作,每一提综单元控制一根选纬杆,如图5-43所示。上机时,只要将选纬信号和开口提综信号一并输入(电子多臂机)或打在纹纸上(机械多臂机)。如剑杆织机配置的是提花开口机构,则可利用提花开口的提综绳控制选纬。

选纬动作的时间安排大致如下:在综平至 $0°$ 前的这段时间内,选纬杆均可开始动作;在主轴 $30°\sim40°$,选纬杆运动至最低位置,带动所选的纬纱到达给送纬剑头喂纱的工作位置,并做一定时间的停止,等候送纬剑;当送纬剑经过喂纱工作位置时,纬纱滑入剑头,完成喂纱,于是选纬杆上抬,回到上方位置,等待下一次动作。

机械式选纬机构的特点是结构简单,机构工作可靠,但要占用相应数量的综框位置,只能用于织物组织不太复杂的品种,对增大织物花型不利,同时不适应织机高速。

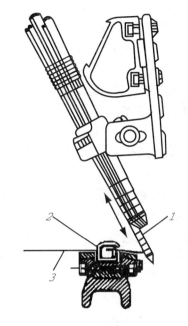

图5-43 多臂带动的选纬机构

1—选纬杆 2—送纬剑头 3—纬纱

2. 电子选纬器

不管何种形式的电子选纬器,都由选纬信号和选纬执行两个部分组成。

(1)选纬信号部分。电子选纬器可配用多种选纬信号发生装置,常用的有光电式和微处理器式。

光电式是用红外线发光二极管和光电管及其相关电路代替选纬纹针等机件,作为信号作用部分,红外光照在纹纸上,有孔处透光,发出电磁铁通电指令;无孔处不透光,则无指令。这套信号装置不必与选纬机构做在一起,只要用电线连接,一般放在近多臂处。

用微处理器控制电磁铁的通电或断电,不仅使信号装置极大简化,纬色循环更改十分方便,而且控制程序可以在织机上直接输入,也可由中央控制室经电缆和双向通讯接口输入织机上的电脑。用微处理器控制选纬信号,能实现更多的操作功能,一般有花样代号显示、纬序显示、当前作用显示、进退纬、停选、与寻纬装置联动等,这为实现织造车间生产现代化的集中管理创造了条件。

(2)选纬执行部分。图5-44所示为一种典型的电磁式选纬执行装置,每一色纬的选纬指均有一套相同的执行单元,选纬指的孔眼中穿有所控制的纬纱。当选纬指得到一组选纬信号后,电磁铁1根据选纬信号装置发出的指令信号进行断电或通电,通过电磁力作用使撑头2上翘或下摆。在凸轮3回转时,经转子4使杠杆5绕 O_1 轴摆动,由于压缩弹簧6的作用,O_1 轴暂时保持静止。如果撑头下摆,顶住杠杆上端 a 时,凸轮转动便迫使其下端 O_1 轴向右移动,从而克服压缩弹簧 6 的作用力使横动杆 7 右移,带动选纬指 8 绕 O_2 轴转动并下降到引纬路线上,等待送纬剑将其上的纬纱引入梭口,而其他单元的选纬指仍在引纬路线的上方,不参与引纬。

电磁铁作为选纬驱动机构,起到了机电结合的桥梁作用,使光电选纬或电脑选纬得以实现,从而简化了机构,改善了选纬机构的工作性能。

随着剑杆织机技术的不断发展,除上述几种典型的选纬机构外,还有多种其他形式,这些选纬机构都具有任意纬纱配色循环的功能。实际使用时,频繁引入的纬纱应穿在靠近剪纬

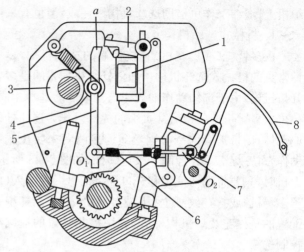

图 5-44　电磁式选纬装置

1—电磁铁　2—撑头　3—凸轮　4—转子
5—杠杆　6—压缩弹簧　7—横动杆　8—选纬指

装置的选纬杆导纱孔中。为避免纬纱之间相互纠缠,织物中相邻的不同纬纱尽可能穿入相隔的选纬杆导纱孔。

3. 混纬机构

剑杆织机上也使用专门的混纬机构进行混纬工作。一种典型的混纬机构如图 5-45 所示。混纬凸轮 1 旋转时,其大小半径控制滑动杆 2 左右移动,经连杆 3,使两根穿有同种纬纱的选纬杆 4 绕轴 O_1 做交替的上、下摆动,从而轮流带引各自的纬纱进入或退出引纬工作位置,达到混纬目的。

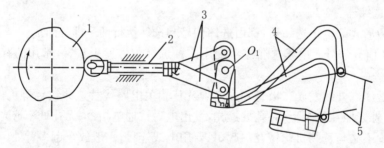

图 5-45　混纬机构

1—混纬凸轮　2—滑动杆　3—连杆　4—选纬杆　5—纬纱

三、喷气引纬

喷气织机的引纬方法是用压缩气流导引纬纱,将纬纱带过梭口。喷气引纬的原理早在 1914 年就由美国人 Brooks 申请了专利,但直到 1955 年的第二届 ITMA 上才展出样机,其筘幅只有 45 cm。喷气织机真正成熟是在 20 多年之后。之所以经过这么长的时间,是因为喷气织机的引纬介质是空气,而如何控制容易扩散的气流,并有效地将纬纱牵引到适当的位置,以符合引纬的要求,是一个极难解决的技术问题。直到一批专利逐步进入实用阶段,它们主要包括美国的 Ballow 异型筘、捷克的 Svaty 空气管道片方式和荷兰的 Te Strake 辅助

喷嘴方式等。

近 20 年来,随着电子技术、微机技术在喷气织机上的广泛应用,其主要机构部分大为简化,工艺性能更为可靠,在织物质量、生产率和品种适应性等方面都有了长足的进步。喷气织机已成为发展最快的一种织机。

（一）概述

1. 喷气引纬形式

在喷气织机的发展过程中,已形成单喷嘴引纬和主喷嘴接力引纬两大类型。在防止气流扩散方面也有两种方式:一种是管道片方式;另一种是异型筘方式。

由引纬方式和气流扩散方式的不同组合,形成了喷气织机的以下三种引纬形式:

（1）单喷嘴＋管道片。该形式的引纬完全靠一个喷嘴喷射气流来牵引纬纱,气流和纬纱在若干片管道片组成的管道中行进,从而大大减轻了气流扩散。

（2）主喷嘴＋辅助喷嘴＋管道片。前一种形式的喷气织机虽简单,但因气流在管道片中不断衰减,织机筘幅只能达到 190 cm 左右。因此,故人们在筘座上增设了一系列辅助喷嘴,沿纬纱行进方向相继喷气,以补充高速气流,实现接力引纬。

（3）主喷嘴＋辅助喷嘴＋异型筘。前两种方式的喷气织机,每引入一纬,管道片需在引纬前穿过下层经纱,并进入梭口与主喷嘴对准,引纬结束后,需再穿过下层经纱退出梭口。由于管道片具有一定厚度,而且为了有效地防止气流扩散而排列紧密,因此难以适应高经密织物的织造,加之为保证管道片能在打纬时退出梭口,筘座的动程较大,也不利于高速。于是,人们将防气流扩散的装置与钢筘合二为一,发明了异型筘。异型筘的筘槽与主喷嘴对准,引纬时,纬纱与气流沿筘槽前进。由于这种引纬形式在宽幅、高速和品种适应性等方面的优势明显,目前为喷气织机广泛采用。

2. 喷气引纬过程

图 5-46 所示为喷气引纬示意图。纬纱从筒子 1 上引出,进入储纬器 3,纬纱卷绕在储纬鼓表面;储纬鼓上方有两个挡纱磁针,用于控制纬纱的储存与释放。从储纬器上退绕下来的纬纱,经过探纬器 9、夹纱器 4 后,进入主喷嘴 5,由主喷嘴喷出高速气流引送纬纱进入梭口。筘座上装有一排接力喷嘴 7,各接力喷嘴分组依次适时开闭,分段接力喷气带引纬纱在异型筘 8 的筘槽中飞行,穿越梭口到达出口侧布边。引纬监测头 10 检测纬纱头端是否及时到达。每完成一次引纬,夹纱器立即闭合。梭口闭合后,纬纱剪刀 6 剪断纬纱,引入的纬纱则被打向织口。

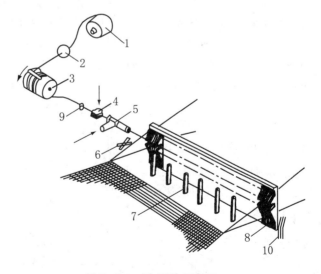

图 5-46　喷气引纬示意图

1—筒子　2—导纱眼　3—储纬器　4—夹纱器
5—主喷嘴　6—纬纱剪刀　7—接力喷嘴
8—异型筘　9—探纬器　10—引纬监测头

3. 喷气引纬的特点

由于喷气引纬是以惯性极小的空气作为引纬介质,并且引纬介质单向流动,因此织机车速提高,具有高入纬率(可达2 500 m/min以上)的特点,实现了高速高产,织机的占地面积也小。

随着喷气引纬技术的迅速发展,喷气引纬的品种适应性和产品质量也得到了相应的提高,可用于轻薄至厚重的各种类型的织物加工,纬纱能选择4~6色,原料主要为短纤纱和化纤长丝,特别适宜于加工细薄织物,在生产低线密度纱的高密织物时具有明显的优越性。

与剑杆织机和片梭织机的引纬机构相比,喷气引纬机构的结构简单,零件轻巧,振动也小,可以采用非分离式筘座,将引纬部件直接安装在筘座上,随同筘座摆动,这为连杆式打纬机构的使用创造了条件。连杆式打纬机构为低副传动,共轭凸轮打纬机构为高副传动。因此,连杆式打纬机构加工方便,零件磨损较小。由于前述原因,喷气织机的价格较低(为相同装备水平的剑杆织机价格的70%~80%),投资成本较少。

喷气引纬属于消极引纬方式,引纬气流对某些纬纱(如粗重节子线、花式纱等)缺乏足够的控制能力,容易产生引纬疵点。气流引纬对经纱的梭口清晰度也有严格的要求,在引纬通道上不允许有任何的经纱阻挡,否则会引起纬停关车,影响织机效率。应该注意:喷气织造的高速度和经纱高张力的特点(经纱高张力有利于梭口清晰),对经纱的原纱质量和前织准备工程的半制品质量有很高的要求。

总之,喷气引纬产量高、质量好、成本低,十分适宜面大量广的单色织物的生产,经济效益较好。

(二)喷气引纬原理

1. 圆射流的性质

压缩空气流从圆形喷嘴中射出时即形成圆射流,具有"喷射成束"的特点。喷嘴喷出的气流的速度为100~200 m/s,当它们接触周围空气时,靠近射流边界处的射流脉动微团便与相邻的静止空气发生掺混,其结果是射流将自己的一部分动能传递给周围的空气,使部分原来静止的空气被射流带动而向前运动(称之为射流的卷吸作用);与此同时,使部分原来静止的空气获得较低的垂直于射流轴向的速度而缓慢地运动(称之为射流的扩散作用),这种现象沿射流的行进方向一直发生,导致射流能量耗散,速度越来越低,射流截面也越来越大。

图5-47(a)所示为圆射流的结构图。图中O为射流的极点,射流以轴线Ox为对称轴。圆射流呈圆锥体,锥面是射流的边界,a和b之间的距离为喷嘴直径d_0,α称为射流扩散角。在射流锥体中,除abc所围区域叫做射流的核心区(图中阴影部分)外,其余部分叫做混合区。核心区内各点的流速相等,均等于喷口的流速v_0。圆射流的扩散角一般为$12°\sim15°$。核心区长度S_0为:

$$S_0 = \frac{kd_0}{a}$$

式中:d_0为喷嘴直径(mm);a为喷嘴紊流系数(因喷嘴特性而异,如圆形喷嘴的$a=0.07$);k为实验常数(圆射流的$k=0.335$)。

将有关数值代入上式,可得:

$$S_0 = 4.786d_0$$

通过核心区之后的射流,在同一截面上其速度分布的规律是:越接近轴线位置,速度越大。图 5-47(b)所示为量纲为 1 的形式表示的射流中心点流速 v 沿程衰减曲线,v_0 为喷嘴出口处的中心点流速。

射流中心线上的流速可用下面的经验公式计算:

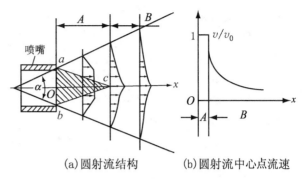

(a)圆射流结构   (b)圆射流中心点流速

图 5-47 圆射流结构与流速

$$v_x = \frac{0.97v_0}{0.29 + 2ax/d_0}$$

式中:v_x 为距离喷嘴出口为 x 处的射流中心点流速(m/s);v_0 为喷嘴出口处的中心点流速 (m/s);a 为喷嘴紊流系数;d_0 为喷嘴出口处直径(mm)。

对于圆形喷嘴,可根据图 5-47(a)求出距喷口为 x 处的射流截面直径 d_x。由图中的几何关系可得:

$$d_x = d_0 + 2x\tan\alpha$$

式中:α 为射流扩散角。

若 α 取 $13.5°$,则:

$$d_x = d_0 + 0.48x$$

以上讨论的是圆形射流的特性。若气流从矩形或椭圆形孔中喷射出来,称之为扁射流。它的结构特征和参数计算与圆射流不同,较为复杂。

在采用接力引纬的喷气织机上,主喷嘴和辅助喷嘴的射流轴线之间呈一定夹角,两者的射流在合流时发生碰撞,为使两股射流碰撞后的能量损失小而利用率高,主喷嘴和辅助喷嘴之间的夹角应小些,一般为 $9°\sim10°$,使合流后的射流更有利于引纬。

2. 气流引纬时纬纱的受力

若纬纱受周围喷射气流的作用,这时它所受到的摩擦牵引力 F 近似表达为:

$$F = \int_0^l \frac{C_f\rho(v-u)^2\pi D}{2}\mathrm{d}l$$

式中:C_f 为气流对纱线的摩擦系数($0.025\sim0.033$,根据纱线的表面性质确定);ρ 为空气密度(kg/m³);v 为作用在单元纱段上的射流流速(m/s);u 为单元纱段的飞行速度 (m/s);D 为单元纱段的直径(m);$\mathrm{d}l$ 为单元纱段的长度(m)。

由上式可知,在其他条件相同时,C_f 值越大的纱线,气流对纬纱的摩擦牵引力越大。实验表明:气流对纱线的摩擦系数 C_f 与纤维种类、纱线表面的毛茸程度有关。如纤维表面光滑、纱身毛茸少,则 C_f 值较小;反之则较大。

上式中的"πDdl"是受气流牵引的纱线微段的表面积,表面积越大,纱线受到的摩擦牵引力也越大,即纱线直径粗时,纱线受到的摩擦牵引力大。纱线受到的摩擦牵引力,还与气流和纱线的相对速度的平方成正比。在引纬开始时,气流速度很大,而纬纱处于静止状态,故两者的相对速度最大。随着引纬的进行,气流速度因扩散作用越来越低,而纬纱速度越来越高,故气流和纬纱的相对速度下降,对应的纬纱所受的摩擦牵引力减小,但受气流牵引的纱线长度在增加,且增加得很快。两者消长的结果,使 F 开始时迅速增加,经历一段时间后,F 不再有明显的增加。

实际引纬时,纬纱除了受到气流的摩擦牵引力外,还受到阻力的作用,阻力主要是由纬纱进喷嘴之前与导纱器的摩擦引起的。

3. 气流与纬纱速度的配合

喷气引纬时,纬纱飞行速度的平均值已突破 50 m/s。纬纱飞行速度的大小和变化特征与引纬时气流速度的大小和变化特征密切相关。气流与纬纱速度的理想配合应为:纬纱飞行速度 u 尽量接近气流飞行速度 v,但不超过 v。这样既能保证纬纱以高速飞行,缩短纬纱的飞行时间,又能保证纬纱挺直。

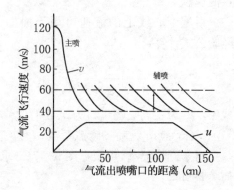

图 5-48　接力引纬气流与纬纱速度的配合

在接力引纬的喷气织机上,由于气流能按需要得到及时补充,使气流速度的波动范围小,$(v-u)$ 的差值变化也减小到更加理想的程度,如图5-48所示,从而为提高喷气引纬质量和增加引纬宽度提供了良好的条件。

(三)喷气引纬的主要机构

喷气引纬机构主要包括主喷嘴和辅助喷嘴、防气流扩散装置、供气系统等。这里仅对这些机构做重点介绍。

1. 主喷嘴

在单喷嘴式喷气织机上,主喷嘴的主轴线应与管道片或异型筘的轴心接近平行;而在多喷嘴喷气织机上,引纬时所用的压缩空气,除通过一个主喷嘴喷射外,还用许多辅助喷嘴进行喷射,两股射流汇合后,便相互伴随着前进,共同完成引纬动作。

主喷嘴是用于气流引纬的主要零件。由供气系统提供具有一定压力的压缩空气,经主喷嘴形成具有一定方向和一定速度的射流。而纬纱经过储纬定长装置后到达主喷嘴,通过进纱孔进入主喷嘴,在主喷嘴射流的作用下,被直接喷射到梭口中。一般情况下,在供气压力和车速一定的条件下,主喷嘴的结构尺寸将影响喷射气流的速度。

(1)主喷嘴的结构。主喷嘴有多种结构形式,其中应用极为普遍的一种为组合式喷嘴,其结构如图5-49所示。组合式喷嘴由喷嘴壳体1和喷嘴芯子2组成。压缩空气由进气孔4进入环形气室6,形成强旋流,然后经过喷嘴壳体和喷嘴芯子之间的环状珊形缝隙7所构成的整流室5。整流室截面的收缩比是根据引纬流速的要求来设计的。整流室的环状珊形缝隙起"切割"旋流的作用。它将大尺度的旋流分解成多个小尺度的旋流,使垂直于前进方向的流体的速度分量减弱,而前进方向的速度分量加强,达到整流目的。

在 B 处汇集的气流,将导纱孔3处吸入的纬纱带出喷口 C。BC 段为光滑圆管,称为整流管,对引纬气流进一步整流,当整流段长度与管径之比大于 $6 \sim 8$ 时,整流效果较好,从主喷嘴射出的射流扩散角小,集束性好,射程也远。

喷嘴芯子在喷嘴壳体中的进出位置可以调节,使气流通道的截面积变化,从而改变射流的流量。

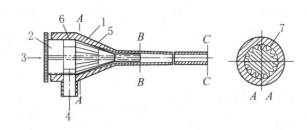

图 5-49 组合式主喷嘴结构

1—喷嘴壳体 2—喷嘴芯子 3—导纱孔 4—进气孔 5—整流室 6—环形气室 7—环状栅形缝隙

主喷嘴本身应平直、内壁光滑,以减少阻力损失,使气流集束性好。

(2)主喷嘴的固装。主喷嘴的固装有两种形式。一种是主喷嘴固定在机架上,不随筘座一起前后摆动,即分离式。最初,几乎所有的喷气织机都采用这种方式。为使主喷嘴在引纬时能与管道片的孔或筘槽对准,要求筘座在后止点有相当长的相对静止时间,使得筘座运动的加速度增大,不利于车速提高;加之筘座在相对静止期间仍有少量位移,从而造成防气流扩散装置内的气流压力出现驼峰,易造成纬纱头端卷曲飞舞。另一种形式是主喷嘴固装在筘座上,随筘座一起前后摆动。这种形式可以保证喷嘴与筘槽或管道片始终对准,允许的引纬时间角延长;加之筘座无静止时间,打纬运动的加速度小,从而有利于宽幅、高速,同时可降低引纬所需的气压和耗气量。

2. 辅助喷嘴

辅助喷嘴又称接力喷嘴。在使用多喷嘴接力引纬的喷气织机上,由于主喷嘴的作用已不像单喷嘴引纬时那样重要,仅是接力引纬中的第一个传力者,负责把绕在定长盘或储纬器上的纬纱,以一定的速度不断引入梭口,将纬纱交付给辅助喷嘴的辅助气流即可。因此,一般主喷嘴的空气压力低于辅助喷嘴的空气压力。例如主喷嘴出口处的气流压力为 2×10^5 Pa,而辅助喷嘴则为 2.5×10^5 Pa。输送纬纱的任务主要靠辅助喷嘴完成,因此辅助喷嘴的结构和安装位置十分重要。

辅助喷嘴的性能和工艺设置与引纬质量、织造效率和气耗量有密切关系,对辅助喷嘴的要求是:①喷射速度高;②集束性好,流速衰减慢;③喷射角调节方便;④表面光滑、耐磨。

(1)辅助喷嘴的结构。图 5-50 为辅助喷嘴的结构图。辅助喷嘴由喷管、管套、座和紧定螺钉等构成。喷管用不锈钢薄壁管制成,管壁厚约 0.5 mm,头部呈扁圆形,喷孔平面有一水平偏上倾角(9°～10°)。

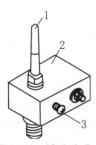

图 5-50 辅助喷嘴

1—辅助喷嘴 2—辅助喷嘴座 3—紧定螺钉

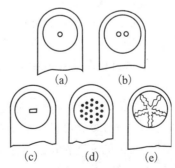

图 5-51 辅助喷嘴喷孔形式

辅助喷嘴的喷孔大致可分为单孔型和多孔型,其形式在不同型号的喷气织机上也有差异。图 5-51 为常见的几种形式。图中:(a)为单圆孔型,直径为 1.5 mm;(b)为双圆孔型,直径为 1.08 mm;(c)为矩形喷孔,3.5 mm×0.7 mm;(d)为多圆孔型,有 19 孔,分 5 排分布,各排的孔数分别为"3,4,5,4,3",直径为 0.38 mm;(e)为五角型,由 21 个小孔串联而成。

(2) 辅助喷嘴的排列与供气方式。辅助喷嘴固装在筘座上,其间距取决于主射流的消耗情况,通常为 50~80 mm。一般,靠近主喷嘴的前、中段较稀,后段较密。如 PAT 型喷气织机上,前、中段辅助喷嘴的间距为 74 mm;而后段密一倍,间距只有 37 mm。这样有助于保持纬纱出口侧的气流速度较大,以减少纬缩疵点。

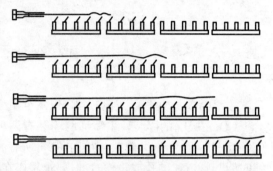

图 5-52 多喷嘴分组接力供气

辅助喷嘴的使用,大大地增加了织物的宽度,但喷气引纬的耗气量增加较多。为降低耗气量,一般采用如图 5-52 所示的分组依次供气的方式,一般由 2~5 个辅助喷嘴成一组,由一个阀门控制,各组按纬纱行进方向相继供气并喷射气流。

现在的喷气织机上,控制主喷嘴和辅助喷嘴的阀门均为电磁阀,电磁阀对喷射时间的调节方便,便于实现自动控制。喷气织机所采用的电磁阀具有工作频率高、响应快的特性,以适应织机的高速。

在一些喷气织机的出口侧,外装一个特殊的辅助喷嘴,也称延伸喷嘴,其作用是拉伸引纬结束时的纬纱,可有效减少喷气引纬的纬缩疵点。

3. 防气流扩散装置

防气流扩散装置主要有两种:一种是管道片;另一种是异型筘。由于前者已很少使用,这里不做介绍。

异型筘也称槽筘,其形状如图 5-53 所示。主喷嘴与筘槽对准,喷出的气流牵引纬纱在这种特殊筘齿的凹槽中通过梭口。因此,在引纬时,筘槽必须位于梭口中央,如图5-53(a)所示;而在打纬时,织口接触筘槽上部,纬纱被打入织口,如图 5-53(b)所示。显然,异型筘防

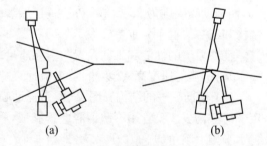

图 5-53 异型筘的形状与运动

气流扩散的效果不如密封较多的管道片组成的管道,但能适应高经密织物的制织,并为织机高速提供了可能。

筘片的槽口十分光滑,槽口的高度和宽度各为 6 mm 左右,梭口满开的尺寸也很小,在钢筘处的梭口高度(即有效梭口高度)只有 15 mm 左右,钢筘打纬的动程也只有 35 mm。这些均有利于织机的高速。筘齿的密度和间隙与普通筘一样,按上机筘幅和每筘穿入数确定筘号。

4. 供气系统

在喷气织机的发展初期,曾采用每台织机安装一台小型空气压缩机的供气方式,称单独

供气。由于压缩机的气源是车间内部的空气,只经简单滤尘,未经充分除尘、干燥、去油、冷却等处理,而且气压不稳,因而制约了织机的引纬性能和织物质量的提高。

现代喷气织机采用集体供气方式,即在车间外独立的空压机房内,设置性能完善的大容量空气压缩机,附有各种配套设备,生产出质量符合工艺要求的压缩空气,经输气管道分送到生产车间,供喷气织机使用。空气压缩机的装备数量考虑了本身检修和故障处理,因而采用集体供气方式可以取得气压稳定、空气清洁、保持车间工作环境良好的效果。

喷气引纬对空气质量有严格要求,除要求空气具有必要的压力和温度外,还要求微粒直径不大于 $0.02~\mu m$,且干燥而无油,露点温度不低于 $10~℃$。如果空气中含有粉尘、油粒和水分,输气管道会附着粉尘杂物,阻碍空气流动,增加气流动能损失,织机上的喷射装置会被污染而堵塞,生产和工作环境恶化。下面以集体供气方式为例,介绍供气系统的有关原理:

空气压缩系统如图 5-54 所示。空气压缩机 1 将空气压入储气罐 2。由空气压缩机作用,空气压力被提高到 $7\times10^5~Pa$(该压力可调),空气温度也上升到 $40~℃$。这时,空气中的大量水分凝结为冷凝水,由储气罐的排水管排出,空气中 90%以上的水分被排除。空气压缩机有活塞式、螺杆式和蜗轮式三种,目前以螺杆式和蜗轮式的应用较为广泛。空气压缩机又可分为加油式和不加油式,分别产生含油和不含油的压缩空气。

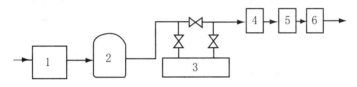

图 5-54　空气压缩系统示意图
1—空气压缩机　2—储气罐　3—干燥器　4—主过滤器　5—辅助微粒过滤器　6—微粉雾过滤器

储气罐 2 作为织造车间的压缩空气供气源,应具有很大的容气量。它衰减了来自空气压缩机的空气压力脉动,使供气压力保持稳定。同时,空气在储气罐内流动缓慢,让水分和一些有害杂质能从中分离出来。

储气罐流出的压缩空气,经干燥器 3 进一步除去水分。通常采用冷冻式干燥器。压缩空气被冷却到 $20~℃$,于是水分进一步冷凝。经干燥器之后,空气中 99.9%的水分被排除,其大气压露点温度降为 $-17~℃$。

主过滤器 4 对来自干燥器的压缩空气进行过滤。主过滤器的过滤材料为陶瓷,过滤材料精度达 $3\sim5~\mu m$,过滤对象是粒子较大的水、油、杂质。经过滤后,空气中粒径为 $3\sim5~\mu m$ 的杂质和 99%的含油被除去。

过滤精度为 $0.3\sim1~\mu m$ 的辅助微粒过滤器 5 和过滤精度为 $0.01~\mu m$ 的微粉雾过滤器 6,其过滤目的主要是去除经过主过滤器过滤后压缩空气中残留的油分,使空气含油量几乎下降为零,同时把相应大小的杂质微粒过滤出来。使用蜗轮式和不加油螺杆式空气压缩机时,由于压缩空气中不含油分,因此辅助微粒过滤器和微粉雾过滤器可以不用,或者只使用辅助微粒过滤器。经过这种流程生产的压缩空气,能满足喷气织机用压缩空气干燥、无油的要求。

(四)喷气织机的多色纬制织

喷气织机制织多色纬时,每一种纬纱需要配置一个主喷嘴,以防纱线之间缠绕,而且需使每一个主喷嘴与防气流扩散装置对准,以达到良好的防扩散效果。目前,喷气织机可以配备双色、四色、六色甚至八色的选纬机构或混纬机构。从工作原理上讲,选纬机构和混纬机构是完全相同的。

由于异型筘的筘槽尺寸较小,在多个主喷嘴的情况下,难以保证每个主喷嘴喷射的气流都处于筘槽的最佳位置,故应在纬纱进口端采用一组槽口为前大后小的锥形专用异型筘。因此,对于多色纬织制,喷气织机不如剑杆织机,但片梭织机一样。喷气织机目前较为成熟的最大色纬数为四色,此外还有双色任意引纬(可用来混纬)。

目前,大多数喷气织机采用微电脑来控制主喷嘴电磁阀的开闭和定长储纬器挡纱磁针的起落,从而控制主喷嘴的压缩空气喷射时间和定长储纬器释放纬纱时间。喷气织机的四色选纬机构如图5-55所示。四个摆动主喷嘴2集中地安装在筘座上,由四个电磁阀分别控制它们的喷射时间,四根喷管3共同对准异型筘4的入口。四根纬纱由四个定长储纬器1,经过四个固定主喷嘴(图中未画出),引入到各自对应的摆动主喷嘴2中,形成四套相互独立的引纬装置。在织机微电脑或电子电路的控制下,按预定的程序,各套引纬装置相继投入工作,引入预定的纬纱。

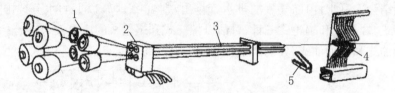

图5-55 喷气织机的四色选纬机构

1—定长储纬器 2—摆动主喷嘴 3—喷管 4—异型筘 5—剪刀

混纬机构由两套并列的引纬装置组成,混纬机构的工作也由织机微电脑进行控制。

四、喷水引纬

喷水织机是继喷气织机问世后不久出现的又一种无梭织机。由捷克人斯瓦杜(Svaty)发明,1955年在第二届ITMA上第一次展出了样机。

喷水织机和喷气织机一样,同属于喷射织机,区别仅在于喷水织机是利用水流作为引纬介质,通过喷射水流对纬纱产生摩擦牵引力,将固定在筒子上的纬纱引入梭口。由于水射流的集束性较好,水对纬纱的摩擦牵引力也大,其筘幅可以达到2m以上。

喷水织机与喷气织机都是利用流体来引纬,所以引纬原理和引纬装置都很相似,但其特有的装置有喷射泵、水滴密封疏导和回收装置、织物脱水干燥装置等。喷水织机上与水接触的部件要防锈。

(一)概述

1. 喷水引纬的织造原理

喷水引纬的织造原理如图5-56所示。纬纱依靠定长储纬器6的作用,从纬丝筒子5上退绕。绕在储纬器上的纬丝,经夹纬器7,进入环状喷嘴8的中心导纬管内,待喷。喷射水泵10在引纬凸轮9的大半径作用下,从稳压水箱11中吸入水流,在凸轮转至小半径的瞬间,靠柱塞泵体内压缩弹簧的弹性释放力的作用,对缸套内的水流进行加压,使具有一定压力的水流(即射流),经管道从径向进入环状喷嘴8,再经内腔整流后,由喷嘴口喷出,携带纬丝通过梭口。打纬机构把纬丝打向织口,使经、纬丝交织成织物。打纬时,左侧电热割刀3把纬丝割断,左、右侧的边经纱各自受绳状绞边装置1与假边装置的共同作用,形成良好的锁边组织。探纬器 2 的作用是探测每一纬到达出口边的状态,一旦发生断纬或纬缩等现象,就发出停车信号。经、纬丝交织成的织物,经左、右两侧电热割刀 3 的作用,从织物边上割去假边组织,并经导丝轮送入假边收集器中。织物经胸梁 4 的狭缝吸去其中含有的大部分水分,然后被送入卷取辊。

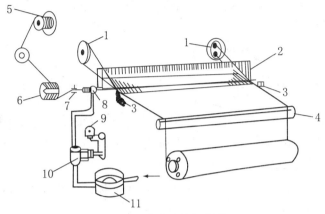

图 5-56　喷水引纬织造原理

1—绞边装置　2—探纬器　3—电热割刀　4—胸梁　5—纬丝筒子　6—定长储纬器
7—夹纬器　8—环状喷嘴　9—引纬凸轮　10—喷射水泵　11—稳压水箱

2. 喷水引纬的特点

由于喷水引纬是以单向流动的水作为引纬介质,因而引纬速度很高,入纬率可高达 2 000 m/min 以上,目前居各种无梭织机之首,适用于大批量、高速度、低成本的化纤类织物的加工。

由于水射流比气流有更好的集束性,喷水引纬对纬纱的摩擦牵引力大于喷气引纬,特别适用于疏水性纤维(涤纶、锦纶和玻璃纤维等)织物的加工,加工后的织物再经烘燥处理。这也是喷水织机在制织品种上存在局限性的原因所在。

在喷水织机上,纬纱由喷嘴的一次性喷射射流牵引,射流流速按指数规律迅速衰减的特性阻碍了织机幅宽的扩展,最宽的织机幅宽为 2.3 m。因此,喷水织机只能用于窄幅或中幅织物的加工。

喷水织机可以配备多臂开口装置,用于高经密原组织和小花纹组织织物的加工,如绉纹呢、紧密缎类织物、席纹布、轧别丁等。喷水织机的选纬功能较差,普遍采用单喷或双喷混纬和任意纬织造,目前最多可采用四喷任意纬织造。

喷水引纬属消极引纬方式,梭口是否清晰是影响引纬质量的重要因素。

喷水织机的耗水量较大,生产的废水会污染环境,需进行污水净化处理。在环保要求比较高的国家,喷水织造领域在逐渐缩小,由喷气织造和剑杆织造取而代之。

(二)喷水引纬原理

喷水织机的引纬可分为三个阶段:①水在柱塞泵中加压到注入喷嘴;②由喷嘴喷出;③自由飞行阶段。分析和研究喷水引纬理论,可从这三个方面进行。

1. 水泵给水加压阶段

为了保证喷水引纬的正常进行,要求泵在喷水引纬过程中有足够的出水压力和足够的水量,每纬出水量的误差要尽量小。否则,由于水压、水量不足,每纬出水量忽多忽少,会造成喷纬失误。在喷射出水的过程中,压力变动要小,每次引纬的压力特性要保持稳定,其最大压力误差宜在5%以下。泵的出水压力和水量,受到芯套的配合精度、出水阀的配合精度的支配。此外,当柱塞由喷水凸轮传动时,凸轮的设计对出水速度和水柱的集束性也有影响。

泵的正常工作,只有在吸入压力大于饱和蒸汽压的条件下才能实现。泵的吸入压力 P_1 和出水压力 P_2 可按贝努利方程求得:

$$P_1 = \left[P_a - (H_1 + V_1^2/2g + \sum h_1)\gamma \right] > P_0$$

$$P_2 = P_b + \left[H_2 + (V_d^2 - V_1^2)/2g + \sum h_2 \right]\gamma$$

式中:P_a 为储水箱液面压力(N);H_1 为吸入高度(m);V_1 为柱塞运动平均速度(m/s);$\sum h_1$ 为进水管路的摩擦损失与流速改变所引起的惯性阻力损失(m);γ 为水的重度 (kg/m³);P_0 为水的饱和蒸汽压(N);P_b 为压出管路顶部压力(N);H_2 为压出高度 (m);g 为重力加速度(m/s²);V_d 为压出管路中液体的平均速度(m/s);$\sum h_2$ 为压出 管路的全部损失(m)。

柱塞泵的最大吸水高度不可能超过 10 m 以上,同时 H_1 的大小会影响泵的吸入量,故喷水织机上应装有水位自动控制装置。

水温对泵的正常工作有影响。如果泵内压力比工作温度下的饱和蒸汽压小,会产生"汽蚀现象",减少泵的流量。为了不使吸入压力 P_1 低于饱和蒸汽压 P_0,必须降低水的工作温度,以减少其饱和蒸汽压。使得吸入压力 P_1 不低于饱和蒸汽压 P_0 的另一措施,是降低吸入高度,减小管路长度,减少弯头、接头、阀的数量,适当放大管路直径,以尽量减少其阻力损失。

在压出过程中,如果泵内压力不变,压出高度 H_2 增加时,出口处水的速度会减少,因此在喷水机织机上要合理确定水泵和喷嘴之间的相对高度。

2. 喷嘴的出水速度

水流压力 P 与喷嘴的出水速度 v_0 之间存在一定的关系,可利用贝努利定理计算:

$$v_0 = \sqrt{\frac{2g\dfrac{P - P_0}{\gamma}}{1 + \xi - C^2\left(\dfrac{d_2}{d_1}\right)^4}}$$

式中:P_0,γ 分别为大气压力和水的密度(kg/m³);d_1,d_2 分别为喷嘴的入口与出口直径 (mm);g 为重力加速度(m/s²);ξ,C 分别为喷口局部阻力系数与流量系数。

设 $d_1 = 1.5$ mm, $d_2 = 0.8$ mm, $\gamma = 10^3 \times 9.8$ kg/m³, $g = 9.8$ m/s², $C = 0.96$,不计局部阻力,代入上式,即可对应于一系列 P_1 值得到一组 v_2 值,如图 5-57 所示。图中 1 为计算水速曲线,2 为实际水速曲线,3 为纬丝飞行速度曲线。在喷射过程中,由于空气、纬丝、管路等阻力的影响,实际水速常低于计算水速,纬丝飞行速度常低于实际水速。当 $P_1 = 1.3$ MPa 时,计算水速约为 50 m/s,实际水速为

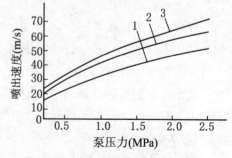

图 5-57　喷出速度与泵压力的关系

46 m/s,纬纱速度约为 37 m/s。

在喷水引纬后期,纬丝速度逐渐降低,如果喷水速度不变,就有可能出现纬丝后部飞行速度比其先端大,以致容易形成纬丝圈。为了避免这种情况,水速需相应地下降,即使水压逐渐下降。例如喷纬开始时水压 $P_1 = 1.3$ MPa,至喷纬终了时水压逐渐降低到 0.7 MPa,纬纱飞行速度从初速 37 m/s 逐渐降低到终速 31 m/s,便能满足织造的要求。

3. 自由飞行阶段

喷水织机的水射流与喷气织机的气射流相似,射流在喷嘴轴线上的速度最高,在等速核心区内速度相等,按照离开喷嘴的距离分为三段,如图 5-58 所示。

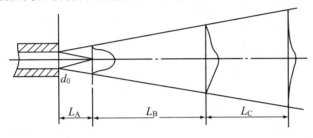

图 5-58 水射流构象图

(1) 初始段(L_A)。亦称核心段,即刚从喷嘴喷出的水流。这一段的长度就是核心区的长度。因此,在初始段内有一等速核,核内具有均质液体,流速相等,等于水流喷出的速度。这时对纬纱的牵引力最大。

(2) 基本段(L_B)。由于周围的空气不断进入射流,水射流大部分变为水滴状,射流流速逐步降低,射流截面不断扩大。这时集束性较差,引纬力逐渐减弱。在基本段内,水滴仍能起带动纬纱的作用。

(3) 消散段(L_C)。亦称雾化段,射流的截面进一步扩大,水射流全部扩散为水雾状,消散在大气中。此段属于无功射流,不能起带动纬纱的作用。

从水射流构象的分析中,不难看出在喷水引纬中能够有效引纬的水射流实际上是初始段 L_A 和基本段 L_B,故在生产实践中,引纬长度目前尚未超过 3 m。

根据实验,各段长度与喷嘴孔径 d_0 有如下关系:

$$L_A = (69 \sim 96)d_0$$
$$L_B = (150 \sim 740)d_0$$
$$L_C = (230 \sim 880)d_0$$

水射流能够用于引纬的长度大约为:

$$L = L_A + L_B = (219 \sim 836)d_0$$

若以较大的喷嘴内径 $d_0 = 2.8$ mm 代入,得:

$$L_{max} = 836 \times 2.8 = 2\ 380 \text{ mm}$$

喷水织机引纬时还可利用纬纱的惯性飞行,若将这个长度包括在内,则喷水引纬的幅宽还可大些。

水射流中水滴的速度因受空气阻力而下降。通过必要的数学分析,可以得到射程方向

的水射流速度 v 的变化规律：

$$v = v_0 e^{-kx}$$

式中：v_0 为喷嘴出口处的射流速度(mm/min)；x 为射流出流距离(mm)，即到喷嘴出口处的距离；k 为系数(与空气密度、水的密度、空气对射流的阻力系数和水滴的几何尺度有关)。

由此可见，射流速度随其通过的距离 x 而呈负指数关系衰减，衰减的快慢还受到常量 k 值的影响。

实测射流速度与射流出流距离的关系如图 5-59 所示。当水压为 1 MPa 时，喷嘴出口处的射流速度为 29 m/s，沿前进方向的流速衰减比较缓慢；水压为 2 MPa 时，射流速度高，为 40 m/s，但流速衰减快，纬纱容易形成"前拥后挤"现象，在织物上形成纬缩疵点。因此，水压的大小和射流速度要适当选择。

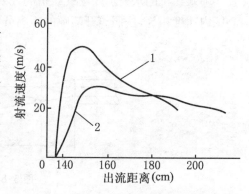

图 5-59　射流速度与射流出流距离的关系
1—射流速度　2—纬纱飞行速度

(三)喷水引纬的主要装置

喷水引纬系统主要包括喷射泵、喷嘴和夹纬器等。

1. 喷射泵

喷射泵是喷水引纬装置的主要部分。每台喷水织机都配有一台喷射泵。它在织机一回转中能提供可引入一纬的高压水流。

喷射泵的工作方式分为定速喷射方式和定角喷射方式两种。定速喷射方式的喷射泵，其柱塞将水吸入缸体的运动是靠凸轮驱动产生的，同时实现对弹簧的压缩，但对已吸入缸体内的水的加压是利用弹簧的回复力来驱使柱塞运动而实现的。因此，与定速喷射方式对应的喷射泵被称为弹簧泵。定速喷射方式的水速、水量和水压不随车速变化，而喷射角(喷射过程占织机主轴的角度)随车速增加而增加，其特点是压力调整较容易，目前基本都采用这种工作方式。

定角喷射方式的喷射泵，其柱塞将水吸入缸体的运动是依靠凸轮驱动产生的，对已吸入缸体的水的加压也是依靠凸轮来驱使柱塞运动而实现的。因此，与定角喷射方式对应的喷射泵被称为凸轮泵。定角喷射方式的水量和喷射角不随车速变化，而水速和水压随车速的增加而增加，其特点是压力调整相当困难，故现在很少采用。

喷射泵按其柱塞在织机上工作时的状态，又分为卧式吸入型和立式注入型弹簧柱塞泵两种。图 5-60 所示为 ZW 型喷水织机上的喷射泵，属于卧式吸入型弹簧泵。它由稳压水箱、进水阀和出水阀、引纬水泵和辅助引纬装置四个部分组成。

(1)稳压水箱。稳压水箱 16(图 5-60)用于提供引纬水泵的水源，起着稳定水位、消除水中气体和进行最后过滤等作用。稳压水箱的水流，通过车间内的分配管路，从进水孔送入稳压水箱中，进水孔处装有一自动开关，当水位达到规定液面时，在浮球作用下关闭进水阀，反之则开启进水阀。滤网防止杂物进入泵体，通过橡胶管将稳压水箱出水孔和泵体的进水阀相连接。整个稳压水箱用箱盖罩住。

(2)进水阀和出水阀。出水阀 9 和进水阀 10(图 5-60)都是一种球形阀，其作用原理也相同。当进水阀 10 的钢球与阀座的下方密接封闭后,能阻止水流进入;而出水阀 9 的钢球与阀座的上方密接后,水流能从阀座边孔流出。当柱塞 8 在凸轮作用下向左运动时,缸套 7 内为负压状态,进水阀 10 的钢球接触阀座下方密接,防止水流流出。当柱塞 8 在凸轮作用下向右运动对水流加压时,进水阀 10 关闭,而出水阀 9 打开,水流通过出水阀形成射流从喷嘴喷出。

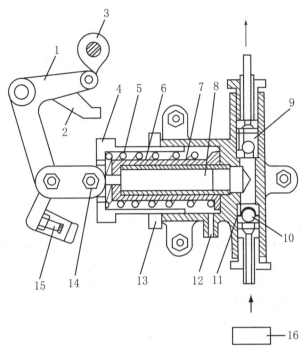

图 5-60　喷射水泵

1—角形杠杆　2—辅助杆　3—凸轮　4—弹簧座　5—弹簧
6—弹簧内座　7—缸套　8—柱塞　9—出水阀　10—进水阀　11—泵体
12—排污口　13—调节螺母　14—连杆　15—限位螺栓　16—稳压水箱

（3）引纬水泵。引纬水泵主要由缸套 7、柱塞 8、弹簧 5、弹簧内座 6、调节螺母 13、凸轮 3 与角形杠杆 1 等组成（图 5-60）。

凸轮 3 装在织机墙板外侧的副轴上,做顺时针方向的转动。当凸轮 3 由小半径转向大半径时,通过角形杠杆 1 和连杆 14 拖动柱塞 8 向左运动,则弹簧内座 6 连同弹簧 5 一起向左运动,弹簧被压缩,同时水流进入泵体。当凸轮 3 转至最大半径后,随凸轮继续转动,角形杠杆 1 与凸轮脱离,角形杠杆 1 被迅速释放,柱塞 8 在弹簧 5 的作用下向右运动,对钢套内的水进行压缩,增大的压力使出水阀 9 打开,射流从出水阀经喷嘴射出,牵引着纬纱向前飞行。

（4）辅助引纬装置。长时间停车后再开车时,为保证第一纬吸水量正常,在喷水织机的墙板外侧装有一套脚踏辅助引纬装置,如图 5-61 所示。脚踏板 6 被踩下时,通过连杆 5 和角形杠杆 4 向下运动,借助另一连杆上的转子 2 压下辅助杆,其作用等同于凸轮的驱动。当迅速释放脚踏板 6 时,水流就会从喷嘴喷口 1 喷射而出。连踩几次,排除里面的空气,就可正常开车了。

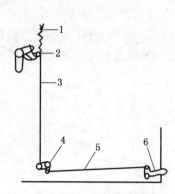

图 5-61　脚踏辅助引纬装置

1—喷嘴喷口　2—连杆转子　3—连杆
4—角形杠杆　5—连杆　6—脚踏板

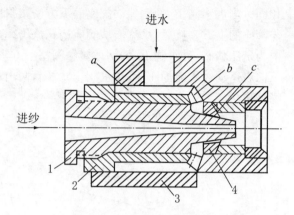

图 5-62　喷嘴结构示意图

1—导纬管　2—喷嘴座　3—喷嘴体　4—衬套

2. 喷嘴

目前喷水引纬使用的喷嘴有两种形式，即开放型环状喷嘴和封闭型环状喷嘴。ZW 型和 LW 型喷水织机采用开放型环状喷嘴，其结构如图 5-62 所示。它由喷嘴体 3、导纬管 1、喷嘴座 2 和衬套 4 等组成。

压力水流沿径向从进水管进入喷嘴后，通过环形通道 a 和 6 个沿圆周方向均布的小孔 b 组成的整流器进行整流，减轻射流的涡流状态，提高其集束性，再经环状缝隙 c，以自由沉没射流的形式射出喷嘴。当射流经过喷嘴口时，纬纱沿轴向通过，依靠水流和纬纱之间的摩擦力，携带纬纱共同通过梭口。环状缝隙由导纬管 1 和衬套 4 构成，移动导纬管 1 在喷嘴座 2 中的进出位置，可以改变环状缝隙的宽度，以调节射流的出水量。

3. 夹纬器

夹纬器位于定长储纬装置与喷嘴之间，是用于控制测长和喷射时间的部件，如图 5-63 所示。凸轮 5 的转速与织机主轴一致，当凸轮转到大半径与转子 7 作用时，通过作用杆 6、提升杆 4、升降杆 3 使压纬盘 1 抬起，夹纬器释放纬纱；当凸轮作用点转到小半径时，压纬盘下降，夹持纬纱。由于凸轮 5 是由两个平列凸轮组成的，故可根据纬纱飞行时间灵活调整。夹纬器的开启时间约为主轴位置角 105°，在喷射开始时间之后；闭合时间应早于定长储纬器卷绕运动的起始时间。夹纬器的开、闭时间通过移动凸轮 5 在凸轮轴上的位置来调节。压纬盘 1 和下底盘 2 之间的间隙 S 可根据纬纱粗细进行调节。

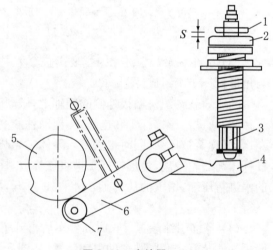

图 5-63　夹纬器

1—压纬盘　2—下底盘　3—升降杆
4—提升杆　5—凸轮　6—作用杆　7—转子

一般情况下,对 55.5～82.5 dtex(50～75 D)的长丝,S 约为 0.7 mm;对 82.5～333.3 dtex(75～300 D)的加工丝,则 S 为 1 mm。

（四）喷水织机的选纬与混纬

喷水织机可配备选纬和混纬机构,目前最多可达四色纬,但较为常用的是二色纬的混纬和自由纬。在配备选纬和混纬机构的喷水织机上,装有两个或四个并列的喷嘴,一台喷射泵经过两个或四个电磁阀与各自对应的喷嘴相连。这类喷水织机通常配用两个或四个定鼓式定长储纬器,向各自的喷嘴供应纬纱。电磁阀的开闭和定长储纬器磁针的起落由织机微电脑控制,在微电脑程序的控制下,各组电磁阀和定长储纬器相继投入工作,相应的喷嘴将定长储纬器释放的纬纱引入梭口。

目前,二色混纬机构常用于合成纤维长丝的绉类、乔其纱类织物的加工,一个喷嘴引入左捻长丝,另一个喷嘴引入右捻长丝,引比为 1∶1。

【思考与训练】

一、 基本概念

多片梭引纬、叉入式剑杆引纬、夹持式剑杆引纬、分离式筘座、非分离式筘座、圆射流、接力引纬、单独供气、集体供气、水射流、定角喷射方式、定速喷射方式。

二、 基本原理

1. 试述四种片梭的结构特点与使用范围。

2. 简述扭轴投梭机构的组成与工作过程。

3. 为什么片梭织机要用导梭装置? 对导梭片有何技术要求?

4. 剑杆引纬分类如何?

5. 试对常用传剑机构的工作原理与特点比较分析。

6. 为什么说剑杆织机在品种适应性方面具有明显的优势?

7. 圆射流有何特点?

8. 在喷气过程中,纬纱飞行速度与气流速度的配合有何要求? 如何实现?

9. 主、辅喷嘴在供气压力与供气方式上有何区别?

10. 现代喷气织机为提高其品种适应性,采用哪些新技术?

11. 水射流的构象如何? 其与喷气射流有何区别?

12. 试对两类喷射引纬的原理与结构组成特点进行比较。

13. 在各类无梭织机上是如何实现多色纬制织的?

14. 试对各类无梭织机的引纬特点进行比较。

三、 基本技能训练

训练项目 1:在国产 GA747 型剑杆织机上,进行传剑机构拆装调试训练,熟练掌握其主要操作要领。

训练项目 2:在意大利天马剑杆织机上,结合品种翻改,进行引纬机构的工艺调试训练,基本掌握其主要操作步骤。

训练项目 3：在 GA708 型喷气织机上，进行喷气引纬机构认识与机构调试训练，熟练掌握其主要操作要领。

训练项目 4：上网或到相关校外实训基地收集有关无梭织机的技术资料，进行整理，写出综合技术分析报告。

第四节　打纬机构

在织机上，由引纬器（体）引入梭口的纬纱，与织口尚有一定的距离，必须借助筘座上的钢筘，将其推向织口与经纱形成交织，当筘座后退时，打入的纬纱可能会发生后退位移，经几次随后的打纬，这一纬纱才稳定下来与经纱共同形成织物。这种将纬纱推向织口的运动，被称为打纬运动。在织机上，打纬运动是由对应的打纬机构来完成的。

一、概述

（一）打纬机构的主要作用

① 用钢筘将刚引入的纬纱打向织口，使之与经纱交织。

② 通过钢筘确定经纱的排列密度和织物的幅宽。

③ 在有梭织机和一部分剑杆织机、片梭织机上，钢筘与其他构件一起构成导纬构件，起引导纬纱顺利通过梭口的作用；在采用异形筘的喷气织机上，钢筘可以起到防止气流扩散的作用。

（二）打纬机构的工艺要求

为了实现理想的打纬运动，打纬机构应满足如下的机械和工艺上的要求：

① 在保证引纬顺利进行的条件下，应尽可能使筘座的摆动动程小，以减少钢筘对经纱的摩擦和织机的振动。

② 在具有足够打纬力的条件下，应尽量减轻筘座的质量和减小筘座运动的最大加速度，从而减少织机的振动和动力消耗。

③ 打纬运动是沿织机的前后方向的运动，而引纬运动是沿织机的左右方向的运动，故要求打纬运动与引纬运动之间配合协调，以确保引纬顺利进行。

④ 钢筘摆动到后止点时应有一定的静止时间，以利于引纬器顺利通过梭口或导纬器。

⑤ 打纬机构的构造应坚固、简单，调节方便，操作安全。

（三）打纬机构的类型

打纬机构按其结构形式，可分为连杆式和共轭凸轮式打纬机构两大类型。打纬机构还可以根据打纬动程变化与否分为定动程和变动程打纬机构两种，前者用于一般织物生产的织机，后者用于毛巾织物生产的织机。

二、连杆式打纬机构

连杆式打纬机构是织机中使用最为广泛的一种打纬机构，有四连杆和六连杆打纬机构之分。

（一）四连杆打纬机构

1. 四连杆打纬机构原理

四连杆打纬机构以 GA747 型为例，如图 5-64 所示。织机主轴 1 为曲柄轴，其上有两段曲柄2。连杆(也称为牵手)3的一端通过剖分式结构的轴瓦与曲柄2连接,另一端通过牵手栓4与筘座脚5相连接。筘座脚固定在摇轴9上,而筘座8固装在两只筘座脚上,钢筘7通过筘帽6安装在筘座8上。织机的主轴和摇轴均由墙板支撑。

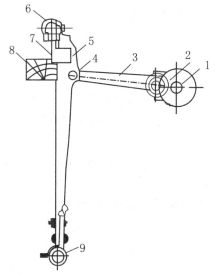

图5-64 四连杆打纬机构

1—主轴 2—曲柄 3—连杆 4—牵手栓
5—筘座脚 6—筘帽 7—钢筘 8—筘座 9—摇轴

随织机的回转,筘座脚5以摇轴9为中心做前后方向的往复摆动,当筘座脚5由机后向机前摆动时,钢筘7将纬纱推向织口,完成打纬运动。

在有梭织机上,为了防止轧梭对织物和相关机构件的损伤,往往采用游筘方式,即当轧梭发生时,梭子在梭口中迫使钢筘下部绕上支点向机后翻转,使得尽管筘座继续向机前运动,但钢筘却无法打纬,从而有效地保护了经纱,避免了大量的断头。若筘座向前运动,梭子在规定的时间内进入对侧梭箱,游动式钢筘的下部被相应的构件张紧,以承受打纬过程作用于钢筘上的力。

在无梭织机上,钢筘下端是固定的,无需筘帽加以固定钢筘。

四连杆打纬机构的结构简单,制造容易,但当曲柄在后止点位置附近时,筘座运动无绝对静止时间,从而使引纬期间由于筘座的运动而使引纬角减少。但它仍能满足织机引纬、打纬运动的所需,故仍被传统的有梭织机和部分无梭织机采用。如国产的1511M型、1515型、GA606型、GA615型有梭织机,国产的GA747型剑杆织机,国外的TP500型剑杆织机、ZA205型和JAT600型喷气织机、ZW型喷水织机,等等。

2. 四连杆打纬机构类型

四连杆打纬机构是目前应用最广泛的一种打纬机构,其运动性能取决于各连杆的长度(包括结构点的尺寸),可以按下列特征进行分类:

(1)轴向打纬机构与非轴向打纬机构。筘座脚摆动到最前和最后位置时,相应两个位置上牵手栓中心的连线若通过曲柄中心,则该打纬机构被称为轴向打纬机构。轴向打纬机构具有筘座脚向前摆动与向后摆动各占织机主轴的180°,即机构具有向前摆动和向后摆动时平均速度相等的特性。若筘座摆动至最前和最后位置时,相应两个位置上牵手栓中心的连线不通过曲柄中心,则该打纬机构被称为非轴向打纬机构。曲柄中心到这两点连线的距离称为非轴向偏度,用e表示。非轴向偏度有正负之分。若曲柄中心处在牵手栓中心极限位置连线的下方,则e值为负;若曲柄中心处在牵手栓中心极限位置线的上方,则e值为正。非轴向打纬机构具有筘座脚向前摆动和向后摆动时织机主轴转角不等的特性。当$e>0$时,则筘座脚向前摆动占有的角度比向后摆动小,也就是筘座脚向前摆动的平均速度大于向机后摆动的平均速度;而$e<0$时,情况正好相反。

(2)曲柄半径r与牵手长度l的比值。曲柄半径r与牵手长度l的比值将影响筘座的运动规律,通常将其分成三类:①长牵手:曲柄半径 r 与牵手长度 l 的比值 $r/l < 1/6$;②短牵手:曲柄半径 r 与牵手长度 l 的比值 $r/l > 1/3$;③中牵手:曲柄半径 r 与牵手长度 l 的比值 r/l 为 $1/6 \sim 1/3$。

(二)六连杆打纬机构

1. 工作原理

在高速织机或宽幅织机上,由于四连杆打纬机构在后止点的相对静止时间较短,无法在规定时间内使引纬器顺利通过梭口。为了增加筘座在后方的相对静止时间,可以采用六连杆打纬机构。

六连杆打纬机构是在四连杆打纬机构的基础上,在牵手与筘座脚间再装一根连杆,并在两个连接点处铰接一根摇杆,如图5-65所示。曲柄2与主轴1为一体制造,当主轴回转时,通过连杆3使摇杆4摆动,再通过牵手5、牵手栓6,使筘座脚10绕摇轴11往复摆动,钢筘8由筘帽7、筘夹9固定。六连杆机构在连杆出现在极限位置时,其运动具有比四连杆机构更缓慢的特性,从而扩大了可引纬时间角。

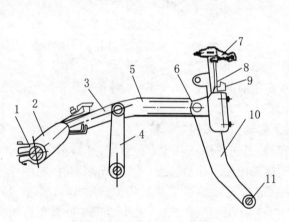

图5-65　六连杆打纬机构图

1—主轴　2—曲柄　3—连杆　4—摇杆　5—牵手
6—牵手栓　7—筘帽　8—钢筘
9—筘夹　10—筘座脚　11—摇轴

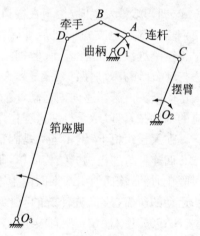

图5-66　六连杆打纬机构示意图

2. 运动分析

图5-66为一种常见的六连杆打纬机构示意图。O_1 为主轴,O_1A 为曲柄,BC 为连杆,曲柄在其上的 A 点铰链,O_2C 为摆臂,BD 为牵手,DO_3 为筘座脚。在四连杆机构 O_1ACO_2 的基础上,将连杆 AC 延长至 B 点,再接上牵手 BD 和筘座脚 O_3D,即构成六连杆。

以曲柄 O_1 为轴心回转,连杆后端的 C 点以 O_2 为中心而摆动。连杆前端的 B 点的轨迹,由图解法得出近似于竖置的椭圆,由 B 点通过牵手传动筘座。B 点轨迹是一条连杆曲线,其后部轨迹近似于圆弧,牵手 BD 的长度近似等于此圆弧的半径。当 B 点运动到这一段轨迹上时,筘座便得到较长的静止阶段。

图5-67为六连杆打纬机构的运动分析图。如图中(a)所示,筘座在后死心附近时其相对静止角为 $75° \sim 80°$,而四连杆打纬机构只有 $10°$ 左右。筘座后死心提早到 $170°$,这对打紧纬纱有一定的好处。

六连杆打纬机构,由于筘座在后方停顿时间较长,且有"重复"打纬现象,给引纬和打纬都带来了便利,故特别适用于阔幅重型织机。但六连杆机构的铰链点多,各运动副之间的间隙在一定程度上影响打纬运动规律。

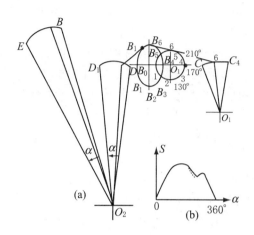

图 5-67 六连杆打纬机构的运动分析

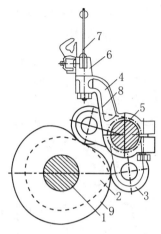

图 5-68 共轭凸轮式打纬机构

1—主轴 2—主凸轮 3—转子 4—筘座脚
5—摇轴 6—筘座 7—钢筘 8—转子 9—副凸轮

三、共轭凸轮式打纬机构

(一)工作原理

在无梭织机上,由于车速提高,允许载纬器通过梭口的时间大大减少,所以必须设法进一步增加可引纬角,方能保证引纬的顺利进行。共轭凸轮机构可以按工艺的要求来实现各种不同需求的运动轨迹。共轭凸轮式打纬机构正是运用了这一特征来实现筘座的运动规律,使筘座在后方位置时有足够的允许载纬器通过梭口的静止时间,实现了引纬所需的运动角。共轭凸轮式打纬机构是目前高速无梭织机上应用最广泛的一种打纬机构。

图 5-68 所示为片梭织机上的共轭凸轮式打纬机构。织机的主轴 1 上装有一副共轭凸轮 2 和 9,凸轮 2 为主凸轮,它驱动转子 3,实现筘座由后向前的摆动;凸轮 9 为副凸轮,它驱动转子 8,实现筘座由前向后的摆动。共轭凸轮回转一周,筘座在后方位置获得一段静止时间,以配合引纬运动,然后筘座脚 4 绕摇轴 5 往复摆动一次,通过筘座 6 上固装的钢筘 7 打入一纬。

共轭凸轮式打纬机构能与开口、引纬运动形成良好的配合,但机构的制造精度要求很高,同时要求对共轭凸轮有良好的润滑。

采用共轭凸轮打纬机构可以使引纬装置不随筘座前后摆动,即形成所谓的分离式筘座。引纬期间筘座静止不动,待引纬结束后筘座才开始向机前摆动以完成打纬,在引纬开始之前,筘座回到最后方位置静止,从而能提供最大的可引纬角。

在共轭凸轮打纬机构中,筘座的运动性能取决于主、副凸轮的轮廓线。该打纬机构的主要特点在于:

① 打纬机构可按引纬工艺要求和适应织机高速化进行设计。

② 因为筘座脚的质量小,而且为高速运转,故加速度的最大值不能太大,从而导致惯性打纬或非惯性打纬。

③ 加工精密,材质好,机构间隙很小,不会因非惯性打纬产生稀弄,只要提供足够动力,就能打紧厚重的织物。

(二)共轭凸轮打纬运动要求

为满足织造工艺,减小织机的振动,共轭凸轮打纬的运动规律应符合如下要求:

① 筘座在后心附近静止的时间一般在 215°以上,以满足各类引纬方式的引纬要求。

② 在整个打纬运动循环中,筘座运动的位移、速度、加速度都应连续,有时应考虑使加速度的变化率也连续,以免出现机构的刚柔性冲击。

③ 为适应织机的高速化,加速度最大值不能太大,以减少机构运动的惯性力所引起的振动。

(三)共轭凸轮打纬机构的惯性打纬力计算

当织机的筘座由于负加速度而产生的惯性打纬力大于织物的打纬阻力时,其打纬称为惯性打纬;当织机筘座的惯性打纬力小于织物的打纬阻力时,其打纬称为非惯性打纬。

一般在设计连杆打纬织机时,以采用惯性打纬为宜,其理由是:

① 采用惯性打纬时,连杆与其连接轴间没有变向的冲击,有利于减少磨损和防止打纬稀密路。

② 从工艺上讲,对高紧密的织物,宜采用惯性打纬,可保证达到所需的紧度。

共轭凸轮打纬机构可以是惯性打纬或非惯性打纬,其惯性打纬力取决于以下两个因素:

① 打纬时,在钢筘的打纬点 P 处的最大负加速度 a_p(m/s²)正比于转速的平方,当车速下降时,a_p 下降就更多。

② 打纬系统摆动部分在钢筘的打纬点 P 处的简化质量 M_p(kg·s²/m),因是分离式筘座,打纬系统的质量较小,有利于织机的高速化。

假设以某片梭织机为例,其转速为 250 r/min,筘幅为 216 cm,可从有关文献中查得 $a_p = 305.3$ m/s²。

打纬系统摆动部分(包括筘座、筘座脚、筘座脚轴、双臂摆杆和转子等)的转动惯量,可以用复摆摆动法测得。将带有支撑架的套筒装在筘座脚的两侧,使筘座脚轴成为悬挂轴,同时倒悬筘座。这时,整个打纬系统的摆动部分就成为一个复摆,测得其摆动周期和重心位置,就可计算它的转动惯量。

测得数据为:摆动部分的质量 $G = 61.25$ kg;摆动周期 $T = 0.831$ s;摆动部分的重心到悬挂轴中心的距离 $L' = 2.77$ cm。

整个摆动部分对筘座脚中心的转动惯量 J 可按下式计算:

$$J = GL'T^2/(4\pi^2) = 61.25 \times 0.027\ 7 \times 0.831/(4\pi^2) = 0.297\ \text{kg·m·s}^2$$

在打纬点 P 处的简化质量 $M_p = J/L^2$,式中的 L 为筘座脚中心到打纬点的距离。这里,$L = 0.185$ m,故:

$$M_p = 0.029\ 7/0.185^2 = 0.868\ \text{kg·s}^2/\text{m}$$

所以,该片梭织机打纬机构的惯性打纬力为:

$$B = M_P \times a_P = 0.868 \times 305.3 = 265 \text{ kg} = 2\ 597 \text{ N}$$

每厘米筘幅的打纬力平均为 2 597/216＝12 N。一般厚度的织物的打纬阻力为 9.8 N/cm 左右。在上述打纬力作用下,可以是惯性打纬。但对厚重织物而言,惯性阻力高达 20~30 N/cm,需采用非惯性打纬。因共轭凸轮打纬机构的设计制造精密,机构刚性好(多个筘座脚),只要织机有足够的动力,凸轮就能推动钢筘将梭口中的纬纱推向织口,可满足各种织物的打纬需求,不会因非惯性打纬而打不紧纬纱或产生稀密路织疵。

其他类型的打纬机构的打纬力也可采用上述方法求得。

四、 毛巾织机打纬机构

上述几种打纬机构均用于制织普通织物,打纬终了时钢筘都将纬纱打到织口位置。在制织毛巾织物时,为了形成毛圈,打纬终了时钢筘不是每次都将纬纱打到织口位置,而是按毛巾组织的需要,使钢筘的打纬动程做周期性的变化。毛巾织机的打纬机构有钢筘前倾式、钢筘后摆式和织口移动式三种。下面只介绍钢筘前倾式和织口移动式两种:

(一)钢筘前倾式毛巾打纬机构

钢筘前倾式毛巾打纬机构又称为小筘座脚式毛巾打纬机构,是一种最常用的毛巾织机的打纬机构。这种打纬机构将筘帽装在小筘座脚上,小筘座脚既可随筘座脚一起摆动,进行短动程的打纬;也可相对筘座转过一定的角度,使筘帽前倾,从而使钢筘的打纬动程增加,进行长动程的打纬,以形成毛圈。

小筘座脚式毛巾织机的打纬机构如图 5-69 所示。若制织三纬毛巾,其工作过程如下:

织机主轴 1 回转时,曲柄 2 通过牵手 3 带动筘座脚 4 以摇轴 5 为中心往复摆动,并用钢筘 8 推动纬纱。这与普通四连杆打纬机构是相同的。通过这种短打纬,将图 5-70 中所示的第一、二根纬纱 1′ 与 2′ 推到距离织口尚有一定位移的地方。当织入第三根纬纱 3′ 时,在起毛曲柄转子 9 的作用下,摆杆 10 上抬,经摆杆轴 11 将起毛撞嘴 12 抬起,撞击小筘座脚 13 的下端,使小筘座脚除了随筘座脚一起摆动外,同时以转轴 14 为中心,克服弹簧 15 的作用,相对于筘座 7 转过一个角度。此时,装在小筘座脚顶部的筘帽 6 使筘的上方向机前倾斜,将纬纱 1′,2′ 和 3′ 一起推向织口。这样的打纬有别于短打纬,故称为长打纬。由于毛巾织物中有地经纱 I 和 II 与起毛经纱 A 和 B,它们分别绕在各自的织轴上,因此长打纬时,纬纱 2′ 和 3′ 便夹持张力较小的起毛经纱(消极送经)沿张力较大的地经纱(调节式送经)滑行,使起毛经纱弯曲形成

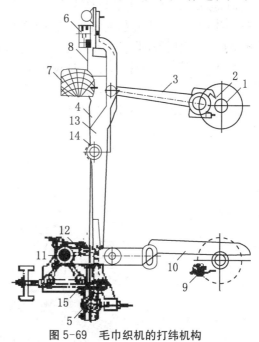

图 5-69　毛巾织机的打纬机构

1—主轴　2—曲柄　3—牵手　4—筘座脚　5—摇轴
6—筘帽　7—筘座　8—钢筘　9—起毛曲柄转子
10—摆杆　11—摆杆轴　12—起毛撞嘴
13—小筘座脚　14—转轴　15—弹簧

毛巾的毛圈,突出在织物的表面。

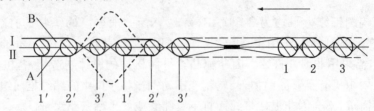

图 5-70　三纬毛巾组织结构的形成

Ⅰ,Ⅱ—地经纱　A,B—毛经纱　1,2,3—纬纱

小箱座脚式毛巾织机的打纬机构,可以通过改变起毛撞嘴的前后位置来调节起毛长打纬的动程,长、短打纬动程的差值越大,毛圈高度越高。

起毛曲柄转子所在的辅助轴与织机主轴的速比由毛巾组织决定,制织三纬毛巾时,速比为1∶3;制织四纬毛巾时,则速比为1∶4。

(二) 织口移动式毛巾打纬机构

钢筘前倾式毛巾打纬机构是利用钢筘动程做周期性变化来形成毛圈的一种毛巾织机的打纬机构,其筘座结构比较复杂,整体刚性差。织口移动式毛巾打纬机构的特点是每次打纬终了时钢筘位置保持不变,而织口位置根据毛巾组织的需要做周期性的变化。该机构中,织口移动装置与筘座机构相分离,从而简化了筘座机构。图 5-71 所示为织口移动式毛巾打纬机构的示意图。主轴通过变速齿轮传动织口位移凸轮 1(起毛凸轮)回转,当凸轮作用于转子 2 时,经过双臂杆 3 上的拉杆 4、拉钩 5、连接器 6、连杆 7 和胸梁托架 8,使织口位置做周期性的移动。当不需要起毛圈时,凸轮大半径推动转子,双臂杆 3 沿顺时针方向转动,拉杆 4 拉动拉钩 5,使活动胸梁 9 和边撑 10 右移,织口位置靠向机前;当需要起毛圈时,凸轮小半径作用于转子,相应的拉杆不再与拉钩作用,在弹簧的作用下,使活动胸梁 9 和边撑 10 左移,织口位置靠向机后。调节螺丝 11 可以调节活动胸梁的动程,以控制毛圈的高度。制织普通织物时,只需将起毛杆 12 抬起。

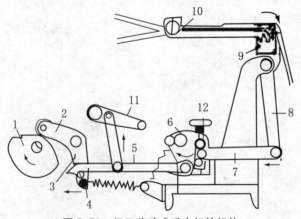

图 5-71　织口移动式毛巾打纬机构

1—凸轮　2—转子　3—双臂杆　4—拉杆　5—拉钩　6—连接器　7—连杆
8—胸梁托架　9—活动胸梁　10—边撑　11—调节螺丝　12—起毛控制杆

【思考与训练】

一、基本概念

非轴向打纬、轴向打纬、惯性打纬、非惯性打纬、打纬力。

二、基本原理

1. 四连杆、六连杆打纬机构有何区别?
2. 画出四连杆打纬机构的简图,按 r/l 如何分类?
3. 共轭凸轮打纬机构有何特点? 其设计要求有哪些?
4. 打纬机构的惯性打纬力如何计算?
5. 简述毛巾织物形成的条件。
6. 试比较几类毛巾织机打纬机构的工作原理与特点。

三、基本技能训练

训练项目 1:到实训基地了解 GA747 型剑杆织机的打纬机构,并画出打纬机构的示意图。

训练项目 2:到实训基地了解各类织机的打纬机构,并比较不同打纬机构的特点。

第五节　卷 取 机 构

织物在织口形成以后,必须不断地将织物引离织口并卷绕到卷布辊上,才能保证织造过程的顺利进行。将织物有规律地引离织口并卷绕到卷布辊上的运动,称为卷取运动。卷取运动是由卷取机构来完成的。

一、概述

(一)卷取机构的作用与要求

1. 卷取机构的作用

① 将形成的织物引离织口,并卷绕成一定的卷装形式。

② 控制织物的纬密和纬纱在织物内的排列。

2. 对卷取机构的要求

① 机构简单坚固,动作灵活准确,调节方便。

② 能随不同织物的要求而变化纬密。

③ 附有能随意卷进或退回织物的装置,以及纬纱停车时的防稀弄装置。

④ 卷装良好,并有一定的卷装容量。

(二)卷取机构的类型

随着各类新型织机的大量使用,对卷取机构的要求越来越高,传统的卷取机构已无法适应这些新型织机的高速化生产和广泛品种适应性的要求。为此,各种类型的卷取机构应运而生。

卷取机构的形式很多,根据其作用原理可分为积极式卷取和消极式卷取,消极式目前在织机上很少使用,积极式卷取又分为间歇式和连续式;根据驱动形式分,可分为机械式和电

子式卷取;按卷绕织物装置的形式分,可分为机上卷取和机外卷取(分离式卷取)。在实际使用中,习惯分为以下两大类:

1. 间歇式卷取机构

将织物引离织口和卷取辊卷取(刺毛辊、糙面辊)织物的动作只发生在织机主轴一转中的某个时期,一般由筘座脚摆动并通过棘轮棘爪传动而获得间歇动作,故又有单爪式和多爪式之分。单爪式,即棘轮被一个棘爪撑动,在国产有梭织机1511型、1515型和GA606型及国外的一些早期无梭织机上广为采用;多爪式,即棘轮被多个棘爪撑动,主要用于一些天然和化纤长丝的织机上,能准确地牵引织物。

间歇式(不论单爪、多爪)卷取机构具有结构简单、调节方便的优点,但棘爪和棘轮间的冲击大,机件易磨损、松动失灵,不能满足高速化生产。

2. 连续式卷取机构

卷取动作通过织机的主轴或中心轴,甚至由与主轴同步的独立卷取电机传动,使卷取辊获得匀速而连续的运转,并且根据织造的纬密确定主轴与卷取辊的传动比或卷取电机的转速。前者为机械式连续卷取,其变换纬密的调节有两种方式:一种是变换齿轮,另一种是采用无级变速器调节。后者是电子式连续卷取,其纬密可直接在织机电脑上进行设置。

连续式卷取机构具有机件磨损小、运动平稳、无冲击的优点,能承受较大的经纱和织物张力,并适应高速运转,故广泛应用于现代各类无梭织机上。同时,为了满足布卷容量大的特殊要求,有的织机采用机外卷取,即卷布辊从织机上分离出来,织物卷绕装置独立成套,但其运动原理不变。

二、卷取机构

(一)蜗轮蜗杆间歇式卷取机构

蜗轮蜗杆间歇式卷取机构是一种织造过程中卷取量可变的机械式卷取机构,其结构如图5-72所示。这种卷取机构用于1511S型、1511T型和改进后的GA606型、GA615型、GA747型织机。

卷取机构的动力来自于筘座运动,当筘座从后方向前方摆动时,连杆传动推杆1,经棘爪2推动变换棘轮3转过 m 个齿数,再通过单线蜗杆4、蜗轮5带动卷取辊6回转,卷取一定长度的织物。安装在传动轴9一端的制动轮8起到握持传动轴的作用,防止传动过程中由惯性引起的传动轴过冲现象,保证卷取量准确、恒定。

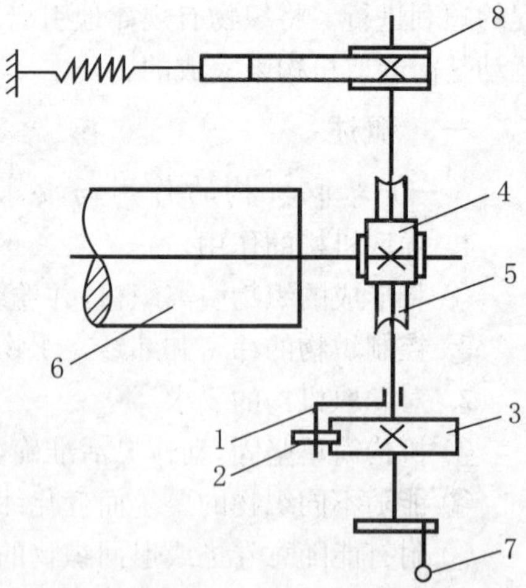

根据机构的传动关系可知,织机主轴回转一周,织入一纬,所对应的织物卷取长度为:

图5-72 蜗轮蜗杆间歇式卷取机构

1—推杆 2—棘爪 3—变换棘轮
4—蜗杆 5—蜗轮 6—卷取辊
7—手轮 8—制动轮 9—传动轴

$$L = \frac{mZ_4}{Z_3 Z_5} \pi D$$

式中:L 为每织入一纬所对应的织物卷取长度

(mm);m 为每织入一纬变换棘轮转过的齿数;Z_3,Z_4,Z_5 分别为变换棘轮3、蜗杆4、蜗轮 5 的齿数；D 为卷取辊直径(mm)。

从而，根据纬密定义可得织物机上纬密 P'_w 和机下纬密 P_w 为：

$$P'_w = \frac{Z_3 Z_5}{m Z_4 \pi D} \times 100$$

$$P_w = \frac{P'_w}{(1-a)} = \frac{Z_3 Z_5}{m Z_4 \pi D (1-a)} \times 100$$

在 1511S 型和 1511T 型织机上，为产生一段纬密较大的织物，要求卷取机构有时停止卷取。在织机上，通过杠杆、吊链等有关的机构，使棘爪 2 抬起，可以实现停卷的目的。因此，这是一种由机械控制的时而等量卷取、时而停卷的卷取量可变的卷取机构，但较难准确地控制纬密。

在丝织物生产中，为了准确地卷取织物，同时为了在停车后或寻纬后开车时有利于挡车工调整织口位置，蜗轮、蜗杆与多棘爪轮相结合的间歇式卷取机构也被采用。

在这种卷取机构中，由于机构的间歇运动，棘爪棘轮的冲击依然存在。蜗轮和蜗杆的自锁可防止变换棘轮倒转，但蜗轮与蜗杆的啮合齿隙，仍不可避免地引起变换棘轮少量的倒转而造成布面游动。

(二)无级变速器调节纬密的连续卷取机构

SM93 型剑杆织机采用无级变速器调节纬密，如图 5-73 所示。织机主轴通过齿形带传动轴 1，经链轮 Z_1 和 Z_2(或 Z'_1 和 Z'_2)传动 PIV 无级变速器 3 的输入轴 2。无级变速器的输出轴 4 再经齿轮 Z_3，Z_4，Z_5，Z_6，以及蜗杆 Z_7、蜗轮 Z_8，使卷取辊 5 转动而卷取织物。卷取辊对卷取辊轴 7 的传动也是通过一对链轮(Z_9 和 Z_{10})与摩擦离合器 6 来实现的。

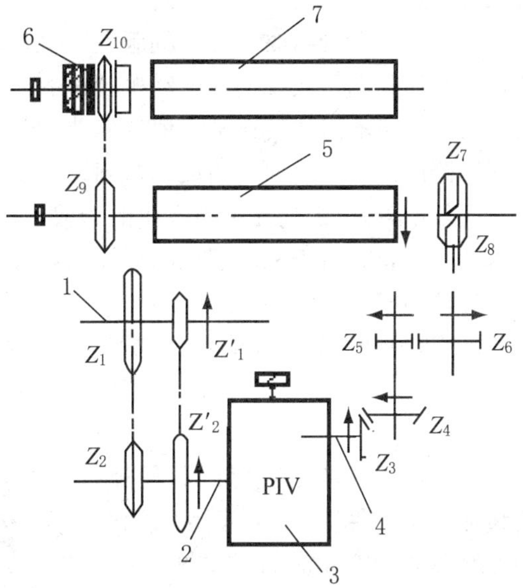

在这套卷取机构中，对纬密的调节首先由一对链轮分高、低两档调节，高纬密(13~78 根/cm)时用链轮 Z_1 和 Z_2 传动，低纬密(3~16 根/cm)时用链轮 Z'_1 和 Z'_2 传动，高、低档的切换通过操作手柄来实现；纬密的细调则由 PIV 无级变速器完成，其调速比为 6，上机时将 PIV 无级变速器的指针指在刻度盘相应的刻度上即可。

图 5-73　PIV 无级变速器调节纬密的卷取机构
1—轴　2—输入轴　3—PIV 无级变速器　4—输出轴
5—卷取辊　6—摩擦离合器　7—卷取辊轴

采用无级变速器调节纬密，不需储备大量的变换齿轮，且翻改品种方便，但翻改品种后要对织物的纬密进行检验，以免造成误差过大，多机台生产时需要一定的工作量。

(三)电子式卷取装置

随着机电一体化技术的不断发展，新一代织机上广泛采用了电脑控制的卷取机构，即电子卷取装置。与传统的卷取机构相比，电子卷取装置具有以下两个明显的特点：

① 织物的纬密变化实现了自动设定,无需更换纬密齿轮,只需通过织机上的计算机或控制装置的键盘直接输入所需的纬密,而且纬密变化的范围大、级差小,增强了织机的品种适应性。

② 在织造过程中,机上纬密可按设定的程序任意变化,这是电子卷取所特有的功能,使得织机能够生产许多机械式卷取机构无法生产的纬密变化品种。

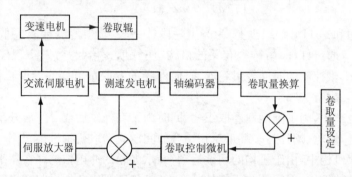

图 5-74　电子卷取的工作原理框图

电子卷取装置目前广泛应用于各类无梭织机上,图 5-74 所示为日本 JAT600 型喷气织机的电子卷取装置的原理框图。控制卷取的计算机与织机主控制计算机双向通讯,获得织机状态信息,其中包括主轴信号。它根据织物的纬密(织机主轴每纬的卷取量)输出一定的电压,经伺服放大器,驱动交流伺服电动机转动,再通过变速机构传动卷取辊,实现所设定的纬密。测速发电机实现伺服电动机转速的负反馈控制,其输出电压代表伺服电动机的转速,根据与计算机输出的转速给定值的偏差,调节伺服电动机的实际转速。卷取辊轴上的旋转轴编码器用来实现卷取量的反馈控制。旋转编码器的输出信号经卷取量换算后可得到实际的卷取长度,与由织物纬密换算出的卷取量设定值进行比较,根据其偏差,控制伺服电动机的启动和停止。由于采用了双闭环控制系统,该卷取机构可实现精密的卷取量无级调节,以适应各种纬密变化的要求。

JAT600 型织机电子卷取机构可以通过织机键盘和显示屏十分方便地进行设置。在屏幕的提示下,同时输入纬密值和相应的根数进行设置,在其循环中可织出 100 多种不同纬密。

利用电子卷取装置可以方便地得到变纬密产品,在织纹、产品颜色、织物手感和紧度等方面产生独特的效果。图5-75所示为斜纹组织的织物变纬密产生的纹路效果图。卷取机构中还配备有卷取辊手动正反装置,以完成人工卷、放布的动作。

图 5-75　斜纹织物变纬密产生的织物纹路效果图

四、边撑

在织物形成过程中,纬纱以直线状被引入织口,继而梭口发生变换,纬纱受到经纱的包围作用而产生屈曲,导致布面发生横向收缩,进而使布边部分产生较大的倾斜,容易产生边部破坏,不利于织造的顺利进行。因此,必须安装边撑,以减少边经纱的倾斜所造成的边经纱断头。

（一）边撑的作用

① 撑开布幅以抵抗织物的横向收缩。

② 保护边经纱和钢筘。

③ 决定织口的高低位置。

如果不装边撑，则倾斜过度的边经纱很快就会被筘齿磨断。由于断边频繁致使生产不能正常进行，而且两侧的筘齿也会被边经纱摩擦而磨成沟纹，继而沟纹勾断边经纱。

（二）边撑的形式

根据织物的厚薄程度和纬向收缩的特点，边撑可选用不同类型，以满足生产的需要。常见的形式有刺环式、刺辊式、刺盘式和全幅边撑等几种，其中以刺环式的应用为最多。

1. 刺辊式边撑

图 5-76（a）所示为刺辊式边撑。刺辊 5 上植有螺旋状排列的刺针，刺针在刺辊上向织机外侧倾斜 15°。刺辊略呈圆锥形，外侧一端的直径稍大些，使外侧的刺针先与织物布边接触，从而有效地控制布幅的收缩。

织物的伸幅方向决定刺辊上刺针的螺旋方向。织机右侧的刺辊为左螺旋，左侧的刺辊为右螺旋。两侧边撑刺辊的针尖，也有不同的倾斜方向，左侧针尖应倾向左方，右侧针尖应倾向右方。织物覆于两列刺辊的表面，针尖刺向织物而起伸幅作用。

2. 刺环式边撑

图 5-76（b）所示为刺环式边撑的结构图。在边撑轴 1 上依次套入若干对偏心颈圈

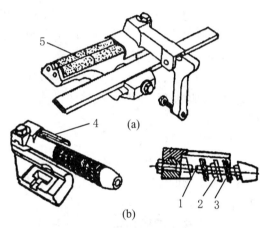

图 5-76　刺辊式和刺环式边撑

1—边撑轴　2—偏心颈圈　3—刺环

4—边撑盖　5—刺辊

2 和刺环 3。偏心颈圈呈向外侧倾斜状态，在边撑轴上固定不动。刺环套在偏心颈圈的颈部，可以自由转动，其回转轴线与边撑轴线的夹角为 α，呈向织机外侧倾斜的状态。每个刺环上通常植有两行刺针，呈平行或交叉排列，最靠织机外侧的刺环植有三行刺针，以加强伸幅能力。

织物依靠边撑盖 4 包覆在刺环上，随织物的逐步卷取，带动刺环旋转，对织物产生一定的伸幅作用。根据所加工的织物的纬向收缩程度，边撑上的刺环数可相应变化，一般为 1～20 个，必要时采用两根平行排列的边撑，以满足对织物的定幅需求。

3. 刺盘式边撑

图 5-77 所示为刺盘式边撑。刺盘 3 将织物布边部分握持，对织物施加伸幅作用。其握持区域较小，伸幅作用较小，一般用于轻薄类织物，如丝绸织物等。刺盘式边撑的优点是织物布身部分不受针刺的损伤。

上述三种边撑的作用原理是基本相同的，都是依靠刺针对织物产生伸幅作用，刺针的长短、粗细和密度应与所加工的织物的纱线线密度、织物的经纬密度相适应。当制织粗而不密的织物时，宜采用粗而长、刺密小的刺针；当制织细而密的织物时，则采用短而细、刺密大的刺针。

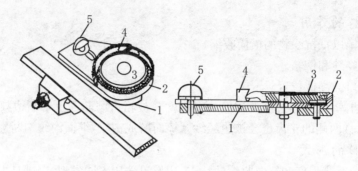

图 5-77 刺盘式边撑

1—边撑托架 2—圆盘座 3—刺盘 4—弧形闸 5—螺钉

刺环式边撑的伸幅力可调范围很大,适用于棉、毛、麻各类织物的加工。刺辊式边撑的伸幅力较刺盘式大,不适合用于厚重织物的生产,多用于一般的棉织物。刺盘式边撑的伸幅力最小,常用于丝织物的生产。

边撑的高度将影响前部梭口的空间位置,边撑过高会引起引纬路线的改变;边撑离钢筘太远,会增加边经纱的断头;边撑的刺辊或刺环被回丝杂物阻塞而不能灵活转动时,会刺破布边;针刺成钩状会造成边撑疵。

4. 全幅边撑

上述三种边撑都是依靠刺针对织物布边进行握持,通过作用于织物上的针刺回旋运动而达到对织物的伸幅作用。运用这种作用原理的边撑,总会对织物两侧被握持的边部产生不同程度的刺伤,以及在织物上留下刺痕。有些织物在这方面的要求特别严格,不能受刺针的影响,如降落伞织物。在这种情况下,可以采用如图 5-78 所示的无针刺的全幅边撑。

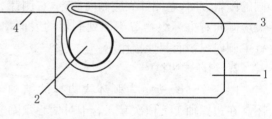

图 5-78 全幅边撑

1—槽形底座 2—滚柱 3—顶板 4—织物

全幅边撑由槽形底座 1、滚柱 2 和顶板 3 所组成。织物 4 从槽形底座和顶板的缝口处进入,绕过滚柱,然后从缝口处被引出。当钢筘后退时,在经纱张力的作用下,滚柱被抬起而拉紧织物;在打纬过程中,由于钢筘推动纬纱的过程中织口不断地发生位置的变化,织物就处于张力波动过程中,这时依靠滚柱的重力作用拉紧织物,并在织物重新被拉紧之前进行卷取。在滚柱两侧还可设置螺纹,左侧用右螺旋螺纹,右侧用左螺旋螺纹,以进一步加强对织物的伸幅作用。

【思考与训练】

一、 基本概念

间歇式卷取、连续式卷取、机外卷取、织物下机缩率。

二、基本原理

1. 间歇式和连续式机械卷取机构各有何特点？

2. 简述电子卷取的原理与特点。

3. 边撑起什么作用？有几种类型？各适用什么场合？

三、基本技能训练

训练项目 1：到实训基地了解机械式卷取机构，并画出卷取机构的示意图。

训练项目 2：到实训基地现场了解织物导向系统，并画出导向系统的示意图。

第六节　送经机构

在织造过程中，经纱与纬纱交织形成的织物被引离织口，为保证织造过程的持续进行，织轴上应送出一定长度的经纱，使织机上的经纱张力严格控制在一定的范围内。这种将经纱不断送向织机前方，以保证上机张力稳定的运动，称为送经运动。送经运动是由送经机构来完成的。

在过去的大多数织机上均采用机械式自动送经机构，即使用弹簧加载的后梁部件来检测经纱张力，并起调节补偿的作用。随着织机的高速化和产品质量的高要求化，出现了各种形式的送经机构，如外侧式带织轴感触辊送经机构、Hunt 式送经机构等。特别是近年来，随着机电一体化技术在织机上的广泛应用，出现了多种形式的电子送经机构，使送经运动更趋合理化。

一、概述

（一）送经机构的工艺要求

① 确保从织轴上均匀地送出经纱，以适应织物形成的需求。

② 保证经纱送出量与卷取运动配合协调，使织造顺利进行。

③ 给经纱以符合工艺要求的上机张力，并在织造过程中保持张力稳定、波动小。

④ 品种适应性强，故障少，维修调节方便。

（二）送经机构的分类

送经机构的种类很多，按其不同的特点，有不同的分类方式，具体分类如下：

1. 按送经作用原理分

（1）消极式送经机构。在这类送经机构中，没有传动机构传动织轴，经纱从织轴上退绕出来是依靠经纱张力对织轴的牵引作用来实现的。织轴上附设有制动装置，可以通过调节制动力矩来调节经纱张力，当经纱张力作用于织轴上的拖动力矩超过施加于织轴上的摩擦制动力矩时，就会拖动织轴转动而送出经纱，则经纱张力矩下降，织轴进而静止，故送经是间隙式的。这种送经机构不能维持经纱张力的均匀而渐趋淘汰，曾用于送经均匀性要求不高的某些帆布、毛巾、药用纱布的织机。

（2）调节式送经机构。调节式送经机构也被称为半积极式送经机构。在这类送经机构中，设有传动织轴的传动机构。送经时，织轴主动回转，经纱从织轴上退出，而织轴的回转量由当时的经纱张力决定，通过张力调节装置加以控制。这类送经机构的张力均匀性尚可，同时送经量能满足织造所需，故被各类织机广泛使用。

（3）积极式送经机构。在这类送经机构中，设置有传动机构传动织轴。在织机一回转中,经纱的送出量是恒定不变的,但没有经纱张力调节装置。所以,为了维持一定的经纱张力,积极式送经机构一般和消极式卷取机构相匹配使用,常用于制织金属筛网的织机。

上述三种送经机构中,制织常规纱线织物时均采用调节式送经机构。它能形成纬纱间距均匀的织物。这类送经机构又可进行分类,本节只介绍这一类送经机构。

2. 按织轴回转方式分

(1) 间隙式送经机构。织轴做间隙回转而送出经纱的调节式送经机构。

(2) 连续式送经机构。织轴做连续回转而不断送出经纱的调节式送经机构。

3. 按织轴驱动方式分

(1) 机械式送经机构。机械式送经机构均从织机主轴获得传动。整个机构可分成送经量调节和送经执行两大部分。这两大部分均为机械装置。调节送经量的信息源有两种类型:一种是靠织轴感触辊和后梁两者联合感应;另一种是只靠后梁系统感应。20 世纪 80 年代初的无梭织机几乎都采用机械式送经机构。

(2) 电子式送经机构。电子式送经机构均由单独电机传动送经装置。它采用非电物理量电测的方法采集经纱张力信号,再用电子技术或微机技术将采集到的信号进行处理,并以此为信号驱动送经电机带动织轴回转而送出所需的经纱量,从而保证了经纱张力的恒定。整个机构可分成经纱张力检测、送经控制和送经执行三大部分。20 世纪 80 年代中期的无梭织机开始采用电子式送经机构。现在几乎所有的新型无梭织机均采用微机控制的电子送经机构。

不管是机械式还是电子式的送经机构,每纬送出的经纱长度 l_j 为:

$$l_j = \frac{100}{P_w(1 - a_j)}(\text{mm})$$

式中:P_w 为下机纬密(根/10 cm);a_j 为经纱对成布的缩率,简称经缩。

根据送经量的要求,刚上机满织轴时,织轴的回转量最小;接近空轴时,织轴的回转量最大。所以,送经机构除了检测经纱张力外,还应对织轴直径的变化做出及时反应,通过增大织轴的回转量来进行调节,以保持送经量的恒定。

二、 机械式送经装置

机械式送经机构的种类繁多,这里仅介绍几种典型的送经机构。

(一) 外侧式送经机构

外侧式送经机构常用于有梭织机。在有梭织机的技术改造中,出现了多种形式的外侧式送经机构。这些机构的共同特征是:通过两个感应元件,分别对经纱张力和织轴直径加以检测,进行送经量的调节,从而使送经张力更加合理,织造中的经纱张力更趋均匀;同时,送经机构被移到织机的外侧,维护操作比较方便。典型的机外侧送经机构如图 5-79 所示。

1. 经纱送出装置

在经纱 20 的张力作用下,织轴始终保持放出经纱的趋势,但蜗杆 11 和蜗轮 12 的自锁作用阻止了织轴边盘齿轮 14 带动齿轮 13 转动,阻止了经纱的自行放出,使经纱保持必需的上机张力。

安装在织机主轴上的偏心盘 1 回转时,带动外壳 2 做往复运动,然后通过摆杆 3 拉动拉杆 4,使拉杆上的挡圈 5 产生一个往复动程 L。挡圈 5 向左移动时,在走完一段空程 L_c 之后,才与挡块 6 接触,推动挡块共同移动一个动程 $L_x (L_x = L - L_c)$,使三臂杆 7 的一条臂拉

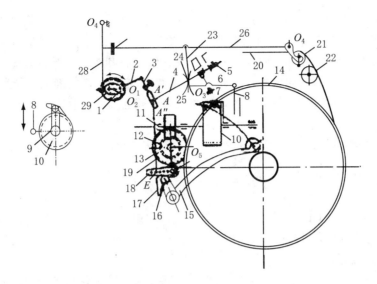

图 5-79　典型的机外侧送经机构

1—偏心盘　2—外壳　3—摆杆　4—拉杆　5—挡圈　6—挡块　7—三臂杆　8—小拉杆
9—双臂撑杆　10—棘轮　11—蜗杆　12—蜗轮　13—齿轮　14—织轴边盘齿轮　15—转臂
16—转子　17—比曲线凸轮板　18—调节转转臂　19—连杆　20—经纱　21—活动后梁　22—固定后梁
23—调节杆　24—挡圈　25—挡板　26—扇形张力杆　27—制动器　28—制动杆　29—开放凸轮

动小拉杆 8 上升。小拉杆的上升经双臂撑杆 9、棘爪、棘轮 10 驱动蜗杆 11,传动蜗轮 12、齿轮 13、织轴边盘齿轮 14 而解锁,使织轴在经纱张力的作用下做逆时针转动,放出经纱。挡圈 5 向右移动时,依靠三臂杆 7 上扭簧的作用,使三臂杆 7 和双臂撑杆 9 复位。

以大经纱张力或一般经纱张力织造时,经纱完全依靠自身张力从织轴上放出,送经机构仅起控制经纱放出量的作用。只有在较低张力织造时,才有可能使经纱张力和送经机构的驱动力共同发生作用,即以推拉结合方式送出经纱。

由图 5-79 中的偏心盘 1、外壳 2、摆杆 3 和机架 O_1O_2 组成的四连杆机构,如图 5-80 所示。其中四根杆件的长度分别为:$a=8$ mm(偏心距),$b=100$ mm, $c=40$ mm,$O_1O_2=110$ mm。偏心盘的几何中心从死点 B' 转到死点 B'' 为送经过程,在主轴位置角 0°时,将偏心盘几何中心调节到位置 B,于是,送经的名义作用时间为主轴位置角 20.5°～201.1°。由于挡圈 5 走完一段空程 L_c 之后才和挡块 6 接触,所示实际的送经开始时间为 30°～50°,名义和实际的送经结束时间一致(图 5-81)。改变主轴 0°时偏心盘几何中心在 B 点附近的位置,可以对送经时间进行适当调整。

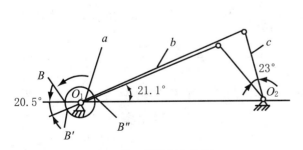

图 5-80　四连杆机构图

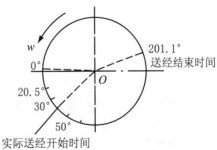

图 5-81　送经运动工作圆图

由于送经运动是断断续续进行的,所以这是一种间歇式送经机构。送经作用的时间避开了主轴 0°的打纬时刻,使打纬时经纱具有较大的张力作用,有利于打紧纬纱;同时,送经运动几乎发生在综框满开后的静止阶段,这对减少梭口满开时的经纱伸长是有利的。间歇式送经也带来了一些问题,如机构件受冲击、容易磨损、送经动作的准确性受到影响、可能产生送经量过多或过少现象。因此,间歇式送经机构比较适用于中低速运转的织机。

2. 送经量计算

在主轴一回转、织入一根纬纱的过程中,送经机构送出的经纱量为:

$$L_j = \frac{m \times Z_2 \times Z_4}{Z_1 \times Z_3 \times Z_5} \pi D$$

式中:L_j 为每纬送经量(mm);m 为主轴回转一周过程中棘轮 10 被撑动的齿数;Z_1,Z_2,Z_3,Z_4,Z_5 分别为棘轮 10、蜗杆 11、蜗轮 12、齿轮 13 和织轴边盘齿轮 14 的齿数或头数;D 为织轴的直径(mm)。

如将 $Z_1 = 60$,$Z_2 = 3$(蜗杆头数有 1,2,3 三种,现以 3 为例),$Z_3 = 20$,$Z_4 = 23$,$Z_5 = 116$ 代入上式,可得:$L_j = 0.001\,56mD$。

空轴时的织轴直径 $D_{min} = 115$ mm,满轴时的织轴直径 $D_{max} = 595$ mm。在织轴由满轴向空轴的变化过程中,为保持每纬送经量 L_j 不变,主轴回转一周棘轮被撑动的齿数 m 应逐渐增加,由上式可知,m 和 D 成双曲线关系。m 的变化从 1/5 齿到 10 齿,变化步长为 1/5 齿。

对于某一所需加工的织物来说,织物具有一定的纬密和经纱对成布的缩率。织造时,主轴回转一周、织入一根纬纱的过程中,要求送经机构放出的经纱长度为:

$$L_j' = \frac{100}{P_w(1 - a_j)}$$

式中:L_j' 为要求送经机构提供的每纬送经量(mm);P_w 为下机织物的纬密(根/cm);a_j 为织物中的经纱对成布的缩率(其值随品种而变化,且同一品种因上机工艺不同也有区别)。

织机加工的织物的纬密应和送经机构相适应。该送经机构($Z_2 = 3$)能满足织物所需的每纬最大送经量 L_{jmax}' 和最小送经量 L_{jmin}' 分别为:

$$L_{jmax}' = 0.001\,56 \times m_{max} \times D_{min} = 1.794 \text{ mm}$$

$$L_{jmin}' = 0.001\,56 \times m_{min} \times D_{max} = 0.186 \text{ mm}$$

由此式可以计算该送经机构的可织纬密范围为:

$$P_{wmin} = \frac{100}{L_{jmax}' \times (1 - a_j)} = \frac{100}{1.794 \times (1 - 2\%)} = 57 \text{ 根} / 10 \text{ cm}$$

$$P_{wmax} = \frac{100}{L_{jmin}' \times (1 - a_j)} = \frac{100}{0.186 \times (1 - 7\%)} = 578 \text{ 根} / 10 \text{ cm}$$

在实际生产中,可以改变蜗杆头数,以适应不同的织物纬密,在头数为 1～3 时,对应的纬密如下:

粗档纬密:57～157 根/10 cm;

中档纬密:157～315 根/10 cm;

细档纬密:315～787 根/10 cm。

由此可见,外侧式送经机构具有比较广的纬密覆盖面。

3. 经纱张力调节装置

当经纱张力因某种原因增大时,图 5-79 中经纱 20 施加在活动后梁 21 上的力增加,使扇形张力杆 26 绕轴 O_4 上抬,调节杆 23 上升,固定在调节杆上的挡圈 24 也随之上升,从而三臂杆 7 在扭簧的作用下绕轴 O_3 以顺时针方向转过一个角度,在新的位置上达到力的平衡。于是,挡块 6 与挡圈 5 的空程 L_c 缩小。由于 L 不变,因此,动程 L_x 增大,织轴送出经纱量增多,使经纱张力下降,趋向正常数值,扇形张力杆和三臂杆也回复到正常位置。当经纱张力因某种原因而变小时,情况正好相反,使织轴送出经纱量减少,让经纱张力朝正常数值方向增长,张力调节机构也逐渐保持在正常位置状态。

因此,经纱张力调节装置具有自动调节经纱张力、使经纱张力维持在正常数值、让张力调节机构保持在正常位置的功能。

在织轴由满轴向空轴变化的过程中,作为织轴直径感触部件的转臂 15 沿顺时针方向转动,转子 16 在双曲线凸轮板 17 的弧面上移动,使双曲线凸轮板和调节转臂 18 以一定的规律沿逆时针方向转动,通过连杆 19,使铰链点 A 由位置 A′ 逐渐下移到 A″。A 的位置下移使挡圈 5 的动程 F 增加,同时空程 L_c 有所减小,从而 L_x 增大,棘轮 10 被撑动的齿数 m 增加。双曲线凸轮板的作用弧设计原理是:控制双曲线凸轮板和调节转臂的逆时针回转规律,保证 m 的增长与 D 的减小符合公式 mD=常数。所以,经纱张力调节装置满足了织轴由满轴到空轴时送经量一致的要求,使经纱张力均匀稳定,让扇形张力杆始终处在一个正常的位置上;或者由于其他随机的张力波动原因,由活动后梁加以控制,在这个正常位置附近做小量的上下调整,对经纱张力波动做出一定的补偿。

为了适应不同纬密织物的加工需要,调节转臂 18 的作用半径需相应调整,通过改变连杆 19 与调节转臂铰链点 E 的位置来加以实现。由计算可知,作用半径越大,A 点的移动距离 A′A″ 越大,可加工的织物纬密就越小。

图 5-79 中活动后梁 21、固定后梁 22、扇形张力杆 26 和扇形张力杆转动中心 O_4(即后杆转动中心)的详细结构关系与后杆的受力分析如图 5-82 所示。当活动后梁处于正常位置时,静态综平时的经纱张力定义为工艺设计规定的织机上机张力。根据图 5-82 所示的后杆

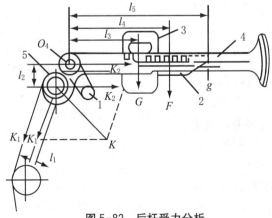

图 5-82 后杆受力分析

1—后杆 2—张力重锤 3—扇形张力杆 4—活动后梁 5—固定后梁

静态受力情况,在不计轴承 O_4 的摩擦且不考虑制动器作用力的条件下,全幅经纱的上机张力 K_2 可按力矩平衡方式确定:

$$K_1 L_1 + K_2 L_2 - GL_3 + FL_4 - gL_5 = 0$$

式中:K_1,K_2 分别为经纱在活动后梁两侧的张力(kg)(考虑轴承对活动后梁的摩擦作用,设 $K_1 = CK_2$,C 为小于1的系数);G 为织机两侧张力重锤的总质量(kg);g 为扇形张力杆的质量(kg);F 为图5-82中调节杆23对扇形张力杆的作用力(kg);L_1,L_2,L_3,L_4,L_5 为每个力对应的力臂长度(cm)。

于是:

$$K_2 = \frac{GL_3 - FL_4 + gL_5}{CL_1 + L_2}$$

上式表明:改变张力重锤的质量(重锤数量)或改变重力作用的力臂长度,可以调节经纱的上机张力,达到工艺设计规定的数值。

为了避免打纬时后梁跳动而引起的钢筘对织口的打纬力不足,也为了减少开口和打纬所造成的送经调节机构的振动,在扇形张力杆的前端装有制动器27(图5-79)。安装在主轴上的开放凸轮29通过制动杆28来控制制动器的开始和闭合。开放凸轮的设计和安装要考虑制动器仅在综框静止时期才能开放,使扇形张力杆得以随经纱张力的波动而上下偏移。在其他时间内,制动器的闭合对扇形杆实施握持作用。综框静止时期内,扇形张力杆的运动对减小经纱的伸长十分有利,且此时经纱张力的波动小。

在高密织物的高张力织造时,这种制动方式不能强有力地握持扇形张力杆,后梁随着打纬的发生而制动,织口位移量明显增加,织物达不到应有的纬密要求。在现代织机上,这种制动方式已不采用,取而代之的是阻尼式制动机构。

(二) 带有锥形盘无级变速器的送经机构(即 Hunt 式送经机构)

带有锥形盘无级变速器(或称宽带无级变速器)的送经机构有多种形式:有些采用张力弹簧;有些兼用张力弹簧和张力重锤;部分送经机构只具有以活动后梁作为感应元件的送经调节装置;部分送经机构还配有和外侧式送经机构相似的织轴直径感触装置,用于感应织轴直径的变化,以维持

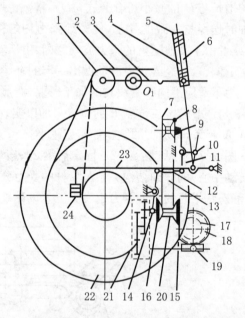

图 5-83　带有锥形盘无级变速器的送经机构简图

1—活动后梁　2—经纱　3—张力感应辊　4—弹簧连杆
5—调节螺母　6—张力弹簧　7—固定锥盘　8—可动锥盘
9—输入轴　10—角形杆　11—双臂杠杆　12—调节螺母
13—齿形带　14—双臂杠杆　15—固定锥盘　16—可动锥盘
17—齿轮　18—蜗轮　19—蜗杆　20—输出轴　21—变速轮系
22—织轴边盘齿轮　23—重锤杆　24—张力重锤

送经量的恒定。下面介绍一种不带织轴直径感触装置的送经机构,如图 5-83 所示。

1. 经纱送出装置

主轴转动时,通过传动轮系(图中未画出,设轮系的传动比为 i_1)带动无级变速器的输入轴 9,然后经锥形盘无级变速器的输出轴 20、变速轮系 21、蜗杆 19、蜗轮 18、齿轮 17,使织轴边盘齿轮 22 转动,允许织轴在经纱张力作用下放出经纱。这是一种连续式送经机构,在织机主轴的回转过程中始终发生送经动作。它避免了间歇式送经机构的零件冲击、经纱受张力作用发生过度伸长等弊病,故适用于高速织机。

2. 送经量计算

该送经机构的经纱送出量可以变化,变速轮系 21 的四个齿轮为变速齿轮,改变变换齿轮的齿数,可以满足不同范围的送经量的要求。在变速轮系所确定的某一个送经量范围内,通过改变无级变速器的速比,可在这一范围内对送经量做出细致、连续的调整,以确保机构送出的每纬送经量与织物所需的每纬送经量精确相等。

织机主轴每一回转送出的经纱长度为:

$$L_j = i_1 i_2 i_3 \eta \frac{D_1}{D_2} \pi D$$

式中:i_1 为织轴主轴到输入轴 9 的传动比(固定值);i_2 为变速轮系的传动比;i_3 为蜗杆 19 到织轴边盘齿轮 22 的传动比(固定值);η 为无级变速器中宽皮带与锥形盘的滑移系数;D_1 为输入轴 9 上的锥形盘的传动直径(mm);D_2 为输出轴 20 上的锥形盘的传动直径(mm);D 为织轴直径(mm)。

当变速轮系的变换齿轮数选定为某组数组,使 i_2 为最大值 i_{2max} 或最小值 i_{2min} 时,该送经机构能够满足织物所要求的每纬最大送经量 L'_{jmax} 和最小送经量 L'_{jmin} 分别为:

$$L'_{jmax} = \frac{D_{1max}}{D_{2min}} i_1 i_{2max} i_3 \eta \pi D_{min}$$

$$L'_{jmin} = \frac{D_{1min}}{D_{2max}} i_1 i_{2min} i_3 \eta \pi D_{max}$$

式中:D_{1max},D_{1min},D_{2max},D_{2min},D_{max},D_{min} 分别为 D_1,D_2,D 的最大值和最小值。

相对应的可织的织物纬密范围为:

$$P_{wmin} = \frac{100}{L'_{jmax}(1-a)}$$

$$P_{wmax} = \frac{100}{L'_{jmin}(1-a)}$$

在上述公式中,代入相关数据,计算可知,该机构采用四个变换齿轮,可织的织物纬密范围较广,当使用的织轴满轴直径为 700 mm 时,可织的织物纬密范围为 20～1250 根/10 cm。

3. 张力调节装置

这种送经机构具有经纱张力自动调节功能,能根据经纱张力的变化自动调整送经量,使经纱张力维持恒定的数值。当经纱张力增大时,经纱 2 使活动后梁 1 下移,通过张力感应杆 3、弹簧连杆 4、角形杆 10,克服张力重锤 24 的重力矩和角形杆的阻力矩,使双臂杠杆 11 做逆时针转动。于是,可动锥盘 8 向固定锥盘 7 移动,使输入轴 9 上的锥形盘的传动半径 D_1

增加,同时双臂杠杆 14 做顺时针转动,在皮带的张力作用下,可动锥盘 16 远离固定锥盘 15,输出轴 20 上的锥形盘的传动半径 D_2 减小,其结果为每纬送经量 L_j 增大,经纱张力下降,回复到正常数值。相反,当经纱张力减小时,则 D_1 减小,D_2 增大,每纬送经量 L_j 减小,从而经纱张力增大,回复到正常值。

随着织轴由满轴向空轴变化,卷绕直径 D 逐渐减小,活动后梁的高度逐渐下降,使 D_1/D_2 的数值逐渐增大,满足了 DD_1/D_2 为常数的要求,故送经机构的每纬送经量将维持恒定。

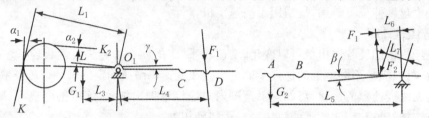

图 5-84　后梁系统受力分析

根据图 5-84 所示的后梁系统受力分析,在静态条件下可计算经纱上机张力 K_2,有:

$$K_1 L_1 - K_2 L_2 + G_1 L_3 - F_1 L_4 = 0$$
$$F_1 L_6 - G_2 L_5 - F_2 L_7 = 0$$
$$K_1 \approx K_2 C$$

式中:K_2 为经纱上机张力(kg);K_1 为织轴一侧的上机张力(kg);C 为小于 1 的系数;F_1,F_2 分别为弹簧连杆作用力和角形连杆作用力(kg);G_1 为后梁及张力感应杆的质量(kg);G_2 为重锤的质量(kg);L_1,L_2,L_3,L_4,L_5,L_6,L_7 为上述各作用力的力臂(cm)。

由上述各式解得:

$$K_2 = \frac{F_1 L_4 - G_1 L_3}{L_1 - L_2}$$

其中:$F_1 = \dfrac{G_2 L_5 + F_2 L_7}{L_6}$。

上式表明:静态条件下的经纱上机张力,可以通过改变上机张力重锤的重力 G_2、重锤作用力臂 L_5(A 或 B)、弹簧连杆作用力臂 L_4(C 或 D)来进行调节;当织轴卷绕直径逐渐减小时,引起张力感应杆位置和重锤位置变化,从而各作用力与水平、垂直线的夹角发生变化,这些作用力的力臂也相应地变化,经纱上机张力也随之改变。

当经纱张力发生幅度较小的波动之后,首先张力弹簧发生变形,后梁位置改变,使经纱伸长量和经纱张力得到一定程度的补偿。然而,弹簧连杆和无级变速器几乎不会对此做出反应,仍处于原来的位置。因此,张力弹簧的设置使经纱张力调节装置的工作比较平稳、均匀。只有在张力波动超过一定数值之后,才会引起弹簧连杆的升降、无级变速器的传动比和每纬送经量做出相应的修正。合理选择张力弹簧的刚度和初始压缩长度,在满足经纱张力调节均匀的前提下,可以使经纱张力调节装置的工作比较平稳、均匀。

三、 电子送经机构

在电子送经机构中,织轴的转动由送经执行部分的送经电机直接传动,它受到送经量控制部分的控制。送经量控制部分是根据设定值和经纱张力检测的结果来进行控制的。通过对送经电机的转速和转向的控制,送出所需的经纱并维持恒定的经纱张力。

电子送经有间歇式和连续式之分,但均由三大部分所组成:经纱张力信号采集系统、信号处理和控制系统与织轴驱动装置。

(一)经纱张力信号采集系统

经纱张力信号采集系统有接近开关式和应变片式两种。

1. 接近开关式经纱张力信号采集系统

接近开关式的经纱张力信号采集系统的工作原理和机械式送经机构基本相同,如图5-85所示。从织轴上退绕出来的经纱9绕过后梁1,经纱张力使后梁摆杆2绕 O 点做顺时针转动,对张力弹簧3进行压缩。通过改变弹簧力,可以调节经纱的上机张力,并使后梁摆杆位于一个正常的平衡位置。在织造过程中,当经纱张力比预设值大或小时,后梁摆杆从平衡位置发生偏移,固定在后梁摆杆上的铁片4和5相对于接近开关6和7做位置的变化。

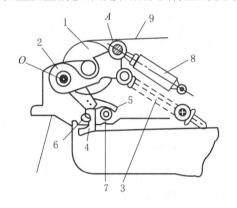

图 5-85　接近开关式经纱张力信号系统
1—后梁　2—后梁摆杆　3—张力弹簧　4,5—铁片
6,7—接近开关　8—阻尼器　9—经纱

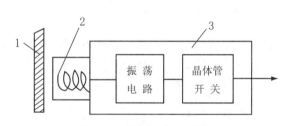

图 5-86　接近开关工作原理
1—铁片　2—感应线圈　3—接近开关

接近开关是一种电感式传感器。当铁片1遮住传感器感应头时(图5-86),由于电磁感应使感应线圈2的振荡回路损耗增大,回路振荡减弱。当铁片遮盖到一定程度时,损耗达到使回路停振,此时晶体管开关电路输出一个信号。

铁片4遮住接近开关6的感应头时,开关电路输出一个信号,送经电机回转,放出经纱。在正常运转时,铁片5总是在接近开关7的上方。若经纱张力过大而超过允许范围,铁片5就会遮住接近开关7,开关电路输出信号,命令织机停车。当张力小于允许范围时,铁片4会遮住接近开关7,也会使织机停车。

后梁摆杆根据经纱张力变化,不断地调整铁片4与接近开关6的相对位置,使送经电机时而放出经纱,时而停止,让后梁摆杆始终在平衡位置附近做小量的位移,经纱张力始终稳定在预设上机张力的附近。

在高经纱张力或中、厚织物织造时,开口、打纬等运动引起经纱张力快速、大幅度的波动,会导致后梁跳动,造成打纬力不足,织物达不到设计的密度,并影响经纱张力调节的准确性。为避免这一缺点,在后梁系统中安装了阻尼器8(图5-85)。阻尼器的两端分别与机架和后梁摆杆铰接,由于阻尼器的阻尼力与后梁摆杆上铰接点 A 的运动速度的平方成正比,因此,开口、打纬等运动所造成的经纱张力的大幅度、高速度波动不可能引起阻尼器工作长度相应的变化,阻尼器如同一根长度固定的连杆,对后梁摆杆、后梁起到强有力的握持作用,阻止了后梁的跳动。但是,对于织轴直径减小或某些因素引起的经纱张力慢速变化,阻尼器几乎不产生阻尼作用,不影响后梁摆杆在平衡位置附近做相应的偏移运动。

2. 应变片式经纱张力信号采集系统

与接近开关式相比,应变片式经纱张力信号采集系统工作原理有了明显的改进。一种较简单的结构如图 5-87(a)所示。经纱 8 绕过后梁 1,经纱张力通过后梁摆杆 2、杠杆 3、拉杆 4,施加到应变片传感器 5 上。这里,采用了非电物理量电测的方法,通过应变片微弱的应变变化来采集经纱张力变化的全部信息,但经纱张力变化不引起后梁系统的跳动。

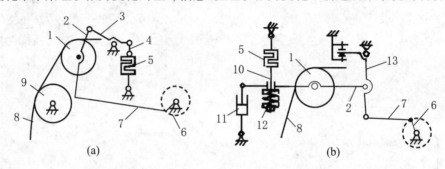

图 5-87 应变片式经纱张力信号采集系统

1—后梁 2—后梁摆杆 3—杠杆 4—拉杆 5—应变片传感器 6—曲柄 7—连杆
8—经纱 9—固定后梁 10—弹簧杆 11—阻尼器 12—弹簧 13—双臂杆

曲柄 6、连杆 7、后梁摆杆 2 组成了平纹织物织造的经纱张力补偿装置,起到前文已叙述的平稳凸轮的作用。改变曲柄长度,可以调节张力补偿量的大小。

图 5-87(b)所示为一种结构稍复杂的应变片式经纱张力信号采集系统。经纱张力通过后梁 1、后梁摆杆 2、弹簧 12、弹簧杆 10,施加于应变片传感器 5 上。其电测原理与前一种方式是完全一样的。它们都不必通过后梁系统的运动来反映经纱张力数值的变化,从而避免了后梁系统的运动惯性对经纱张力采集的频率响应的影响,保证送经机构能对经纱张力的变化做出及时、准确的调节。这有利于加工对经纱张力要求较高的稀薄织物。

在经纱张力快速变化的条件下,阻尼器 11 对后梁摆杆起握持作用,阻止后梁上下跳动,使后梁处于"固定"的位置上。但是,当经纱张力发生意外的较大幅度的慢速变化时,后梁摆杆通过弹簧 12 的柔性连接,可以对此做出反应,弹簧会发生压缩或变形回复,后梁摆杆会适当上下摆动,对经纱长度进行补偿,避免了经纱的过度松弛或过度张紧。

(二) 信号处理与控制系统

1. 接近开关式

图 5-88 为经纱张力采集、处理和控制工作原理框图。当经纱张力大于预设数值 F_0 时,如图 5-89 中的点划线所示,铁片对接近开关的遮盖程度达到使振荡回路停振,于是开关电路输出信号 V_1,如图 5-89(b)所示。F_0 通过调整张力弹簧刚度和接近开关的安装位置来进行设定。信号 V_1 经积分电路、比较电路处理,如图 5-89(c)所示。当积分电压 V_2 高于设定电压 V_0 时,则输出信号 $(V_2 - V_0)$,通过驱动电路使直流送经伺服电机转动,织轴放出经纱。

(V_2-V_0)越大,电机转速越高,经纱放出速度越快。当$V_2<V_0$时,电机不转动,织轴被锁定,经纱不能放出。

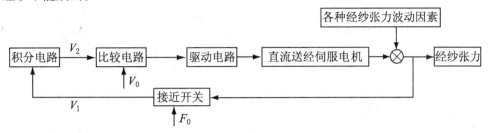

图 5-88　接近开关式电子送经机构的经纱张力控制原理

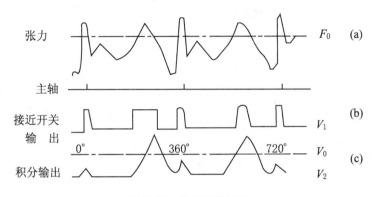

图 5-89　信号处理过程

在上述方式中,经纱不是每一纬都送出,属于间歇式,因此送经量调节的精确程度稍差,较适宜于中、厚织物的制织。但是,它的电路结构比较简单、可靠,有较强的实用性。

2. 应变片式

应变片式的经纱张力信号处理和控制系统中采用了微电脑。该方式应用在不同的电子送经机构中,信号处理与控制的方法各有特点,使所用的织轴驱动伺服电机有交流和直流之分,因此,经纱张力信号的处理与控制系统有多种形式,但它们的基本原理可归纳为如图 5-90 所示。

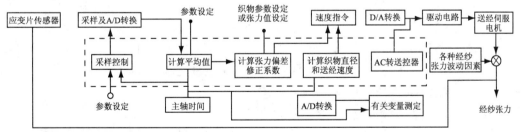

图 5-90　应变片式电子送经机构的经纱张力控制原理

电脑按照程序设定的采样时间间隔,根据主轴时间信号,对应变片传感器输出的模拟电量进行采样及模拟量到数字量的转换(A/D 转换),然后将经纱张力变化一个周期内的各采样点数值计算其算术平均值或加权平均值(周期为预设参数)。将计算出的平均张力值与预设定的经纱张力值进行比较,或者与电脑根据预设定的织造参数(纱线线密度、织物密度、幅宽等)所算得的经纱张力值进行比较,由张力偏差所得的修正系数C_p进入速度指令环节。

由于伺服电机的送经速度计算时应考虑到织轴半径不断减小的因素,电脑首先按当前的一段时间内送经小齿轮转数和织机主轴转数的测试结果及一些预设参数算出织轴的当前直径,然后再按织物纬密、织轴直径等参数计算出每纬送经量所对应的伺服电机转速 n_0。n_0 进入速度指令环节之后,与转速修正部分叠加,得到伺服电机的送经速度指令:

$$n = n_0 + n_0 C_p / k$$

式中: k 为叠加常数。

速度指令通过数字量到模拟量的转换(D/A 转换),输入驱动电路,进而驱动交流或直流伺服电机。电机转速由两个部分组成,分别对应基本部分"n_0"与修正部分"$n_0 C_p / k$"。经纱张力大于设定值时,C_p 为正,电机送经量增大;反之则减小。

在使用交流伺服电机时,还需测出电机的当前转速,信号反馈到驱动电路,使驱动输出做相应的修正。

(三)织轴驱动装置

织轴驱动装置包括交流或直流伺服电机,以及它们的驱动电路和送经传动轮系。图5-91所示为某织机的织轴驱动装置。

图 5-91 中,电机 1 通过一对齿轮 2 和 3、蜗杆 4、蜗轮 5,起减速作用,装在蜗轮轴上的送经齿轮 6,与织轴边盘齿轮 7 啮合,使织轴转动,送出经纱。为防止惯性回转造成送经不精确,送经装置中都含有阻尼部件。图5-91所示的送经装置是在蜗轮轴上装一个制动盘 8,通过制

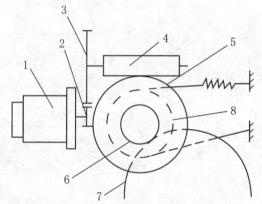

图 5-91 电子送经机构中的织轴驱动装置

1—电机 2,3—齿轮 4—蜗杆 5—蜗轮
6—送经齿轮 7—织轴边盘齿轮 8—制动盘

动带的作用,使蜗轮轴的回转受到一定的阻力矩作用,当电机一旦停止转动时,蜗轮轴立即停止转动,从而不出现惯性回转。

送经电机有直流和交流伺服电机两种,其特性是不同的。由电机的特性曲线可知,直流伺服电机的机械特性较硬,线性调速范围大,易控制,效率高,比较适宜用作送经电机。但它使用电刷,长时间运转会产生磨损,在低速转动时,由于电刷和换向器易产生死角,引起火花,会干扰电路部分的正常工作。交流伺服电机无电刷和换向器引起的弊病,但机械特性较软,线性调速区小。为此,在电机上装测速电机,检测电机转速,并以此检测信号作为反馈信号,输入驱动电路,形成闭环控制,保证送经调节的准确性。

综上所述,电子送经机构与机械式送经机构相比,具有如下特点:

① 机构简单,适应高速。电子送经机构采用电机直接传动,简化了经纱张力和织轴直径的探测部分,使机构紧凑简单。

② 经纱张力均匀。采用微电子技术监测经纱张力,对经纱张力的变化响应迅速,消除了机械结构中由于惯性造成的滞后现象,使送经量与经纱张力及时得到调整。另外,机械式送经机构受自身结构的限制,对经纱张力的微小变化的感应不灵敏,调节送经量易出现偏差;而电子送经机构可对送经量实现精确调节,所以经纱张力比较均匀。

③ 新型电子送经机构有较强的防稀密路功能。电子送经机构可以与电子卷取机构实

现同步联动,并可根据织物特点和设定的要求自动调节经纱张力,避免和减少稀密路的出现,确保产品质量。

送经机构中还装有织轴手动装置,用于人工退、送经纱,以利于挡车工处理操作。

四、双轴制送经机构

有些情况下,织机的经纱需要分别卷绕在两个织轴上,实现双织轴送经。织机上使用双轴送经,按织轴放置方式分为两类:上下分布式和并列式。

(一)上下分布式双轴送经机构

上下分布式双织轴送经机构的使用情况有如下几种情形:

① 织制花纹织物时,由于地经与花经的浮长不同,从而造成花经、地经的织缩率不同:地经的交织次数多,织缩率大;花经的交织次数少,织缩小。如果花、地经共用一个织轴,将引起经纱张力不匀,从而开口不清,影响正常生产,所以必须采用双织轴送经。有时,地组织和花组织虽相同,或花、地经的交织次数相差不大,但由于经纱的线密度相差较大,因而织缩率也不相同,所以也只能采用双织轴送经。

② 制织泡泡纱织物时,泡、地经的组织虽相同,或泡、地经的交织次数相差不大,但由于泡经要起泡,其送经量应比地经大,通常为地经的 1.2～1.3 倍,所以泡经张力小,地经张力大,也要采用双织轴送经。

③ 织制毛巾织物或其他经绒类织物时,毛经纱由于起毛的需要,送经长度比地经大得多,因此也需分卷两轴,即采用双织轴送经。毛经纱的张力一般很小,其经轴一般采用摩擦制动的消极送经。

(二)双轴并列式送经机构

在阔幅织机上,由于受到整经机和浆纱机幅宽的限制,一般采用双轴并列式送经机构。双轴并列式送经机构有机械式和电子式送经机构,结构形式有如下几种:

使用一套机械式送经机构,通过周转轮系来控制和协调两个织轴的经纱放出量;使用两套电子式送经机构,分别控制两个织轴,常用于厚重织物的加工;使用一套电子式送经机构,通过周转轮系差速器来控制两个织轴的经纱放出量,用于轻薄、中厚织物的加工。

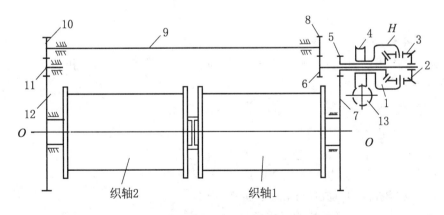

图 5-92 周转轮系差速器的双轴送经工作原理

1,2,3—圆锥齿轮 *H*—周转轮系的转臂 4—蜗轮 5,6,7,8,10,11—齿轮
7,12—织轴边盘齿轮 9—长传动轴 13—蜗杆

在无梭织机上,由于经纱高张力的原因,送经机构实质上是一个放经机构,经纱放出的原动力来自于经纱张力,送经机构只起控制织轴经纱放出量的作用。在图 5-92 中,蜗杆 13 的回转角度控制着织轴的经纱放出量:

$$\theta_1 = \theta_H + \theta_3, \quad \omega_1 = \omega_H + \omega_3, \quad \varepsilon_1 = \varepsilon_H + \varepsilon_3$$
$$\theta_2 = \theta_H - \theta_3, \quad \omega_2 = \omega_H - \omega_3, \quad \varepsilon_2 = \varepsilon_H - \varepsilon_3$$
$$\theta_1 + \theta_2 = 2\theta_H, \quad \omega_1 + \omega_2 = 2\omega_H, \quad \varepsilon_1 + \varepsilon_2 = 2\varepsilon_H$$

式中:θ_1,θ_2,θ_H,ω_1,ω_2,ω_H,ε_1,ε_2,ε_H 分别为齿轮 1 和 2 与转臂 H 的角位移(°)、角速度 (°/s)、角加速度(°/s²)(以放出经纱的转向为正,反之为负);θ_3,ω_3,ε_3 分别为齿轮 3 的自转角位移(°)、角速度(°/s)、角加速度(°/s²)(使织轴 1 放出经纱的转向为正,反之为负)。

分析轮系的运动可知,当蜗杆 13 发生回转时,$\omega_H(t) \neq 0$,齿轮 3 的运动由公转和自转两个部分叠加而成,齿轮 3 的公转起放出经纱的作用。这段时间称为放经过程。在放经过程中,同时发生着由齿轮 3 自转所产生的两织轴间经纱张力矩差异的自动调节作用。当蜗杆 13 停止转动时,$\omega_H(t) = 0$,齿轮 3 只可能做自转运动,齿轮 3 的自转运动调节着两个织轴间经纱张力矩的差异。这段时间称为自调过程。因此,在织轴的全部工作时间内,间隔地进行着放经和自调两个过程。

生产实践表明,这种送经机构通过周转轮系差速器来自动调节两个织轴放出的经纱量,从而缩小它们之间的张力差异。但实际运用中发现这种方法尚存在不足,容易产生两个织轴的余纱长度不等的弊病,造成原料浪费。生产中为了减少两个织轴的余纱长度的差异,通常要求两个织轴的卷绕长度、卷绕半径、卷绕密度均匀一致,并且两个织轴安装良好,其传动轮系转动灵活。

采用两套电子式送经机构,分别驱动两个织轴的双轴式送经方式,避免了周转轮系差速器及其传动系统造成的两个织轴的余纱长度差异,因此代表着双轴式送经技术的发展方向。

【思考与训练】

一、 基本概念

消极式送经、积极式送经、调节式送经、间歇式送经、连续式送经、机械式送经、电子送经、上机张力。

二、 基本原理

1. 简述送经机构的作用与分类。

2. 简述外侧式带有织轴感触辊式送经机构的工作原理。

3. 简述 Hunt 式送经机构的工作原理。

4. 电子送经机构的组成部分和工作原理如何?

5. 简述双轴制式送经机构的运用场合。

三、 基本技能训练

训练项目 1:到实训基地了解各类机械式送经机构,进行比较分析。

训练项目2：查阅资料，画出电子送经机构与卷取机构的同步配合原理框图。

第七节 织机的辅助机构

为了操作方便，提高工作效率，织机上必须配置各种辅助机构和装置。无梭织机替代有梭织机已成为必然，并且先进的无梭织机已发展成为精密、高度自动化、机电一体化的机械设备，织机上的辅助机构类型相应地发生了变化。本节主要介绍各类无梭织机的辅助机构。

一、断头自停装置

在织机运转过程中，经纬纱线可能会处于不正常的工作状态，这时织机必须立即关车，以免在织物上形成残疵，影响织物的质量。织机上，这些断头自停装置的动作是通过经纱和纬纱断头自停装置来完成的。

（一）经纱断头自停装置

织机上经纱断头或经纱过分松弛时，经纱断头自停装置会及时地自动关车，将织机停在一定的主轴位置上，同时发出断经分区指示信号。常见的经纱断头自停装置有机械式和电气式两类。这里主要介绍电气式经纱断头自停装置。

电气式经纱断头自停装置有接触式和光电式两种。现代织机上的电气式经纱断头自停装置均由微电脑控制，对经纱断头或经纱过度松弛执行十分及时、准确的停车动作。目前，以微电脑控制的接触式经纱断头自停装置在无梭织机上使用较为普遍。

1. 电气自停装置的检测部分

接触式经纱断头电气自停装置以停经片3及相互绝缘的正、负电极1和2组成检测部分，如图5-93所示。当经纱4断头或过度松弛时，停经片3下落，使电极1和2导通，产生停经信号。停经片上部的斜口能保证它落下后必定与电极1和2都接触。

光电式经纱断头电气自停装置以停经片和成对设置的红外发光管、光电二极管组成检测部分。停经片下落，使红外线发光管通往光电二极管的光路阻隔，光电二极管不再受光，于是产生停经信号。

接触式和光电式的检测部分对日常的清洁工作都有比较严格的要求。当飞花和油污堆积在接触式检测部分的电极上或堆积在光电式检测部分的光学元件上时，会发生经纱断头自停装置失灵现象，造成织物的经向织疵。

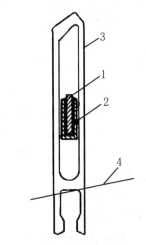

**图5-93 接触式经纱断头
电气自停装置**

1，2—电极 3—停经片 4—经纱

2. 电气自停装置的控制和执行部分

接触式和光电式经纱断头电气自停装置的控制和执行部分是基本相同的，有微电脑控制和不带微电脑控制两种方式。当今织机上使用前者较多。

图5-94为微电脑控制的经纱断头电气自停装置工作原理图。由检测部分输出的停经信号，经计数器转变为微处理器的中断申请信号。微处理器在接收到中断申请信号之后，立即转入停经信号的采样和判断工作。这一工作将持续一段时间。在这段时间内，停经信号

如一直维持,则微处理器将根据设定的停车主轴位置角,以及内存中记录的最后一次停经制动时间角(由于制动片的磨损,该时间角会逐渐增大),在相应的主轴位置发出停车指令,驱动电路开始工作,使电磁制动器对织机实施制动,并制停在预定的停车位置角上。然后,慢速电动机动作,将织机停车位置调整到工艺设定的停经主轴角度,通常为300°。在这一角度上,经纱处于综平或接近综平位置,经纱张力最小,有利于接续断头操作和减少停机过程中的经纱塑性变形,从而避免织物上产生纬向横档疵点。

有时,因某些偶然因素会引起接触式检测部分正、负电极的瞬时或短时导通,由于停经信号的持续时间不足,微处理器不会做出"断经"的错误判断,从而避免了无故关车而造成的织机效率下降。

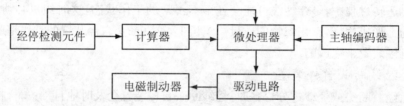

图5-94　微电脑控制的经纱断头电气自停装置工作原理框图

主轴位置角信号(又称同步信号)由主轴上的编码器发出,经接口输入微处理器,作为各种动作控制的时间依据。

3. 停经架

停经架用于安放停经片和检测部分的其他部件。一般的停经架上可以安放六列停经片。停经片的排列密度应符合工艺设计的规定要求,排列过密不仅会磨损纱线,而且造成停经失灵。

为方便断经找头操作,织机上配备了断经分区指示信号灯,部分停经架上还装有找头手柄,摇动手柄便可看到断经下落的停经片位置。

(二)纬纱断头自停装置

织机在引纬不正常时(如纬纱断头、缺纬、纬纱长度不足、双纬误入等)会自动关车,将织机主轴及时地制停在与故障原因相应的位置上,并且纬纱断头指示灯发出信号。织机上的这一自停动作由纬纱断头自停装置完成。

纬纱断头自停装置有很多种类,无梭织机通常采用电气式自停装置。电气式纬纱断头自停装置在无梭织机上使用时,自停装置的检测零件必须和各种无梭引纬方式相适应。因此,纬纱断头自停装置的纬纱检测形式也多种多样,主要有压电陶瓷传感器、光电传感器和电阻传感器三种检测方式。

1. 压电式纬纱断头自停装置

剑杆织机和片梭织机上,纬纱断头自停装置通常采用压电陶瓷传感器的纬纱检测方式。纬纱从储纬器引出后,经过压电陶瓷传感器的导纱孔,张紧状态的纱线以包围角 α 压在传感器的导纱孔壁上,如图5-95所示。当纱线快速通过导纱孔时,孔壁带动压电陶瓷晶体发生受迫振动,产生交变的电压信号。对传感器输出的交变电压

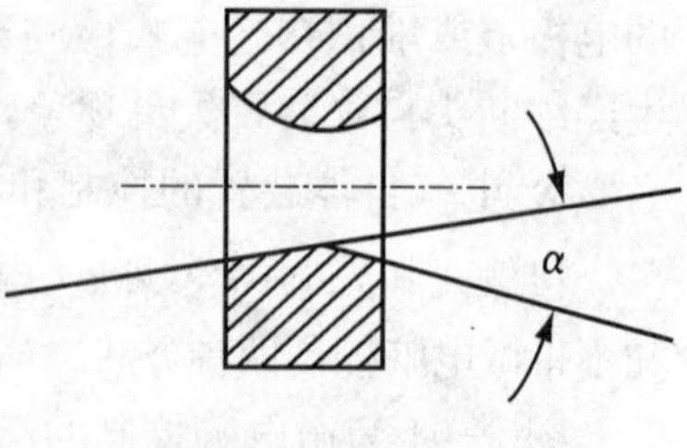

图5-95　纱线对压电陶瓷传感器导纱孔的作用

信号,有多种判别进而控制自停的方式。

以微电脑控制的纬纱断头自停工作原理如图5-96所示。

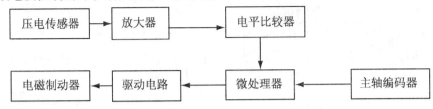

图5-96 微电脑控制的纬纱断头自停工作原理框图

传感器产生的微弱检测信号先经放大,然后输入电平比较器,进行电平比较和逻辑判断。当纬纱断头或缺纬时,压电陶瓷晶体不受纱线作用,传感器输出的电压信号(实际上为电路噪音信号)经放大后幅值很小,低于比较电路所设置的下限电平;当双纬误入时,由于陶瓷晶体振动过剧,传感器输出的电压信号经放大后幅值高于比较电路所设置的上限电平。检测信号由比较电路进行电平比较,并经逻辑电路判断,最后,电平比较器输出对应于正常引纬状态的高电平"1"或对应于断纬、缺纬、双纬误入等非正常引纬状态的低电平"0"。主轴编码器发出的主轴角度信号经接口输入微处理器,微处理器在设定的主轴角度区域内(对应引纬阶段)对电平比较器的输出电平信号进行采样与鉴别。当检出非正常引纬的低电平"0"时,微处理器根据设定的停车主轴位置,以及最近一次的纬停制动时间角,在相应时刻发出停车指令,驱动电路启动电磁制动器,使织机在预定的主轴位置角停车;然后,慢速电动机带动开口机构完成自动找梭口动作,最终将织机停在工艺设定的纬停主轴角度。

为避免机架振动引起的压电陶瓷晶体振动,保证纬纱断头自停装置正确工作,传感器的安装应采取良好的隔振措施。用于剑杆织机时,由于送纬剑运动和中途两剑交换的纬纱速度很低,传感器输出的检测信号过弱,因此微处理器对检测信号的采样和鉴别区域应不包括这些时间。否则,微处理器会做出"断纬"的误判,引起空关车,影响织机效率。

织机投入工作之前,需在微电脑控制系统中输入所加工的纬纱线密度和滤波时间等参数。微处理器将按照纬纱线密度自动设置放大器的放大倍数,并在织机工作时,根据滤波时间参数对电平比较输出的电平做数字滤波(进行算术平均计算)。滤波的目的是为了防止由于纱疵通过或纱线的偶然跳动等因素引起的电平比较器短暂的低电平输出所造成的空关车。

2. 光电式纬纱断头自停装置

喷气引纬是一种消极式引纬,纬纱飞行时张力较弱,张力波动较大,因此,压电陶瓷传感器的检测方式就不适用了。通常,喷气织机采用光电式传感器的纬纱检测方式。光电传感器检测元件如图5-97所示。

图5-97(a)所示为一种异型筘筘齿形状的探头。探头安装时,凹槽部分应与异型筘的凹槽相平齐。异型筘式喷气引纬时,纬纱准确地飞行于狭小的槽形区域内。这为光电传感器检测方式的应用创造了条件。探头上装有一个光源1和两个光电元件2,纬纱6飞过探头上的凹槽时,对光源发出的光线进行反射,光电元件接收反射后,输出一个纬纱到达信号。光电元件的斜向设置有利于克服外界光线的直射干扰,避免误信号和误动作的产生。

如图5-97(c)(d)所示的探头7为异型筘式喷气引纬使用的另一种光电式传感器纬纱检测元件,工作原理和探头3相同。在异型筘5的后面,贴有黑色遮光膜4,用于隔离射向

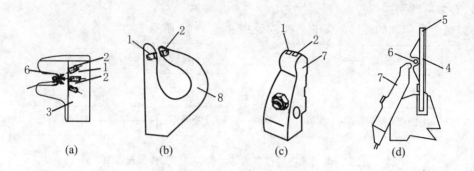

图 5-97　几种光电传感器纬纱检测元件

1—光源　2—光电元件　3—探头　4—黑色遮光膜　5—异型筘　6—纬纱　7—探头　8—管道片

光电元件的外界光线。织机主轴一转期间,光电元件依次接收异型筘反射光、纬纱反射光和经纱反射光,产生如图 5-98 所示的高频调幅检测信号。

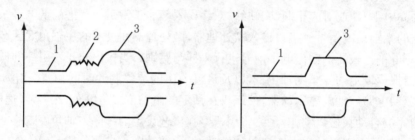

图 5-98　高频调幅检测信号

1—钢筘反射光信号　2—纬纱反射光信号　3—经纱反射光信号

如图 5-97(b)所示的探头 8 用于管道片式喷气引纬。探头外形与管道片一致,在脱纱槽上嵌有光源 1 和光电元件 2。打纬之前,纬纱从脱纱槽中脱出,将光源到光电元件的光路切断,传感器产生一个纬纱到达信号。

对光电传感器检测元件输出的检测信号做进一步处理,并控制织机自停。这一过程的工作原理和压电陶瓷传感器检测方式的纬纱断头自停装置相似。织机停车后,慢速电动机将织机停在主轴转角 300°位置上,等待操作工修补纬纱。这项措施有利于减小待机过程中的经纱张力,从而避免织物上产生横档疵点。

在多色引纬时,不同色纱对光的反射能力不同,会引起纬纱断头自停动作失误,因此部分光电自停装置还具有自动控制功能,能根据纬纱的颜色自动改变光电传感器的灵敏度,保证纬纱断头自停装置高度的可靠性。

通常,在纬纱飞出梭口的一侧装有两个探头 1 和 2,如图 5-99 所示。它们分别位于延伸喷嘴 3 的两侧。探头 1 装在正常引纬时纬纱能达到的位置,如探知纬纱没有到达,则说明短纬或缺纬;探头 2 装在正常引纬

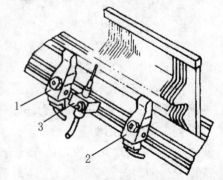

图 5-99　探头和延伸喷嘴的安装位置

1,2—探头　3—延伸喷嘴

时纬纱不可到达的位置,如探知纬纱到达,即可判断为长纬或断纬。

光电传感器检测元件会受灰尘和油污的污染,从而灵敏度下降,造成纬纱自停动作失误。为此,需用无水乙醇定期地清洗光源和光电元件的光学表面。部分喷气织机还具有探头自动清洁功能和探头污染警示功能。

3. 电阻式纬纱断头自停装置

喷水引纬也是一种消极式引纬方式,以带有一定电解质的水作为引纬介质。引入梭口的纬纱浸润在水中,于是产生了一定的导电性能。喷水引纬的纬纱断头自停装置正是利用了这一纬纱导电原理。

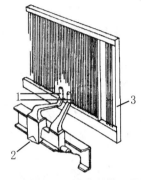

图 5-100 电阻传感器检测零件
1—电极　2—电阻传感器

电阻传感器检测元件如图 5-100 所示。电阻传感器 2 上装有两个电极 1,电极位置对准钢筘 3 的筘齿空档。引纬工作正常时,纬纱能到达筘齿空档位置。梭口闭合后,处于筘齿空档处的纬纱受织物边经纱和假边经纱所夹持,随着钢筘将纬纱打向织口,张紧着的湿润纬纱将电极导通;引纬工作不正常时,筘齿空档处无纬纱,于是电极相互绝缘。对应电极的导电和绝缘,电阻传感器发出纬纱到达(高电平"1")或纬纱未达(低电平"0")的检测信号。微处理器在织机主轴某一角度区域,对电阻传感器输出的检测信号进行积分、平均,并据此判断纬纱的飞行状况,避免纬纱与电极的瞬间接触不良等原因造成的无故关车。引纬工作不正常时,微处理器按照判断结果,通过驱动电路和电磁制动器执行织机的停车动作。

二、储纬器

无梭织机都采用卷装容量大的筒子供纬,利用载纬器或喷射介质将梭口外静止筒子上的纬纱引入梭口。现代无梭织机的入纬率很高,通常在 1 000 m/min 以上,最高已经超过 2 000 m/min,且引纬过程仅占织机主轴一回转中的一段时间,故纬纱引入的速度更高。引纬时,纬纱如直接从筒子上退绕,则因纬纱张力峰值过大,会造成纬纱断头。为了适应无梭织机的高速,必须将纬纱预先从筒子上退绕下来,即所谓的储纬。它是由储纬器完成的。储纬器的使用,还消除了筒子直径由大到小(满到空)的变化所造成的纬纱张力变化,因此,经储纬后,纬纱在引纬过程中张力小且均匀。

在片梭织机和剑杆织机上,因通过载纬器引纬,纬纱始终受载纬器控制,所以只要进行储纬。在喷射织机上,纬纱受射流的牵引向前飞行,若射流的启闭时间或压力略有变化,最终将导致引入的纬纱长短不一。为了解决这一问题,必须控制每次引入的纬纱长度,也就是定长。目前,喷射织机上已普遍采用将储纬和定长两个功能合二为一的储纬定长装置。

(一)普通储纬装置

现代片梭织机和剑杆织机都采用鼓式储纬器。它是典型的机电一体化装置,由卷绕和控制两大部分组成。目前,织机上配用的储纬器的型号很多。如意大利 ROT、SAVI、ROBIT 和 LGL 型,瑞典 IRO 型,瑞士 FTD 型,等。尽管它们在结构上存在差异,但每一种储纬器的卷绕部分都由微型电机独立传动,并由储纬鼓和导纱器组成。筒子上的纬纱经一个导纱器卷绕到储纬器的储纬鼓上。储纬鼓是储纬器的核心部件,其表面十分光滑,以利于减小纱线滑动时的阻力。根据储纬鼓是否转动,储纬器分为动鼓式储纬器和定鼓式储纬器。

1. 动鼓式储纬器

动鼓式储纬器的储纬鼓转动,导纱器固定,其结构如图5-101所示。纱线1先经张力器2给予适当的张力,再经导纱器3卷绕在储纬鼓4上。引纬时,纬纱经张力环5和出纱瓷眼6送出。储纬鼓和壳体7内的电机连接,电机有交流电机和直流电机两种。绕纱时,电机带动储纬鼓转动;退绕时,纱线靠张力环轻轻压在鼓面上,沿鼓面做圆周运动。张力环的作用有两个:握持纱线和破坏气圈。光电反射式检测器8用来检测纱线有无和调节储纬量大小。速度旋钮9可调节电机速度。储纬器由可调底座10支撑。

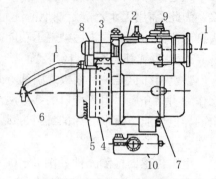

图5-101 动鼓式储纬器

1—纬纱 2—张力器 3—导纱器
4—储纬器 5—张力环 6—磁眼 7—壳体
8—检测器 9—速度旋钮 10—底座

动鼓式储纬器的排纱方式是消极的,纱圈的周向卷绕和轴向滑移取决于储纬鼓的几何形状、表面光洁度、张力器2给予的张力、纱线与储纬鼓间的摩擦系数、纱线性质和储纬器大小等因素。其排纱机理为:纬纱卷绕到储纬鼓上时,首先被卷绕在储纬鼓的圆锥部分,然后在张力的作用下滑入圆柱部分;圆锥面的锥顶角大小有一定要求,以便圆锥面上的纬纱在滑入圆柱部分的过程中,能推动圆柱面上的几圈纬纱向前移动,形成有规则的纱圈紧密排列。由于排列纱圈工作不是依靠专门的排纱机构来完成,故称这种排纱方式为消极式排纱。

动鼓式储纬器的储纬鼓具有一定的转动惯量,转动惯量与鼓的直径的平方成正比。转动惯量越大,对储纬过程中频繁的启动、制动越不利,因此鼓的直径不可过大。储纬鼓上储存的纱圈数与鼓的直径成反比,过小的直径会带来储存纱圈数增加的弊端,造成排纱困难、纱圈重叠。为此,鼓的直径要适当选择,一般为100 mm左右。

2. 定鼓式储纬器

动鼓式储纬器以具有较大转动惯量的储纬鼓作为绕纱回转部件,显然,对于高速织机十分不利。于是,以质量轻、体积小的绕纱盘代替储纱鼓作为绕纱回转部件,而储纱鼓静止的定鼓式储纬器,得到了迅速发展。图5-102所示为一种典型的定鼓式储纬器结构图。

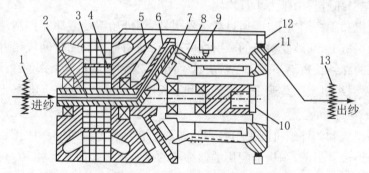

图5-102 定鼓式储纬器结构图

1—进纱张力器 2—空心轴 3—定子 4—转子 5—后磁铁盘 6—绕纱盘 7—前磁铁盘 8—锥度导指
9—光电反射式检测装置 10—锥度调节旋钮 11—储纱鼓 12—阻尼环 13—出纱张力器

纬纱从筒子上高速退绕,通过进纱张力器 1、电动机的空心轴 2,从绕纱盘 6 的空心管中引出。电动机转动时,空心轴带动绕线盘旋转,将纱线绕到储纱鼓 11 上。由于储纱鼓通过滚动轴承支承在这根空心轴上,为了让储纱鼓固定不动,同时又能提供必要的纱线通道,在绕纱盘两侧的储纱鼓和机架上,分别安装了强有力的前、后磁铁盘 7 和 5,起到将储纬鼓"固定"在机架上的作用。

储纬器电机的旋转方向("Z"向或"S"向)要与纱线的捻向保持一致,以保证纱线卷绕到定鼓上时为加捻过程,纱线从定鼓上退绕时为退捻。对于单位长度的纬纱来说,加捻和退捻的数量是相等的。

与动鼓式储纬器一样,定鼓式储纬器上也装有单点的光电反射式检测装置 9,实现最大储纬量检测。这种装置的缺点在于反射镜面受沾污时易产生误动作。部分定鼓式储纬器采用双点光电反射式或双点机械式检测装置,实现最大储纬量和最小储纬量检测。以微机控制的双点检测装置可以达到储纬速度自动与纬纱需求量相匹配,使储纬的卷绕过程几乎连续进行。

定鼓式储纬器的排列方式有积极式和消极式之分。图 5-102 所示为一种消极式的排纱方式。在圆柱形储纱鼓 11 的表面,均匀地突出 12 个锥度导指。绕在鼓上的纱线受这些锥度导指构成的锥度影响,自动地沿鼓面向前滑移,形成规则整齐的纱圈排列。根据纱线性质及纱线与鼓面的摩擦阻力等条件,借助锥度调节旋钮 10,可改变锥度导指纱线形成的锥角,以适应不同纱线的排纱要求。而在积极排纱式储纬器上,设有专门部件(推纱盘),以控制绕纱臂所绕纱线在储纬鼓上的排列,使纱圈以一定间隔均匀排列在储纬鼓上(纱线之间的间隔可根据品种调整),从而避免了消极式排纱存在的纱线从储纬器退出时会出现的脱圈现象。在纱线捻度不稳时,脱圈不仅导致纬纱张力的波动,而且造成纬缩织疵。因此,积极排列式虽结构复杂些,但性能优于消极排纱式,故现代织机上普通采用定鼓积极排纱式储纬器。

(二)定长储纬装置

喷射织机以流体为介质进行引纬,是消极式引纬,故普遍采用储纬定长装置。用于流体引纬的定长储纬器分为气流式和鼓式两种。

1. 气流式定长储纬器

早期的喷气织机和喷水织机采用气流储纬方式。气流式定长储纬器有很多种形式,工作原理如图 5-103 所示。

在储纬过程中,纱线 1 被压轮 2 压在定长轮上,在织机主轴回转一周的时间内,定长轮转过一定圈数,利用无滑移的摩擦送出每次引纬所需长度的纬纱。这时,纬纱的头端被夹持器所夹持。

图 5-103(a)所示的结构中,定长轮送出的纬纱在气流的吹送下进入储纬槽 4,进行储存。引纬时,夹持器开放,纬纱由主喷嘴射流牵引,从储纬槽中引出,进入梭口。

图 5-103(b)所示的结构中,旋气环外套 6 固定不

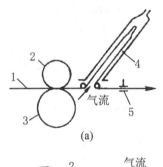

(a)

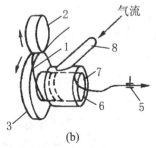

(b)

图 5-103 气流式定长储纬器

1—纱线　2—压轮　3—定长轮
4—储纬槽　5—夹纬器　6—旋气环外套
7—旋气环内套　8—风管

动,旋气环内套 7 随固定长轮旋转,气流经风管 8,切向吹入内、外套之间狭窄的旋气环中,在环内形成旋气流。定长轮送出的纬纱在旋气流作用下绕到内套壁上,进行储纬。引纬时,夹持器开放,纬纱由主喷嘴射流牵引,从内套上退绕下来,进入梭口。

为适应不同的布幅要求,储纬的长度调节可通过更换相应直径的定长轮或调节定长轮转速与织机主轴转速之比(一般通过无级变速器)来实现。气流式定长储纬器由于性能不佳和操作不便,已在逐步淘汰。

2. 鼓式定长储纬器

鼓式定长储纬器也分为动鼓式和定鼓式两种。动鼓式定长储纬器的高速适应性差,所以使用较少。目前,性能优秀的喷射织机普遍采用电脑控制的定鼓式定长储纬器,简称电子储纬器。储纬器的个数依织物品种和工艺而定,单色织物可采用一个或两个。单色织物用双储纬器是为了混纬和适应高速引纬。双色纬或多色纬则相应配置两个或多个储纬器。

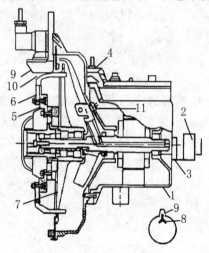

图 5-104 所示为 IRO 公司生产的 IWF8407 型定长储纬器。纬纱引入储纬器前,先经张力调节器 2 调整张力,然后由储纬电机驱动的导纱器 4,绕在由 12 个指爪构成的固定鼓盘上。推纬盘 7 活装在电机轴的斜套筒上,电机转一转,推动推纬盘翼片晃动一次,将绕上指爪的纬纱圈向前推移。光电传感器 8 检测绕在鼓盘上的纬纱数,在绕够储纱量后,电机自停。霍尔传感器 11 检测储纬电机的转速,并反馈至电控装置,使储纬电机转速与织机保持一致。储纬器工作时,接收来自主控中心的信号,电机转速迅速上升到预置工作速度,同时按设定引纬指令激励电磁挡纱销体 9 提起挡纱磁针 10。指爪的倾角有三种选择:标准型为 0°;高线密度纱为 5°;高捻长丝为 −1°。

图 5-104 IRO-IWF8407 型储纬器

1—储纬电机 2—张力调节气圈 3—气阀
4—导纱器 5,6—鼓盘指爪 7—推纬盘
8—光电传感器 9—挡纱销体
10—挡纱磁针 11—霍尔传感器

储纬电机转速根据织机转速、引纬长度算出,然后对照电机各档转速,选用稍大于计算转速的档次。这样可确保织机运转时储纬鼓上保持预卷绕纱圈数。当已达预定卷数时,电机停转,指示灯闪亮。

LW 型喷水织机所用的 PAW 型储纬定长装置如图 5-105 所示。纬纱 1 从供纬筒子引出后,通过中空卷绕臂 2 的回转将纬纱卷绕在罗拉 5、6、7、8、9 和 10 之上。卷绕量的多少由绕纱量传感器 4 控制。罗拉上的绕纱宽度可调节,一般控制在 20 mm 左右。

该装置中,绕纱罗拉有六个。其中有四个(图中的 7,8,9,10)可移动,以调节每圈绕纱长度,罗拉越向外移动,每圈绕纱长度越长。在罗拉的调节槽旁有刻度,分别代表不同的绕纱长度。

每次引纬开始时,电磁钩 3 上抬,纬纱开始从储纬器上退出,退出的圈数达到规定值时,电磁钩伸出,阻挡纬纱从储纬器上退出。电磁钩的开、闭工作由取自织机主轴的信号(借助于接近开关)控制。

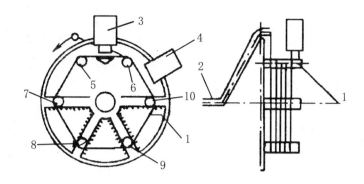

图 5-105　PAW 型储纬定长装置示意图

1—纬纱　2—卷绕臂　3—电磁钩　4—绕纱量传感器　5，6—固定罗拉　8，9，10—活动罗拉

JAT 型喷气织机上有专门的传感器，用于检测已退出的圈数，通过微机控制电磁钩的运动，使每次引入规定圈数的纬纱更为精确可靠。图 5-106 所示为 JAT 型双储纬器工作系统图（混纬或双色自由纬）。两储纬器分别供两个主喷嘴引纬。混纬或双色引纬顺序由控制键盘输入，储纬器的电机转速、预绕圈数、电磁针的起落、主喷嘴的喷射等由储纬器 CPU 与织机主控CPU 控制，协调工作。

（三）储纬器上的张力装置

与储纬器相配的张力装置设置在进纱处、纱线与鼓面分离处和出纱处三个位置。进纱处的张力偏小，会造成纱圈在鼓面上滑动过快，使纱圈布满鼓面；进纱张力偏大，纱圈在鼓面的滑移阻力偏大，会使纱圈排列过紧，甚至导致重叠。因此，需用张力装置对其进行控制。纱线与鼓面处的张力器（阻尼器）具有防止形成退绕

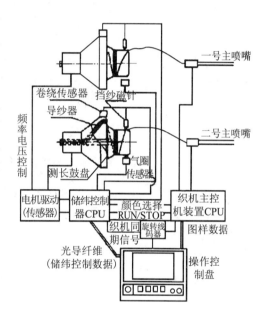

图 5-106　JAT 型双储纬器工作系统

气圈、均匀退绕张力的作用。出纱处的张力器能赋予输出纱线一定张力，并力求调节均匀，是最重要的张力控制环节。

储纬器上所使用的张力器如图 5-107 所示。张力器的配置与纱线的种类、线密度有关，而特种纱线、花色纱线和玻璃纤维纱需通过实验来决定张力器的配置。

图 5-107 中，(a)为弹簧式，(b)为圆盘式，(c)为圆柱板式张力器，均可装在进纱处和出纱处；(d)为门栅式，(e)为圆柱式张力器，用在进纱处，适用于弹性纱、强捻纱；(f)为簧片罗拉式张力器，装在出纱处；(g)(h)(i)是张力环（或称阻尼环），安装在纱线与鼓面分离处，既有 S 捻、Z 捻之分，又有粗、中、细等规格，其中(g)是毛刷型，(h)是金属片型（均与定鼓式储纬器相配，后者已较少使用），(i)是塑料型张力环（专用于动鼓式储纬器）。

图 5-108 所示为共轴式输出张力器，适用于长丝纱，配置在输出端，与储纬器共轴线。在供纱过程中，这种张力器能自动补偿因纬纱速度变化而产生的张力波动；并且，由于退绕

纱圈的回转,能对张力片起自动清洁的作用。图中:(a)表示张力器在引纬前的状态,纱线由被弹簧加压的张力片所握持;(b)表示张力器在引纬时的状态,张力片被开启,降低了对纬纱的摩擦力,并且弹簧能吸收纬纱的张力波动,使张力稳定,不随引纬过程而变化。在剑头进行纬纱交接或引纬结束时,张力片闭合,将设定的张力值加到纱线上。

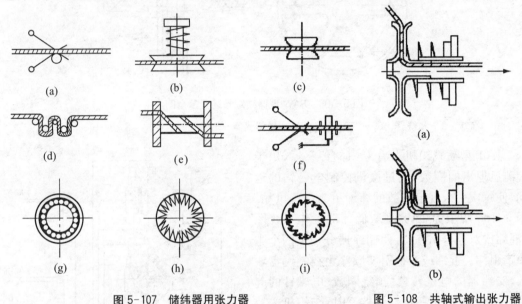

图 5-107　储纬器用张力器　　　　　　　　图 5-108　共轴式输出张力器

图 5-109 所示为柔性制动张力器。它将毛刷环和输出张力器的作用合并于一体,改善了储纬器对输出纱线的控制,而且结构紧凑,占用空间小。具有弹性的柔性张力圈可吸收纬纱的张力波动,使纬纱速度的变化对张力不产生影响。另外,纱线引出时沿张力圈周边的回转,起到刮扫、清除张力圈周边污垢的作用,而污垢集结是造成普通张力器的张力逐渐降低的一个主要原因。

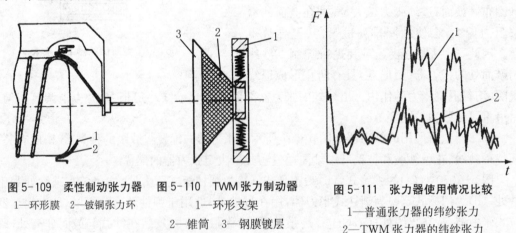

图 5-109　柔性制动张力器　　　图 5-110　TWM 张力制动器　　　图 5-111　张力器使用情况比较
1—环形膜　2—铍铜张力环　　　　　　1—环形支架　　　　　　　　1—普通张力器的纬纱张力
　　　　　　　　　　　　　2—锥筒　3—钢膜镀层　　　　2—TWM 张力器的纬纱张力

图 5-110 所示是 TWM 张力制动器的结构。在环形支架 1 上,用弹簧支撑着用碳纤维制成的锥筒 2,锥筒边缘有一圈钢膜镀层 3,具有很高的耐磨性。图 5-111 所示是在高速剑杆织机上使用普通张力器和 TWM 张力器所得到的张力变化。由图 5-111 可见,TWM 使

张力峰值显著降低，并且可随剑杆引纬速度的变化进行自我调整，使纬纱张力维持在一定水平，为高速引纬提供了条件。

在道尼尔公司研制的一种可调簧片式张力器上，设置了一个由小型步进电动机传动的偏心块，调节偏心块对簧片的压紧程度，就可控制纱线的张力。对弱纱或弹性纱，引纬时可不加张力，引纬结束后再夹持，以防纬纱松弛。

三、锁边装置

布边是织物中不可缺少的组成部分，在织物制织、染整和服装加工的过程中，布边起到抵御外界机械力、稳定织物组织结构、防止布身经纱松散滑脱的作用。同时，这些加工工序对布边的质量也提出了以下要求：织物的布边应牢固、平整、硬挺；织物的布边应具有同布身大体一致的厚度；在织物后整理时，布边与布身的缩率需相同，印染后不产生色差，能经受牵伸和拉幅等多种外力作用。

在有梭织机的织制过程中，梭子携带着纡子双向往复引纬，将梭内纡子上的纬纱引入梭口，与全片经纱交织，纬纱在织物中是不断的，只是在布边处折回。选择适当的经纬纱交织方式，可以形成质量上乘的织物布边。这种以连续纬纱形成的布边为双侧光边，俗称自然边或光边，其结构平整、坚实、光洁。

无梭织机出现之后，其单向引纬导致纬纱在布边处不连续，形成毛边。为了锁住织物布边，达到上述对布边的要求，方式多样的锁边措施应运而生，如图 5-112 所示，主要有以下几种：采取特殊的织物组织，形成纱罗绞边；把布边外剪断的纬纱纱尾勾入下一纬的边组织内，形成类似有梭织机织物布边的折入边；以两根锁边经纱相互盘旋，同时与纬纱交织，形成绳状边；采用经纬纱热熔黏合的方法，形成热熔边。

纱罗绞边的锁边装置比较简单，占用空间很小，锁边质量比较好，因此应用最广，常用于剑杆织机的布边形成；折入边的锁边装置比较复杂，形成的布边为光边，合理地设计边组织的工艺参数，可以获得与有梭织机所加工织物相同质量的布边，还可配合织物边字的织制，布边加工所产生的回丝也较少，常用于片梭织机，特别适宜高档毛织物的加工；两根锁边经纱在相互盘旋的过程中与纬纱交织，形成绳状边，这种锁边动作比较合理，适宜于织机的高速运转，因此在喷射织机中广为应用；热熔边一般用于喷水织机的合纤长丝织物的加工，在其他织机上，织制产品要求不高的合纤织物，也可采用热熔边。织造生产中，应根据纤维性能、织物特点、对布边的具体要求，以及减少经、纬纱消耗的原则，选

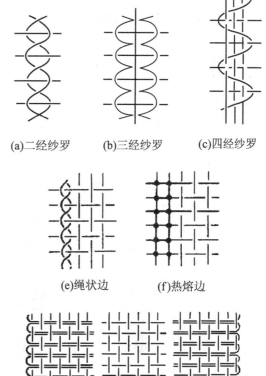

(a)二经纱罗 (b)三经纱罗 (c)四经纱罗

(e)绳状边 (f)热熔边

(d)折入边

图 5-112 无梭引纬的布边

择恰当的锁边形状。

除折入边的锁边装置外,其他锁边装置所参与形成的无梭引纬布边都由真边和锁边两个部分构成。锁边装置只是织机边机构中的一个组成部分,仅用于锁边的加工;而真边的织制方式和织造工艺参数(如边纱根数、钢筘与综丝的穿入方法、边组织结构等)与有梭织机的布边加工基本相同,可以参考有关织物结构与设计的文献。但是,在无梭织机上,由于布边处纬纱对经纱不产生横向的抽紧致密作用,因此与有梭织机相比,其钢筘的边经纱每筘穿入数要增加 1～2 根。

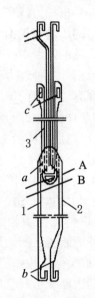

（一）纱罗边装置

一组(或几组)绞经纱和地经纱在布边处相绞,同时与纬纱进行交织,形成纱罗绞边,如图 5-112(a)(b)(c)所示。由于绞经纱和地经纱相互绞边,增大了布边经纬纱之间、绞经纱与地经纱之间的包围角和挤压力,大大加强了经纬纱在交织点上的控制能力,形成坚固、可靠的纱罗绞边。

形成纱罗绞边的装置尽管有很多种类,但它们都具有一个共同的特点,即绞经纱和地经纱在进行开口运动的同时,绞经纱还需在地经纱的两侧做交替的变位移动。无梭织机上,典型的纱罗绞边装置有以下几种:

1. 片综绞边装置

片综绞边装置的结构比较简单。它由两片基综和一片半综组成,如图 5-113 所示。基综 1 和 2 分别以综耳 b 固定在做平纹开口运动的一对综框上(通常为第一、二页综框或独立装置),随综框做垂直方向的上、下运动。半综 3 穿过基综的导孔 a,并以综耳 c 固定在可做升降运动的滑杆上(图中未标出)。由于弹簧回复力的作用,滑杆始终保持将半综上提的趋势。

图 5-113 片综绞边装置
的部件

1,2—基综 3—半综
A—绞经纱 B—地经纱

地经纱 A 穿入半综的综眼中,绞经纱 B 则穿在两片基综之间。当一对综框做上、下运动时,绞边装置通过如图 5-114 所示的四个步骤完成开口,以及绞经纱 B 的交替变位移动。

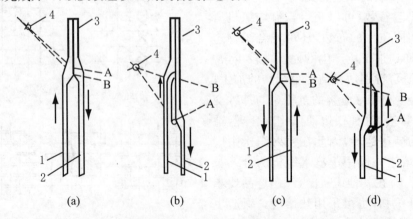

(a)　　　　(b)　　　　(c)　　　　(d)

图 5-114 开口及变位移动

1,2—基综 3—半综 4—导纱杆 A—绞经纱 B—地经纱

图中(a)：基综1上升，基综2下降，到达综平位置。由于弹簧回复力的作用，半综伴随基综1上升到综平位置。

图中(b)：基综1继续上升，基综2继续下降，分别到达各自的最高、最低位置。半综跟随基综2下降，地经纱A成为梭口的下层经纱，绞经纱B滑到半综的左侧，并借助于导纱杆4的上抬作用，绞经纱B沿半综与基综1之间的间隙，成为梭口的上层经纱。

图中(c)：基综1下降，基综2上升，到达综平位置，半综亦上升到综平位置。

图中(d)：基综1继续下降，基综2继续上升。半综被基综1拉向下方，地经纱A又一次成为梭口的下层经纱。绞经纱B发生移位，滑到地经纱右边的间隙中，因后方导纱杆4的上抬作用，随同基综2上升，形成梭口的上层经纱。

绞经纱、地经纱和纬纱交织后所形成的纱罗绞边如图5-112(a)所示，称为二经纱罗。为加强布边的坚牢程度，可以采取两组(或多组)绞经纱、地经纱与纬纱交织成边的方法。二经纱罗的纬纱头一根向上、一根向下，翻在布面的上、下，印染时布边厚度增加，有时会产生色差。

片综绞边装置具有结构简单、使用方便、所占空间小、成本低等优点，适合于高线密度、高纬密、紧度较大的织物。该装置需占用两页做平纹开口运动的综框，对增大织物花型不利，故必要时可由专门的凸轮装置传动的独立综框带动。安装于后方的导纱杆的高低位置需调整准确，使绞经纱在梭口满开时与其他上层经纱平齐。为加强纱罗绞边对织物外侧经纱的锁边强度，一组纱罗绞边需与真边组织或地组织(无真边时)的外侧经纱穿入同一筘齿。

2. 滑块绞边装置

滑块绞边装置也比较简单，如图5-115所示。它采用一对针头间距为6 mm的竖针和两块滑块来实现经纱开口及绞经纱的变位移动。整个机构由一对做平纹开口运动的综框带动。在前页综框上固装有竖针1和2与导槽3，前滑块4在该页综框上能沿导槽做上、下自由滑动。由于前滑块的侧面嵌有磁铁，因此在不变外力(或较小外力)作用时，前滑块相对于导槽保持静止。后滑块5固定在后页综框上，它的上、下各装有挡块6(挡块的厚度约为后滑块的3倍)。工作时前、后滑块相互重叠，后滑块随同后页综框做上、下运动，通过挡块推动前滑块一起在前页综框的导槽中做上、下滑动。在前、后滑块上开有方向相反的八字形导纱槽，起到使绞经纱变位移动的作用。

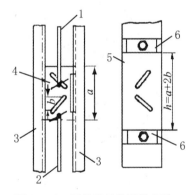

图5-115　滑块绞边装置的部件
1, 2—竖针　3—导槽　4—前滑块
5—后滑块　6—挡块

为使纱罗绞边得到加强，生产中经常使用两组竖针、滑块组成的绞边装置，如图5-116所示。其中，一组地经纱A_1和A_2分别穿在一对竖针1和2的针眼6中；一组绞经纱B_1、B_2分别穿入前、后滑块的一组八字形导纱槽内。为避免地经纱与前、后滑块相碰，从后方引来的地经纱依次穿过导槽3上的孔眼4、导纱钩5、竖针的针眼6，最后被引向织口。两组工作情况完全一致。其工作过程介绍从略。

滑块绞边装置所形成的纱罗绞边如图5-112(c)所示，称为四经纱罗。因采用四根经纱为一组起绞，故布边显得较厚。

滑块绞边装置的结构简单，所占空间较小，安装方便，滑块惯量小，适宜于高速。它可由做平纹开口运动的综框带动,亦能借助由专门的凸轮装置驱动的边综框带动,使开口机构所有的综框都能用于织物花型的织造。在使用中,边经纱张力,以及竖针与后滑块的相对位置调节,对绞边质量有很大的影响。

其他常见的纱罗绞边装置有圆盘绞边装置等。圆盘绞边装置所形成的纱罗绞边称为三经纱罗,如图5-112(b)所示。三经纱罗亦存在布边厚、牢度不足的缺点。

上述几种绞边机构的工作原理基本相同。它们对绞经纱和地经纱都提出了比较高的耐磨性、强度、弹性等方面的要求,通常使用细而坚牢的16.5 tex锦纶丝或11.5 tex×2棉股线等。绞边经纱的直径适当小于织物地组织的经纱直径,可以缓解纱罗边过厚的矛盾。绞边所用经纱从专门的筒子上退出,经导纱件和张力弹簧杆引向绞边装置,纱线穿引时要注意它们的排列次序,不可错乱。在开口

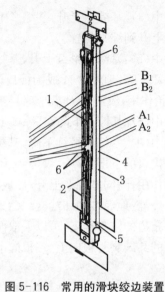

图5-116 常用的滑块绞边装置

1,2—竖针 3—导槽 4—导槽上的孔眼
5—导纱钩 6—竖针的针眼
A_1,A_2—地经纱 B_1,B_2—绞经纱

及起绞过程中,弹簧张力杆发出挠曲变位,能对较大的经纱张力波动进行补偿。

织造时,在织物两边的纱罗绞边的外侧还各有一条假边(与绞边相距15～20 mm),又称废边。假边为平纹组织,它的作用有二:其一是在引纬终了时夹持住纬纱头端,使其维持伸展的张力状态,保证绞边过程正常进行,以形成外观良好的织物布边;其二是无梭引纬结束后,纬纱头端处于自由状态,假边经纱及时地综平闭合,将其握持,以免织物上产生纬缩疵点。

在纬纱入梭口一侧,假边经纱为4～12根,通常由综框带动(也可以由单独的假边装置传动),做平纹开口运动。在出梭口一侧,假边经纱为4～20根,为及时握持自由状态的纬纱头端,其综平时间需根据不同织物品种适当提早(15°～25°),所以一般由单独的平纹开口假边装置传动。假边经纱在钢筘上要穿一筘、空一筘,不可穿入过密。

假边经纱与纬纱交织所形成的假边最后由边剪剪去,构成了织造生产中的回丝。为此假边经纱宜用成本低廉但具备足够强度的纱线,在色织生产中可以使用呆滞色纱。

(二)折入边装置

折入边又称钩入边,布边光滑、坚牢,纬纱的回丝量也较少。折入边装置比较复杂,机构动作配合和时间控制十分准确,因此机构调整工作的要求较高。折入边的缺点是布边较厚。

常见的折入边装置如图5-117所示。首先,纬纱

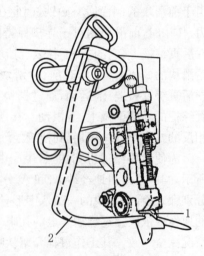

图5-117 折入边装置

1—钳口 2—钩针

在两端被控制的张紧状态下纳入钳口 1 中,然后,于钳口外侧距布边 11 mm 处,剪刀将纬纱切断。当第二次梭口形成后,钩针 2 将钳口握持的纬纱头勾入梭口,随同新纳入的纬纱一起打向织口,形成如图 5-112(d)所示的折入边。

钳口和钩针的锁边运动配合如图 5-118 所示,其中:

图中(a):引入梭口的纬纱被打入织口,在梭口外侧,纬纱由钳口夹持。钩针穿越下层经纱,沿箭头方向朝钳口运动。

图中(b):钩针继续前进,通过纬纱下方,向前运动到极限位置。

图中(c):钩针回退勾住纬纱,钳口沿方向 s 和 t 略做移动,以利于勾住纬纱。

图中(d):钳口打开,释放纬纱,钩针将纬纱头引向新的一个梭口。

图中(e):纬纱头引入梭口的工作结束。

折入边装置用于喷气织机和剑杆织机布边时,也需辅之以假边。引入梭口的纬纱两端由假边经纱握持,处于张紧状态,钳口对纬纱的握持点位于边经纱和假边经纱之间。用于片梭织机时,纬纱引入梭口之后,其两端分别由片梭和递纬器的钳口夹持,于是假边可以省去,由织机产生的回丝问题得到完全解决。部分喷气织机则利用空气吸嘴来握持,不仅省去了假边,而且钳口部件也被革除,使折入边装置及其调节工作得到简化。

折入边的双纬组织结构会引起布边过厚、布身与布边的染色色差、边经纱因屈曲过剧而断头等弊病。生产中通常采取减小边经纱密度、改变组织结构、选用优质边经纱等措施来弥补。

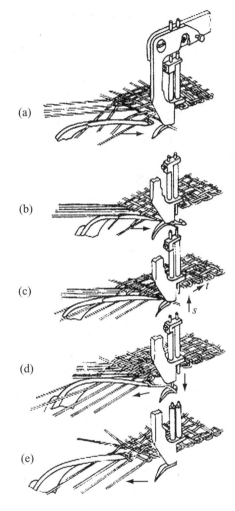

图 5-118　钳口和钩针的锁边运动配合

(三)绳状边装置

绳状边是利用两根相互盘旋的锁边经纱和纬纱交织而形成的。两根锁边经纱的运动有如搓捻绳子。锁边经纱相互抱合,能牢牢地握持住纬纱头,因此,绳状边的牢度较大。由于纬纱头不会翻在布面上或布面下,所以布边与布身的厚度基本一致。

绳状边的构成装置也称为扎边装置,有很多种形式,图 5-119 所示为一种结构比较简单的绳状边装置。锁边经纱 1 从筒子 2 上引出,当转盘 3 回转时,两根锁边经纱轮流地作为上层或下层经纱,并形成梭口。同时,锁边经纱相互盘旋缠合,将每次引入的纬纱头牢牢抱合。每引入一根纬纱,转盘可旋转半周或一周,相互形成如图 5-112(e)所示的绳状边。

部分绳状边装置采用周转轮系传动机构,结构比较复杂,使锁边经纱在形成梭口的同时,捻度得到提高,所获得的绳状边牢度增加。

绳状边的形成原理比较合理，对经纱的磨损少，且适宜于织机高速，常用于喷气织机和喷水织机。绳状边的外侧需设置假边，将纬纱头握持，以利于锁边经纱对纬纱旋转的缠合。

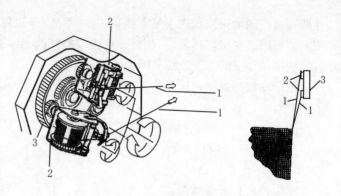

图 5-119　绳状边成形机构

1—锁边经纱　2—筒子　3—转盘

在喷水织机上加工合纤长丝织物时，使用如图 5-120 所示的假边装置。假边经纱 1 和 2 从锭子 4 和皮带盘 6 的中心孔中穿过，皮带盘带动锭子在托架 5 上旋转，与织机主轴的转速比约为 2：3。假边经纱随同锭子、皮带盘转动，纬纱头端引入由假边经纱构成的梭口之中，然后被相互盘旋的假边经纱绞紧，牢牢握持。热熔剪在锁边和假边之间将纬纱熔断，最终，假边带着纬纱头，经过导轮 7，由卷取轮 8 带走。

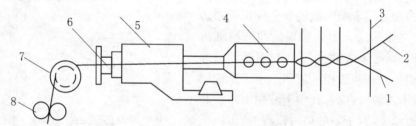

图 5-120　喷水织机上使用的假边装置

1，2—假边纱　3—纬纱　4—锭子　5—托架　6—皮带盘　7—导轮　8—卷取轮

（四）热熔边

织制热熔性纤维的织物时，在织机上可以利用电加热的热熔剪，将布边处的纬纱熔断，使经、纬纱线相互熔融黏合，形成光滑、坚牢的热熔边，如图 5-112(f) 所示。热熔剪安装的左右、高低位置和倾斜角度要求准确。

热熔剪的结构简单，形如细棒，因此钢筘上假边经纱和边经纱之间不必留空隙或只需留有较小空隙，这对降低纬纱消耗十分有利。

在无梭织机上，加工要求较高的合纤织物时，很少采用热熔边，热熔仅用作边剪，织物的锁边常以其他形式的锁边装置进行加工。

【思考与训练】

一、基本概念

纱罗边、折入边、绳状边、热熔边、假经边。

二、基本原理

1. 试述现代织机上电气式断经自停装置的工作过程与原理。

2. 压电式、光电式和电阻式断纬自停装置分别适用于何类织机？

3. 为什么无梭织机要用储纬器？喷射织机用储纬器有何特殊要求？

4. 试述储纬器的作用与种类。

5. 喷射织机与其他无梭织机在储纬器的使用上有何不同？

6. 锁边机构的作用与要求是什么？常用的锁边机构有哪几类？

7. 锁边机构（折入边除外）在锁边过程中为什么要使用假经边？

8. 如何解决折入边的布边较厚的问题？

三、基本技能训练

训练项目 1：在校内实训基地了解各类织机辅助机构的类型与工作原理，写出调研报告。

训练项目 2：在校内实训基地内的剑杆织机或喷气织机上，训练有关储纬器、锁边机构与断头自停机构等工艺参数的调节，并总结出工艺调节的技术要领。

第八节 织机的传动系统

织机的传动机构包括启、制动装置及主轴上的附件，如主轴位置信号发生器、手轮等。由于各种各类织机上的传动机构存在一定的差异，故仅选择几类具有典型代表性的织机作为重点介绍。

一、织机的启、制动

运转中的织机，往往因经纬纱断头或机电装置的故障而停车，即使最现代化的织造生产也难免于此。处理停车后又得开车继续运动，故对各类织机要求启动、制动迅速，并且要保证预定停车位置的准确性。故织机的启、制动机构通常由电动机（通常带有飞轮）、电磁离合器、电磁制动器和主轴位置信号发生器、控制电路等组成。现代的高速无梭织机则以超启动力矩电动机、电磁制动器和微电脑控制电路构成的织机启、制动机构，使织机启、制动性能进一步提高。尽管织机启、制动机构的形式多样，但它们的基本工作原理是相似的。

无梭织机的启、制动工作原理如图 5-121 所示。启、制动机构由微电脑担任控制中心，对各种检测信号和按钮操作指令信号进行处理，然后在规定的织机主轴角度发出相应的织机启、制动信号。织机主轴角度信号由主轴编码器产生，作为启、制动机构的工作时钟。

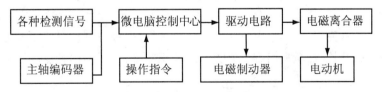

图 5-121 无梭织机的启、制动工作原理图

启、制动机构的执行装置是电磁离合器、电动机和电磁制动器等。电磁离合器和电磁制动器有多种结构形式。图 5-122 所示为一种常见的结构。

　　微电脑控制中心发出的织机启、制动信号,输入驱动电路,使电磁离合器的线圈 1 或电磁制动器的线圈 3 通电。当织机启动时,电磁离合器线圈通电,电磁制动器线圈断电,安装在皮带轮 6 上的转盘 5 与固装在传动轴 7 上的摩擦盘 4 快速吸合,电动机通过皮带轮带动织机回转。当织机制动时,电磁制动器线圈通电,电磁离合器线圈断电,传动轴上的摩擦盘 4 迅速与转盘 5 脱离,与固定不动的制动盘 2 吸合,实施强迫制动。制动后,织机在慢速电动机的带动下回转到特定的主轴位置(一般为主轴 300°)停机。

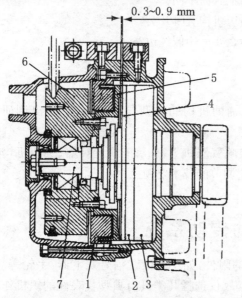

图 5-122　常见的电磁离合器和电磁制动器结构

1—离合器线圈　2—制动盘
3—制动器线圈　4—摩擦盘
5—转盘　6—皮带轮　7—传动轴

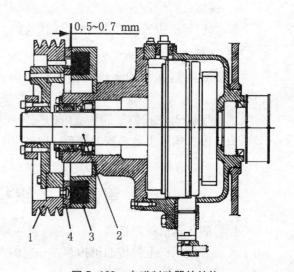

图 5-123　电磁制动器的结构

1—皮带轮　2—传动轴
3—制动器线圈　4—制动盘

　　织机停机时,电动机仍带动皮带轮 6 旋转,皮带轮具有较大的质量,起到飞轮的作用,可以存储一定的能量。在织机启动第一转的过程中,皮带轮释放能量,使织机速度迅速达到正常数值。

　　为保证电磁离合器和电磁制动器正常工作,摩擦盘和转盘之间的间隙应控制在 0.3～0.9 mm。

　　现代高速无梭织机采用新型启、制动机构,由图 5-123 所示的电磁制动器和超启动力矩电动机组成。织机开车时,电动机启动,通过皮带轮 1 直接带动传动轴 2,使织机回转,由于电动机启动时力矩为正常数值的 8～12 倍,因此,织机在启动第一转时就能达到正常车速。织机停车时,电动机关闭,大容量电磁制动器线圈 3 导通,吸合制动盘 4,并经皮带轮 1,将传动轴迅速制停。采用这种新型启、制动机构,能使织物开、关车横档疵点进一步减少,织机停车位置准确。

二、织机的全机传动原理

　　各类织机的全机传动原理大体相似,但在具体的传动路线上略有差异。现选择两类典型织机的全机传动作为重点介绍。

1. 剑杆织机的传动

不同型号的剑杆织机的传动系统有不同的设计特点。现以 Somet Thema11-Excel 型剑杆织机为例,说明其全机传动原理和特点,如图 5-124 所示。

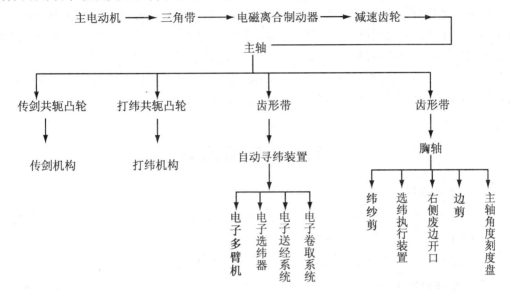

图 5-124 Thema11-Excel 型剑杆织机传动原理图

主电动机通电运转后,织机主轴并不转动。要使主轴转动,必须揿开车按钮或点动按钮,使制动线圈失电,同时电磁离合器结合线圈得电。织机主控制接到停车指令时,使离合线圈失电,并给制动器线圈加电,使织机迅速制停。

织机主轴转动后,通过主轴上的两对共轭凸轮,分别传动传剑结构和打纬机构;通过齿形带,经自动寻纬装置传动电子多劈开口、送经、卷取及选纬机构;再经齿形带传动胸轴,带动织边、独立废边、纬纱剪、边剪等机构同步运动。

目前,绝大多数新型高性能剑杆织机普遍采用单独电动机分别传动送经和卷取机构,实现电子送经和电子卷取功能。

2. 喷气织机的传动

喷气织机的传统系统较为简单。现以 Picanol PAT 型喷气织机为例加以介绍,其传动原理如图 5-125 所示。

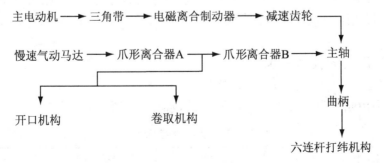

图 5-125 PAT 型喷气织机传动示意图

主电动机由三角带传动电磁离合器,经一对减速齿轮,带动主轴通过曲柄直接传动六连杆打纬机构,主轴经双向气动爪形离合器 A 和 B,再带动开口机构和卷取机构等机构运动。其送经机构由单独电动机传动,与主轴传动独立。

按下电动机启动按钮,再按下织机启动按钮,制动器解除,电磁离合器啮合,织机进入正常运转。停车后的自动慢速正向或反向转动,是由一台慢速气动马达(利用喷气织机上的压缩空气)传动的。整机需慢速转动时,制动器解除;爪形离合器 A 啮合,慢速气动马达带动打纬、开口和卷取等机构慢速转动;自动寻纬时,爪形离合器 B 脱开,同时爪形离合器 A 啮合,慢速气动马达仅带动开口、卷取机构倒转到发生断纬时的梭口。

【思考与训练】

一、基本原理

1. 现代织机对传动机构有何要求?其基本组成如何?
2. 简述电磁离合器和电磁制动器的结构与工作原理。
3. 以某种织机为例,简述织机全机传动的一般原理。

二、基本技能训练

训练项目:在校内外实训基地内选一典型织机,参照本教材所述的织机传动原理,画出其全机传动原理图,并分析其传动特点。

第九节   织机的润滑系统

由于新型无梭织机的车速快,零件的制造精度高,大多数零件经过表面处理,故机件的润滑非常重要。新型无梭织机必须拥有一套完整的润滑系统来保证织机具有良好的运转状态。

一、概述

(一)润滑的目的

减少机件摩擦,以减轻传动件的负载;减少摩擦至最小程度,使得动力消耗减少;减少摩擦,以确保机件的磨损降至最低程度,从而减少停车,并延长机器的使用寿命。织机上有许多复杂的运动,每个机件的运动方式、运动速度、摩擦面的材质等都不相同,因此应在不同的运动部位分别选用油液润滑或油脂润滑,并按一定的运转周期添加符合规定要求的润滑油和润滑脂。

(二)润滑剂的技术要求

织机的润滑剂有两种:润滑油和润滑脂。

(1)润滑脂(俗称牛油或黄油),其技术指标如表 5-2 所示。

表 5-2   润滑脂的技术指标

皂基	基油黏度(mm^2/s)40 ℃	渗透度	特殊添加剂	特殊性质
锂	220	265/295	环氧树脂(EP)和抗氧化剂	防水

（2）润滑油,其规定要求如表 5-3 所示。

表 5-3　润滑油的技术指标

密度(g/cm³)15 ℃	流动点(℃)	闪点(℃)	黏度(mm²/s)			Agma 数	黏度指示值
			40 ℃	100 ℃	50 ℃		
0.895	23	210	142.5	14.2	80	4EP	95

注:Agma 数是指工业齿轮润滑剂的黏度分类的美国标准,4EP 是一种等级。

（三）润滑方式

各类新型织机的润滑方式主要有三种:

（1）集中润滑。也叫油雾润滑,由织机主轴带动油泵,使润滑油不断循环,润滑织机的主要运动部件,如润滑传剑箱和打纬箱中的传动件等。

（2）油箱润滑。这是一种油浴润滑,将运动的机件浸入装有润滑油的油箱中,使机件得到润滑,主要有卷取箱、开口凸轮箱或多臂机箱,以及送经齿轮箱等箱体机构中的机件的润滑。

（3）人工润滑。在一些润滑点采用人工加油(或脂)进行的润滑方式。

二、 集中润滑

新型织机的主要运动部件依靠这条油路润滑,自成一个独立系统。它由织机主轴传动齿轮泵,使润滑油在各油管中不断循环,润滑织机的运动部件。

（一）系统组成

集中润滑系统主要由主油箱、油泵、主过滤器、油管和回油冷却管等组成。

（1）主油箱。主油箱一般由注油孔、滤油器、油压安全阀、油位控制阀等组成。注油孔用于添加新油;滤油器主要对润滑油进行初级过滤;油压安全阀用于控制油压,因为油压过高,会使油管炸裂,当油压超过限度时,阀打开,直至油压恢复正常水平,阀闭合;油位控制阀是一种浮球阀,主要用于检测油箱内的油量,如油量低于规定要求时,就通过电子开关报警提示注油到主油箱内。

（2）油泵。油泵是一种齿轮泵。它直接由织机主轴驱动,将润滑油加压输出到主过滤器中,然后分配到各油管中。

（3）主过滤器。主过滤器将输出到各油管中的润滑油再进行过滤,确保润滑油无杂质。

（4）油管。油管一般为塑料软管,有各种规格。由于各种规格的油管的管径差异,其承受油压的能力不同,因此不能混用。

（5）回油冷却管。回油冷却管用于在回油回到主油箱之前对其进行冷却,以降低油温。

（二）油路循环

图 5-126 所示为某剑杆织机的集中润滑系统简图。主油箱 1 中的油,通过吸油过滤器 2 后,除去油渣和铁屑(过滤器内装有一个电磁铁),然后进入油泵 3。油泵的

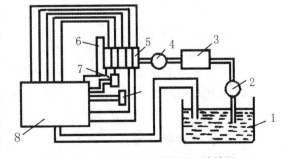

图 5-126　剑杆织机集中润滑系统简图

工作能力为 70 cm³/min,上面装有两个阀门,一个用来排除油管中残存的空气,另一个用来防止超压。从油泵出来的油,经出油过滤器 4 再次滤清,然后到达由几个元件组成的分油器 5。每个元件有两个出口,每个出口的输出油量由分油阀内的吸嘴决定。每个分油器在接到前一个分油器的供油信号后动作,依次推动。输出检测器 6 用来检查最后一个分油器的供油情况,当织机供油系统缺油或油路堵塞时,检测器就发出信号,同时使织机停止转动。通过分油器的润滑油,再经过分配器 7,分成若干油路后到达各润滑点。在墙板内收集到的余油,则被重新送回主油箱 1 内,依次重复。

集中润滑系统的运转控制一般采用电子控制。各种织机的控制方式有所不同,这里不再详述。

三、油箱润滑

在各类无梭织机中,采用油箱润滑的有卷取箱、送经齿轮箱、选纬器箱、折入边装置油箱、多臂机油箱、开口凸轮装置箱、提花传动装置箱等。当然,这些油箱润滑是根据具体机型和配置而定的,对各部分用的润滑油也有规定和要求,各油箱中的润滑油一般不可混用。每种油箱中应注入规定容量的润滑油,平常应多注意油面高低,及时添加润滑油。另外,在织机运转满三年后,应彻底换油一次。

四、人工润滑

零星过量润滑没有必要,但是,用润滑剂对一些暴露在外的关节点、油嘴进行周期性人工加油,是必不可少的。一般每年应清洗一次有关链轮,然后用高黏度油浸润,再重新装上。特别在了机后,要抓紧机会清洁所有润滑部位,并进行定量润滑。

人工润滑常用工具有三种:油枪、油壶和油刷。油枪主要用于润滑脂,给有关部件上的润滑脂油嘴加油;油壶主要注入润滑油,给一些油孔和关节点加油;油刷主要用于给一些接触表面(如齿轮表面)加润滑脂。

润滑周期有 240 h,480 h,1 440 h,3 000 h 和 6 000 h 之分。至于各个周期的润滑部位,各种织机有所差异,并且内容较多,这里不做介绍。总之,人工润滑部位主要是织机外露的各传动件的连接处,如综框各连接点等。

【思考与训练】

一、基本概念

集中润滑、油浴润滑。

二、基本原理

1. 简述织机润滑的目的与要求。
2. 简述润滑剂的种类及其技术要求。
3. 现代织机上常用的润滑方式有哪几种? 各有什么要求?
4. 简述集中润滑系统的组成与工作原理。
5. 简述人工润滑的工具与周期。

三、基本技能训练

训练项目:在校内外实训基地了解现代织机的润滑技术要求及其系统的工作原理,并画出某一织机的集中润滑路线图。

第十节　织机的性能评价

前文已介绍,织机有有梭织机与无梭织机之分。无梭织机有四种常用的基本类型,即喷气、喷水、剑杆和片梭。但就具体型号来说,种类繁多,各有特点。因此,结合现代织造工业的需要,企业决策者必须选用最合适的织造设备来满足不断变化的市场需要,包括对织物的品种、花色、质量与价格等各方面的要求。因此,在规划建设新厂和对老厂进行技术改造时,在选定所采用的织造设备之前,必须进行技术经济分析。下面阐述织机性能评价指标的几个方面的内容。

一、 对织物品种的适应性能

1. 公称筘幅

公称筘幅也叫名义筘幅。它决定了织机的上机筘幅,即允许经纱穿筘的幅宽。

大多数织机所允许的最大上机筘幅小于公称筘幅,其差额与机型有关;但也有个别机型,其最大上机筘幅略大于其公称筘幅。在公称筘幅一定的织机上,制织单幅织物时,因纬纱剪刀、边纱剪刀、成边及引纬等机件位置的限制,对所制织物的最小上机筘幅也有限制。制织多幅织物时,除总的上机筘幅有限制外,幅间距离也有限制,这主要由于安放了中央成布装置。

织机所达到的最大公称筘幅反映了织机的水平,一般与引纬方式有关。无梭织机中,片梭织机的最大公称筘幅可达 540 cm,而喷水织机只有 230 cm 左右。特定的机型有若干档次的公称筘幅,即有其筘幅系列。

2. 经纬纱原料

有梭织机根据其适应经纬纱原料的不同而分为不同的种类,如丝织机、毛织机等,其对原料种类的要求较严格。

在无梭织机中,喷水织机只适用疏水性化学纤维和玻璃纤维的织造,片梭、剑杆和喷气织机对一般原料没有限制。片梭、剑杆和喷气织机,除了引纬方式不同外,在机器的机构等方面仍有不少差异。这些差异造成机器对特定的原料有不同的适应性。

3. 织物组织结构

对织物组织的适应是由织机的开口机构决定的,除非能确定只生产平纹织物,才选用连杆开口机构。选用凸轮开口机构也只适应制织一般简单的织物组织。为了提高品种适应性,无梭织机更多的是配备多臂开口机构。新型多臂开口机构的高速适应性好,对主机速度没有限制。织机只有在专门生产大提花织物的情形下,才配置提花开口机构。

4. 色纬数

因无梭织机采用筒子供纬,为了消除纬纱条干不匀或色差对织物外观的影响,即使制织单色纬织物,一般情况下也需混纬。

剑杆织机因换色装置简单、换色方便,在多色纬织造方面有优越性,一般可达到 8 色,甚至 12 色;片梭织机和喷气织机一般为 2~6 色;而喷水织机多为混纬或双色。

5. 经纬纱密度(织物面密度)

织物按每平方米的质量分为轻型、中型和重型织物。生产重型织物的织机应具有刚牢的机架结构,打纬机构应具有较高的刚度。片梭与剑杆织机的织物面密度适应范围较广,为 40～1 000 g/m²,即从最轻薄型的穆斯林织物到最厚型的牛仔布、家具布等,均能织造。在喷气和喷水织机上,必须在梭口有良好清晰度的条件下才能正常织造,因此这两种织机不适宜织造高密度的厚重织物。

二、织造工艺性能

织机的工艺性能对其优质、高产和低耗至关重要。

1. 车速

车速是反映织机水平的又一个重要参数。在织机筘幅相同的情况下,织机车速越高,织物产量就可能越高。车速提高后,即使可引纬角不变化,但可引纬时间会相应减少,故必须加大纬纱的引入速度,即增加载纬器或引纬介质的速度。而这对特定的织机是受限制的。因此,织机的最高车速由引纬方式决定,如片梭织机的最高车速为 420 r/min,剑杆织机的最高车速为 700 r/min,喷射织机的最高车速可达 1 500 r/min。车速提高以后,织机的效率一般都下降,在原纱条件及织前准备质量达不到要求的情况下,尤为重要。在保证质量的前提下,能取得最高产量的车速被称为经济车速。生产中,实际车速一般都在经济车速的水平上。它较织机的设计车速低,有时只达设计车速的 70% 左右。

2. 入纬率

入纬率是衡量织机产量的指标,定义为单位时间内引入的纬纱长度,其计算公式为:

$$理论入纬率 = 公称筘幅(m) \times 车速(纬/min)$$
$$实际入纬率 = 上机筘幅(m) \times 车速(纬/min)$$

一般情况下,织机的公称筘幅越大,织机的速度越低,因此车速不能完全反映织机的产量。而入纬率考察了车速和机器幅宽两个因素,可以比较不同筘幅织机的产量,故用它来衡量产量更为客观。

3. 经纬纱断头率

经纬纱断头率的表示方式有两种:一种是用台时断头根数表示;另一种是用引入十万纬时的断头根数表示。影响经纬纱断头率的因素较多,除织机本身的性能外,还有原料、准备质量、织机工艺等。

4. 效率

织机的效率除了受经纬纱断头停车及处理断头占用的时间外,还受其本身的故障停台时间的影响。显然,性能优良的织机,其自身的故障停台很少,且经纬纱断头率较低,能达到较高的效率。

5. 回丝率

织机的经纱回丝率差别不大,而纬纱回丝率高低主要是由引纬方式不同造成的。有梭织机的纬纱回丝率主要由纡脚、断纬造成,相对较低,能达到较高的效率。

6. 下机一等品率

它是反映织造质量的重要指标。性能优良的织机所制织的织物,织疵很少,织物下机时符合一等品的比例高。

7. 纬纱张力的可控性

在片梭与剑杆织机上,均有纬纱制动器(或压纱器),可对引纬时的纬纱张力进行调节;

喷气与喷水织机采用消极引纬,在引纬时期对纬纱的制动必须解除,因此引入梭口的纬纱张力很低,同时也无法加以调节。

在纬纱张力的可控性方面,以片梭织机的性能为最佳,属于精密可控;剑杆织机次之,属于一般可控;喷气与喷水织机属于低张力引纬,纬纱张力的可控性较差。

8. 消除缺纬的可靠性

在片梭织机与剑杆织机上,发生纬纱断头后,织机立即停车,并能可靠地找出纬纱头,消除缺纬。在喷气与喷水织机上,产生缺纬的机会比较多一些。

9. 布边成形

片梭织机采用钩入边,因此布边是整齐的光边,如配置边字提花机,还可织边字。剑杆织机上一般采用绞边,布边有较短的纬纱头伸出,故为毛边;但在需要时可以加装钩边装置,制成光边。在喷气和喷水织机上,两侧布边一般采用绳状边或绞边,故均为毛边。

三、 机械性能

机械性能不仅影响织机的效率,而且还影响车间的劳动环境、机件磨损、动力损耗等。

1. 振动与噪音

织机的振动与噪音会影响机器的使用寿命、操作者的工作环境和身体健康。有梭织机的噪音较高,超过 100 db(A);无梭织机的噪音较低,约为 90 db(A)或略高些,其中喷水织机最低。机器的振动过大,易造成机件松动和不匀磨损,对车间建筑的要求较高。

2. 主轴回转不匀率

织机主轴回转不匀,则织机转动不圆滑,势必增加织机的振动和机械磨损,还会提高织机主电动机的容量。主轴回转不匀率以 δ 表示,计算公式如下:

$$\delta = \frac{n_{max} - n_{min}}{n_n} \times 100\%$$

式中:n_{max},n_{min},n_n 分别为织机主轴回转中的最大、最小和平均车速(r/min)。

对于有梭织机,δ 一般控制在 15%~20%;无梭织机中,喷射织机的主轴回转不匀率较低。

3. 机物料消耗

机物料消耗在工厂中一般用备件耗用费进行衡量,即以每 10 万次打纬所消耗的备件的金额来表示。无梭织机中,片梭织机的备件耗用量最低。机物料消耗多,首先增加了织造成本,同时也增加了工人维修工作量和停机时间。

4. 能源耗用量

织机的能源耗用量一般用单位产量织物的耗用电度数表示。据有关资料表明,片梭织机的耗电最低,每平方米织物耗电为 0.42×10^6 J;喷气织机为 0.55×10^6 J;剑杆织机为 0.69×10^6 J。织机实际功耗一方面影响织造的成本,另一方面决定了织机的装机容量,从而影响动力线路的容量。

四、 操作性能

1. 操作方式

织机的启、制动操作方式有按钮操作和开关柄操作两种方式,按钮操作较为简便,劳动强度低,可提高看台能力。

用微机控制的织机,上机时可方便地对有关工艺参数进行设定,尤其是具有电子开口、电子选纬、电子送经、电子卷取装置的织机,翻改品种十分快捷。

2. 润滑方式

自动润滑不仅可减少用工人数,而且润滑质量好,用油量低。

3. 信号指示方式

无梭织机普遍采用一组信号灯指示停车原因。高档织机上,还可通过微机显示屏给予指示,并可指示一些机械故障的发生位置。

4. 停台自动处理程度

该性能指织机是否有自动寻纬(对梭口)功能和自动处理经纬纱断头功能,前者应用较为普遍,而后者应用较少。

五、 技术经济性能

只有技术经济性能优良的织机,才能在生产中被采用。织机选型时,必须就设备投资、机器占地面积、机器折旧、维修保养费、织造加工费用等技术经济指标进行综合分析。

优质、高产、低耗是织机发展所追求的最高目标。因无梭织机在性能上明显优于有梭织机,已逐步取代有梭织机。这是织机发展的必然趋势。各类无梭织机在相互竞争中也不断得到发展,新材料的使用、微机控制的应用都加速了这种发展,使织机的性能更加完善。

由于每一种无梭织机都具有自己的独特长处,在各自的适用领域内都有其他引纬方式所不能取代的优势,于是多种无梭引纬技术并存,起到互补作用。表 5-3 比较了无梭织机的主要性能与特点。

表 5-3　无梭织机的主要性能与特点

指标	剑杆织机	喷气织机	片梭织机	喷水织机
适用纱线	各种纤维的长丝及短纤纱,适用于花式纱、变形纱及弱捻低强纬纱	各种纤维的长丝及短纤纱,粗重结子纱、圈圈纱等花式纱线不宜作为纬纱	各种纤维的长丝及短纤纱,但不宜使用低强度纬纱及弱捻纱	疏水性纤维长丝或短纤纱,如涤纶、锦纶、玻璃纤维等
适用织物	细布、府绸、卡其类织物 多色纬织物 花式纱、复合纱的厚重织物 特种工业用织物 精纺毛织物 毛圈织物 牛仔布、割绒、双层、多层织物	细布、府绸、卡其类织物 变形丝织物 合纤长丝织物	精纺毛织物 工业用织物 装饰织物 特阔高档棉型织物 细布、府绸、卡其类织物	合纤长丝织物 变形丝织物
最高入纬率(m/min)	1 300	1 500~2 000	1 200	1 700~2 000
最大织机幅宽(mm)	4 600	3 600	5 400	2 300
筘幅调整量(mm)	800	600~800	950~2 700	400~800

续表

指标	剑杆织机	喷气织机	片梭织机	喷水织机
多色纬功能	8～16 色	4～6 色	4～6 色	2～4 色
引纬方式	积极引纬方式	消极引纬方式	积极引纬方式	消极引纬方式
引纬张力控制	引纬张力严格控制	低张力、无控制	引纬启动张力较大	低张力、无控制
引纬故障	极少	纬缩、双纬、缺纬	极少	纬缩、双纬、缺纬
假边	两侧	一侧	折入边、无需假边	一侧
配用储纬器	普通型	定长式	普通型	定长式
配用开口装置	凸轮、多臂、提花	连杆、凸轮、多臂、	凸轮、多臂、提花	连杆、多臂
能耗	较高	最高 (剑杆织机的 1.3 倍)	低于剑杆织机	最低
对经纱及准备加工质量的要求	较高	很高	较高	较高

综上分析,在技术经济综合性能方面,以剑杆织机为最佳,其次为喷气织机、片梭织机,但喷水织机和喷气织机在提高单台产量方面的优势比较明显。因此,根据各种引纬方式的技术特点,可以确定各类织机的应用范围如下:

① 剑杆织机的应用范围较广,可用于色织、丝织、毛织和麻织等织造业中的多色纬和花式纱线的织物,以及特种织物的生产。

② 片梭织机适宜生产毛织、棉织行业中的高档织物,尤其是阔幅织物。

③ 喷水织机常用于生产疏水性化纤长丝类织物。

④ 喷气织机一般应用于棉织行业中的大批量生产。

【思考与训练】

一、 基本概念

公称筘幅、入纬率、回丝率、主轴回转不匀率。

二、 基本原理

1. 织机性能评价指标主要有哪些?

2. 试对四类无梭织机进行技术经济性能比较。

三、 基本技能训练

训练项目:上网收集或到校外实训基地了解有关织机,对各种各类织机进行技术经济比较分析,写出调研报告。

附件：

模块一考核评价表

知识点（应知部分）考核与评价（成绩评定权重为40%）				
教学单元	知识点	比例（%）	考核形式	评价方式
单元1：络筒机	络筒的目的与要求 络筒工艺流程 络筒机主要技术特征 筒子卷绕方式 筒子卷绕成形原理 络筒张力分析 张力装置的结构组成与原理 清纱装置的结构组成与原理 捻接装置的结构组成与原理 防叠技术措施等	10	闭卷 理论考试	教师评价
单元2：整经机	整经方法及其比较 分批整经机的机构组成 分批整经机主要技术特征 筒子架的作用与类型 经轴卷绕成形原理 整经张力与张力装置 分条整经机的机构组成 分条整经机主要技术特征 条带卷绕成形原理 倒轴机构组成与工作原理	15		
单元3：浆纱机	浆纱的任务与要求 浆纱机工艺流程与分类 浆纱机主要技术特征 经轴架与退绕张力控制 上浆机理与上浆装置 烘燥装置 浆纱机前车的主要机构组成与作用 织轴卷绕装置 张力与伸长控制	25		
单元4：其他前织设备	综框、筘、停经片的作用 综框、筘、停经片的规格与分类 穿结经方法 纱线定捻要求 常用定捻方法与设备	5		

续表

知识点(应知部分)考核与评价(成绩评定权重为 40%)

教学单元	知识点	比例(%)	考核形式	评价方式
单元 5:无梭织机	开口运动的基本理论 凸轮、多臂机开口机构的工作原理;四类无梭织机引纬机构的主要类型及其工作原理 连杆式、凸轮式打纬机构的工作原理与特点 卷取机构的工作原理与纬密变换 送经机构的主要类型与基本工作原理 断经、断纬自停机构的作用原理 储纬器的类型与工作原理 布边装置的类型与工作原理 四类无梭织机主要技术特征及其品种适应性	45	闭卷理论考试	教师评价

技能点(应会部分)考核与评价(成绩评定权重为 50%)

教学单元	知识点	比例(%)	考核形式	评价方式
单元 1:络筒机	打结操作 自动络筒机的挡车操作	10	现场操作 PPT 汇报 小论文答辩	学生自评 教师评价
单元 2:整经机	分区段配置整经张力 分排、分层穿筘法穿纱操作 筒子架排筒操作 分绞筘穿纱操作 条带生条操作	20		
单元 3:浆纱机	整浆联合机工艺流程的现场绘制 浸压方式的选择 浆纱机引纱操作	20		
单元 4:其他前织设备	穿综钩、插筘刀的使用 筘号计算与选用	10		
单元 5:无梭织机	多臂机构拆装 传剑机构拆装 无梭织机性能比较(调研报告)	40		

学习态度考核与评价(成绩评定权重为 10%)

考评项目	权重(%)	学生互评占比(%)	教师评价占比(%)
平时学习表现	25	50	50
作业完成情况	40	30	70
团队意识	20	70	30
职业素质养成	15	40	60

模块一 理论自测样卷

一、名词解释(每题2分,计10分)

1. 精密卷绕(络筒)   2. 间歇式整经   3. 浆纱覆盖系数   4. 电子送经

5. 机外卷取

二、选择题(每题1分,计25分)

1. 圆锥形筒子小端的结构呈( )是产生菊花芯的主要原因。
   - A. 里紧外松
   - B. 里外松紧一致
   - C. 里松外紧
   - D. 里外松紧不一、无规律

2. 槽筒的作用有( )。
   - A. 导纱运动
   - B. 圆周运动
   - C. 导纱、卷绕、防叠
   - D. 调节络筒张力

3. 整经机经轴的传动要求是( )。
   - A. 恒线速
   - B. 恒张力
   - C. 恒线速、恒张力
   - D. 恒转矩

4. 分条整经机上分绞筘的作用是( )。
   - A. 保证经纱排列均匀
   - B. 控制经纱幅宽
   - C. 控制经纱定位
   - D. 把经纱分成上下两层并固定下来,便于穿经

5. 分条整经机的大滚筒上的条带截面形状为( )。
   - A. 矩形
   - B. 平行四边形
   - C. 锥形
   - D. 圆形

6. 浆纱机上的浆槽"三辊"是指( )。
   - A. 引纱辊、上浆辊、压浆辊
   - B. 浸没辊、上浆辊、压浆辊
   - C. 上浆辊、压浆辊、拖引辊
   - D. 张力辊、上浆辊、压浆辊

7. 在浆纱过程中,为减少浆纱伸长,一般引纱辊与上浆辊的速度大小关系为( )。
   - A. $v_引$小于$v_上$
   - B. $v_引$大于$v_上$
   - C. $v_引$等于$v_上$
   - D. 无法确定

8. 对于湿伸长较大的黏纤纱上浆,宜采用( ),对稳定上浆有利。
   - A. 单浸单压式
   - B. 单浸双压式
   - C. 双浸双压式
   - D. 双浸四压式

9. 浆纱机上,防止烘燥装置所用蒸汽的工作压力超过规定而造成事故的安全装置是( )。
   - A. 冷凝水排出装置
   - B. 出气安全阀
   - C. 进汽安全阀
   - D. 疏水器

10. 浆纱机上,用于计算浆纱机的部件是( )。
    - A. 上浆辊
    - B. 引纱辊
    - C. 拖引辊
    - D. 测长辊

11. 公制筘号是指( )钢筘长度内的筘齿数。
    - A. 1 cm
    - B. 10 cm
    - C. 1 in
    - D. 2 in

12. 小双层梭口属于(　　　)。
    A. 全开梭口　　　　B. 清晰梭口　　　　　C. 半清晰梭口　　　　　　D. 不清晰梭口

13. 在织制 $\dfrac{3}{1}$ 斜纹织物时,每开一次梭口,凸轮转过的角度为(　　　)。

    A. 360°　　　　　B. 120°　　　　　C. 90°　　　　　　D. 60°

14. 瑞士史陶比利 2232 型多臂机的拉刀运动是(　　　)。
    A. 往复运动　　　　　　　　　B. 旋转运动
    C. 既有往复运动,又有微量的旋转运动　　D. 既有旋转运动,又有微量的往复运动

15. 苏尔寿片梭织机采用的投梭机构是(　　　)。
    A. 扭轴投梭机构　　　　　　　　B. 连杆投梭机构
    C. 凸轮投梭机构　　　　　　　　D. 齿轮投梭机构

16. 目前在工厂中普遍使用的剑带是(　　　)。
    A. 钢带　　　　　　　　　　　B. 尼龙带
    C. 塑料带　　　　　　　　　　D. 碳纤复合材料带

17. 国产 GA747 型剑杆织机上,选纬机构一般由(　　　)控制。
    A. 多臂机开口机构　　　　　　　B. 独立花筒装置
    C. 剑杆引纬机构　　　　　　　　D. 织机电脑

18. 在喷气引纬时,气流速度 v 与纬纱飞行速度 u 的关系应为(　　　)。
    A. $v = u$　　　　　　　　　　B. $v < u$
    C. u 接近于 v,但 $u < v$　　　　D. u 接近于 v,但 $u > v$

19. 辅助喷嘴的供气方式是(　　　)。
    A. 集体供气　　　　　　　　　B. 单独供气
    C. 分组依次供气　　　　　　　D. 单独依次供气

20. 根据水射流构象原理,对纬丝起作用的是(　　　)。
    A. 核心段　　　　　　　　　　B. 基本段
    C. 核心段和基本段　　　　　　D. 核心段、基本段、雾化段

21. 有一种四连杆打纬机构,其曲柄半径 r 为 76 mm,牵手长度 l 为 289 mm。按 r/l 分类,该机构属于(　　　)四连杆打纬机构。
    A. 长牵手　　　B. 中牵手　　　　　C. 短牵手　　　　　D. 无法界定

22. 织机上确定织物纬密的机构是(　　　)。
    A. 引纬机构　　B. 送经机构　　　C. 卷取机构　　　　D. 打纬机构

23. 目前在大多数织机上普遍采用的送经机构是(　　　)。
    A. 消极式送经机构　　　　　　B. 积极式送经机构
    C. 调节式送经机构　　　　　　D. 电子送经机构

24. 喷射织机上必须采用的储纬器类型是(　　　)。
    A. 动鼓式储纬器　　　　　　　B. 定鼓式储纬器
    C. 定长式储纬器　　　　　　　D. 气流式储纬器

25. 下列布边机构中能形成光边的装置是(　　　)。
    A. 纱罗绞边装置　　　　　　　B. 折入边装置

    C. 绳状边装置　　　　　　　　　　　　　D. 热熔边装置

三、填空题(每空 0.5 分,计 15 分)

1. 无边筒子根据其外形可分为_____、_____和_____三种类型。

2. 由于筒子_____明显影响整经时的纱线退绕张力,故尽量采用_____整经方式,这对络筒提出了_____要求。

3. 现代上浆理论认为,上浆的主要目的是_____和_____。

4. 浆纱机上经纱张力分为五个区,分别是_____、_____、_____、_____和_____,其中伸长为负值的区是_____。

5. 根据开口方式的不同,可分为_____、_____和_____三种开口方式,其中经纱运动次数最多的是_____。

6. 提花开口机构的容量即工作能力是以_____来衡量的。

7. 常见无梭引纬方式有_____、_____、_____和_____四种,最适合于多色纬织造的是_____。

8. 影响织物形成的主要因素有_____、_____和_____。

9. 送经运动时间避开 0°打纬时刻,使打纬时经纱张力较大,有助于_____。

10. 停经位置通常为 300°。在这一角度,经纱处于综平或接近综平位置,经纱张力最小,有利于减少停机过程中的_____,且便于_____。

四、简答题(35 分)

1. 均匀整经片纱张力的措施有哪些?(5 分)

2. 画出双浸双压的上浆示意图,并分析其特点。(6 分)

3. 分述现代剑杆与喷气织机主要采用何种引纬方式。(4 分)

4. 试对三类开口机构的工作原理与特点进行比较。(8 分)

5. 按 r/l,四连杆打纬机构如何分类?(5 分)

6. 简述电子送经装置的机构组成、工作原理与特点。(7 分)

五、论述题(15 分)

试述剑杆织机的品种适应性。

模块二

织造工艺设计与质量控制

【学习指南】

本模块分设"络筒工艺设计与质量控制""整经工艺设计与质量控制""浆纱工艺设计与质量控制""织机上机工艺设计"和"下机织物整理与织疵识别"5个教学单元。要求学生在掌握机织设备的工作原理的基础上,掌握有关机织生产的工艺设计原理、方法,能够进行机织生产过程中的质量检验与控制,为以后从事机织生产工艺设计与质量控制等工作任务打下坚实基础。主要学习内容为:

① 络筒、整经工艺的设计原则与方法,针对不同品种进行络筒、整径工艺设计与实施。

② 常用浆料的性能及上浆工艺的设计原则与方法,针对不同品种进行浆料配方及上浆工艺设计与实施。

③ 织造参变数内容及其选择原则,在不同类型的织机上,针对不同品种进行织造上机工艺设计与实施。

④ 前织半制品的疵点类型及其成因和织疵的种类及其成因、质量检验与控制方法。

教学单元 6　络筒工艺设计与质量控制

【内容提要】　本单元对络筒工艺设计的主要内容、原则与方法等做重点介绍,并列举实例进行说明,分析了主要络筒疵点类型及其成因,在此基础上对络筒质量控制途径做简要介绍。

第一节　络筒工艺设计

一、络筒工艺设计原理

络筒工艺设计的内容主要有络筒速度、络筒张力、清纱工艺、定重定长、筒子卷绕密度和结头规格等。

(一)络筒速度

络筒速度的大小取决于络筒机产量与时间效率、纱线品种与性能、纱线喂入形式、络筒机机型等因素。

1. 络筒机产量与时间效率

$$络筒机的理论产量 Q_L = 60 \times V \times N_t \times 10^{-6} [\text{kg}/(\text{锭} \cdot \text{h})]$$
$$络筒机的定额产量 Q_D = Q_L \times 时间效率 [\text{kg}/(\text{锭} \cdot \text{h})]$$

式中: V 为络筒速度(m/min); N_t 为纱线线密度(tex)。

由上式可知:在其他条件不变的前提下,络筒速度越高(或时间效率越高),定额产量越高。这意味着,在同样生产总量的情况下,所用的络筒机机台数量少;或采用相同机台数量生产时,所用生产时间少。但是,时间效率的高低又受到络筒速度等因素的影响,一般络筒速度越高,断头率越大,时间效率越低。所以,生产中一般选择最佳的经济速度,通常取其最高理论速度的 70%,使定额产量达到最高。

2. 纱线品种与性能

(1)纱线线密度。若纱线的线密度大,则络筒速度可以高些。

(2)纱线强力。纱线强力越高,强力不匀率越小,则络筒速度可以高些。

(3)纱线品种。生产纯棉纱时,速度可高些;生产化纤纱时,速度应低些,以防止静电导致毛羽过多。

3. 纱线喂入形式

以细纱管纱喂入时,速度可以高些;采用筒子纱喂入时,速度应低些;采用绞纱喂入时,速度应最低。

4. 络筒机机型

普通络筒机的速度为 500～700 m/min，自动络筒机的速度为 800～1 800 m/min。

（二）络筒张力

络筒张力一般根据卷绕密度进行调节，同时应保持筒子成形良好，通常为单纱强力的 8%～12%。在络筒机上，通过调整张力装置的有关参数来改变络筒张力。这与具体的张力装置形式有关，普通络筒机的圆盘式张力装置设置见表 6-1。同品种各锭的张力必须一致，以保证各筒子的卷绕密度和纱线弹性的一致性。

表 6-1   普通络筒机的圆盘式张力装置设置参考表

线密度（tex）	12 以下	14～16	18～22	24～32	36～60
张力圈质量（g）	7～10	12～18	15～25	20～30	25～40

（三）定重定长

筒子卷装容量有两种计量方法，即定重或定长。筒子公定质量 G_K（g）与定长 L（km）、纱线线密度 N_t（tex）之间的关系如下：

$$G_K = L \times N_t$$

棉纺厂生产的筒子容量由客户提出要求。现在筒子一袋包一般为 25 kg 左右，每袋包筒子数为 12～15 个，所以每个筒子的净质量为 2.08～1.67 kg。

织布厂的筒子容量一般是先定长（即整经长度），再根据上式折算成筒子质量，并对纺纱厂提出相应的筒子质量要求。

在自动络筒机上，可以通过电子清纱器的参数设置进行定长或定重设置。

（四）清纱器与清纱工艺

1. 机械清纱器

机械式清纱器的工艺参数就是清纱隔距，以纱线直径为基准，结合筒子纱的质量要求综合考虑。清纱隔距与纱线直径的关系如表 6-2 所示。

表 6-2   清纱隔距与纱线直径的关系参考表

纱线品种	低线密度棉纱	中线密度棉纱	高线密度棉纱	股线
清纱隔距（mm）	$(1.6～2.0) \times d_0$	$(1.8～2.2) \times d_0$	$(2.0～2.4) \times d_0$	$(2.5～3.0) \times d_1$

注：d_0 为棉纱直径，$d_0 = 0.037 \sqrt{N_t}$，N_t 是单纱线密度（tex）；d_1 为棉线直径，$d_1 = 0.047 \sqrt{N_t}$，N_t 是股线线密度（tex）。

2. 电子清纱器参数设定

（1）电子清纱器参数设定内容。以 Uster Quantum-2 型电子清纱器为例，可以设定的主要清纱工艺参数如表 6-3 所示。

表 6-3   Uster Quantum-2 型电子清纱器的主要清纱工艺参数设置内容

清纱参数	内容说明	设置参数	参数实例
N（棉结）通道	检测长度<1 cm 的棉结	幅度（%）	300
S（短粗）通道	检测长度为 1～8 cm 的短粗节	幅度×长度（%×cm）	120×2
L（长粗）通道	检测长度>8 cm 的长粗节	幅度×长度（%×cm）	40×35

清纱参数	内容说明	设置参数	参数实例
T（长细）通道	检测长度＞8 cm 的长细节	幅度×长度（－％×cm）	－45×35
C 通道	槽筒启动过程中检测支数偏差	上限 C_p，下限 C_m，长度 C（＋％，－％，m）	40，－20，2
CC 通道	槽筒正常运转过程中检测支数偏差	上限 CC_p，下限 CC_m，长度 C（＋％，－％，m）	25，－20，1
PC 通道	检测链状纱疵	幅度（％），纱疵长度（cm），间距（cm），纱疵个数	40，1，8，8
J（捻接）通道	检测过粗或过细的捻接头	上限 J_p，下限 J_m，长度 J（＋％，－％，cm）	105，－50，2
U（双纱）通道	捻接过程中检测多根纱	幅度（％）	60
NSL 竹节纱	保留竹节纱的竹节	幅度（％），竹节长度下限（cm），上限（cm）	500，10，14
FD 通道	检测浅色纱中的深色异纤	幅度×长度（％×cm）	12×1.1
FL 通道	检测深色纱中的浅色异纤	幅度×长度（％×cm）	12×1.1
CY 通道	捻接过程中检测损失的芯纱	幅度（％）	－20

注：① FD 通道与 FL 通道，使用时只能打开一个，另一个必须关闭；
　　② CY 通道只有在使用电容传感器时才有效，且纱线类型必须为包芯纱。

（2）电子清纱器参数设定依据。根据客户要求和后道织造工序的质量要求，按纱疵分级图（图 1-24）对电子清纱器进行参数设定。

以短粗节为例：机织用棉纱的短粗节有害纱疵，可设定在纱疵样照的 A4，B4，C4，C3，D4，D3，D2 共 7 级；针织用棉纱的短粗节有害纱疵，可设定在纱疵样照的 A4，A3，B4，B3，C4，C3，D4，D3，D2 共 9 级。因为短粗节对针织的影响较大。无论是 7 级还是 9 级，有害纱疵的设定在样照上都是一根折线。电子清纱器的清纱特性曲线不可能与折线完全一致，但应该尽可能靠拢。

不同的棉纺织厂、不同的纱线品种、不同的质量要求，电子清纱工艺参数设定的参数值存在一定的差异。一般遵循的规律为：一是纺纱线密度减小，设定的相对百分率（即幅度）和长度范围适当增大；二是对质量要求高的品种，设定的相对百分率和长度范围适当减小。

（3）电子清纱器主要参数设定实例。现例举 4 个纱线品种的电子清纱器主要参数设定实例（表 6-4）。

表 6-4　Uster Quantum-2 型电子清纱器主要清纱工艺参数设定实例

纱线线密度（tex）	T 59	CJ 9.8	T/C 65/35 J 18.5	JC 14.6 tex＋40 D
N（％）	280	350	300	300
S（％，cm）	120，2.0	220，2.0	140，2.0	140，1.2
L（％，cm）	30，30	40，40	30，30	40，30
T（－％，cm）	30，30	35，40	30，30	40，30

续表

纱线线密度(tex)	T 59	CJ 9.8	T/C 65/35 J 18.5	JC 14.6 tex+40 D
C(+%, −%, m)	25, 25, 2	35, 35, 2	25, 25, 2	40, 20, 2.0
CC(+%, −%, m)	25, 25, 1.5	35, 35, 1	25, 25, 1.5	20, 20, 2.0
PC(%, cm, cm, 个数)	110, 1.5, 10, 5	180, 2.0, 10, 10	120, 2.0, 10, 9	50, 1, 9, 8
J(+%, −%, cm)	110, 50, 1.5	180, 60, 2.0	120, 60, 2.0	100, 60, 1.5

（五）筒子卷绕密度

筒子卷绕密度应按筒子的后道工序用途、纱线种类确定。如染色用筒子的卷绕密度较小，为 0.35 g/cm³ 左右；其他用途的筒子卷绕密度较大，为 0.42 g/cm³ 左右。筒子卷绕密度一般可通过张力装置进行调节。

（六）结头规格

结头规格包括结头形式和纱尾长度。接头操作要符合操作要领，结头要符合规格。在织造生产中，对于不同的纤维材料、不同的纱线结构，应用的结头形式也有所不同。普通络筒机一般有棉织、毛织和麻织用的自紧结、织布结；自动络筒机一般为捻接的"无结头"纱。

二、络筒工艺设计实例

试设计 JC 14.6tex 经纱在村田 No.21C 型自动络筒机上的络筒工艺参数，要求筒子质量为 2 kg。

设计过程如下：

1. 络筒速度

如采用细纱管纱喂入，而所用机型为村田 No.21C 型自动络筒机，则速度选取为 1 200 m/min。

2. 络筒张力

络筒张力根据表 6-1 选取，为 15 g。

3. 定重定长

因设计要求筒子质量为 2 kg，得：

筒子卷绕长度＝2 000/14.6×1 000＝136 986.3 m(取 137 000 m)

4. 电子清纱器参数设定(表 6-5)

表 6-5 电子清纱器主要清纱工艺参数

纱线线密度(tex)	棉结 N(%)	短粗节 S(%, cm)	长粗节 L(%, cm)	长细节 T(−%, cm)
JC 14.6 tex	350	220, 2.0	40, 40	35, 40

5. 筒子卷绕密度

此例为机织用纱，筒子卷绕密度应较大，为 0.42 g/cm³ 左右。

6. 结头规格

所用机型为自动络筒机，则为捻接的"无结头"纱。结头粗度为原纱直径的 1.2～1.3 倍，结头处强力为原纱强力的 80%～85%。

第二节 络筒质量控制

一、络筒质量

络筒质量主要包括络筒去疵除杂效果、筒子外观疵点和筒子内在疵点三个方面。

（一）去疵除杂效果

去疵除杂效果，如果是普通络筒机，可用 Uster 纱疵分级仪进行检测；如果为自动络筒机，则直接在显示面板上将质量结果显示出来。

经过络筒去疵之后，纱线上残留的纱疵级别应该在织物外观质量与后道加工的许可范围内。除杂效率则以一定量的纱线经过除杂后杂物减少的粒数来衡量。

络筒去疵除杂的质量标准是根据织物成品质量、后道工序加工要求、原纱质量、纤维质量、纱线结构等因素综合确定的。

（二）筒子外观疵点

1. 蛛网或脱边

由于筒管和锭管沿轴向横动过大、操作不良、槽筒两端的沟槽损伤等原因，导致筒子两端，特别是筒子大端处的纱线间断或连续滑脱，程度严重者形成蛛网筒子。这种疵点将造成纱线退绕时严重断头。

2. 重叠起梗

由于防叠装置失灵、槽筒沟槽破损或纱线通道毛糙阻塞等原因，使筒子表面纱线重叠起梗，形成重叠筒子。重叠起梗的纱条因受到过度磨损而容易断头，并且退绕困难。

3. 形状不正

若槽筒沟槽交叉口处很毛糙、清纱板上花衣阻塞、张力装置位置不正确，使导纱动程变小，则形成葫芦筒子；操作不良，筒子位置不正，则形成包头筒子；断头自停机构故障，则形成凸环筒子；络筒张力过大，锭管位置不正，则形成铃形筒子；由锭轴传动的络筒机上，由于成形凸轮转向点磨损或成形凸轮与锭子位置偏移，则造成筒子两端凸起或嵌入。

4. 松筒子

由于张力盘中有飞花或杂物嵌入、车间相对湿度太低等原因，会形成卷绕密度过低的松筒子，其纱圈稳定性很差，退绕时很容易产生脱圈。

（三）筒子内在疵点

1. 结头不良

络筒断头时接头操作不良，引起结头形状、纱尾长度不符合标准，如长短结、脱结、圈圈结等。这些不良结头在后道工序中会重新散结，产生断头，从而影响后道工序的生产效率，增加操作工的劳动强度。当使用空气捻接或机械捻接后，这类疵点大大减少。

2. 飞花回丝附入

由于纱线通道上有飞花、回丝或操作不小心等，都会导致飞花回丝随纱线一起卷入筒子的现象。

3. 原料混杂、错支错批

由于生产管理不善，导致不同线密度、不同批号，甚至不同颜色的纱线，混杂卷绕在同一个或同一批筒子上。在后道工序的加工中,这种疵筒很难发现,最后导致成品表面产生"错经""错纬"疵点。

4. 纱线磨损

断头自停装置失灵、断头不关车或槽筒表面被勾毛,都会引起纱线的过度磨损,增加毛羽,降低单纱强度。

二、 提高络筒质量的途径

加强络筒生产的工艺技术管理,加强设备维护管理,以及加强运转操作管理,是提高络筒质量的根本途径。

1. 加强工艺技术管理

针对不同纱线的特殊性,采用相应的络筒工艺和有关措施。例如,根据涤/棉纱竹节多的特点,可以选用梳针式清纱器,竹节清除效率达 70% 左右,但安装保养要求严格;若使用电子清纱器,则清除效率更高,可达 80%～90%。为减小涤/棉纱的毛羽和静电,与同线密度的棉纱相比,其张力可以小些,车速也应慢些。与棉纤维相比,合成纤维的表面光滑,容易散结,因此络筒时单纱采用织布结或自紧结,股线采用自紧结,结头纱尾适当加长。涤纶纤维的刚性大,抗扭性强,为避免涤纶(或涤/棉)强捻纱扭结,除严格执行接头后的放头操作外,还应该进行定捻。自动络筒机高速络筒时,应采用气圈破裂器,以均匀纱线张力,减少管纱退绕引起的纱线脱圈和断头。

2. 加强设备维护管理

保证各机台各机构的工作状态正常和上机工艺准确。设备维护的重点是定期对纱线通道与机台内部的清洁工作,检查断头自停装置、筒子锭管的回转状况、清纱张力装置、管纱插座位置、槽筒表面与沟槽导纱情况等。

3. 加强运转操作管理

重点是抓好接头操作、落筒生头操作、结头质量、机台表面纱线通道的清洁等工作,保证纱线通道无飞花杂质的堆积。使用自动吹飞花装置,可以及时清除络筒机上的飞花杂质。

【思考与训练】

一、 基本原理

1. 络筒工艺参数设计有哪些主要内容?
2. 络筒质量控制内容主要包括哪些方面?
3. 如何提高络筒质量? 试举例说明。

二、 基本技能训练

训练项目 1:T/C 13 tex 针织用纱,在 AC338 型自动络筒机上进行工艺参数设计,要求筒子质量为 3.5 kg 或定长 50 000 m。如有条件,结合工厂完成上机工艺的设置。

训练项目 2:到校内外实训基地收集疵筒,进行疵点成因分析,并提出解决措施。

教学单元7 整经工艺设计与质量控制

【内容提要】 本单元先对整经张力的变化规律及均匀整经张力的途径做全面分析,重点介绍分批整经与分条整经工艺的设计内容、原则与方法,并列举实例进行说明;分析了常见整经疵点类型及其成因,在此基础上对整经工序质量控制途径做简要介绍。

第一节 整经张力

整经张力是否均匀,是提高整经质量的关键。整经张力包括单纱张力和片纱张力两个方面:整经张力一般不宜过大,在满足经轴适当卷绕密度的前提下,尽量采用较小的张力;整经片纱张力应力求均匀,片纱张力均匀与否不仅影响经轴表面的平整度,而且直接影响织物的质量。

一、整经时单纱张力的变化规律

用固定锥形筒子整经时,纱线沿卷装轴向退绕,构成张力的主要因素包括退绕张力、张力装置所引起的张力,以及纱线与机件摩擦所形成的张力等。这些都与络筒相仿。但由于筒子退绕气圈的平均高度始终大致保持不变,以及纱线退绕时其平均角速度有变化等情况,使整经张力具有与络筒不同的特点。

(一) 退绕几个纱层时纱线张力的变化

如图 7-1 所示(14.5 tex 棉纱,整经速度为 200 m/min,张力圈质量为 3.6 g),退绕几个纱层时纱线张力的变化基本上呈周期性。每一个波形表示退绕一层纱线,波峰 1,3,5…为退绕几个纱层时筒子大端的纱线张力,而波谷 2,4,6…为筒子小端的纱线张力。在退绕一个纱层时,筒子小端的纱线与筒子表面没有摩擦,故张力较小,退绕到筒子大端时,纱线与筒子表面摩擦的纱段较长,故张力较大。因此,筒子大端的退绕张力大于筒子小端的退绕张力。

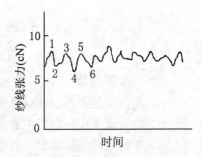

图 7-1 筒子退绕若干纱层时的张力变化

(二) 整个筒子退绕时的张力变化

整个筒子退绕时的平均张力与筒子退绕直径有关。图 7-2 为整个筒子退绕时的张力变化曲线图,横坐标为筒子退绕直径,纵坐标为纱线张力。开始退绕时,筒子直径较大,气圈的回转速度较慢,由于气圈不能完全脱离卷装表面,使纱线受到较大的摩擦,因而造成较大的张力;当退绕至中筒时,气圈回转速度加快,纱线完全脱离卷装表面,摩擦阻力较小,故张力较小；当退绕至小筒时，气圈回转速度再次增大，尽管气圈可以完全脱离卷装表面，但气圈高速回转产生的惯性很大，导致张力增加。筒管直径一般不宜过小，以避免筒子退绕时纱线张力急剧增加。

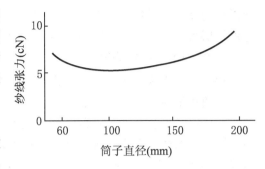

图 7-2　整个筒子退绕时的张力变化

（三）导纱距离对整经张力的影响

当导纱距离不同时，纱线的平均张力也发生变化。实践表明，存在最小张力的导纱距离，大于或小于此值，都会使平均张力增加。因为导纱距离越长，则退绕气圈的纱线质量越大，退绕时气圈的离心惯性力也越大；导纱距离小时，则纱线在退绕时易与筒子摩擦，又使张力有所增加。最小张力的导纱距离的值，大、中、小筒时各不相同。生产中一般采用的导纱距离为 140～250 mm。

（四）整经速度对整经张力的影响

整经速度的改变对纱线张力的影响见表 7-1 所示。该测定资料表明：整经速度高，张力大；速度低，张力小。当车速由 500 m/min 提高到 1 000 m/min 时，纱线张力增加近一倍。

表 7-1　不同整经速度时的纱线张力

整经速度（m/min）	500	700	800	1 000
纱线张力/（cN）	13.7～19.6	19.6～21.6	24.5～25.5	31.4～32.3

注：19.5 tex 棉纱，不同张力装置，测试部位为筒子架前。

可见，在上述所有因素中，整经速度对经纱张力起主导作用。应根据纱线线密度、单纱强力，合理选择整经线速度。速度过高，会增加经纱断头，影响整经机的效率。

二、整经时的片纱张力

（一）整经时筒子架的经纱张力分布规律

筒子在筒子架上有上、中、下和前、中、后等不同的位置，这会影响纱线张力的均匀。采用 19.5 tex 棉纱，整经速度为 240 m/min，筒子大端直径为 120 mm，张力垫圈均为 2.5 g，测得筒纱在不同位置时的平均张力（表 7-2）。从表中可以看出，筒子架上纱线张力的分布规律是从前向后逐渐增加；对于上、中、下层来说，中层的张力最小，上层较大，下层最大。

表 7-2　筒子在不同位置时的整经张力

筒子位置	前排	中排	后排
上层	10.8 cN	11.3 cN	11.8 cN
中层	9.3 cN	10.0 cN	10.8 cN
下层	11.3 cN	11.8 cN	12.9 cN

由于筒子在筒子架上的位置不同，使引出纱线所经路程和导纱件个数不同，而纱线在行进时的摩擦阻力和纱线本身的悬索张力对整经时的单纱张力的影响较大，故形成片纱张力的差异。前排筒子引出的纱线至伸缩筘的距离应小于中排和后排，中层筒子引出的纱线与

导纱件的摩擦包围角应小于上层和下层。因此,整经时的片纱张力呈现出前排小于后排、上层和下层大于中层、下层又比上层大的分布规律。

（二）均匀片纱张力的措施

根据前述影响纱线整经张力的各种因素,采取以下措施,能使片纱张力趋于均匀:

1. 采用间歇整经方式及筒子定长

由于筒子卷装尺寸明显影响纱线退绕张力,所以在高中速整经和加工高线密度纱时,应尽量采用间歇整经方式。即当筒子架上筒子上的纱线退绕完毕时,整经机停车,然后采用集体换筒方法,一次性更换全部筒子。同时对络筒提出定长要求,以保证所有筒子在刚放到筒子架上时具有相同的卷装尺寸,并且可大大减少筒脚纱的数量。

2. 分区段配置张力装置的附加张力

该方法是针对片纱张力差异的具体情况,分区段配置张力装置,形成附加张力。其原则是:前段配置较大的附加张力,后排配置较小的附加张力,中层的附加张力应大于上层和下层。应该指出:分区段数越多,张力越趋于一致,但管理也越不方便。所以,分区段配置应视筒子架长短和产品类别等具体情况而定。常用的有前后分段法和弧形分段法。

3. 纱线合理穿入伸缩筘

这种措施是使不同位置的纱线以不同的曲折状态进入伸缩筘,从而达到调节纱线之间的张力差异的目的。目前使用较多的有分排穿筘法（又称花穿）和分层穿筘法（又称顺穿）。分排穿筘法从第一排开始,由上而下（或由下而上）,将纱线从伸缩筘的中心位置往外侧逐根逐筘穿入,如图7-3(a)所示。其操作虽不方便,但因张力小的前排纱配以折角大的中间筘齿,故片纱张力较为均匀,且断纱不易缠在邻纱上;对于色织厂来说,排花时摆筒工走的路程也较短。所以,这种穿纱法在白织和色织生产中广泛应用。

分层穿筘法则从上层（或下层）开始,把纱线穿入伸缩筘的中部,然后逐层向伸缩筘外侧穿入,如图7-3(b)所示。采用此法,纱线层次清楚,找头、引纱十分方便,但扩大了纱线的张力差异,影响整经质量。

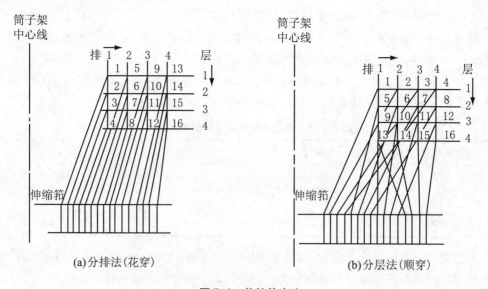

(a)分排法（花穿）　　　　　(b)分层法（顺穿）

图7-3 伸缩筘穿法

4. 整经根数设计采用多头少轴的原则

尽量利用筒子架的最大容量,从而增加整经轴上的经纱根数,以保证一定的经纱排列密度,减小整经轴上纱线的间距,避免由于经纱排列过于稀疏而造成卷绕过程中纱圈塌落引起的退绕张力不匀问题。

5. 适当增加筒子架到整经机车头的距离

适当增加筒子架到整经机车头的距离,可以减小上、下层纱对导纱机件的包围角,从而减小张力差异;但距离过大,不仅会增加机台占地面积,且均匀纱线张力的效果会降低。一般以采用 3～5 m 为宜。

6. 加强生产管理,保持良好的机械状况

做好机器和经轴的保养检修工作,保持各导棒、导辊水平、平行且转动灵活。经轴的盘板与轴芯应垂直,轴芯要求平直,使之在运转中不产生跳动现象。同时,开车动作要求缓和,以免张力突然增加。半制品管理中应做到筒子先做先用,减少筒子回潮率不同所造成的张力差异。

第二节　分批整经工艺设计

分批整经工艺设计的主要内容为整经张力、整经速度、整经根数、整经长度、整经卷绕密度等。

一、整经张力

整经张力与纤维材料、织物组织、纱线线密度、整经速度、筒子尺寸、筒子架形式、筒子分布位置和伸缩筘穿法等因素有关。工艺设计时应尽量保证单纱张力适度、片纱张力均匀。

整经张力通过调整张力装置工艺参数(张力圈质量、弹簧加压、摩擦包围角等),以及伸缩筘穿法进行调节。工艺设计的合理程度可以通过单纱张力仪测定来衡量。

在配有张力架的整经机上,还需调节传感器位置、片纱张力的设定电位和导辊的相对位置等。

二、整经速度

整经速度可在整经机的速度范围内任意选择。一般情况下,随着整经速度的提高,纱线断头增加,影响整经效率。若断头率提高,整经机的高速度就失去意义。在高速整经条件下,整经断头率与纱线的纤维种类、原纱线密度、原纱质量、筒子卷装质量有着十分密切的关系,只有在纱线品质优良和筒子卷绕成形良好且无结纱时,才能充分发挥高速整经的效率。

新型高速整经机使用自动络筒机生产的筒子时,整经速度一般选用 600 m/min 以上,滚筒摩擦传动的 1452A 型整经机的整经速度为 200～300 m/min。整经机的幅宽大、纱线质量差、纱线强力低、筒子成形差时,速度可设计稍低一些。

三、整经配轴计算

整经轴上纱线排列过稀会使卷装表面不平整,从而使片纱张力不匀。因此,整经根数的确定以尽可能多头少轴为原则,根据织物总经根数和筒子架最大容量,计算出一批经轴的最少个数,然后再分配每个经轴的整经根数。为便于管理,各轴的整经根数要尽量相等或接近。

整经轴的盘片间距为 1 384 mm 时,棉纱的整经根数如表 7-3 所示。其他整经根数可参考此表。

表 7-3　棉纱分批整经根数

纱线线密度(tex)	高(32 以上)	中(21～32)	低(20 以下)
每轴经纱根数(根)	360～460	400～480	420～500

一次并轴的轴数与整经根数的关系为:

$$n = \frac{M}{Z}$$

式中:n 为一次并轴的轴数;M 为织物总经根数;Z 为筒子架的最大容量。

实例一　整经配轴计算

已知某织物的总经根数为 6 488 根,整经机筒子架容量为 640 个,整经配轴工艺计算如下:

(1)计算整经轴数与修正轴数

$$初算整经轴数 = \frac{总经根数}{筒子架容量} = \frac{6\ 488}{640} = 10.14(取\ 11)$$

则修正轴数为 11 个。

(2)初算每轴根数 $= \dfrac{总经根数}{修正轴数} = \dfrac{6\ 488}{11} = 589.82$

即:每轴 589 根,余 $0.82 \times 11(轴) = 9$ 根,将其平均分配至其中的 9 个轴。

(3)修正配轴为 $= 590(根) \times 9(轴) + 589(根) \times 2(轴)$

四、整经长度

整经长度的设定依据是经轴的最大容纱量,即经轴的最大绕纱长度。经轴最大绕纱长度可由经轴最大卷绕体积、卷绕密度、纱线线密度和整经根数求得。整经长度应略小于经轴的最大绕纱长度,并为织轴实际绕纱长度的整数倍,同时还要计算浆纱的回丝长度和浆纱伸长率。图 7-4 为经轴简图。

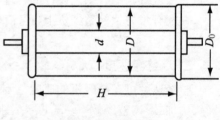

图 7-4　经轴简图

1. 经轴理论最大卷绕长度

$$G = L \times N \times N_t \times 10^{-3} \tag{7-1}$$

$$G = V \times \gamma = \frac{\pi \times H}{4} \times (D^2 - d^2) \times \gamma \tag{7-2}$$

联立上述两式,整理得:

$$L = \frac{\pi \times H}{4 \times N \times N_t} \times (D^2 - d^2) \times \gamma \times 10^3 \tag{7-3}$$

式中:G 为经轴卷绕质量(g);L 为经轴理论最大卷绕长度(m);N 为每轴整经根数;N_t 为纱线

线密度(tex);V 为经轴绕纱体积(cm^3);γ 为经轴卷绕密度(g/cm^3);H 为经轴的盘片间距(cm);D 为经轴的实际卷绕直径(cm);d 为经轴的轴管直径(cm);D_0 为经轴的盘片直径(cm)。

其中,$D = D_0 - 2$ (cm)。

2. 一缸浆纱所需的实际整经长度(在掌握下一单元浆纱工艺设计的相关内容后再进行本计算)

$$L_0 = \frac{n \times L_j + L_1}{1 + \varepsilon} + L_2 \tag{7-4}$$

$$L_j = m \times L_P + L_3 \tag{7-5}$$

联立式(7-4)(7-5),得:

$$L_0 = \frac{n \times (m \times L_P + L_3) + L_1}{1 + \varepsilon} + L_2 \tag{7-6}$$

而

$$n = \frac{L \times (1 + \varepsilon)}{L_j} = \frac{L \times (1 + \varepsilon)}{m \times L_P + L_3} \tag{7-7}$$

式中:L_0 为实际整经长度(m);ε 为浆纱伸长率;n 为一缸浆纱的织轴数;L_j 为每轴浆纱长度;L_1 为浆纱浆(硬)回丝长度(m);L_2 为浆纱白(软)回丝长度(m);L_3 为织机上机、了机回丝长度之和(m);m 为每轴匹数;L_P 为浆纱墨印长度(m)。

实际整经长度 L_0 应为浆轴绕纱长度的整数倍,即 n 为整数,以避免浆纱出小轴。

3. 比较 L 与 L_0。

实际整经长度 L_0 应略小于经轴理论最大卷绕长度 L,即 $L_0 < L$。

实例二　整经长度计算

(1) 经轴理论最大卷绕长度。在上述整经配轴计算实例中,如已知该织物经纱为 14.5 tex,整经轴的盘片间距为180 cm,轴管直径为 26.5 cm,实际卷绕直径为 78 cm,实测卷绕密度为 0.48 g/cm^3,且整经根数为 590 根/轴(已知),则可根据式(7-3)计算经轴理论最大卷绕长度:

$$L = \frac{\pi \times H}{4 \times N \times N_t} \times (D^2 - d^2) \times \gamma \times 10^3 =$$

$$\frac{\pi \times 180}{4 \times 590 \times 14.5} \times (78^2 - 26.5^2) \times 0.48 \times 10^3 = 42\ 666 \text{ m}$$

(2) 计算实际整经长度。上述实例中,如已知后道浆纱工序浆纱机每织轴的卷绕匹数为 42 匹,浆纱墨印长度为 40 m,织机上、了机回丝长度为 2.0 m,浆回丝长度为 30 m,白回丝长度为 28 m,浆纱伸长率为 0.5%,实际整经长度计算如下:

① 根据式(7-7):

$$一缸浆纱的织轴数\ n = \frac{L \times (1 + \varepsilon)}{L_j} = \frac{L \times (1 + \varepsilon)}{m \times L_P + L_3} =$$

$$\frac{42\ 666 \times (1 + 0.5\%)}{42 \times 40 + 2} = 25.49 \qquad (取\ n = 25)$$

② 根据式(7-6):

$$实际整经长度\ L_0 = \frac{n \times (m \times L_P + L_3) + L_1}{1 + \varepsilon} + L_2 =$$

$$\frac{25 \times (42 \times 40 + 2) + 30}{1 + 0.5\%} + 28 = 41\ 899\ \text{m}$$

五、卷绕密度

经轴的卷绕密度大小影响原纱的弹性、经轴的最大绕纱长度和后道工序的经纱退绕状况。经轴卷绕密度可由对经轴表面施压的压纱辊的加压大小来调节，同时还受到纱线线密度、纱线张力、卷绕速度的影响。卷绕密度应根据纤维种类、纱线线密度等合理选择。表7-4所示为经轴卷绕密度的参考值。

表7-4　分批整经的经轴卷绕密度参考值

纱线种类	卷绕密度(g/cm³)	纱线种类	卷绕密度(g/cm³)
19 tex 棉纱	0.44～0.47	14 tex×2 棉纱	0.50～0.55
14.5 tex 棉纱	0.45～0.49	19 tex 黏纤纱	0.52～0.56
10 tex 棉纱	0.46～0.50	13 tex 涤/棉纱	0.43～0.55

实例三　整经工艺设计实例(表7-5)

表7-5　分批整经工艺设计表(某府绸, 14.5 tex /14.5 tex, 总经根数为 6 488 根)

项目		数值	说明
张力盘配置(g)	前	6	① 采用间歇换筒的整经机也可不分段分区配置张力盘
	中	5	
	后	4	② 边纱张力可适当增加以保证布边平整
	边	7.5	
整经线速度（m/min）		400	低线密度纱的整经速度不宜过高，以降低整经张力，减少经纱断头率
配轴（根数×轴数）		590×9＋589×2	计算过程见实例一
卷绕密度（g/cm³）		0.48	一般低线密度纱的卷绕密度较高
整经长度（m）		41 899	计算过程见实例二
伸缩筘筘齿密度(齿/cm)		2.6	一般不调整，经纱在筘齿中应均匀分布
经轴盘片直径(cm)		80	设备固有
经轴管直径(cm)		265	设备固有

第三节　分条整经工艺设计

分条整经工艺设计，除整经张力、整经速度、整经长度的设计外，还包括整经条(绞)数与每条(绞)根数、条(绞)宽、定幅筘和斜度板锥角等内容。

一、整经张力

分条整经的整经张力设计分滚筒卷绕和织轴卷绕两个部分。

滚筒卷绕时,张力装置工艺参数及伸缩筘穿法的设计原则可参照分批整经。

织轴卷绕时,片纱张力取决于制动带对滚筒的摩擦制动程度,片纱张力应均匀、适度,以保证织轴卷装达到合理的卷绕密度。织轴的卷绕密度可参见表 7-6。倒轴时,随大滚筒的退绕半径减小,摩擦制动力矩应随之减小,为此制动带的松紧程度需相应调整,以保持片纱张力均衡一致。

表 7-6　分条整经的织轴卷绕密度参考值

纱线种类	棉股线	涤/棉股线	粗纺毛纱	精纺毛纱	毛/涤混纺纱
卷绕密度(g/cm³)	0.50~0.55	0.50~0.60	0.40	0.50~0.55	0.55~0.60

二、整经速度

受换条、再卷等工作的影响,分条整经机的机械效率与分批整经机相比是很低的。据统计,分条整经机的整经速度(大滚筒线速度)提高 25%,生产效率仅增加 5%。因此,它的整经速度提高就显得不如分批整经那么重要。

新型分条整经机的设计最高速度为 800 m/min,实际使用时则远低于这一水平,一般为 300~500 m/min。纱线强力低、筒子质量差时,应选用较低的整经速度。

三、整经条带(每绞)根数与条带数(绞数)

1. 条格与隐条织物生产

（1）每绞经纱根数

$$每绞经纱根数 = 每花根数 \times 每绞花数$$

① 每花根数即每个配色循环所包含的经纱根数。

② 每绞花数即每绞内包含的配色循环数。

$$每绞花数 = \frac{筒子架容量 - 单侧边经纱数}{每花根数}$$

（2）整经绞数

$$整经绞数 = \frac{总经根数 - 两侧边经纱总和}{每条经纱根数}$$

计算后进行取整、修正、核算,应注意:

① 第一和最后一条带的经纱根数还需修正,加上各自一侧的边纱根数。

② 尽量减少整经绞数,同时要保证首、末绞的经纱根数不超过筒子架的容量。

③ 对应的绞数取整后,多余或不足的根数需做加或减调整。

2. 素经织物生产

$$整经绞数 = \frac{总经根数}{每条经纱根数}$$

当无法除尽时,应尽量使最后一条(或几条)的经纱根数少于前面几条,但相差不宜过大。

四、整经条带(绞)宽度

整经条带宽度即定幅筘中所穿经纱的幅宽。

$$整经条(绞)宽 = \frac{织轴幅宽 \times 每绞根数}{总经根数 \times (1 + 条带发散率)}(cm)$$

条带经定幅筘后发生扩散，扩散率一般为 $0.8\%\sim1.2\%$。高经密的品种，整经时其条带的扩散现象较严重，造成滚筒上的纱层呈瓦楞状。为减少扩散现象，可将定幅筘尽量靠近整经滚筒表面，以减小条带扩散。新型分条整经机可不考虑扩散率。

五、定幅筘计算

$$定幅筘的筘齿密度（筘号）= \frac{每绞经纱数\times10}{每绞宽度\times每筘齿经纱穿入数}（齿/10\,cm）$$

每筘齿经纱穿入根数一般为 $4\sim6$ 根或 $4\sim10$ 根，以大滚筒上的纱线排列整齐、筘齿不损伤纱线为原则。

如果已知定幅筘的筘号，则：

$$每筘穿入数=\frac{每绞经纱数}{条带宽度\times\dfrac{筘号}{10}}$$

六、条带长度

$$条带长度（整经长度）=\frac{成布规定匹长\times织轴卷绕匹数}{1-经纱缩率}+上、了机回丝长度$$

式中：成布规定匹长为公称匹长与加放长度之和。

七、滚筒斜度板锥角

采用可调锥角大滚筒的整经机，其斜度板锥角 2α 之半称为倾斜角 α。

$$\alpha=\arctan\left(\frac{P\times N_t}{h\times\gamma}\right)=\arctan\left(\frac{M\times N_t}{A\times h\times\gamma}\right)$$

式中：P 为滚筒母线方向的纱线排列密度（根/mm）；M 为每绞根数；A 为绞宽（mm）；N_t 为纱线线密度（tex）；h 为滚筒一转（即卷绕一层）定幅筘的横移距离（mm，$h=H/R$，参见图 2-21）；R 为滚筒的总转数（即绕纱层数）。

一般，$\alpha=10°\sim25°$。如果纱线表面光滑、线密度较低，为避免条带塌落，锥度角宜小。表 7-7 所示为不同原料的 α 推荐值。

表 7-7　不同原料的 α 推荐值

纱线原料	棉	锦纶	涤纶	腈纶、维纶	羊毛	黏胶	涤纶低弹丝
α	$15°\sim25°$	$23°$	$22°$	$19°$	$17.5°$	$13.5°$	$11.5°\sim16.5°$

注：新型高速整经机趋向于采用固定锥角，以避免首条因绕在多边形锥度板上造成的长度误差。

实例一　分条整经工艺计算

某条格床单织物，总经根数为 3 452 根，两侧边经根数总和为 76×2 根，色经循环为 56 根，织轴宽 165 cm，织轴卷绕长度 16 匹，匹长 75 m，上、了机回丝为 2.5 m，经纱缩率为 9.5%，筒子架的容量为 400 个，则相关工艺计算如下：

（1）每绞根数与整经绞数

① 每绞花数 $=\dfrac{筒子架容量-单侧边经数}{每花根数}=\dfrac{400-76}{56}=5.78$（取 5 花）

② 每绞经纱根数 = 每绞花数 × 每花根数 $=5\times56=280$ 根

③ 整经绞数 $= \dfrac{\text{织轴总经根数} - \text{两侧边经纱总和}}{\text{每绞经纱根数}} = \dfrac{3\,452 - 76 \times 2}{280} = 11.78 (\text{取 12 绞})$

第 1 绞：$280 + 76(\text{边纱}) = 356$ 根

第 2~11 绞：各为 280 根

第 12 绞：$3\,452 - 356 - 280 \times 10 = 296$ 根（含边纱 76 根）

（2）条带（绞）宽度

不考虑条带发散率，则：

$$\text{整经条（绞）宽} = \dfrac{\text{织轴幅宽} \times \text{每绞根数}}{\text{总经根数}}$$

第 1 绞：$\dfrac{165 \times 356}{3\,452} = 17.02$ cm

第 2~11 绞：各为 $\dfrac{165 \times 280}{3\,452} = 13.38$ cm

第 12 绞：$\dfrac{165 \times 296}{3\,452} = 14.15$ cm

（3）定幅筘每筘齿穿入数

已知筘号选 60 齿/10 cm，则：

$$\text{每筘齿穿入数} = \dfrac{\text{每绞根数}}{\text{条带宽度} \times \dfrac{\text{筘号}}{10}} = \dfrac{280}{13.38 \times \dfrac{60}{10}} = 3.5 \text{ 根}$$

可采用每齿 4，3，4，3 根的穿筘方法。

（4）计算整经长度

$$\text{条带长度（整经长度）} = \dfrac{\text{成布公称匹长} \times \text{织轴卷绕匹数}}{1 - \text{经纱缩率}} + \text{上、了机回丝长度} =$$

$$\dfrac{75 \times 16}{1 - 9.5\%} + 2.5 = 1\,328.5 \text{ m}$$

实例二　分条整经工艺计算

已知某织物色经排列为：

白边	白	橘	红	白	白	白边
36	3	180	180	284	3	36

其中橘、红、白（180 180 284）为 8 个循环

采用分条整经，已知筒子架的最大容量为 800 个，相关工艺计算如下：

（1）每花根数 $= 180 + 180 + 284 = 644$ 根，全幅共 8 个花（循环）

（2）每绞花数 $= \dfrac{\text{筒子架容量} - \text{单侧边经纱数}}{\text{每花根数}} = \dfrac{800 - 36}{644} = 1.19$　（取 1 花）

（3）每绞经纱根数 $=$ 每绞花数 $\times$ 每花根数 $= 1 \times 644 = 644$ 根

（4）总经根数 $= 36 + 3 + (180 + 180 + 284) \times 8 + 3 + 36 = 5\,230$ 根

（5）整经绞数 $= \dfrac{\text{织轴总经根数} - \text{两侧边经纱总和}}{\text{每绞经纱根数}} = \dfrac{5\,230 - 39 \times 2}{644} = 8$ 绞

每条为一个花(色纱循环),共需 8 个条带(绞)。每条经纱根数如下:

第 1 条与第 8 条:644+36+3=683 根;第 2～7 条:每条 644 根。

注:上题也可通过观察得出结果。

第四节　整经质量控制

一、整经的产量

整经机的产量是指单位时间内整经机卷绕纱线的质量,又称台时产量,分为理论产量 G' 和实际产量 G。

整经时间效率除与纱线线密度、筒子卷装质量、接头、上落轴、换筒等因素有关外,还取决于纱线的纤维材料和整经方式。例如,1452 型整经机加工棉纱的整经时间效率(55%～65%)明显高于加工绢纺纱的时间效率(40%～50%)。分条整经机受分条、断头处理等工作的影响,其时间效率比分批整经机低。

1. 分批整经的产量

(1) 分批整经的理论产量

$$G' = 6 \times V \times m \times N_t \times 10^{-5}[\text{kg}/(台 \cdot \text{h})]$$

式中:V 为整经线速度(m/min);m 为整经根数;N_t 为纱线线密度(tex)。

(2) 分批整经的实际产量

$$G = K \times G'$$

式中:K 为时间效率。

2. 分条整经的产量

(1) 分条整经的理论产量

$$G' = \frac{6V_1 \times V_2 \times M \times N_t}{10^5 \times (V_1 + n \times V_2)}[\text{kg}/(台 \cdot \text{h})]$$

式中:V_1 为整经大滚筒线速度(m/min);V_2 为织轴卷绕线速度(即倒轴线速度,m/min);M 为织轴的总经根数;n 为整经绞(条)数;N_t 为纱线线密度(tex)。

分条整经机的产量也可以用单位时间内生产的织轴数来表示,这时理论产量为:

$$G' = \frac{6V_1 \times V_2}{L \times (V_1 + nV_2)}[轴/(台 \cdot \text{h})]$$

式中:L 为整经长度(m)。

(2) 分条整经的实际产量

$$G = K \times G'$$

式中:K 为时间效率。

二、整经的质量

整经质量包括卷装中的纱线质量和纱线卷绕质量两个方面。整经的质量对后道加工工序的影响很大。因此,抓好整经质量是提高织物质量和织造生产效率的关键。

1. 纱线质量

纱线经过整经加工后,在张力的作用下发生伸长,其强力和断裂伸长均有减小。为保持纱线原有的物理机械性能,整经时纱线所受的张力要适度,纱线通道要光洁,尽量减少纱线的磨损和伸长。

纱线从固定的筒子上退绕下来,其捻度会有一些改变。筒子退绕一圈,纱线上会增加(Z 捻纱)或减少(S 捻纱)一个捻回。随着筒子退绕直径的减小,纱线的捻度变化速度加快。

研究表明:在正常生产的情况下,整经后纱线的物理机械性能无明显改变。

2. 纱线卷绕质量

良好的纱线卷绕质量应为整经轴(或织轴)表面圆整,形状正确,纱线排列平行有序,片纱张力均匀适宜,接头良好,无油污和飞花夹入。卷绕不良所造成的整经疵点有以下几种:

(1)长短码。因测长装置失灵和操作失误所造成的各整经轴的绕纱长度不一的疵点。在分条整经中,指的是各整经条带的长度不一致。长短码疵点增加了浆纱的了机回丝。

(2)张力不匀。因张力装置作用不正常或其他机械部件调节不当等原因所引起的整经疵点。整经加工所造成的纱线张力不匀,在浆纱过程中不可能被消除,遗留到织机上,会产生开口不清、飞梭、织疵等一系列弊病,从而影响布面质量。在浆纱工序中,整经轴纱线张力不匀也会导致浆轴上的纱线倒、并、绞头等疵点。

(3)绞头、倒断头。断头自停装置失灵、整经轴不及时刹车,使断头卷入,以及操作工断头处理不善所造成的整经疵点。它是影响浆纱工序好轴率的主要因素。分条整经的织轴绞头、倒断头使织机开口不清,影响布机效率,增加织疵。

以倒断头为例:整经倒断头造成浆纱车工打慢车,甚至停车处理断头,产生浆纱黏并,为解决倒断头而重新摆绞线会再次造成浆纱打慢车;布机车间需停车两次以处理断头(一次借边纱、一次还头),从而影响浆纱质量和织机效率。

(4)嵌边和凸边。整经轴或织轴的边盘与轴管不垂直,伸缩箱左右位置调整不当或分条倒轴时对位不准,都容易引起整经轴或织轴的嵌边和凸边疵点。在后道浆纱并轴时造成边纱浪纱,浆纱机不能正常开车,织造时形成豁边坏布。

操作不善,清洁工作不良,还会造成错支、杂物卷入、油污、滚绞、并绞、纱线排列错乱等整经疵点,对后加工工序产生不利影响,降低布面质量。

三、 整经的工序质量管理

(一)设备管理

设备管理与维护是优质、高产、保证供应的基础,应做到以下三个方面:

① 保证良好的机械状态。

② 滚筒(压辊)、经轴要求水平,彼此平行。

③ 经轴盘片不歪斜,否则会造成松边轴。

(二)环境温湿度

环境温湿度影响经纱强力(纱线的内在性能),影响生产与操作。温湿度太低会导致飞花损失增加,加工涤/棉纱时静电增加。

温湿度的一般控制范围:湿度为 $55\% \sim 65\%$,温度为 $20 \sim 32\ ^{\circ}\text{C}$。

（三）运转管理

运转管理是产、质量的人为保障，主要涉及如下内容：

1. 做好筒子的新陈代谢

及时使用，筒子随到随用，新旧分开，从而避免回潮率的差异和整经色差（白色经纱，以及不同缸次染出的同一种颜色的经纱，都有可能产生色差）。

2. 筒子质量

通过万米百根断头率的测试，了解上道工序（纺纱、络筒等）的问题，并及时反馈。

$$万米百根断头率 = \frac{断头数}{经轴整经根数 \times 测试长度} \times 10^6 [根/(百根 \cdot 万米)]$$

注：测试长度的单位为"米"。为保证整经的效率，万米百根断头率应低于1.5根/(百根·万米)。

3. 设备专台专用

即同一浆纱缸次的经轴尽量使用同一台整经机进行整经，以避免由于不同设备状态引起的卷绕密度的差异而产生片纱张力不匀。

4. 执行工艺纪律

① 工艺计算支数、配轴、每绞根数等须绝对正确，否则会造成大批质量事故，这对于整经工序尤为重要。

② 建立经轴传票，包括车号、品种、日期、班、工号和相关工艺内容。

5. 操作

① 启动要缓和（体会机械性能）。

② 边经要对准盘片边缘。

③ 结头小而牢。

【思考与训练】

一、 基本原理

1. 整经张力的变化规律如何？

2. 如何均匀整经张力？

3. 分批整经的工艺设计项目有哪些？

4. 分条整经的工艺设计项目有哪些？

5. 整经倒断头是如何产生的？有何危害？

6. 如何加强整经工序质量控制与管理？

二、 基本技能训练

训练项目1：在实训基地的整经机上进行整经张力测试，要求设计详细的测试方案，并进行合理分析，形成测试报告。

训练项目2：针对校内外实训基地内的实际生产品种，分别进行分批整经和分条整经的工艺设计，形成生产工艺表。

教学单元8　浆纱工艺设计与质量控制

【内容提要】　本单元对常用浆料的性能与使用特点做重点介绍,在此基础上结合实例讨论调浆工艺设计的内容、方法,及浆液质量指标检测与控制;介绍了上浆工艺参数设计的内容、方法,并举例做详细说明;系统分析和讨论了浆纱质量指标检测及其质量控制;最后介绍上浆新技术中的高压上浆与预湿上浆的工艺设计与要求。

第一节　浆　　料

经纱上浆的主要目的是增加耐磨和贴伏毛羽,对低线密度纱,需适当增强与保伸。用喷气织机织造时,贴伏毛羽的要求尤为突出,因此要求浆料既有成膜能力,又与纤维材料有良好的黏附能力。浆料是经纱上浆所用材料的统称,一般分为两大类:一类是黏着剂(亦称主浆料);另一类为助剂(亦称辅助浆料)。黏着剂是一种具有黏着力的材料,是调制浆液的基本材料。经纱经过上浆后,主要依靠黏着剂来提高织造性能。黏着剂在浆纱工程中的用量很大,选用时,既要从工艺要求方面考虑,又要从经济和节约方面考虑。助剂是为了改善黏着剂的某些性能不足所用的辅助材料,用量不大,种类却不少;因性质不同,使用时必须熟知其物理和化学性质,才能用得适当,不致产生不良后果。

现将黏着剂和助剂分述如下:

一、黏着剂

经纱上浆所用的黏着剂,分为天然黏着剂、变性黏着剂和合成黏着剂三类。各类按其化学组成与结构不同又分成许多种,具体分类如表8-1所示。

表8-1　浆纱用黏着剂分类

天然黏着剂		变性黏着剂		合成黏着剂		
植物性	动物性	纤维素衍生物	变性淀粉	乙烯类	丙烯酸类	共聚类
原淀粉类:小麦淀粉、玉米淀粉、马铃薯淀粉、甘薯淀粉、木薯淀粉等 海藻类:褐藻酸钠、红藻胶 植物性胶:阿拉伯树胶、刺槐树胶	动物胶:明胶、鱼胶、骨胶、皮胶等 甲壳质:蟹壳、虾壳等	羧甲基纤维素(CMC)、甲基纤维素(MC)、乙基纤维素(EC)、羟乙基纤维素(HEC)	转化淀粉:糊精、可溶性淀粉、酸化淀粉、氧化淀粉。 淀粉衍生物:交联淀粉、酯化淀粉、醚化淀粉、阳离子淀粉、接枝淀粉	聚乙烯醇、变性聚乙烯醇	聚丙烯酸、聚丙烯酸酯、聚丙烯酰胺等	醋酸乙烯-丙烯酰胺共聚物、乙烯酸-马来酸共聚物等

目前,从经纱所用的黏着剂用量的比例来看,居首位的是淀粉(包括变性淀粉),其次是聚乙烯醇和丙烯酸类。因此,淀粉、聚乙烯醇和丙烯酸类黏着剂有“三大浆料”之称。下面简要介绍常用黏着剂的性能:

（一）淀粉

淀粉在浆纱工序中作为黏着剂的历史最久，用量最大，使用范围广泛。它的优点是淀粉浆对天然纤维有较好的黏附性、来源丰富、价格低廉、退浆废液对环境的污染程度小等。目前，浆纱生产中广泛使用的是原淀粉和各种变性淀粉。

1. 原淀粉

原淀粉（以下简称淀粉）的种类较多。纺织厂常用的有小麦淀粉、玉米淀粉、马铃薯淀粉等。

（1）淀粉的一般性质。淀粉是由许多个 D-葡萄糖分子通过 α 型甙键缩聚而形成的高分子化合物，其分子式可以表示为 $(C_6H_{10}O_5)_n$，n 为聚合度，一般为 200～6 000。淀粉中有直链淀粉和支链淀粉两种。直链淀粉能溶于热水，水溶液不很黏稠，遇到碘变成蓝色，因此在浆液的检验中以碘液作为淀粉的指示剂；直链淀粉形成的浆膜具有良好的机械性能，浆膜坚韧，弹性较好。支链淀粉不溶于水，在热水中膨胀，使浆液变得极其黏稠，遇到碘变成紫色；支链淀粉浆不会凝胶，所成薄膜比较脆弱。淀粉浆的黏度主要由支链淀粉形成，使纱线能吸附足够的浆液量，保证浆膜具有一定厚度。直链淀粉和支链淀粉在上浆工艺中相辅相成，发挥各自的作用。

（2）淀粉在水中的变化。淀粉颗粒不溶解于冷水，在水中的变化随温度而异。淀粉在水中的变化大致可分为三个阶段。

① 吸湿：当水温较低（50 ℃以下）时，淀粉粒子溶于水，但由于水的渗透压力的作用，使少量水分子扩散到淀粉的粒子中，淀粉粒子的体积略有膨胀，而且膨胀可逆。若将吸湿后的淀粉进行脱水、烘干，可使其回复外观。

② 膨胀：温度升高，淀粉颗粒在水中的吸湿能力继续加强，体积迅速膨胀，膨胀的结果使原来稀薄的悬浊液变成半透明的分散液。由于膨化了的淀粉粒子在水中相互挤压，黏度迅速上升。

③ 糊化：继续加热，淀粉粒子迅速膨胀，使不透明的淀粉分散液变成透明的、具有一定黏度的浆液。发生这种剧烈变化的温度称为糊化温度。达到糊化温度时，淀粉浆液的黏度急剧上升。继续升高温度，黏度达到峰值后，随着膨胀粒子的破碎，黏度反而下降，但变化逐渐缓和。高温状态下维持一定时间，变化不大。若降低温度，黏度又上升。

（3）淀粉浆的上浆性能。淀粉浆液的上浆性能包括黏度特性、黏附性、成膜性、浸透性、混溶性等。现分述如下：

① 黏度：黏度是淀粉浆液的重要性质之一，对经纱上浆工艺的影响很大。为使经纱上浆率的波动幅度小，必须保证浆液的黏度相对稳定。淀粉浆液的黏度随温度变化的曲线如图 8-1 所示。由图可见，当加热至 50 ℃以后，在接近各种淀粉的糊化温度时，黏度随着温度的上升迅速增加，直到某一最高值为止；继续加热，黏度反而下降，并逐渐趋于稳定。在黏度稳定期间进行上浆，可

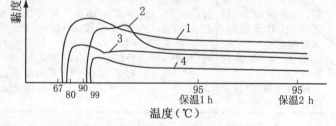

图 8-1　几种淀粉浆液的温度-黏度变化曲线

1—芭芋淀粉　2—米淀粉　3—玉米淀粉　4—小麦淀粉

获得良好的上浆效果。当淀粉浆液停止加热，令其静置或冷却时，黏度又上升。这是由淀粉的凝胶性所致的。

淀粉的聚合度越大，其浆液的黏度越大；淀粉浆液的浓度越大，黏度也越大。pH 值对淀粉浆液黏度的影响，随淀粉种类而异。pH 值在 5～7 范围内，对种子淀粉的黏度没有影响，而根淀粉（特别是马铃薯淀粉）对酸性烧煮很敏感。另外，煮浆温度高、闷浆时间长、搅拌作用剧烈、浆液使用时间过长等，都会使浆液的黏度下降。

② 黏附性：黏附性是两个或两个以上的物体接触时互相结合的能力，在上浆中指浆液黏附纤维的性能。黏附性的强弱以黏附力（黏着力）大小表示。淀粉大分子中富有羟基，具有较强的极性。根据"相似相容"原理，它对含有相同基团或极性较强的纤维有高的黏着力，如棉、麻、黏胶等亲水纤维；相反，对疏水性合成纤维的黏附性很差，所以不能用于纯合纤的经纱上浆。

③ 成膜性：淀粉浆膜比较脆硬，浆膜强度大，但弹性较差，断裂伸长小，其成膜性较差。以淀粉作为主黏着剂时，浆液中要加入适量柔软剂，以增加浆膜弹性，改善浆纱手感。

④ 浸透性：淀粉浆是一种胶状悬浊液，在水中呈粒子碎片或多分子集合体状态，浸透性差。淀粉经分解剂的分解作用或变性处理使其黏度降低后，浸透性可得到改善。

（4）几种常用淀粉的性能。

① 小麦淀粉：小麦淀粉是从小麦面粉中提取面筋（蛋白质）后制得的。小麦淀粉浆液的黏度比玉米淀粉浆低，黏度的稳定性好，对棉纤维的黏附性较强。小麦淀粉的浆膜强度高，耐屈曲性差，断裂伸长率小，若与断裂伸长率高的合成浆料混合使用，能收到取长补短之效。

② 玉米淀粉：玉米淀粉的粒子坚硬，完全糊化所需的时间比小麦淀粉长。玉米淀粉浆液黏度的热稳定性，开始尚好，但在连续高温烧煮 3 h 之后，黏度不再稳定而很快降低。玉米淀粉浆液的黏附性和浆膜的断裂伸长率均优于小麦淀粉，浆膜强度高，耐屈曲性也较好，但用玉米淀粉浆出的纱的手感稍硬，浆纱的退浆性较差，所以上浆率不宜过高。在各类淀粉中，玉米淀粉的使用最为广泛。

③ 马铃薯淀粉：马铃薯淀粉的颗粒大，易糊化，糊化时黏度剧烈上升，然后逐渐降低，不稳定，长时间煮沸易使黏度降低。马铃薯淀粉浆液的黏度高，被覆性好，浸透性差。单独使用马铃薯淀粉，上浆率差异大，最好与黏度稳定的黏着剂混合使用。

2. 变性淀粉

淀粉大分子结构中的甙键和羟基，是淀粉各种变性可能性的内在因素。所谓变性淀粉，是指以各种原淀粉为母体，通过化学、物理或其他方式，使原淀粉的性能发生显著变化而形成的产品。甙键的断裂使淀粉大分子的聚合度降低。伯醇基、仲醇基的化学活泼性较高，具有氧化、醚化和酯化等反应能力，可制得一系列变性淀粉。

（1）酸化淀粉。酸可使淀粉水解，少量的酸即可使淀粉不断分解，最后的水解产物为葡萄糖。常用的酸为盐酸和硫酸。用碱中和法控制酸对淀粉的水解进程，可制得酸化淀粉。

酸化淀粉浆液的流动性好，黏度低，粒子膨胀度小，可得含固量较高的浆液，但浆液在降温时有凝胶倾向。

（2）氧化淀粉。淀粉分子中的羟基和甙键对氧化剂很不稳定，易受氧化剂侵袭。氧化作用先是从羟基中去除氢原子而得羰基与羧基。羰基的引入，最终导致甙键的断裂，从而使淀粉的聚合度降低。使用的氧化剂有过氧化氢、次氯酸钠、氯胺 T、臭氧等。

淀粉氧化后,聚合度降低,制成浆液后,流动性好,黏度低,浸透性强,不易凝冻,对棉纤维的黏附力也有所提高,主要是含有羧基的缘故。

(3)酯化淀粉。淀粉大分子中的羟基与无机酸或有机酸作用,都能生成酯化物,得到不同取代度的淀粉酯衍生物。用磷酸或醋酸与淀粉反应,所得产品分别为磷酸酯淀粉和醋酸酯淀粉。

酯化淀粉的黏度稳定,流动性好,不易凝冻。经酯化的淀粉,不仅含有亲水性羟基,而且含有疏水性酯基,因而提高了对疏水性涤纶纤维的黏附力,作为棉纱或涤/棉、涤/黏等混纺纱的浆料,效果良好。

(4)醚化淀粉。淀粉大分子中的羟基可与醇或其他醚化剂反应生成醚化物,所得产品为淀粉醚衍生物。经纱上浆中用得较多的是羟甲基淀粉(CMS)。

羧甲基淀粉易溶于水,水溶液为无色、无臭、透明的黏滞溶液。用于上浆时,具有浆膜柔软、易退浆、调浆方便等优点,但浆纱手感柔软、易起毛。宜与其他黏着剂混用。

(5)交联淀粉。淀粉大分子之间通过酯化、醚化等化学反应,形成以化学键连接的交联状大分子,而成为交联淀粉。交联淀粉的黏度热稳定性好,聚合度增大,黏度也增加,浆膜刚性大、强度高、伸长小。浆纱中,一般使用低交联度的交联淀粉,进行以被覆为主的经纱上浆,如麻纱、毛纱上浆;也可与低黏度合成浆料一起,用于涤/棉、涤/麻、涤/黏混纺纱的上浆。

(6)接枝淀粉。淀粉在一定条件下,还可与烯烃类单体接枝共聚,形成一系列不同性能的接枝共聚物,进一步扩大淀粉的使用范围,提高其应用价值。淀粉接枝可用的单体有丙烯腈、丙烯酸及其酯类、苯乙烯等。接枝选用的单体和比例不同,所得接枝淀粉的性能不同。淀粉接枝改性的目的在于提高淀粉对合成纤维的黏附性,以及作为组分较少的组合浆料的基本成分。

(二)聚乙烯醇

聚乙烯醇简称"PVA",系"Polyvinyl Alcohol"的缩写。它是由聚醋酸乙烯醇解,即脱去醋酸根替换为羟基而制得的。醇解产物有完全醇解型和部分醇解型,前者称完全醇解PVA,后者称部分醇解 PVA。完全醇解 PVA 的大分子侧基中只有羟基(—OH);而部分醇解 PVA 的大分子侧基中既有羟基,又有醋酸根(—OCOCH$_3$—)。醇解度是指聚乙烯醇大分子中乙烯醇单元占整个单元的摩尔百分数。完全醇解 PVA 的醇解度为 98%±1%,部分醇解 PVA 的醇解度为 88%±1%。

国产 PVA 牌号后的数字,首两位乘"100"为聚合度,末两位表示醇解度的百分数。如北京 PVA-1799,表明此种型号的 PVA 的聚合度为 1 700,醇解度为 99%。

1. PVA 的一般性质

PVA 是水溶性良好的高分子化合物,具有优良的上浆特性,已广泛用于经纱上浆,是目前除淀粉以外的主要浆料之一。PVA 呈白色、无臭、无味的粉末状或絮状。PVA 带有许多羟基,是一种亲水性的高分子化合物,因而水溶液的稳定性好,久放不变质。PVA 不溶于酒精、丙酮和苯等有机溶剂。完全醇解 PVA 与碘试液呈蓝红色反应,部分醇解 PVA 与碘化钾-碘试液呈红色反应。硼酸、硼砂等无机盐类会使 PVA 溶液凝胶化,黏度增大。

2. PVA 的上浆性能

(1)水溶性。PVA 的水溶性取决于其聚合度与醇解度。聚合度越高,溶解速度越低;

聚合度为 500 的 PVA 在室温下即可溶解。醇解度对水溶性的影响较复杂：醇解度大于 99.6％的纺丝型 PVA，在高温下长时间加热才能溶解；而醇解度为 98％～99％的 PVA，在 80 ℃时开始溶解；醇解度为 85％～88％的 PVA，在冷水或热水的所有条件下都能顺利溶解；但当醇解度小于 75％时，水溶性又变差，难溶或不溶于水。

（2）黏度。PVA 水溶液的黏度较稳定，黏度的大小与聚合度、醇解度、浓度和温度等都有密切关系。PVA 水溶液黏度的变化规律是随聚合度、浓度的升高而升高，随温度的升高而降低。在相同条件下，部分醇解 PVA 水溶液的黏度低于完全醇解 PVA，且随放置时间延长而增加。

（3）黏附性。PVA 的黏附性与其分子结构中含有基团的性质有关。完全醇解 PVA，由于分子结构中亲水性基团羟基占优势，对亲水性纤维的黏附力强，对疏水性纤维的黏附力弱；部分醇解 PVA，由于含有部分疏水性基团醋酸根，对疏水性纤维有较好的黏附力。

（4）成膜性。PVA 是一种成膜性优良的高聚物，浆膜透明坚韧，为天然浆料所不及。PVA 浆膜的强度高，弹性好，耐磨性居各种黏着剂之首。同时，PVA 浆膜具有较好的吸湿性和再溶性。

（5）混溶性。PVA 与其他水溶性高聚物混合使用，在上浆工艺中是常见的。PVA 与褐藻酸钠、聚丙烯酸类、骨胶等有良好的混溶性。与淀粉混合时，若淀粉的含量高于 70％，其混合液很容易分离，不宜使用，一般以 PVA 的含量高于 50％为宜；与 CMC 混溶时，只是在接近 1∶1 的比例时，才有分离情况。

综上所述，PVA 是上浆性能较为理想的黏着剂，具有黏度稳定、黏附性好、浆膜性能优良等特点，但还存在与疏水性纤维的黏附性不够、分纱困难和易结皮、易起泡的缺点。为了克服这些缺点，可对 PVA 进行变性处理，采用共聚、接枝等手段，在 PVA 分子链中引入少量丙烯酸、丙烯酰胺、丙烯酸盐等成分，以改善 PVA 的上浆性能。尽管 PVA 在上浆方面具有一定的优越性，但由于其退浆废液对环境造成污染，现正在提倡少用或不用 PVA。

（三）丙烯酸类浆料

丙烯酸类浆料是丙烯酸类单体的均聚物、共聚物的总称，由于其在上浆性能上的特点，已发展成为三大浆料之一。丙烯酸类浆料的品种较多，上浆性能因聚合单体种类、组分及其比例而异。现将常用丙烯酸类浆料的性能叙述如下：

1. 聚丙烯酸酯

聚丙烯酸酯是以丙烯酸酯为主体的共聚物，用于短纤纱上浆时，以聚丙烯酸甲酯（简称 PMA）为多。

聚丙烯酸甲酯是由丙烯酸甲酯（85％）、丙烯酸（8％）和丙烯腈（7％）三种单体通过乳液共聚而成的，常温下为乳白色黏滞状胶体，含固量为 14％±1％。其结构式为：

$$-CH_2-\overset{\displaystyle COOCH_3}{CH}-CH_2-\overset{\displaystyle COOH}{CH}-CH_2-\overset{\displaystyle CN}{CH}-$$

聚丙烯酸甲酯可以任何比例与水混溶，在 60 ℃以上就能迅速地分散于水中。其薄膜柔软、延伸性好，但强度和弹性较差，具有"柔而不坚"的特点。聚丙烯酸甲酯的分子结构中含酯基，对涤纶纤维有较高的黏附力。故常与淀粉或 PVA 混合使用于涤/棉纱的上浆。

2. 聚丙烯酰胺

聚丙烯酰胺(简称 PAM)由丙烯酰胺单体聚合而成。其结构式为：

$$\begin{array}{c} CONH_2 \\ | \\ -CH_2-CH- \end{array}$$

聚丙烯酰胺是一种易溶于水的高聚物,为无色透明黏稠状胶体,含固量为 $7\% \sim 8\%$。聚丙烯酰胺遇二价以上的金属离子(Ca^{2+},Mg^{2+})会形成絮状沉淀,黏度下降。

聚丙烯酰胺的成膜性较好,浆膜机械强度略高于 PVA,但柔软性、弹性、伸长和耐磨性较 PVA 差,具有"高强低伸"的特点。聚丙烯酰胺含有酰胺基,适用于锦纶、棉、羊毛等纤维的上浆,对合成纤维的黏附性不足。单独用于经纱上浆,刚出烘房的浆纱手感较硬挺,放置较长时间后,手感变软。这是聚丙烯酰胺的吸湿性强所致的。聚丙烯酰胺与其他浆料的混溶性较好,一般常与淀粉或 PVA 混合使用,用于低线密度、高密棉织物的经纱上浆。

3. 醋酸乙烯-丙烯酰胺共聚浆料

典型的醋酸乙烯-丙烯酰胺共聚浆料是 $28^{\#}$ 浆料,也是一种聚丙烯酸类浆料。其结构式为：

$$\begin{array}{c} & & & O \\ & & & \| \\ CONH_2 & & O-C-CH_3 \\ | & & | \\ -CH_2-CH-CH_2-CH- \end{array}$$

$28^{\#}$ 浆料呈乳白色黏稠状,黏度较高,含固量较低,约为 16%。醋酸乙烯-丙烯酰胺共聚浆料的性能界于聚丙烯酸甲酯和聚丙烯酰胺浆料之间,对疏水性纤维的黏着力虽然不如聚丙烯酸甲酯,但没有大蒜味,对人体无害,所以在生产中多替代聚丙烯酸甲酯,用于涤/棉纱的上浆。

4. 喷水织机疏水性合纤长丝用浆料

喷水织机疏水性合纤长丝用浆料主要有聚丙烯酸盐类和水分散型聚丙烯酸酯两类。聚丙烯酸盐类浆料是丙烯酸及其酯,在引发剂下聚合,用氨水增稠生成铵盐,浆料中含有极性基($-COONH_4$),使浆料具有水溶性,满足调浆的需要。烘燥时铵盐分解放出氨气,成为含有羧基($-COOH$)、吸湿性低的浆料,使浆膜在织造时具有耐水性,符合喷水织造的要求。织物退浆时用碱液煮练,浆料变成具有水溶性基团的聚丙烯酸盐,达到退浆的目的。而水分散型聚丙烯酸酯浆料是以丙烯酸、丙烯酸丁酯、甲基丙烯酸甲酯、醋酸乙烯单体为原料,用乳液聚合法共聚而成的。该浆料对疏水性纤维有良好的黏着力;烘燥时,随水分子的逸出,乳胶粒子相互融合,形成具有耐水性的连续浆膜,其耐水性优于聚丙烯酸盐类浆料;织物退浆亦用碱液煮练。

(四)纤维素衍生物

浆纱使用的纤维素衍生物有羧甲基纤维素(CMC)、甲基纤维素(MC)、羟乙基纤维素(HEC)等,其中以 CMC 为常用浆料。

1. CMC 的一般性质

CMC 是以羧甲基钠基团($-CH_2COONa$)取代纤维素葡萄糖基环上的羟基中的氢原子

而成的。纤维素大分子中,平均每个葡萄糖基环上被醚化基团所取代的羟基数称为取代度,一般小于 3。工业上常用的是其钠盐,称为羧甲基纤维素钠盐。CMC 为白色粉末或纤维状,无味、无臭、无毒,有良好的吸湿性、乳化性和扩散性。多价金属盐类(Al^{3+},Fe^{3+})能使 CMC 产生沉淀。

2. CMC 的上浆性能

(1) 水溶性。CMC 的水溶性由取代度决定。取代度大于 0.4 时,CMC 才具有水溶性。取代度越高,水溶性越好。但过高的取代度会提高 CMC 的制造成本。因此,用于浆纱的 CMC,其取代度一般为 0.6~0.7。在调浆桶中,以 1 000 m/min 的高速搅拌才能使其溶解。

(2) 黏度。CMC 的聚合度决定了其水溶液的黏度。经纱上浆常用的是中黏度 CMC,其聚合度一般为 300~500。

CMC 浆液的黏度随浓度的增加而急剧升高,说明 CMC 有很强的增稠作用。使用时,浆液浓度不宜高,否则会影响其流动性。

CMC 浆液的黏度随温度的升高而下降;温度下降,黏度重新回升。浆液在 80 ℃ 以上进行长时间加热,黏度会下降。

在浆液的 pH 值为 5~9 时,CMC 溶液的黏度较稳定;当 pH<3 时,出现沉淀;当 pH>10 时,黏度略有降低。因此,上浆时浆液应呈中性或弱碱性。

(3) 黏附性。CMC 分子中极性基团的引入,使其对亲水性纤维有一定的黏附性,但对合成纤维的黏附性差,一般在纯棉低线密度纱或涤/棉纱上浆中使用。

(4) 成膜性。CMC 浆液成膜后光滑、柔韧,强度也较高,但浆膜手感过软,以至浆纱刚性较差。CMC 浆膜的吸湿性强,浆膜易发软发黏。CMC 浆液的成膜性能较淀粉好,但比 PVA 等合成浆料差。CMC 浆料一般不单独用于上浆。

(5) 混溶性。CMC 浆液具有良好的乳化性能,能与各种淀粉、合成浆料和助剂均匀混合,是一种很好的混溶剂,多用于混合浆,使混合浆调制均匀,改善浆纱性能。

(五) 聚酯浆料

目前,短纤纱上浆所用的合成浆料主要是 PVA,但 PVA 对聚酯纤维的黏着力小,而且退浆困难,并且退浆废液对环境污染大,国内外正提倡少用或不用 PVA。由于聚酯浆料具有与聚酯大分子相似的化学结构,根据"相似相容"原理,对聚酯纤维具有较强的黏着力;同时分子结构中引入了水溶性基团,使其具备了较好的水溶性,便于退浆。

聚酯浆料是由苯二甲酸与二元醇,用其他有机化合物共聚而成,浆料中含有—NH_2,—OH 和—COO—等基团,具有含固量高、水溶性好、黏度低、渗透性好、对聚酯纤维的黏附性好等优点,而且浆膜柔软光滑,对涤/棉纱、纯棉纱有良好的黏附性能,能替代 PVA 浆料,减少织物后整理时对环境的污染,但其浆膜强度、延伸度等不如 PVA,有待进一步研究。

(六) 共聚浆料

随着纤维生产和织造技术的不断发展,上述由单一均聚物组成的黏着剂,即使在各种助剂的配合下,也很难满足上浆要求。为此,经纱上浆时采用混合浆料,通过综合各黏着剂之长的方法来达到目的。混合浆的使用,使浆料的上浆性能得到提高,同时也带来浆液调制不便、质量容易波动等弊病;部分黏着剂之间的混溶性差,容易分层脱混,影响上浆的均匀程度。

近年来,各种共聚浆料应运而生,既满足了各种纤维、各种织物的严格的上浆要求,又简化了调浆操作。

共聚浆料是根据实际的上浆要求,由两种或两种以上的单体,以适当比例共聚而成。前文介绍的丙烯酸酯浆料,就是由几种各具特色的丙烯酸类单体聚合而成,因此是一种共聚浆料。此外,还有丙烯酰胺和醋酸乙烯酯的共聚浆料(用于纯棉、黏胶、涤/棉混纺纱)、马来酸酐与苯乙烯的共聚浆料(用于醋酯长丝)等。

(七)组合浆料

组合浆料(又称即用浆料)是按上浆工艺要求,由几种黏着剂和助剂混合加工而成的速溶粉末浆料。组合浆料以先进的配方和加工方法制得,按适用的织物品种大类分类,要求每种组合浆料的组分准确,调浆时间缩短,操作简易,因而可消除调浆工序中的人为误差、操作繁杂、煮浆时间长、劳动强度大等缺点,提高浆纱质量的稳定性。同时,组合浆料生产的工业化和专业化,简化了使用厂的浆料采购、储存和管理工作。

目前,国内外组合浆料有三种类型,即纯合成浆料组合、变性 PVA 与淀粉或变性淀粉组合、丙烯酸类与淀粉或变性淀粉组合。其工艺路线基本上均属物理组合。组合浆料为当今浆料的发展方向之一。组合浆料以少组分、高性能、适用品种范围广为原则。变性淀粉、变性 PVA 和各种共聚浆料的研究开发,为组合浆料提供了基础条件,尤其是接枝淀粉的出现,使得少组分组合浆料这一设想成为现实。

二、助剂

在经纱上浆中,所用浆料除黏着剂外,为了改善浆液性能,提高浆纱质量,还必须使用一些助剂。助剂的种类很多,但用量不多。选用时要考虑其相溶性和调浆操作方便。

(一)分解剂

淀粉分解剂有酸性、碱性和氧化分解剂三类,其作用有二,即:①使淀粉大分子水解,降低大分子的聚合度和黏度,使浆液达到适用于经纱上浆的良好流动行和均匀性;②降低淀粉的糊化温度,缩短淀粉浆液达到完全糊化状态所需的时间,从而缩短浆液调制时间。在生产中,用酸性分解剂时,分解的程度难以控制,故较少使用。使用广泛的是碱性分解剂,如硅酸纳作为分解剂时,用量为淀粉用量的 4%～8%。经过降解处理的变性淀粉和淀粉衍生物,无需使用分解剂。

(二)浸透剂

浸透剂即润湿剂,是一种以润湿、浸透为主的表面活性剂。其作用是减小浆液的表面张力,乳化纤维上的油脂,使浆液迅速、均匀地浸透经纱内部,从而达到提高浆纱质量的目的。

疏水性合成纤维的纯纺或混纺纱,以及醋酯纤维上浆时,必须使用浸透剂。常用的浸透剂有平平加 O,5881D 和 JFC 等。一般用量为黏着剂质量的 0.5%左右。

(三)柔软剂

柔软剂的作用是减小浆膜大分子之间的结合力,增强浆膜的可塑性,同时也可提高浆膜表面的平滑程度。但当分子之间的结构松弛后,它的自黏性也随之减弱,成膜性能变差,浆膜的机械强度有所降低。因此,浆液中柔软剂的用量不宜过多,一般以不超过黏着剂用量的 6%为宜。

目前,常用的柔软剂有牛油、羊油、各种植物油、甘油、肥皂、浆纱油脂、浆纱膏和柔软剂

101 等。油脂和水的亲和性很差,不易均匀分散于水中。因此,一般情况下,在调浆前先将油脂乳化,使其在浆液中具有较好的分散性和稳定性。

(四)吸湿剂

吸湿剂的作用是提高浆膜的吸湿能力,使浆膜的弹性、柔性得到改善。吸湿剂的用量应视黏着剂的性能、上浆率大小和织造环境而定。以淀粉为主的黏着剂,在空气干燥、上浆率较高时,加入适量的吸湿剂,可减小浆纱在织造时的断头。聚丙烯酸类浆料的吸湿性强,不需用吸湿剂。吸湿剂的用量过高时,浆纱含湿过多,耐磨性和强度都会下降。

常用的吸湿剂为甘油。甘油不仅是良好的吸湿剂,同时有一定的柔软和防腐作用。

(五)防腐剂

当浆液中含有淀粉、油脂、蛋白质时,易受微生物的破坏而腐败变质。用这种浆液上浆的坯布,库存时间一长,会因微生物的繁衍而发生霉变。因此,使用淀粉或动物胶上浆时,浆液中应适当添加防腐剂,抑制霉菌的生长,防止坯布在储存过程中发生霉变。

常用的防腐剂有 2-萘酚、水杨酸等。2-萘酚的用量常为黏着剂质量的 $0.2\%\sim0.4\%$。2-萘酚不溶于水,能溶于浓热的氢氧化钠液,溶解 1 g 2-萘酚,需用 0.4 g 氢氧化钠。

(六)抗静电剂

疏水性合成纤维在织造生产中易积聚静电,使纤维互相排斥、纱身毛羽竖起、邻纱互相纠缠,从而影响开口清晰度和织造的顺利进行。浆液中加入少量抗静电剂,可增加纤维的导电性,防止静电的积聚。常用的抗静电剂有抗静电剂 P、抗静电剂 SN 等。

(七)消泡剂

上浆时,浆槽中浆液起泡过多,会给浆纱操作带来困难,且液面的实际高度下降。若经纱在泡沫中通过,会引起上浆量不足和上浆不匀。

在浆液中加入适量消泡剂,可使浆液泡膜破裂、消失。常用的消泡剂有松节油、辛醇、硅油、可溶性蜡等。

(八)中和剂

中和剂分碱性中和剂与酸性中和剂两种。碱性中和剂通常为苛性钠,酸性中和剂一般是盐酸等。

(九)溶剂

调浆通常用水作为溶剂,水按其含有的钙、镁、铁等盐类的多少,分为软水和硬水,用水的硬度衡量。调浆用水的硬度不应超过 10 度,以 5 度为宜。否则水中含有较多的钙、镁等矿物质,会与油脂作用生成不溶于水的钙、镁等金属皂,沉积于纱上,给退浆和染色带来困难。

第二节　浆液的调制和质量控制

浆液的调制是浆纱工序的重要组成部分。它的任务是把浆液配方中的各种浆料,用水调制成符合质量要求的浆液,供浆纱用。其内容有浆液配方和调浆方法的确定、调浆工艺参数的选择,以及浆液的质量检验与控制。

一、浆液配方

妥善地选择浆料并适当地配合,是浆纱工艺成功的关键之一。制定新的浆液配方时,既要进行理论分析,又要通过实验测定。由于影响因素的复杂性,浆料的选择与配合迄今还没有一套系统的理论计算方法,主要凭使用者的实践经验。一般来说,在制定新的浆液配方时,经常参照同类型品种的有关配方,做一些必要的变动,进行小批量的生产实验,再逐步确定实际使用的配方。

（一）确定浆液配方的依据

选择浆料的主要依据有纤维种类、经纱线密度、原纱品质、织物结构要素、上浆及织造工艺条件、织物用途、浆料品质等。此外,还需考虑浆料来源、成本、劳动保护、能源消耗和环境保护等。

1. 根据经纱的纤维种类选择浆料

经纱的纤维种类与黏着剂的相似相容性,在选用浆料时是非常重要的因素。两种物质具有相同结构的基团时,它们能够相互溶解,并且彼此之间的亲和力很大。常用黏着剂的结构特点和纺织纤维的结构特点列于表 8-2 中。

表 8-2　几种纤维和黏着剂的化学结构对照表

浆料名称	结构特点	纤维名称	结构特点
淀粉	羟基	棉纤维	羟基
氧化淀粉	羟基、羧基	麻纤维	羟基
褐藻酸钠	羟基、羧基	黏胶纤维	羟基
醋酸酯淀粉	羟基、酯基	醋酯纤维	羟基、酯基
磷酸酯淀粉	亲水性酯基	羊毛	酰胺基
羧甲基淀粉	羟基、羧酸盐	蚕丝	酰胺基
CMC	羟基、羧基	涤纶	酯基
完全醇解 PVA	羟基	锦纶	酰胺基
部分醇解 PVA	羟基、酯基	维纶	羟基
聚丙烯酸酯	酯基、羧酸盐	腈纶	腈基、酯基
聚丙烯酰胺	酰胺基	丙纶	烃基
动物胶	酰胺基	芳纶	酰胺基、芳烃

从上表可以清楚地看出:纤维素类的纤维(如棉纤维、麻纤维、黏胶纤维、醋酯纤维)都含有羟基,与同样含有羟基的浆料(如淀粉、褐藻酸钠、CMC 和 PVA)的亲和性较大;同理,羊毛、蚕丝和锦纶与动物胶和聚丙烯酰胺等浆料的亲和性大,因其都含有酰胺键;涤纶和醋酯纤维与聚丙烯酸酯的相容性很大,它们都含有酯基;另外,由于氢键作用的关系,纤维素类纤维和锦纶与淀粉、褐藻酸钠、动物胶、CMC、PVA、聚丙烯酰胺等浆料的相容性很大。

按照上述原则,不同种类的纤维可以选用相应的黏着剂,并根据具体情况,使用适当的助剂。例如:淀粉浆配用分解剂、柔软剂、防腐剂;丙烯酸类浆料本身很软,无需加柔软剂;合成浆料可少用防腐剂;动物胶应加防腐剂和柔软剂;碱性浆料和褐藻酸钠浆料应加消泡剂。又如:合成纤维的吸湿性差,容易摩擦带电,应使用吸湿剂和抗静电剂;蜡质多的棉纤维,应适当加一点浸透剂。

2. 根据经纱线密度和品质选择浆料

低线密度纱,所用原料较佳,弹性和断裂伸长率较大,毛羽也少,但强力较低,上浆方针是增强和减磨兼顾,上浆率应大一些,浆纱质量要好;线密度大的经纱,强力较高,毛羽多,上浆方针以减磨为主、增强为辅。

经纱捻度大时,吸浆性能较差,应加入适量的浸透剂。精梳纱的捻度较低,上浆率应增加 1%~2%。10 tex 以上的股线一般不上浆,但为了稳定捻度,可以浸湿烘干,或采用 0.5%~2% 上浆率的薄浆,以贴伏毛羽。长丝要求集束性好,故选用的浆料的黏附力要强。

3. 根据织物组织、用途和加工条件选择浆料

织物组织不同,织造时单位长度经纱所受的摩擦次数也不同。如平纹的摩擦次数比斜纹多,因此织造平纹织物时,上浆率应比斜纹大;又如同为平纹组织,由于府绸的经密比市布大得多,织造时所受的摩擦力也大得多,故上浆率应比市布高;在织机车速高、经纱上机张力较大时,上浆率也应高些,浆纱的耐磨性、抗屈曲性因此提高。

当车间相对湿度较低时,在使用淀粉或动物胶作为主黏着剂的浆液配方中,应加入适量吸湿剂,以免浆膜脆硬而失去弹性。

应当注意:由于各种浆料组分的相容性总是存在差异的,使用过多组分的浆液配方,对上浆均匀性有害无益,故浆料配方的组分以越少越好;其次,浆料的各种组分(黏着剂、助剂)之间不应相互影响,更不能发生化学反应,否则,上浆时会影响各自的上浆性能的发挥。

(二)浆液配方实例

1. 纯棉纱的浆液配方

纯棉纱一般采用淀粉浆,上浆成本低,上浆效果较好,对环境污染也少。低线密度高密品种(如纯棉府绸、防羽绒布等)上浆时,为提高经纱可织性,也经常采用以淀粉为主的混合浆,混合浆的上浆率比淀粉浆可低一些。其浆液配方实例见表 8-3 中序号 1,2,3。

表 8-3 常规纱线上浆的浆液配方实例

序号	品种 经纱线密度(tex)×纬纱线密度(tex) 经密(根/10 cm)×纬密(根/10 cm)	浆液配方	上浆率(%)
1	普梳棉府绸 C14.6×C14.6　523.5×283	TB-225 变性淀粉 50 kg,PVA-1799 12.5 kg,CD(丙烯酸类)5 kg,油脂 2 kg	13
2	精梳棉防羽绒布 CJ9.7×CJ9.7　551×551	磷酸酯淀粉 62.5 kg,PVA-1799 12.5 kg,PVA-205 20 kg,AD(丙烯酸类)6 kg,油脂 3 kg	14.5
3	精梳棉贡缎 CJ7.3×CJ7.3　787×630	HY-1 接枝淀粉 40 kg,PVA-1799 25 kg,PVA-205 10 kg,AD(丙烯酸类)15 kg,油脂 3 kg,2-萘酚 0.15 kg	16
4	涤/棉细布 T65/C35 13×13　346.5×252	PVA-1799 37.5 kg,TB-225 变性淀粉 50 kg,AD(丙烯酸类)6 kg,油脂 2.5 kg,2-萘酚 0.125 kg	10

序号	品种 经纱线密度(tex)×纬纱线密度(tex) 经密(根/10 cm)×纬密(根/10 cm)	浆液配方	上浆率(%)
5	涤/棉府绸 T65/C35 13×13 512×315	PVA-1799 50 kg,氧化淀粉 20 kg,PVA-205 10 kg,CD(丙烯酸类)5 kg,油脂 2.5 kg,2-萘酚 0.1 kg	12
6	涤/棉缎纹织物 T65/C35 13×42 826.5×299	PVA-1799 35 kg,TB-225 变性淀粉 25 kg,PVA-205 15 kg,CD(丙烯酸类)10 kg,油脂 3 kg,2-萘酚 0.1 kg	14
7	细旦纯涤府绸 T12.3×T12.3 472×315	PVA-1799 37.5 kg,PVA-205 20 kg,酯化淀粉 12.5 kg,LMA-90(丙烯酸类)10 kg,SLMO-96(平滑剂)4 kg,抗静电剂 3 kg	11
8	高比例涤/棉防羽绒布 T80/C20 14×14 512×355	酯化淀粉 50 kg,PVA-1799 30 kg,PVA-205 20 kg,丙烯酸酯 6 kg,抗静电油脂 5 kg	12
9	黏胶长丝纺类织物	水 100%,骨胶 6%,CMC 0.5%,甘油 0.5%,皂化矿物油 0.6%,浸透剂 0.3%,苯甲酸钠 0.2%	4~5
10	涤纶、锦纶长丝织物	水 100%,聚丙烯酸 2.5%,PVA-205 1.5%,浸透剂 0.3%,抗静电剂 0.2%	4~5
11	醋酯长丝平纹织物	水 100%,PVA-205 2.5%,聚丙烯酸酯 3%,乳化油 0.5%,抗静电剂 0.15%	3~5
12	苎麻薄纱 22.2×22.2 273×264	PVA-1799 25 kg,PVA-205 10 kg,氧化淀粉 20 kg,CMC 5 kg,聚丙烯酰胺 15 kg,柔软剂 4 kg,甘油 1.5 kg	12
13	亚麻、黏胶混纺织物 39×39 213×213	玉米淀粉 25 kg,CMC 10 kg,28# 浆料 20 kg,乳化油 6 kg,硅酸钠 3 kg	13
14	精纺全毛华达呢 25×25 284×261	PVA-0588 35 kg,ASP 变性淀粉 20 kg,聚丙烯酰胺 25 kg,浸透剂 3 kg,抗静电剂 1 kg	10

2. 涤/棉纱的浆液配方

涤/棉纱上浆可以使用以 PVA 为主的化学浆或纯 PVA 浆。由于淀粉变性技术的发展很快,各种性能优良的变性淀粉不断被开发,并部分取代合成浆料(PVA,PMA 和聚丙烯酰胺)及 CMC,用于涤/棉品种的上浆。混合浆可扬长避短,使经纱上浆质量有一定程度的提高。表 8-3 中的序号 4,5 和 6 为几种涤/棉织物的浆液配方实例。

3. 细旦涤纶短纤纱的浆液配方

细旦纯涤纶短纤纱的强力和伸长均明显优于同线密度的不同混纺比的涤/棉纱,因此增强不再是上浆的主要目的。由于该类纱线上 3 mm 以上的有害毛羽多,在生产过程中经摩擦后易起毛起球;同时,在织造过程中,由于毛羽和静电的双重影响,会使纱线相互纠缠,导致开口不清,影响织造的顺利进行。因此,贴伏毛羽、减少静电、提高耐磨,是此类纱线上浆的主要目的。配方应以 PVA 为主,并加入变性淀粉、聚丙烯酸,辅以适量的抗静电剂和柔软剂,实例见表 8-3 中序号 7 所示。这一配方同样适合高比例涤/棉混纺纱,实例见表 8-3 中序号 8 所示。

4. 长丝的浆液配方

黏胶长丝和铜氨长丝可以用动物胶和 CMC 上浆。以动物胶为主黏着剂时,浆液配方中加适量吸湿剂和防腐剂。醋酯长丝、涤纶长丝、锦纶长丝都是疏水性纤维,静电严重,且长丝容易松散、扭转,因此上浆时要加强纤维之间的抱合。这些纤维一般采用聚丙烯酸酯类共聚浆料上浆,有时也加入一些低聚合度的部分醇解 PVA(如 PVA-205)。合纤长丝的含油率要控制在 1% 左右,含油过多会严重影响上浆效果。部分长丝织物的配方实例如表 8-3 中序号 9,10 和 11 所示。

5. 麻纱、毛纱的浆液配方

由于麻纱的毛羽长,细节多而强力高,其上浆应以被覆为主、浸透为辅;同时,麻纤维的伸长小,易脆断,要求浆膜柔软,弹性好,并有一定的吸湿性。所以,麻纱上浆的要求是浆膜坚韧完整,纱身毛羽贴伏,使经纱在织机上开口清晰,织造顺利。PVA 具有优良的浆膜机械性能,可用作主黏着剂。在浆液配方中加入适量的丙烯酸类或淀粉,则有利于提高 PVA 浆膜的分纱性能,使浆膜完整、光滑。为提高麻浆纱的柔韧和平滑性能,可以适当增加油脂或其他柔软剂的用量,以减少织机上的经纱断头。部分麻织物的浆液配方实例见表 8-3 中序号 12 和 13 所示。

对于精纺毛纱上浆:由于羊毛纤维的缩绒性,易造成同一纱线的不同片段及各根纱线之间的伸长、张力不匀;由于羊毛纤维表面有鳞片及其本身含有的部分油脂和纺纱过程中施加的和毛油等,致使羊毛的润湿性差,从而降低了浆液中高聚物与毛纤维大分子之间的亲和力,易造成渗透不足、浆膜脱落等;由于毛纱的断裂伸长较大、弹性高,但浆膜的断裂伸长小,使上浆后纱线的断裂伸长小于原纱;由于羊毛纤维的线密度和弹性大,毛纱表面的毛羽在上浆时不易贴伏;由于羊毛属天然蛋白质纤维,对高温、碱和强烈的机械作用比较敏感,因此上浆时不宜采用高温长时间浸煮、强烈轧压的上浆方式;毛织物的退浆问题很重要,否则由于织物板硬而无弹性,使毛织物失掉其原有的风格。故毛纱上浆须解决毛纱的润湿性、毛羽贴伏、低温上浆和易退浆等问题。有关毛纱的浆液配方实例见表 8-3 中序号 14 所示。

6. 新型纤维纱线的浆液配方

(1) Tencel 纤维织物。由于 Tencel 纱线的刚度大、毛羽多、强度高,故上浆目的在于保持弹性与贴伏毛羽。其浆纱工艺路线为"以毛羽贴伏为主,渗透和被覆并重,严格控制回潮"。有关织物的浆液配方与上浆工艺实例如表 8-4 中序号 1 所示。

表 8-4　新型纤维纱线的浆液配方与上浆工艺实例

序号	织物品种 门幅(cm) 经纱线密度(tex)×纬纱线密度(tex) 经密(根/10 cm)×纬密(根/10 cm)	浆液配方	主要上浆工艺
1	Tencel 经面缎纹 180　7.3×7.3　760×472	TB-225 变性淀粉 50 kg,PVA-1799 12.5 kg,PVA-205 10 kg,LMA-90(丙烯酸类)10 kg,SLMO-96(平滑剂)3 kg,后上蜡 0.3%	贝宁格浆纱机:浆槽温度 85 ℃,浆槽黏度 10.9 s,前后压浆辊压力 10 kN/16 kN,烘干温度 95 ℃,车速 45 m/min;上浆率 10.5%,回潮率 9.9%,伸长率 1.2%
2	Modal 府绸 165　14.8×14.8　433×399	PVA-1799 37.5 kg,磷酸酯淀粉 50 kg,CD-PT(共聚浆料)5 kg,SLMO-96(平滑剂)3 kg,抗静电剂 1 kg	祖克浆纱机:浆槽温度 95 ℃,浆槽黏度 7.5 s,前后压浆辊压力 8 kN/16 kN,烘干温度 95 ℃,车速 5 045 m/min;上浆率 9.5%,回潮率 11%,伸长率 1.5%
3	竹纤维色织提花布 148　(14.5×2)×17.8 206×205	PVA-1799 10 kg,氧化淀粉 50 kg,KS-55(共聚浆料)5 kg,丙烯酸浆料 10 kg,平滑剂 2 kg	GA301 型浆纱机:浆槽温度 80 ℃,浆槽黏度 9 s,前后压浆辊压力 5 kN/20 kN,烘干温度 95 ℃,车速 4 045 m/min;上浆率 8.5%,回潮率 12%,伸长率 1.2%
4	芳纶平布 170　19.6×19.6　236×236	PVA-1799　60 kg,TB-225(变性淀粉)20 kg,E-20(酯化淀粉)300 kg,KT(丙烯酸类)6 kg,YL(润滑剂)4 kg,后上蜡 0.3%	祖克浆纱机:浆槽温度 90 ℃,浆槽黏度 12 s,前后压浆辊压力 5 kN/13.8 kN,烘干温度 110 ℃,车速 45 m/min;上浆率 11.5%,回潮率 3.5%,伸长率 0.8%

(2) Modal 纤维织物。Modal 纤维的比电阻高,在纺织加工过程中,纤维之间相互摩擦或与其他材料摩擦时易产生静电,因此,易使纱线发毛;同时,静电会使织造时停经片处集聚飞花,经纱相互纠缠,造成经纱断头增加,既影响织造效率又形成各种织疵。另外,Modal 纱的毛羽多,吸湿性强。有关织物的浆液配方与上浆工艺实例如表 8-4 中序号 2 所示。

(3) 竹纤维织物。竹纤维的强力、弹性均比棉低,湿强低,伸长大,不耐高温,对浆液的要求较高,既要有较好的浸透以适当增强,又要有良好的被覆以贴伏毛羽,形成柔韧光滑的浆膜,浆膜既要有一定刚性,又要防止过于粗硬而发生脆断头。有关织物的浆液配方与上浆工艺实例如表 8-4 中序号 3 所示。

(4) 芳纶纤维织物。芳纶纤维纱线具有强度高、条干差、刚度大、毛羽长的特点,因此上浆的目的是贴伏长而多的毛羽,并且使浆纱柔韧耐磨,故宜采用"高浓度、中黏度、重加压、贴毛羽、偏高上浆率和后上蜡"的上浆工艺路线。有关织物的浆液配方与上浆工艺实例如表

8-4中序号 4 所示。

二、浆液调制

浆液调制是指按工艺配方将各种黏着剂和助剂在水中溶解、分散,最后调煮成均匀、稳定、符合上浆工艺要求的浆液。各种浆料的物理、化学性质有所差异,它们在水中随着浓度、温度、配合成分,以及配合比例不同而发生变化。因此,在调煮浆液时,必须严格按照操作规程进行,否则浆液质量无法保证。

根据所用浆料的种类,调浆方法有定浓法和定积法两种:前者是将定量的干浆料加水调成一定浓度,然后加热煮浆,以测定的体积质量表示,多用于原淀粉浆的调制;后者是将定量的干浆料加水调成一定体积,然后加热煮浆,以容积表示,常用于各类化学浆料的调制。两者结合可用于混合浆的调制。

调浆过程分准备和调浆两个阶段:准备阶段主要是按浆液配方准确称取浆料,并按规定进行溶解、稀释或用碱煮沸、乳化等;调浆阶段即为准备好的各种浆料进行调和。下面以淀粉浆和 PVA 浆的调制为例,分别介绍两种调浆方法。

1. 定浓法——原淀粉浆的调制

在调和桶内准备好的淀粉溶液中放入 2-萘酚溶液,搅拌 15~30 min,使之混合均匀,并升温到 40 ℃左右。测定调和桶内淀粉溶液的酸度,用烧碱液中和,使其 pH 值为 7。采用定浓法,则慢慢地加热到 50 ℃并校正至规定浓度;升温到 60 ℃时,加入硅酸钠溶液;温度升到 65 ℃时,加入油脂;继续加热到熟浆或半熟浆温度。作为熟浆供应时,则加热到 98 ℃,闷 10 min 后,即可供浆纱机使用。

2. 定积法——PVA 浆的调制

在调和桶内,先放入 PVA 用量 10 倍左右的水,打开蒸汽和搅拌机。徐徐加入一定量的 PVA 后,将蒸汽开大并煮沸 15~20 min;待 PVA 基本溶解时,将蒸汽关小,保温 1~2 h;检查溶解情况,全部变为透明溶液,方可使用。

如混用聚丙烯酸甲酯,可在 PVA 溶解后,加入搅匀。如混用 CMC 或聚丙烯酰胺,可与 PVA 分别溶解,然后混入;也可与 PVA 同时放入水中,一并混合溶解。油脂等助剂在聚丙烯酸甲酯注入之后,陆续加入搅匀。最后,定温、定积,供使用。

合成浆中掺用淀粉时,一般用半熟浆供应,因此合成浆液宜在温度低于淀粉糊化温度时掺入,以免输浆困难。

三、浆液质量控制

(一)浆液质量的检验

浆液质量检验是调浆质量管理的重要内容。常规的检验项目有浆液浓度、含固率、黏度、酸碱度、温度、浆液黏着力和浆膜力学性能等。

1. 浆液浓度

浆液浓度用波美表检测。波美表常同时刻有密度刻度,故又称密度表,如图 8-2 所示。波美表依据同体积、同质量的物体在不同浓度的液体中沉浮高度不同的原理制成。波美度与密度有如下的换算关系:

$$密度 = \frac{145}{145 - 波美度}$$

用波美表测定浆液浓度时,要同时指明所测定浆液的温度。因浆液温度不同,测得的浓度也不同。检测淀粉生浆的浓度,通常在 50 ℃或 65 ℃,此时淀粉尚未糊化。

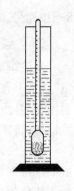

图 8-2 波美表

2. 含固率

含固率又称含固量。含固率指浆液内含有干浆料的百分数,即浆液中浆料的总干燥质量对浆液质量的比值。因此,含固率也是表示浆液浓度的一种方法。

含固率的检验方法为:准确称取一定质量的浆液,先在水浴锅上蒸去大部分水,然后放入烘箱内,于 105~110 ℃温度下烘干并称取质量。根据烘干前与烘干后的质量,即可算出浆液的含固率:

$$C = \frac{B}{A} \times 100\%$$

式中:C 为含固率;B 为烘干质量(g);A 为浆液质量(g)。

用上述烘干法测定浆液含固率的缺点是测定所需时间长,对生产的指导不及时。新型的检测仪是手持糖量折光仪。在已知浆液配方的条件下,全部测定可在 1 min 内完成。手持糖量折光仪基于溶液的折射率与含固率成一定比例的原理,测定浆液的折射率,然后换算成浆液的含固率。其构造如图 8-3 所示。

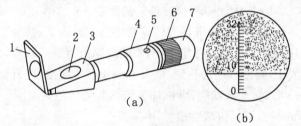

图 8-3 手持糖量折光仪

1—盖板 2—检测棱镜 3—检测棱座
4—望远镜筒 5—调节螺丝 6—视度调节圈 7—目镜

3. 浆液黏度

测定浆液黏度有绝对黏度和相对黏度两种。绝对黏度用旋转式黏度计测定,从仪器上可以直接读出数值,其单位是"mPa·s"(毫帕斯卡·秒)。旋转式黏度计适用于测定中等黏度的浆液,浆液中的少量杂质对试验结果的影响不太大,所以很合适在工厂中使用。

为了操作简单易行,目前工厂的浆纱车间通常测定浆液的相对黏度。测定仪器为一种用黄铜或不锈钢制成的漏斗式黏度计,如图8-4所示。漏斗的容积、出口直径都有一定的规定。试验时,漏斗下端距离浆液面的高度约为 10 cm,测定满漏斗浆液全部流出所需的时间秒数。

4. 浆液酸碱度

浆液酸碱度(pH 值)是浆液中氢离子浓度(负对数)的指标。pH值<7,氢离子浓度大,浆液呈酸性;反之,pH>7,则呈碱性;pH=7,则为中性。pH 值对浆液黏度、黏着力,以及上浆的经纱,都有较大的影响。棉纱的浆液一般为中性或微碱性,毛纱则适宜于微酸性或

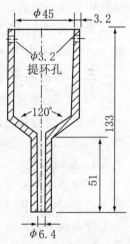

图 8-4 漏斗式黏度计

中性浆液,人造丝宜用中性浆,合成纤维不应使用碱性较强的浆液。

浆液 pH 值可以用精确 pH 试纸和 pH 计测定。用 pH 试纸测定时,将试纸插入浆液中 3～5 mm,迅速取出与标准色谱比较,即可得到结果。pH 计因测定时手续较繁,工厂一般很少使用。

5. 浆液温度

浆液温度也是影响上浆的一个重要因素。浆液温度升高,分子热运动加剧,可使浆液黏度下降,浸透性增加;温度降低,则易出现表面上浆。浆液温度应根据纱线和浆料的特性而定。例如:黏纤纱受潮热处理,强力和弹性都会有损失,浆液温度宜低一些;棉纱的表面存在蜡质,浆液温度宜高一些;淀粉浆低温时会凝胶,只适合于高温上浆;以 PVA 为主体的浆液,上浆温度可在 60～95 ℃内选择。用温度计测定浆槽内浆液的温度时,应多测几个点,尤其是四个角,看其温度是否一致。

6. 浆液黏着力

浆液黏着力是上浆质量的重要标志。黏着力的大小与浆料本身的内聚力和浆料与纤维之间的黏附性能有关,故采取测定浆液的黏着力来衡量浆料的黏附性能。测定浆液黏着力的方法有织物条试验法和粗纱试验法。

织物条试验法是将两块标准规格的织物条试样,在一端以一定面积 A 涂上一定量的浆液,然后以一定压力相互加压黏贴,烘干冷却后进行织物强力试验。两块织物相互黏贴的部位位于夹钳中央,测定黏结处完全拉开时的强力 P,则浆液黏着力为 P 与面积 A 的比值。

粗纱试验法是将 300 mm 长、一定品种的均匀粗纱条,在 1% 浓度的浆液中浸透 5 min,然后以夹吊方式晾干,在织物强力机上测定其断裂强力,以断裂强力间接地反映浆液黏着力。粗纱试验法测试浆料的黏附力,具有方法简单、可靠性好、适合各种浆料的优点,且测试的结果是浆料对纤维的黏附力和浆料本身内聚力的综合值,与浆纱的实际情况比较相符。

7. 浆膜性能

测定浆膜性能可以从实用角度来衡量浆液的质量情况。这种试验也经常被用作评定各种黏着材料的浆用性能。目前通常采用薄膜试验法来测试与评价浆膜性能。

在浆膜性能测试前,首先要制备标准的浆膜试样,然后对试样进行拉伸、耐磨、吸湿、水溶等试验,并以各项试验的指标值,综合评价某种黏着材料的浆膜性能。

(二)调浆质量的管理

1. 调浆质量管理的主要项目

为了稳定浆液质量,浆液的制备应有严格的质量管理,主要项目如下:

① 建立调浆配方和调浆方法制定、批准和更改的责任制。配方一经确定,必须严格执行。

② 各种浆料需经化验,证明合格后才能使用。为此,应具备仪器齐全的化验室。

③ 建立浆料保管和使用制度。各种浆料在仓库内应按品种、进库日期分别堆放。对已经检验合格的浆料,做出标志。储存时间过长的浆料,使用前要复查。

④ 调浆操作应严格按调浆方法进行。调浆要做到六定:定投量、定时间、定温度、定浓度(或定体积)、定黏度、定 pH 值。

⑤ 调浆设备、仪器、用具应齐全完好。使用输浆泵前,检查旋塞方向是否正确,防止溢

浆、漏浆、错流。

⑥ 贯彻小量多调原则,保持浆液新鲜,一次调浆的用浆时间以 2~3 h 为宜。

⑦ 建立剩浆保存和使用办法,建立调浆设备的清洁、维护制度。

⑧ 调浆工要掌握有关调浆与上浆的工艺基础知识,操作时与浆纱值车工、试验工保持联系。

⑨ 对有毒或腐蚀性材料做好防护措施,保持调浆室工作场地干燥、清洁。

⑩ 观测浆液浓度、体积、温度、黏度和 pH 值要准确一致。

2. 浆液疵点及其形成原因

(1) 起泡。形成原因有:浆液中使用表面活性剂过量,硅酸钠原料中的碳酸钠含量过高,浆液中的蛋白质含量过多,PVA 溶解和消泡不充分,浆料中含有杂质,以及空气带入浆液,等。

(2) 沉淀。形成原因有:浆料颗粒太大,不适合的化学反应(如钙、镁等金属与油脂和肥皂的作用),浆液搅拌不匀,CMC 浆的 pH 值偏低,淀粉存放时间过长而变质,等。

(3) 油脂上浮。形成原因有:油脂乳化不够,加入油脂时浆液温度过低,以及搅拌不匀,等。

(4) 凝结团块。形成原因有:淀粉与助剂混合时温度相差太大,吸湿性强的浆料(如部分醇解的 PVA 和 CMC 等)投料时太猛,以及浆液搅拌不够充分,等。

(5) 黏度太低。形成原因有:淀粉分解过度,煮浆过度,凝结水大量冲入浆液中,定浓或定积有误差而使得浆液浓度变小,浆液配方不适应,以及浆料不合格,等。

(6) 黏度太高。形成原因有:淀粉分解不够,煮浆温度或时间不足,以及定浓或定积不正确而使得浆液浓度变大,浆料品级有变化,等。

(7) pH 值不合标准。形成原因有:pH 值调整不当,调浆设备不清洁,浆液存放时间过长,剩浆液处理不当,等。

(8) 杂物油污混入。形成原因有:浆料中有杂质和油污,调浆和输浆管不清洁,浆桶盖没有盖好,等。

(9) 浆液结皮。形成原因有:浆液烧煮后温度降低,以及长时间停止搅拌,等。

第三节　上浆工艺参数设计

一、上浆工艺参数设定与调整

上浆工艺参数设定的任务,是根据织物品种、浆料性质、设备条件的不同,确定正确的上浆工艺路线,实现浆纱工序总的目的和要求。制定上浆工艺参数的主要原则如下:

① 按织物品种的特点(如纤维种类和线密度、织物组织和密度)确定上浆要求和上浆工艺路线。

② 根据来源、质量、价格、有利于操作和稳定浆液质量几个因素选择浆料的种类。

③ 从设备条件出发,确定工艺措施,尽量采用新技术。

④ 工艺设定的合理与否应根据经济效益进行考核。

浆纱工艺设定的主要内容有浆料的选用、确定浆液配方和调浆方法、浆液浓度、浆液黏度和 pH 值、供浆温度、浆槽浆液温度、浸浆方式、压浆辊加压、湿分绞棒根数、烘燥温度、浆纱速度、上浆率、回潮率、总伸长率、墨印长度、织轴卷绕密度和匹数等。现将主要上浆工艺参数的设定分述如下：

1. 浆液浓度和黏度

（1）浆液浓度。上浆率随着浆料的组成、浆液浓度、上浆工艺条件（压浆力、压浆辊表面硬度、上浆条件）等因素的不同而变化。在同一浆料和上浆工艺条件不变的情况下，浆液浓度与上浆率成正比例关系。在原纱质量下降、开冷车使用周末剩浆、按照生产需要车速减慢、蒸汽含水量过多等情况下，应适当提高浆液浓度。

（2）浆液黏度。一般情况下，浆液黏度低，则浸透多，黏附在纱线表面的浆液少；而高黏度浆液则相反，纱线的浸透少而表面被覆多。浆液黏度的高低与浆料性质、浆液浓度和温度等因素有关，不能一概而论。

2. 浆液使用时间

为了稳定和充分发挥各类淀粉的黏着性能，一般采用小量调浆，用浆时间以不超过 2～4 h 为宜；化学浆可适当延长使用时间。

3. 上浆温度

上浆温度应根据纤维种类、浆料性质与上浆工艺参数等制定。实际生产中有高温上浆（95 ℃以上）和低温上浆（60～80 ℃）两种工艺。一般情况下，对于棉纱，无论是采用淀粉浆还是化学浆，均以高温上浆为宜。因为棉纤维的表面附有棉蜡，蜡与水的亲和性差，从而影响纱线吸浆，但棉蜡在 80 ℃以上的温度下发生溶解，故一般采用高温上浆。对于涤/棉混纺纱，高温上浆和低温上浆均可，高温上浆可加强浆液浸透，低温上浆多用于纯 PVA 合成浆料，配方简单，还可节能，但必须辅以后上蜡措施。黏纤纱在高温湿态条件下，强力极易下降，故上浆温度应降低。

4. 压浆辊的加压质量和配置方式

（1）压浆辊加压质量。压浆力的大小取决于压浆辊自身质量和加压质量。一般，高线密度纱，经密高，经纱捻度大，压浆力应适当增加；反之，对低线密度纱可适当减小。为了浆纱机节能和提高车速，目前采用重加压新工艺，最大压浆力可达 40 kN。

（2）压浆辊配置。对于双压浆辊压力配置的两种方式，前文已述。先重后轻和先轻后重，其各自的侧重点不同。应该指出的是：双压浆辊中起决定性作用的是靠近烘房的压浆辊（即第二个）。从压出回潮率的大小看，前一种配置方式大于后者。因此，压浆辊配置工艺应视具体情况和需要而定。

5. 浆纱速度

浆纱速度的确定与上浆品种、设备条件等因素有关。在上浆品种、烘燥装置的最大蒸发量、浆纱的压出回潮率和工艺回潮率已知的条件下，浆纱速度的最大值可用下式计算：

$$V_{\max} = \frac{G \times (1 + W_g) \times 10^6}{60 \times N_t \times m \times (1 + S) \times (W_0 - W_1)}(\text{m/min}) \tag{8-1}$$

式中：N_t 为经纱线密度（tex）；m 为总经根数；W_g 为原纱公定回潮率；W_1 为浆纱离开烘燥装置时的回潮率（即工艺回潮率）；W_0 为浆纱压出回潮率；S 为上浆率；G 为烘燥装置的最大蒸发量（kg/h）。

另外,浆纱速度应在设备技术条件允许的速度范围内。通常浆纱机的实际开出速度为35～60 m/min。

6. 上浆率、回潮率和伸长率

(1)上浆率。上浆率的大小与纱线线密度、织物组织和密度、所用浆料性能等因素有关。上浆率的确定要结合长期的生产实践经验。上浆率一般以检验退浆结果,以及按工艺设定的允许范围考核其合格率。

(2)回潮率。回潮率的大小取决于纤维种类、纱线线密度、经纬密度、上浆率和浆料性能等。回潮率要求纵向、横向均匀,波动范围宜掌握在工艺设定值的±0.5%。回潮率的调节有"定速变温"与"定温变速"两种方法,目前一般采用"定温变速"的方法。

(3)伸长率。经纱在上浆过程中必然会产生一定量的伸长,伸长率的控制要求越小越好。如纯棉纱的伸长率控制在1.0%以下,黏纤纱在3.5%以下,涤/棉纱在0.8%以下。

二、 上浆工艺参数设计实例

上浆主要工艺参数项目与实例见表8-5所示。

表8-5 浆纱主要工艺参数实例

工艺参数		品 种		
		CJ9.7×CJ9.7 787×630 精梳纯棉贡缎	T/C11.8×T/C11.8 685×503.5 涤/棉小提花布	R13×R13 393.5×314.5 人棉府绸
工 艺	浆槽浆液温度(℃)	96	92	90
	浆液总固体率(%)	11.5	12.5	9.5
	浆液黏度(s)	11	10.5	8.5
	浆液 pH 值	8	8	7
	浆纱机型号	GA308	祖克 S432	津田驹 HS20-Ⅱ
	浸压方式	双浸双压	双浸四压	单浸双压
	压浆力(Ⅰ)kN	9	8	4.5
	压浆力(Ⅱ)kN	16	20	8
	压出回潮率(%)	<100	<100	120
	湿分绞棒根数	1	1	1
	烘燥方式	全烘筒	全烘筒	全烘筒
	烘房温度(℃) 预烘	130	130	125
	烘房温度(℃) 烘干	100	110	105
	车速(m/min)	40	50	40
	每缸浆轴数	由计算确定	由计算确定	由计算确定
	浆纱墨印长度(m)	由计算确定	由计算确定	由计算确定
质 量	上浆率(%)	13.5	14.5	10±0.5
	回潮率(%)	7±0.5	3±0.5	9±0.5
	伸长率(%)	1.0	0.8	≤3
	增强率(%)	56.5	28.5	30
	减伸率(%)	32.8	23.5	35
	毛羽降低率(%)	65	68	72

第四节　浆纱质量指标的检验与控制

浆纱的质量直接影响织机的产量和织物的质量,所以对浆纱的质量必须按时检验,及时控制。浆纱的质量分为上浆质量和织轴卷绕质量两个部分。上浆质量指标有上浆率、伸长率、回潮率、增强率和减伸率、浆纱耐磨率、浆纱毛羽降低率等,织轴卷绕质量指标有墨印长度、卷绕质量和好轴率。生产中应根据纤维品种、纱线质量、后加工要求等,合理选择部分指标,对上浆质量进行检验。

一、上浆率的检验与控制

（一）上浆率的检验

上浆率是指纱线上浆后黏附于经纱上的浆料干燥质量对经纱干燥质量的百分率。其计算式如下:

$$b = \frac{G - G_0}{G_0} \times 100\% \tag{8-2}$$

式中:b 为上浆率;G 为浆料干燥质量(kg);G_0 为经纱干燥质量(kg)。

为了验证实际上浆率是否符合工艺要求,必须经常对其加以检验,以便及时采取措施,进行控制。目前还没有能及时反映上浆率变化的成熟的检验方法。有经验的浆纱工常根据手感目测来估计上浆率,如果浆纱手感较粗糙、硬挺,即反映出浆纱上浆率偏高,如手感较软则表示上浆率较低;或者通过观察车头分绞棒处分开角度的大小来加以判断,如上浆率偏高,浆纱不易分开,则角度增大,反之则角度较小。很明显,这种方法难以达到精确程度。

生产中,经纱上浆率的测定方法有计算法和退浆法。

1. 计算法

把浆纱机上落下的织轴进行称量,扣除织轴自身质量,得出浆纱净质量,再用电阻测湿仪测得回潮率,即可求得浆纱干燥质量 G。然后根据织轴上浆纱的总长度、总经根数、经纱线密度和浆纱伸长率计算出原纱干燥质量 G_0,代入式(8-2)可求得上浆率 b。即:

$$G = \frac{G_1}{1 + W_j} \tag{8-3}$$

$$G_0 = \frac{(n \times L + L_0) \times N_t \times m}{1\,000 \times 1\,000 \times (1 + W_g) \times (1 + e)} \tag{8-4}$$

式中:G_1 为织轴上浆纱的质量(kg);W_j 为浆纱实测回潮率;N 为每轴绕纱匹数;L 为浆纱墨印长度(m);L_0 为织轴上了机回丝长度(m);m 为总经纱根数;N_t 为经纱线密度(tex);W_g 为原纱公定回潮率;e 为浆纱伸长率(可按工艺要求的数值代入)。

2. 退浆法

将浆纱纱样烘干后冷却称量,测得浆纱干燥质量 G。然后退浆,把纱线上的浆料退净。不同黏着剂的退浆方法不同,淀粉浆或淀粉混合浆用稀硫酸溶液退浆;黏胶纱上的淀粉浆用氯胺 T 溶液退浆;聚丙烯酸酯则宜用氢氧化钠溶液退浆。退浆后的纱样放入烘箱烘干至质量恒定,冷却后称取质量 G_2,最后计算退浆率 T:

$$T = \frac{G - \dfrac{G_2}{1-\beta}}{\dfrac{G_2}{1-\beta}} \times 100\% \qquad (8-5)$$

$$\beta = \frac{B - B_1}{B} \times 100\% \qquad (8-6)$$

式中：G 为试样退浆前干燥质量(g)；G_2 为试样退浆后干燥质量(g)；β 为毛羽损失率；B 为原纱煮洗前干燥质量(g)；B_1 为原纱煮洗后干燥质量(g)。

浆纱毛羽损失率的测定，是在了机时剪取原纱做煮练试验，经与退浆试验相同方法烧煮后，按式(8-6)计算。

退浆法的测定时间长，操作也比较复杂，但得到的上浆率比较准确；计算法虽具有速度快、测定方便等特点，但测试结果不太精确。

(二) 上浆率的控制

上浆率是浆纱质量的主要指标。优良的浆纱质量要求上浆率符合工艺要求，且均匀、稳定。上浆率偏高，不仅造成浆料浪费、成本增加，而且损害纱线的弹性，增大减伸率，导致织造时断头增加，织物外观质量下降；上浆率偏低，则纱线的增强率与耐磨性能都降低，织造时纱线容易起毛，断头增加，影响生产。所以，控制上浆率是浆纱工序的一项重要工作。要使上浆率符合规定要求，关键在于掌握好浆液的浓度和黏度。这是控制上浆率的主要途径。而压浆辊上包覆物的弹性、压浆辊的加压强度、浆液温度、浸没辊的位置、浆纱机车速等因素，也对上浆率有明显的影响。现将影响上浆率的一些主要因素与控制方法分述如下：

1. 浆液的浓度和黏度

浆液浓度是决定上浆率的主要因素，浓度发生偏差，上浆率必然发生波动。要在较大范围内改变上浆率，只能从调节浓度入手。浆液浓度大时，一般黏度也大，浆液不易浸入纱线内部，形成以被覆为主的上浆效果，纱线强度和耐磨性能增加，但纱线缺乏弹性，织造时容易断头，浆纱机和织机上的落浆率也较高。浓度小时则相反，浆液稀薄，黏度也小，浆液的浸透好、被覆差，纱线不耐磨，强度也较差，织造时易被刮毛而断头。可见，浆液的浓度影响浆液的黏度，而浆液的黏度与上浆率高低和上浆均匀程度有很密切的关系。

2. 压浆条件

压浆条件主要指压浆力和压浆辊表面状态。压浆力指压浆辊与上浆辊之间的单位接触长度上的压力。一般压浆力为 $17.6 \sim 35.3$ N/cm。若压浆力为 $98 \sim 294$ N/cm，则属高压上浆范畴。压浆力对上浆率有明显的影响。在浆液浓度、黏度和压浆辊表面硬度一定时，压浆力增大，浆液浸透好，但被挤压去除的浆液多，因而被覆性差，上浆率偏低；压浆力减小，浸透少而被覆多，上浆率增大，但浆纱粗糙，落浆也多。改变压浆辊的加压质量可以调节上浆率的大小，但调节幅度不宜太大，否则会造成浸透与被覆间不恰当的分配。

压浆辊表面状态与上浆率，及浆液浸透和被覆的比例有密切的关系。压浆辊表面状态直接影响浆液的二次分配。压浆辊表面的包覆物的弹性好、回复原形的能力强、孔隙多，则二次分配时吸收的浆纱表面浆液多，结果使上浆率偏低。因此，为使上浆率稳定，希望压浆辊表面的包覆物的弹性稳定。

3. 浆槽温度

浆槽温度的高低对上浆率也有影响。在浆液浓度相同的情况下,浆槽温度降低,浆液黏稠,浆液的浸透性较差,不易浸入纱线内部,造成表面上浆;反之,浆槽温度过高,浆液黏度降低,浆液的流动性、浸透性能虽好,但被覆性差,对浆纱的耐磨性和弹性不利。所以,必须严格控制浆槽温度。例如棉、涤/棉纱线上浆一般控制在 96～99 ℃,黏胶纤维宜低于 90 ℃。此外,不仅浆槽温度要控制好,如用预热浆箱时,其浆温也不能与浆槽温度相差过大,以免影响浆纱质量。

4. 浸浆长度

浸压方式与浸没辊位置高低决定了纱线的浸浆长度,显然对上浆率有一定的影响。在车速不变的条件下,纱线浸浆长度长,吸浆充分,使上浆率增加,反之,上浆率下降。在浸压方式不变的情况下,如浸没辊位置过低,会受到水蒸气喷射的影响,造成浆纱排列不匀,产生柳条状态,从而使纱线并绞。故确定浸没辊位置时,通常以浸没辊轴心与浆液液面平齐为准。如用三罗拉式浸没辊,则以第一个罗拉的中心与液面平齐为准。

5. 浆纱机速度

浆纱机的速度对上浆率的影响应从两个方面分析:一方面,由于速度快,纱线浸浆时间短,浸浆效果差,故上浆率有减小的倾向;另一方面,速度加快,压浆辊的转速随之加快,经纱在压浆区经过的时间缩短,压去的浆液较少,被覆好,上浆率会偏高。在这两个因素中,后者起主要作用。因此,浆纱速度提高时,若其他条件不变,则上浆率提高,浸透差而被覆好;速度减慢时,获得相反的结果。

为了稳定上浆率,浆纱机速度不宜经常变动。新型浆纱机上均设置了压浆辊自动调压装置,以便根据车速自动调节压浆辊加压质量。当车速减慢或以爬行速度运转时,能维持上浆率稳定。当浆纱机速度达 80～100 m/min 时,浆纱浸渍时间则偏短,使上浆率达不到要求。为了改善这种情况,以及适应疏水性织物的纱线上浆,浆槽中采用双浸双压的工艺,使浆纱能达到所需要的上浆率,以及合适的浸透与被覆要求。

6. 浆槽内的纱线张力

经轴轴架到压浆辊之间的纱线张力对上浆率也有一定的影响(更重要的是影响纱线的伸长率)。如张力较大,浆液不易浸入纱线内部,吸浆也不均匀,上浆率就较低。为了改善这种情况,可在浆槽前设置引纱辊,积极拖动经纱送入浆槽,以减小进入浆槽内的纱线张力。

二、 浆纱回潮率的检验与控制

(一)浆纱回潮率的检验

浆纱的回潮率是指浆纱中所含的水分质量对浆纱干燥质量的百分率。回潮率的测定方法有仪器检测法和烘干法。前者采用测湿仪测定回潮率,后者是在退浆率试验时求得回潮率。

仪器检测法主要指两个方面:一是用插入式回潮率测定仪,对每个织轴进行检测,在仪器上直接读出插入处的回潮率,但插入深度有限,影响准确性;二是在浆纱机上装回潮率检测和显示仪,进行在线检测,可及时反映浆纱回潮率的变化情况,使挡车工随时了解回潮率的波动情况,以便及时进行控制,或通过回潮率自动控制装置,改变车速或烘燥温度,从而保持回潮率稳定。

（二）浆纱回潮率的控制

浆纱回潮率与生产有着密切的关系。控制浆纱回潮率是提高浆纱质量的重要途径。浆纱回潮率偏大时，浆纱易黏并、弹性差，织造时开口不清、断头增加，易产生跳花、蛛网等织疵或窄幅长码布，且浆纱易发霉，与织轴边盘接触的纱易生锈迹。浆纱回潮率偏小时，纱线易脆断头，手感粗糙，浆膜容易剥落，织造时断头增多，还会出现宽幅短码布。

浆纱回潮率应按纤维的种类、织物品种和织造条件等确定。一般，纯棉纱的回潮率控制在 7%～8%，低线密度高密织物可略高些，黏纤纱的回潮率为 10% 左右，涤/棉混纺纱的回潮率控制在 2%～4%；上浆率偏高的织物，回潮率可适当加大，避免脆断头；梅雨季节，应适当降低。

上浆过程中，影响浆纱回潮率的因素主要有以下几个：

① 烘房温度。烘房内热空气或烘筒的温度不稳定，浆纱回潮率就不稳定。

② 浆纱速度。浆纱速度快，浆纱回潮率大；浆纱速度慢，浆纱回潮率小。

③ 排风量。排风量适当，保持空气的低湿度，浆纱回潮率小；排风不良，浆纱不易烘干，浆纱回潮率大；但排风量过大，会降低烘房温度。

④ 气流方向。烘房内气流紊乱或存在死角，会造成浆纱回潮率沿横向不均匀。

⑤ 浆纱上浆率。浆纱上浆率大时，回潮率易偏高；上浆率偏低时，回潮率也偏低；上浆率不匀时，回潮率也不匀。因此，回潮率高低应与上浆率高低相一致。

生产中，应严格控制烘房温度和浆纱速度，以稳定回潮率，但控制烘房温度较控制浆纱速度更为合理。控制浆纱回潮率，还应注意整幅经纱均匀一致，否则也会给织造带来困难。

三、 浆纱伸长率的检验与控制

（一）浆纱伸长率的检验

浆纱伸长率是指纱线在浆纱机上的伸长量对原纱长度的百分率。浆纱伸长率的测定有计算法和仪器测定法两种。

1. 计算法

计算法是根据浆纱机每浆完一缸经轴时的整经轴绕纱长度、织轴卷绕长度、回丝长度等，按下式计算浆纱伸长率 E：

$$E = \frac{M(n \times L_m + L_s + L_1) + L_j - (L - L_b)}{L - L_b} \times 100\% \qquad (8\text{-}7)$$

式中：M 为每缸浆轴数；n 为每织轴的卷纱匹数；L_m 为浆纱墨印长度（m）；L_s，L_1 分别为织轴的上、了机回丝长度（m）；L_j，L_b 分别为浆纱回丝长度和白回丝长度（m）；L 为整经轴绕纱长度（m）。

2. 仪器测定法

仪器测定法是用两个传感器，分别在一定时间内检测整经轴送出的纱线长度和车头拖引辊传递的纱线长度，然后根据下式计算浆纱伸长率 E：

$$E = \frac{L_1 - L_2}{L_2} \times 100\% \qquad (8\text{-}8)$$

式中：L_1 为车头拖引辊传递的纱线长度（m）；L_2 为整经轴送出的纱线长度（m）。

仪器测定法是一种在线的测量方法,其测量精度比计算法高,而且信息反馈及时,有利于浆纱质量控制。

(二)伸长率的控制

纱线在上浆过程中受到张力,产生一定的伸长是不可避免的,但张力和伸长应控制在适当范围内。如浆纱伸长率过大,则纱线的弹性损失过多,使纱线承受反复负荷的能力降低,造成织造时断头率增加。通常,浆纱伸长率掌握在 $0.5\%\sim1.0\%$。此时,浆纱的断裂伸长不会损失过多。

上浆时影响伸长率的因素,主要有以下几个:

① 经轴制动力。经轴制动的目的是防止松纱,但经轴制动与减少伸长是矛盾的。因此,经轴制动力应尽可能小。

② 浸浆张力。纱线浸浆时呈松弛状态,对吸浆和减少伸长均有利。为此,控制引纱辊至上浆辊间的伸长为负伸长。

③ 湿区张力。合理选择烘燥方式,缩短经纱在烘房内的穿纱长度,烘筒采用积极式传动,烘房内导纱辊灵活、平行,都对减少伸长有利。

④ 干区张力。为顺利分纱,浆纱出烘房后应有足够的张力。张力太小,对干分绞不利,会造成分绞断头。应在烘房至拖引辊间设置控制伸长的装置,对控制干区张力极为有利。

⑤ 卷绕张力。为卷绕紧密,卷绕织轴时应有足够的张力。只有在卷绕弱捻纱时,可适当减少卷绕张力。

控制浆纱伸长率,可根据浆纱机上经纱张力的分区情况,按区域分别控制。其方法是通过调节经纱伸长装置的速比来改变各主动回转辊的表面线速度。为使各个经轴之间的张力和伸长均匀,整经时可采用千米嵌纸的方法,以考核各个经轴送出经纱的速度,并在浆纱机上据此来控制各轴之间的张力和伸长均匀一致,减少浆纱机了机时的白回丝,从而避免不必要的浪费。此外,横向伸长率的不均匀主要是由于经轴、织轴、导纱辊、上浆辊、分纱棒、转笼、拖引辊和烘筒之间不平行、不水平造成的,故应使机械保持正常,以减少纱线的意外伸长。

四、 增强率、减伸率、增磨率、毛羽降低率的检验

增强率和减伸率是目前国内评定浆纱可织性的主要指标,也是工厂的常规试验项目。随着无梭织造的日益普及,其采用的"大张力、小梭口、强打纬、高速度"织造工艺,对原料及其半制品,尤其浆纱的质量要求明显提高,故应将毛羽降低率和增磨率作为评定浆纱质量的重要指标。因此,上浆质量应从纱线强力增加、伸长保持、毛羽减少和耐磨提高等方面加以综合评价。

1. 浆纱增强率

上浆后单根浆纱的断裂强力与原纱的断裂强力之差对原纱的断裂强力之比的百分率,称为浆纱增强率 Z:

$$Z = \frac{P_j - P_0}{P_0} \times 100\% \tag{8-9}$$

式中:P_j 为浆纱的断裂强力(cN);P_0 为原纱的断裂强力(cN)。

增强率和浆液的浸透有密切关系,浸透率大,增强率增大。浆纱增强率通常控制在

15%～30%。

2. 浆纱减伸率

浆纱的减伸率是以断裂伸长率的变化来衡量的。上浆后纱线断裂伸长率的降低值对原纱的断裂伸长率的百分率,称为减伸率 D:

$$D = \frac{\varepsilon_1 - \varepsilon_0}{\varepsilon_0} \times 100\% \tag{8-10}$$

式中:ε_0 为原纱的断裂伸长率;ε_1 为浆纱的断裂伸长率。

国家标准规定,在测定单纱的断裂强力时,要同时记录纱线断裂时的绝对伸长量,再按式(8-10)算出减伸率。浆纱减伸率越小越好,一般以不超过 25% 为宜。

3. 浆纱增磨率

浆纱摩擦至断裂的次数比原纱增加的次数对原纱摩擦至断裂的次数之比的百分率,称为增磨率 M:

$$M = \frac{N_j - N_0}{N_0} \times 100\% \tag{8-11}$$

式中:N_j 为浆纱被磨断的次数;N_0 为原纱被磨断的次数。

浆纱增磨率可反映浆纱的耐磨情况,从而可以分析和掌握浆液与纱线的黏附能力,及浆纱的内在质量,分析断经等原因,为提高浆纱的综合质量提供依据。

4. 浆纱毛羽降低率

10 cm 纱线内单侧长达 3 mm 的毛羽根数称为毛羽指数。浆纱毛羽指数的降低值对原纱毛羽指数之比的百分率,称为浆纱毛羽降低率 Q:

$$Q = \frac{n_0 - n_j}{n_0} \times 100\% \tag{8-12}$$

式中:n_0 为原纱毛羽指数;n_j 为浆纱毛羽指数。

毛羽指数反映纱线毛羽的状况,毛羽降低率反映浆纱贴伏毛羽的效果。良好的上浆工艺,可使毛羽降低率在 70% 以上,甚至高达 90% 以上。对于喷气织机,浆纱毛羽降低率尤为重要,否则会增加阻挡性纬停。

五、 织轴卷绕质量指标与检验

1. 墨印长度

墨印长度的测试用作衡量织轴卷绕长度的准确程度。墨印长度可以用手工测长法直接在浆纱机上摘取浆纱测定,亦可利用伸长率仪的墨印长度测量功能进行测定。

2. 卷绕密度

卷绕密度是织轴卷绕紧密程度的重要质量指标。织轴的卷绕密度应适当:卷绕密度过大,纱线的弹性损失严重;卷绕密度过小,卷绕成形不良,织轴卷装容量过小。

生产中以称取纱线质量、测定纱线体积来检测织轴卷绕密度。

3. 好轴率

好轴率是比较重要的织轴卷绕质量指标,是指无疵点织轴数在所查织轴总数中占有的比例。

$$h = \frac{I_z - I_w}{I_z} \times 100\% \tag{8-13}$$

式中：h 为好轴率；I_w 为疵点织轴数；I_z 为抽查的织轴总数。

有关疵点织轴的疵点，主要有以下几种（凡有其中之一者，就列为疵点轴或称坏轴）：

① 倒断头：织造过程中出现断头纱。

② 绞纱：一根或多根经纱在停经架处绞乱。

③ 斜拉线：斜拉超过 1/10 筘幅的经纱。

④ 毛轴：轻浆起毛，布面出现棉球。

⑤ 多头：经纱根数多于设计根数。

⑥ 并纱：纱线浆并在一起，未经分开。

⑦ 错穿、甩头、甩边、边不良。

六、 浆纱产量与浆纱疵点分析

（一）浆纱产量

浆纱的产量以每小时每台浆纱机加工原纱的质量（kg）计，分为理论产量 G_0 和实际产量 G。理论产量的计算公式为：

$$G_0 = \frac{6M \times V \times N_t}{10^5} [kg/(台 \cdot h)] \tag{8-14}$$

式中：M 为织轴总经根数；V 为浆纱速度（m/min）；N_t 为经纱线密度（tex）。

浆纱实际产量： $$G = K \times G_0$$

式中：K 为时间效率。

（二）浆纱疵点分析

浆纱疵点的种类较多。不同纤维加工时，有不同的浆纱疵点产生。这里仅介绍具有共同性的主要浆纱疵点。

1. 上浆不匀

由于浆液黏度、温度、压浆力、浆纱速度的波动，以及浆液起泡沫等原因，使上浆率忽大忽小，严重者形成重浆或轻浆疵点。重浆会削弱经纱的弹性，引起织机上的经纱脆断头，布面手感粗糙，并且落浆增加；轻浆对生产的危害更大，轻浆起毛使织物上的经纱相互粘连而断头，无法进行正常生产。

2. 回潮不匀

烘房温度和浆纱速度不稳定是回潮不匀的主要原因。浆纱回潮率过大，浆纱耐磨性差，浆膜发黏，纱线易粘连在一起，织造时开口不清，易产生"三跳"、蛛网等织疵，同时断头增加，并且纱线易发霉；回潮率过小，则浆膜发脆，浆纱容易发生脆断头，并且浆膜易被刮落，使纱线起毛而断头。

3. 张力不匀

引起张力不匀的原因较多。如：各整经轴的退绕张力不匀，全机各导纱辊不平行、不水平，浆轴卷绕中心不位于机台中心线上以致纱片歪斜，等。张力不匀对织机上的梭口清晰度、停经机构的工作都带来不利影响，反映在织物成品质量上，张力过小者形成经缩织疵，过大者产生吊经织疵。

4. 倒、并、绞头

整经不良,如整经轴倒断头、绞头等,浆纱断头后缠绕导纱部件,会引起浆纱倒断头疵点。整经轴上的浪纱,会增加纱线干分绞的困难,从而引起纱线分绞断头,形成并头疵点;穿绞线操作不当,以致纱线未分清层次,也是产生并头疵点的主要原因。纱线卷绕过程中搬动纱线在伸缩筘中的位置、断头后处理不当、落轴割纱与夹纱操作不当,都会造成绞头疵点。浆纱的倒、并、绞头对织造的影响很大,给穿经工作带来困难,在织机上会增加吊经、经缩、断经、边不良等织疵。

5. 浆斑

浆液中的浆皮、浆块沾在经纱上,经压榨后会形成分散性块状浆斑;另外,长时间停车后,上浆辊与浆液液面的接触处黏结的浆皮会黏到纱片上,形成周期性横条浆斑;浆液温度过高,沸腾的浆液溅到经压浆后的纱片上,也会形成浆斑疵点。织机上,浆斑处的纱线相互粘连,在通过停经片和绞棒时会断头。浆斑在成布上显现,则影响布面的清洁、美观和平整。

6. 松边或叠边

由于浆轴盘片歪斜或伸缩筘位置调节不当,引起一边经纱过多、重叠,而另一边过少、稀松,以致一边硬、一边软,又称软硬边疵点。织造时边纱相互嵌入,容易断头,并且边经纱张力过大或过小,造成布边不良。

7. 油污

浆液内油脂乳化不良而上浮、导纱辊轴承处润滑油熔后淌到纱片上、排气罩内滴下黄渍污水、清洁工作不良等,都是产生油污疵点的原因。严重的油污疵点会造成织物降等。

8. 墨印长度不正确、漏印、流印

这些是测长打印装置工作不正常或调节不当所引起的疵点,影响织机上、落布工作,造成长、短乱码。

由此不难看出,浆纱疵点主要是由机械状态和挡车操作两个方面引起的,所以必须做好浆纱机的维修,以及对经轴、织轴的检修工作,使机械保持整洁良好的状态。

浆纱机挡车工应按照工作法做好交接班、开冷车、巡回检查、上落轴、上了机等操作。在巡回检查时,应随时注意蒸汽压力、浆槽温度、浆槽液面高低、浆液黏度、浆纱回潮、浸浆长度、运转速度和经纱张力等。这要求必须加强基本功的训练,用刀和穿纱时,做到轻、快、稳、准。同时要有合格的浆液质量,调浆工作应做到六定一准。六定是定量、定温、定浓、定 pH 值、定积、定时间;一准是各种浆料配置按工艺配方准确掌握。这样,浆纱质量才能得到保证,才能生产出符合要求的织轴,为织造工序高产、优质、高效创造条件。

第五节　上浆新技术及其工艺设计

传统的上浆方法或者浆纱质量不易稳定或者耗能较多。为提高浆纱质量,降低浆纱的能耗,人们研究出了多种新的浆纱新技术,如高压上浆、预湿上浆、干法上浆和泡沫上浆等新工艺。它们和常规的上浆工艺相比,普遍具有浆纱质量好、产量高、能耗低等优点。这里仅对目前工厂中正在推广使用的高压上浆、预湿上浆进行介绍。

一、高压上浆技术

高压上浆是目前国内外许多纺织企业正在使用的一项比较成熟的上浆新技术。高压上浆的目的,一方面是使纱线从浆槽出来后具有较低的压出回潮率,提高浆纱机的烘燥效率与运转速度;另一方面是增强浆液的浸透和黏着,减少浆纱毛羽,提高浆纱的耐磨性,从而提高浆纱的可织性。

(一)高压上浆的基本原理

1. 高压浆力范围的界定

由于理论上的分歧,导致各国采用的高压浆力范围各有不同:美国为 $40\sim100$ kN,德国为 $28\sim44$ kN,日本为 $20\sim40$ kN。国内对高压浆力的界定有以下三种意见:①以压出加重率≤100%作为衡量指标,认为压出加重率表达了高压上浆机构最直接的效果,并与上浆率有正比关系;②以压出回潮率≤100%作为衡量指标,因为在保证上浆率的条件下,压出回潮率是降低能耗的具体体现;③以浆纱机上压浆辊的加压能力作为衡量指标,因为加压能力表达直观,易于掌握,同时又与国外浆纱设备接轨。因此第三种意见较为普遍。考虑国内的现实情况、原纱条件、操作习惯、技术水平,以及设备维修等因素,将高压浆力界定为 20 kN(100 N /cm)以上。

2. 相当压浆力

为清楚地反映高压浆力的效果,有关文献提出了"相当压浆力"的概念,以及用浆纱速度系数计算相当压浆力的公式:

$$K = \frac{F_B - F_1}{F_m - F_1} = \frac{V_B - V_1}{V_m - V_1} \tag{8-15}$$

式中:V_1 为低速,设为 5 m/min;F_1 为低速对应压浆力,为 10 kN;V_m 为高速,设为 100 m/min;F_m 为高速对应压浆力,为 40 kN;V_B 为生产中任意正常速度;F_B 为正常速度对应的相当压浆力。

低速($V_1 = 5$ m/min)时的压浆力 $F_1 = 10$ kN,高速($V_m = 100$ m/min)时的压浆力 $F_m = 40$ kN,则介于 V_1 和 V_m 之间的任何速度,都有一个相应的压浆力 F_B,因此可计算出速度系数 K。由此折算出相当压浆力,以获得相当于高速度 100 m/min、压浆力 40 kN 时的压浆效果。可用下式计算:

$$F_B = 30K + 10 \tag{8-16}$$

3. 高压浆力的设定依据

在多道加压方式中,设定各道压力值和轻重先后次序至关重要。生产中选择压浆力的依据是:①经纱品质因素,如纱线线密度越大、吸浆率越大,则压浆力高;②上浆工艺因素,如浆料特性与配比、浆液浓度和黏度、经纱张力和浸浆长度等;③先轻压,后重压,高压力,增浸透。

高压上浆的第一道压浆辊的作用是进行预压,排出纱线中的空气,为高压浸透做准备,压浆力较轻,一般常速时压力设定为 10 kN,慢速时压力设定为 5 kN 左右。第二道压浆辊是正式压浆,用高压浆力挤压多余的浆液,并有无级调压装置保证浆纱质量,所以压浆力较高。文献给出的第二道压浆辊在正常速度时压浆力 P(kN)的经验计算公式为:

$$P = \frac{9\,672}{S_a} \tag{8-17}$$

式中：S_a为压出加重率。

（二）高压上浆的有关技术措施

1. 压浆辊

压浆辊是高压上浆的关键部件，其表面的形状和硬度直接影响浆纱的质量。常压上浆时，压浆辊表面的硬度是肖氏65度左右。高压上浆时，如果压浆辊表面的硬度低，由于变形使挤压区增加，浆纱被挤压的时间过长，受压后的变形不能完全回复，纱的横截面变扁，纱线易彼此粘连。同时，一般高压上浆时，压浆辊表面的硬度为肖氏80~88度。高压上浆过程中，在压浆辊和上浆辊的端部加压时，由于辊的变形，使高硬度的压浆辊不能充分与低硬度的上浆辊吻合，会使上浆不均匀。由于压力只能加在辊的两端，辊的变形会使边部经纱承受的压力较大，中部经纱承受的压力较小，从而引起上浆率的横向不匀。

为了使压浆辊在两端受压变形后能和上浆辊均匀接触，其表面应具有一定的锥度，辊的外形应呈枣核状。这样，两端受压变形时，辊的中部依然能和上浆辊正常接触。在压浆辊长183 cm、压浆力为63 896 N时，压浆辊的锥度为1.3/1 000。这种锥度仅适用于既定的压浆力和辊的长度。条件改变以后，效果会受到影响。由于锥状胶辊不易加工，因此常将压浆辊的芯轴做成枣核状，如

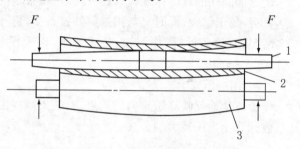

图8-5 高压上浆用压浆辊示意图
1—压浆辊枣核形辊芯 2—压浆辊壳体 3—上浆辊

图8-5所示，其表面挂胶后呈圆柱状，在两个端部均能均匀挤压经纱。

2. 浆液要求

高压上浆时，浆液应具有含固量高、黏度低、流动性好的特点。这是因为经过高压浆力的挤压，浆纱的压出回潮率降低，需蒸发的水分减少，但同时被挤出的浆液增多，上浆率会下降。为了保证恒定的上浆率，浆液的含固量必须增加。在提高浆液的含固量时，为了使浆液具有良好的浸透性和流动性，其黏度不能过高。

（三）高压上浆工艺设计

1. 浆液浓度的确定

采用高压上浆技术，必须明确上浆率、压出加重率与浆液浓度之间的关系，即上浆率＝压出加重率×含固率（浆液浓度）。如果希望上浆率不变，而要降低压出加重率时，则必须提高浆槽中的浆液含固率。有资料表明，如对CJ14.6×14.6 524×394品种进行上浆时，工艺设计要求上浆率为12%，希望压出加重率达到85%，则浆槽中的浆液含固率要达到14.1%。在采用中压和高压上浆方面，对浆液含固率的设定已基本总结出一套较为成熟的经验：采用中压上浆，浆液含固率为9.5%~11.5%；采用高压上浆，浆液含固率为12.5%~14.5%。

2. 浆液黏度的确定

低黏的概念是相对于高浓必导致浆液黏度的升高而言的。就现在应用的大部分浆料而言，PVA属于高浓高黏浆料，在涤/棉和纯棉低线密度高密织物上浆中，仍有不可取代的地

位。变性淀粉经过数年的发展,已成为三大主浆料中用量最大的一种。各类淀粉进行变性的主要作用是降低黏度、改善黏度的热稳定性,但变性淀粉的黏度过低,会影响浆液的黏附性和上浆效果(如毛羽贴伏、被覆等),因此选择的变性淀粉的黏度值一般为 10~20 mPa·s。当变性淀粉和 PVA 的比例为(100~150)∶100 时,含固率≥上浆率,浆液黏度基本为 9~14 s(漏斗标准水值 3.8 s)。尽管从数值上看,上浆黏度有些偏高,但由于采用了高压上浆,浆液的浸透比低压、中压上浆时好得多,从实测和生产效果看,可以满足生产要求。

3. 浆料配方的设计

高浓低黏浆液是高压上浆工艺配置的关键,但从生产实践的使用情况看,根据品种和设备的允许程度(如输浆泵的能力),应尽可能保证浆液有适当的黏度值,因黏度过小会影响浆料的黏附性能,影响浆膜的完整度,对贴伏毛羽不利。因此,在变性淀粉黏度指标的选用上,对于纯棉中粗厚纱卡类织物,一般适用 15~20 mPa·s(浓度 6%);对于纯棉低线密度、涤/棉高密类府绸织物,一般选用 10~15 mPa·s(浓度 6%)。这是因为纯棉纱卡类织物的PVA 用量一般为 8%~30%,变性淀粉的用量大,黏度的波动率大,采取黏度稍高一点的措施,对上浆有利;纯棉低线密度、涤/棉高密类品种的浆料配方中,PVA 用量一般为 30%~70%,黏度的波动率小,同时,使用较低黏度的浆料,可有效降低浆槽中的浆液黏度,提高浆液浓度。

与常压上浆相比,经过高压上浆的经纱,其断裂强度无明显变化,毛羽减少,耐磨性能提高,经纱没有压扁,浆纱的综合性能有明显的改善。喷气、喷水、剑杆和片梭等新型织机对浆纱质量提出了更高的要求,即经纱强度高、耐磨性能好、毛羽少、梭口清晰等。实践证明,高压上浆的经纱可以满足上述要求。随着新型织机的广泛使用,高压上浆技术会有迅速的发展。

二、 预湿上浆技术

目前,国内对预湿上浆尚未进行具体的探索与研究。国外在这方面进行了一些理论与实践的探讨,并取得了一定的成果,已有少数制造浆纱机的公司在其新推出的浆纱机上采用这一技术,如德国 Sucker 公司、Karl Mayer 公司等。

(一)预湿上浆原理

预湿上浆使用 Wet Size 上浆装置,如图 8-6 所示。经纱先经过高温预湿水处理,再经过较高压轧力的压轧辊的挤压,将纱线中的大部分水分压出,同时压出纱体中的空气,改善了纱体中水分的分布,然后经纱进入浆槽上浆。该装置的设计结构紧凑,与浆槽紧紧相接,能独立自由升降。使用预湿工艺时,水槽中的水温由加热管将水加热到工艺设定温度,以熔化和稀释经纱上的油脂、棉蜡与杂物,以节约浆料,并能有效减少毛羽,增加浆纱强力,提高耐磨性和织机效率。

(二)预湿上浆生产中出现的问题

纱线经 Wet Size 上浆装置润湿后,再引入浆槽上浆。虽然,进浆槽前,大部分水分已被压轧辊压出,但仍有相当一部分水存在于纱体中。再经过压浆辊的挤压,纱体中的水分将进入浆槽,对浆液有一定的稀释作用。这样会造成浆液的浓度和黏度发生变化,对稳定上浆不利。

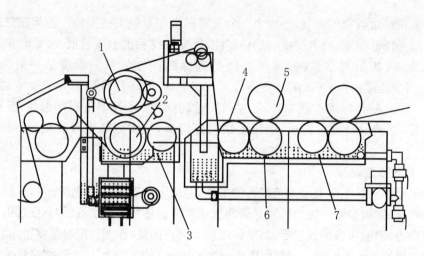

图 8-6　预湿上浆

1—上压辊　2—下压辊　3—预湿辊　4—浸没辊　5—压浆辊　6—上浆辊　7—浆槽

（三）预湿上浆工艺设计

1. 浆料的选择

由于经过预加湿的纱线对浆液有稀释作用,使浆液浓度和黏度有下降的趋势,直到新补充进入浆槽的浆液平衡预湿纱线对浆液的稀释影响,浆槽中的浆液浓度才相对稳定,但此时的浆液浓度比工艺要求小。为保证浆液浓度的稳定和经纱的均匀上浆,使浆液的含固率、黏度稳定在工艺范围内,必须适当提高调浆浓度。为了平衡预湿纱线带入浆槽的水分对浆液的稀释,开车前放入浆槽内的浆液浓度应适当增大。但如果这时的浆液浓度过大,黏度也会增大,必然使分绞、劈纱困难,断头增多,且浆槽中的纱线容易断头。尤其在浆低线密度高密品种时,此现象特别明显。为此,浆料的选择要遵循高浓度、低黏度的原则。同时,随着开车轴数的增加,需要及时掌握浆液黏度的变化,不断补充高浓度的浆液,以抵消带入的水分对浆液的稀释作用,保持浆液质量的稳定。

2. 预湿压轧力的选择

预湿压轧力与预湿压出回潮率的关系是:随着预湿压轧力的增加,预湿回潮率呈现下降趋势。考虑到压轧力过大时,纱线易被压扁而损伤,圆整度差,对毛羽贴伏与织造不利。因此,从预湿工艺对浆液的稀释作用,以及对纱线圆整度的影响两个方面考虑,预湿压轧力以90～95 kN 较为经济实用。

3. 预湿水槽水温的选择

预湿水槽中的水温应根据上浆品种确定。棉纤维表面附有棉蜡,阻碍浆液浸润,但棉蜡在 76～81 ℃条件下可溶解,所以预湿温度不能太低。否则,不能将纱线中的棉蜡、糖分、胶质等杂质充分溶解去除,为此选择预湿温度为 90 ℃。

4. 浆纱工艺参数的选择

采取预湿上浆的品种,经水槽高温预湿水处理后,纱线上的棉蜡、胶质等杂质被清除,纱线表面的毛羽经水的湿润而变得较为光滑、伏贴,易于上浆后毛羽的降低;同时,经水浸润后的纱线虽被压轧辊压出大部分水分,但仍有部分水分保留在纱体中,阻碍了浆液的浸透,所以上浆以被覆为主,兼顾浸没辊的侧压作用,反复挤压使浆液最大限度地置换纱体中的水分,达到增强的目的。采用预湿上浆工艺时,其工艺压力由"先轻后重"改变为"先重后轻",使之保持良好的浆膜,适当增加被覆。浸没辊侧压的使用要根据经纱的实际情况,最好使用第二压浆辊的侧压,减少第一压浆辊的侧压,以避免意外伸长而造成断头。实际生产中,要及时掌握浆液含固量的变化,并以此指导、掌握上浆质量。

【思考与训练】

一、 基本概念

糊化温度、变性淀粉、组合浆料、共聚浆料、定积法、定浓法、上浆率、回潮率、伸长率、减伸率、增强率、毛羽指数、毛羽降低率、好轴率、高压上浆、预湿上浆。

二、 基本原理

1. 试述常用三大浆料的上浆性能。

2. 举例说明几类常见助剂的作用。

3. 制定浆液配方应遵循哪些原则? 试述两类调浆方法的适用范围。

4. 浆液质量控制指标有哪些? 调浆时应注意哪些问题?

5. 试述浆纱工艺设计的原理与主要内容。

6. 浆纱质量评价指标主要有哪些? 如何检验?

7. 现代浆纱机上是如何控制"三率"的?

8. 常见浆纱疵点有哪些? 如何防止?

9. 高压上浆有何特点和技术要求?

10. 预湿上浆工艺设计时应注意什么问题?

三、 基本技能训练

训练项目 1:到工厂收集有关常用浆料样本,在实验室内进行性能测试,写出综合分析报告。

训练项目 2:到校外实训基地收集有关主要浆纱疵点样本,在实验室内进行浆纱质量指标测试,并分析疵点成因,提出改进措施。

训练项目 3:试对高密低线密度纯棉或涤/棉织物进行上浆工艺设计(包括浆液配方与主要上浆工艺参数),并简要说明理由。如有条件,可在模拟浆纱机上进行上浆试验,并进行浆纱质量分析。

教学单元 9 织机上机工艺设计

【内容提要】 本单元在前文所述的织机主要机构组成与工作原理的基础上,对织造的主要上机工艺参数,如开口、引纬等做重点介绍,并对其他上机工艺进行简要分析与讨论。

不同品种的织物,其组织结构、外观风格、纱线种类、纱线线密度和准备工序质量各不相同,织造时应根据具体情况制定织造工艺参数。

织机工艺参数是指机上一些主要部件的规格、安装的相对位置和运动时间。有些织造工艺参数在织机设计时就已制定,生产中不能再做调整,如筘座高度、连杆打纬机构的尺寸、片梭型号、钢筘与走剑板的夹角、筘座动程等。它们被称为固定工艺参数。除固定工艺参数以外,还有较多的可调工艺参数,如织机车速、上机张力、综平时间、经位置线、梭口高度、引纬参数、提综顺序(凸轮开口机构的凸轮、多臂和提花开口机构的纹板)、纬密设定(变换齿轮、纬密调节器的指针刻度、电子卷取设定植)、选纬顺序等。

在可调的织造工艺参数中,有些是由织物规格规定的,上机时做对应的调整和设定即可;另有一些要进行具体的分析和试验才能确定,主要有经位置线、上机张力、综平时间、引纬参数等。在选择确定这些参数时,既要考虑织物品种的特点和需要,又要考虑机械本身条件的影响,注意开口、打纬、引纬的动作协调,同时还应考虑原纱条件的半制品质量等。

合理选择织造工艺参数,应遵循以下原则:①改善织物的物理机械性能;②提高织物的外观效应;③降低织疵,提高下机质量;④减少断头,提高生产效率;⑤降低原材料、机物料和动力的消耗。

第一节 开口工艺参数

一、经位置线

经位置线是一项重要的工艺参数,直接影响到产品的内在质量和外观风格,并对织机的生产效率有较大影响。无梭织机的经位置线与有梭织机有所差异。

(一)梭口底线

有梭织机的经位置线是指综平时从织轴到后梁的经纱所处的位置线,一般可用经位置线进行校调。各类无梭织机大多没有胸梁,不能以胸梁为基准,且织口前后游动不是固定点,所以无梭织机的经位置线应该以布口梁 A 点为基准。图 9-1 所示为剑杆织机的梭口形式。工艺调试时,首先决定梭口底线 AC,可使用随机带的定规进行校调。布口梁 J 的安装位置,由筘座位置所决定。当筘在前止点时,托布点 A 离筘 1.5～2 mm。当筘在后止点时,作走剑板表面的切线 KK，A 点应低于切线 KK 0～1 mm（图 9-1）。这样，布口梁的高低和前后位置便可以确定：第一页综降至最低点时，综眼位置 C 应低于切线 KK 1～1.5 mm，C 的高低由综框下面的连接杆进行调节，各页综的综眼 C 均调到低于切线 KK 1.5～2 mm，即前半梭口的下层

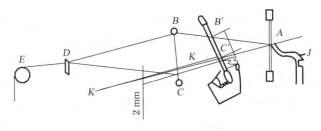

图 9-1　无梭织机的梭口形式

经纱平齐。综框升至顶点时，综眼位置由梭口高度决定。无梭织机的梭口高度是指筘在后止点时上下层经纱之间沿筘齿量得的距离 $B'C'$。各种类型织机的引纬器（体）不同，所以梭口高度也不相同。调整梭口顶线的方法，是根据梭口高度调节综框动程，后面各页综框的综眼最高点 B 不必处于 AB 直线上，可略低于 AB 延长线，以减少经纱张力差异。

无梭织机的经位置线，应以梭口底线作为基准线。在决定梭口形状和尺寸时，应首先确定梭口底线，再确定其他尺寸。这是无梭织机与有梭织机在工艺参数设置上的不同之处。

（二）后梁与停经架位置

当前部梭口的位置确定以后，主要通过后梁与停经架的位置来调整经位置线。

后梁高度的改变，实质上是改变梭口开启时上、下层经纱张力的差异程度，而后梁深度（即前后位置）的调整改变了受打纬过程影响的经纱和织物组成的上机弹性系统的长度，从而改变了织物形成条件。

后梁位置越高，上层经纱张力越小，下层经纱张力越大。上、下层经纱张力差异有利于打紧纬纱，形成紧密织物，可以使布面丰满匀整，防止筘痕和条影的形成，改善织物的外观质量。但是，若后梁位置过高，上层经纱张力太小，将造成开口不清，而下层经纱张力太大，造成经纱断头增加。

后梁位置越向后移，受打纬过程影响的经纱长度增加，上机弹性系统的刚性系数下降，开口、打纬引起的经纱张力减小，开口和打纬过程缓和，但梭口不易开清，织口的移动量增加。在织造纱线强力低、弹性小和纬密较小的织物时，可采用这种经纱上机长度长的工艺。而在织制紧密织物（需强化打纬作用），以及梭口不易开清的情况下，则采用短的经纱上机长度。

后梁高度应根据原纱条件、织物品种进行确定，同时兼顾布面外观、断头率和织疵：

① 织制打纬阻力较大的织物，应抬高后梁，取得较好的打纬条件。

② 容易呈现筘痕的织物，应抬高后梁，以求布面丰满。

③ 为使布面组织点突出成颗粒状，应当使用较高后梁的不等张力梭口。

④ 易开口不清的织物，后梁不宜太高。

⑤ 织造斜纹类织物时，适当降低后梁高度，以减小经纱张力差异，可获得梭口清晰、断头少、效率高的效果。

⑥ 原纱条干不匀，经纱强力也较差时，后梁可低一些，以减小断头率。

⑦ 使用多臂开口机构时，后梁位置应比使用踏盘开口机构时适当降低。

停经架的高低位置是确定后梁位置后经纱综平时与搁纱棒相切，其前后位置依织物品种而定，高紧度强打纬的织物向机前移，低线密度低强的稀纬织物应向机后移。

（三）顶向经纱位置线

经纱从织口到织轴的俯视图，称为顶向经纱位置线。无梭织机的织物纬向织缩比有梭织机小，机上布幅略小于穿筘筘幅，边经与地经应基本平行。因此，织轴盘片的间距应等于或略大于（约 20 mm）筘幅。而有梭织机的织轴盘片间距比上机筘幅大 20 mm 左右，织轴中心应对准筘幅中心。这样可减少经纱与筘齿的摩擦，减少断边和松边现象。

二、 开口时间

开口时间也称综平时间。它决定了打纬时的经纱张力和采用不等张力梭口时上、下层经纱张力的差异程度，强化了上机张力和后梁高度对织物形成过程的影响。另外，开口时间还对其他运动产生影响，如织机的可引纬时间角。在生产中，开口时间以主轴回转角表示，其角度随机型和开口机构的不同而异。一般可在规定的综平时间 $\pm 10°$ 范围内调节。并且，无梭织造时纬纱出口侧的废边纱综平时间应比地经提早 $25° \sim 30°$，使纬纱出口侧获得良好的布边。

（一）开口时间确定原则

凡打纬阻力较大的织物，可采用较早的开口时间，使打纬时梭口角较大，经纱张力较大，有利于打紧纬纱。在梭口不易开清的情况下，宜适当提早开口，以开清梭口。为了使载纬器在梭口中有较长的引纬时间，开口应迟些。非平纹织物，因只有部分经纱参与综平，而其余经纱处于满开状态，故采用的开口时间应较平纹织物迟些。

开口时间时应根据织物品种、原料和织机条件进行确定：

① 打纬阻力较大的织物，开口时间应早些，有利于打紧纬纱。

② 经密大或纱线线密度低的织物，开口时间可迟些，以减少筘对经纱的磨损。

③ 经纱张力不匀时，为求布面平整，应采用早开口。

④ 使用不等张力梭口，以消除筘痕时，应配合较早的开口时间。

⑤ 织机速度较高时，开口时间应略迟，以利于梭子出梭口。

⑥ 宽幅织物，开口时间应迟些，以利于梭子出梭口。

⑦ 使用复动式多臂开口机构时，开口时间应较使用踏盘开口机构时推迟一些。

（二）开口时间调节

1. 有梭织机踏盘开口机构，采用距离法调试开口时间

① 调节换梭侧的投梭转子在机后，弯轴曲拐在上心附近。按工艺所要求的尺寸，量取胸梁内侧到走梭板后边缘（钢筘的位置）的距离（如 220 mm）。

② 调节踏盘的两只支头螺丝在机后，一人在机前抬起踏综杆，使踏盘与跳综杆转子全面接触，左右平齐。在跳综杆头端搁上钢皮尺，目视其水平，机后一人用右手把跳盘上的支头螺丝扳紧。

③ 用手转动织机几转，以校验开口时间。

2. 剑杆织机多臂开口机构，采用角度法调试开口时间

① 用手转动织机手轮，使多臂装置的上、下拉刀外侧面处于同一铅垂线上。此时，多臂装置位于综平位置（第一、二两片综框平齐）。

② 松开多臂装置传动链轮上的固定螺钉，转动织机手轮，使织机处于所要求的开口角度（如 $290°$）。

③ 紧固多臂装置传动链轮的紧固螺钉,使织机和多臂装置的开口时间达到同步的要求。

④ 开机试织,观察开口时间的迟早对织造的影响。

三、 梭口高度的调节

梭口高度 H 是指梭口满开时上、下两层经纱的综丝眼之间的距离。它与开口时综框的最大动程 H_Z 的关系如下:

$$H_Z = H + e_1 + e_2 + e_3$$

式中:e_1 为综丝眼孔的长度(mm);e_2 为综丝穿条与综丝耳环之间的间隙(mm);e_3 为吊综绳(带)伸长量或杆件间的间隙(mm)。

无梭织机用的综丝和综框等器材,由于材料质量和加工精度的提高,使得 $(e_1 + e_2 + e_3)$ 的值一般可控制在 5~10 mm。

由此可见,梭口高度的调节可通过改变综框动程和吊综绳(带)的连接长度或吊综杆的工作长度来实现。吊综绳(带)的连接长度或吊综杆的工作长度的改变,只能在小范围内调节梭口高度。若要大范围调节梭口高度,必须调节综框动程,具体调节如下:

图 9-2 为某开口机构局部的杆件连接图。图中"A"值是指活络连杆 1 与固定连杆 2 端部的距离。表 9-1 为四类开口机构中各页综框的"A"值。调节综框动程时,只需松开两只紧固螺丝 3,按表 9-1 所示的"A"值逐页调节,调节完毕,拧紧两只紧固螺丝 3 即可。如需加大梭口高度,第 1 页综的"A"值从第 2 页综对应开始,称为"+1"水平档,依次类推,可调至"+2""+3"和"+4"水平档。

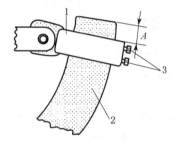

图 9-2 开口机构局部杆件连接图
1—活络连杆 2—固定连杆 3—紧固螺丝

表 9-1 综框动程调节"A"值 (单位:mm)

综页	1	2	3	4	5	6	7	8	9	10	11	12	13	14	15	16	17	18	19	20
多臂 2212	4	20	38	54	67	78	87	95	102	109	115	120	125	129	132	136	140	143	146	148
多臂 2232	4	20	38	54	67	78	87	95	102	109	115	120	125	129	132	136	140	143	146	148
多臂 2660	0	14	27	40	52	63	73	83	92	100	107	113	119	124	129	133	137	140	143	145
天马 BRS12	77	67	57	47	77	67	57	47	37	27	17	7	—	—	—	—	—	—	—	—
水平		+1	+2	+3	+4	—	—	—	—	—	—	—	—	—	—	—	—	—	—	—

第二节　引纬工艺参数

各类织机的引纬方式不同,与引纬有关的工艺参数也不同。引纬时间,在有梭织机上是投梭时间,在片梭织机上为片梭投梭时间,剑杆织机上为进剑时间,喷气织机上为主喷嘴始喷时间,喷水织机上是喷射水泵的始喷时间。除引纬时间外,有梭织机上还有投梭动程,也称为投梭力,其大小决定了梭子的飞行速度,从而决定了梭子出梭口的时间;在片梭织机上,要根据上机筘幅对片梭飞行的距离进行调节,通过移动制梭箱的位置,将片梭制停在相应位置上,引入所需长度的纬纱;在剑杆织机上,还有剑杆动程的调节、两剑交接位置的调节和接纬剑夹开位置的调节;在喷气织机上,还有各组辅助喷嘴相继喷气和关闭时间,以及主喷嘴、辅助喷嘴的关闭时间和主喷嘴、辅助喷嘴的喷气压力等;在喷水织机上,还有喷水量、喷水压力的调节等。

通过调节,使载纬器或引纬介质达到与车速相对应的速度,从而使纬纱达到必需的引入速度。调节时,还应注意动态与静态的时间滞后,以保证纬纱在动态条件下被可靠地引入。

一、 片梭引纬工艺调节

片梭引纬工艺调节主要是片梭只数的确定、片梭型号的选择,以及引纬机构的主要动作的时间配合的调整等。片梭只数的确定、片梭型号的选择,前文已介绍,这里不再重复。

(一)引纬机构的主要动作的时间配合

片梭引纬对其机构的主要动作的时间配合要求非常严格,需精心调整,如表9-2所示。

表9-2 各种主要动作的时间配合表

动作项目	动作时间	说　明
	340° 0°　40°　80°　120°　160°　200°　240°　280°　320°　360° 20°	
补偿器升降	(上方)　　　(下方)	
制动器升降	(上抬)　　　(制动)	
片梭开钳器(左侧)	(开钳)(闭钳)	340°~360°与片梭相遇
击梭		125°~36′扭轴扭转 105°击梭开始
递纬器开闭		94°71′第一次打开,105°开足 303°第二次打开,332°开始闭合
递纬器移动		310°~66°递纬器离开 布边向左侧极限位置移动
剪刀剪切		357°10′开始剪切,1°时剪断
打纬		0°~50°打纬进程 50°~105°打纬回程
制梭器运动	(上升)　　(下降)	6°14′制梭器完全释放片梭
片梭回退器(运动)		0°~65°片梭回退器的回复动程
片梭开钳器(左侧)		7°10′开始开钳 63°开钳器离开片梭
片梭推出制梭箱		20°开始推梭

注:主轴位置角确定时以50°为打纬时刻。

（二）片梭引纬与其他运动时间的配合

片梭引纬与其他运动时间的配合见图 9-3 所示。

（三）引纬工艺的调节

1. 投梭力的调节

如 P7100 型片梭织机的幅宽为 3 600 mm 以上，投梭时间固定为 110°，所需投梭转角大约为 25°（最高 28°），使片梭到达接梭箱传感器的时间以略早于 310°为好。

2. 引纬张力的调节

纬纱张力的调节着重于制动器的压力及张力平衡杆升降的配合，在 354°时，接梭侧片梭回到靠近布边处，引纬侧的纬纱张力杆应继续将梭口中的纬纱拉直，以免产生边纬缩。

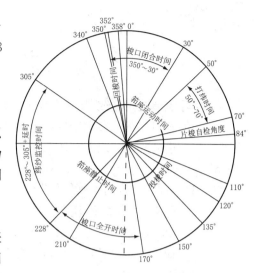

图 9-3　片梭织机的主要运动时间配合

在 220°～310°的标准时间内，利用纬纱张力杆在 310°以后继续提升的动作，使纬纱在压电陶瓷传感器内继续有位移和压力，可以继续发出信号，防止断纬不关车，以避免造成"百脚"织疵。

二、剑杆引纬工艺参数的调节

（一）纬纱交接条件

在双剑杆织机上，送纬剑和接纬剑通常在织机的中央位置交接纬纱。为使纬纱顺利交接，需满足两个基本条件：①两剑有一段交接冲程 d（即送纬剑和接纬剑进足时两剑头钳纱点的重叠距离），一般 d 为 30～70 mm；②送纬剑的进足时刻比接纬剑的进足时刻晚，两时刻的主轴位置角差值为 $\Delta\alpha$，即交接转角差，为 0°～10°。

为了改善交接的条件，部分双剑杆织机采用接力交接的方法，其原理如图 9-4 所示。

由图可见，接纬剑自 J 点开始后退的过程中，送纬剑与接纬剑同向运动，AB 区域为交接过程。显然，这种交接方法较 $\Delta\alpha=0°$ 的两剑反向运动进行交接优越，不易失误，交接时纬纱所受的冲击力也小。

送纬剑和接纬剑的最大动程分

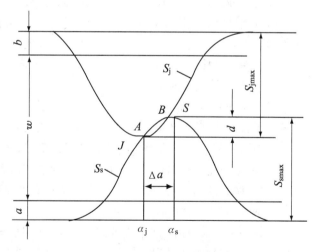

图 9-4　接力交接原理

S_s，S_j—送纬剑和接纬剑的位移曲线

S，J—送纬剑和接纬剑的进剑终点

α_s，α_j—送纬剑、接纬剑的进剑终点所对应的主轴位置角

S_{smax}，S_{jmax}—送纬剑、接纬剑的最大动程

d—交接冲程

w，a，b—上机筘幅及送纬剑和接纬剑的幅外空程

别为：

$$S_{smax} = a + (w+d)/2$$

$$S_{jmax} = b + (w+d)/2$$

在实际织造时，除丝织物和金属筛网织物外，一般允许剑头与上层经纱有一定程度的挤压摩擦。但若引纬工艺参数选择不当，剑头进、出梭口时挤压度过大，则会引起上层经纱严重断头和布边处"三跳"织疵。加工一般的棉或棉型织物，剑头进、出梭口的挤压度分别应小于 25% 和 60%。由于剑头大多具有复杂的截面形状，剑头进、出梭口时的挤压度定义公式与有梭织机有所不同，剑头取最凸出经纱处的高度为参考依据。

（二）剑杆引纬工艺调节

当剑杆织机织制的品种，尤其上机筘幅发生变化时，必须调节有关引纬工艺，其主要内容包括剑杆动程、剑头初始位置、两剑头进出梭口时间、剑头开夹时间等。

1. 剑杆动程的调节

为适应不同织物的上机筘幅 w 的要求，可调节传剑机构中的曲柄或连杆的工作长度（在前文介绍各种传剑机构时已说明），从而改变剑杆的最大动程 S_{smax} 和 S_{jmax}。送纬剑与接纬剑的最大动程改变之后，它们的幅外空程 a 和 b 随之变化。幅外空程的大小影响剑头进入梭口和退出梭口时主轴的位置角和梭口高度，从而使挤压度改变。如上机筘幅不变、幅外空程增加，则剑头进梭口时间推迟而出梭口时间提早，进出梭口时挤压度减小。这是有利的一面，但由此也引起了不利的一面，即送纬剑和接纬剑的速度和加速度增加，以及剑头钳口外残留的纬纱较长。因此，送纬剑和接纬剑的幅外空程需选择适当。

调节剑杆动程应随上机筘幅做相应调整，调整方法因机型而异。调节时，当上机筘幅的变化不太大时，只需在接纬侧进行调整（即所谓的非对称织造）；当上机筘幅的变化较大时，必须在送纬侧和接纬侧同时调整，以实现对称织造。

2. 剑头初始位置的调节

剑头的动程满足布幅要求后，为了使送纬剑、接纬剑的剑头在梭道中央交接，或在指定的某一区域交接，两剑头有一定的交接冲程，剑头初始位置必须调节。

对于用传剑齿轮传动冲孔剑带的剑杆织机，只要在上机时松开传剑齿轮夹紧装置中的螺钉，使传剑齿轮可以自由转动，由此改变剑带与齿轮的初始啮合位置，即改变了剑头初始位置，并可调整两剑头在梭口中央的交接冲程和交接位置，以保证它们在筘幅中央交接。

3. 两剑头进出梭口时间的调节

两剑头进出梭口时间直接影响剑头与经纱的挤压程度，与开口时间有密切关系。剑头进梭口时间，亦称进剑时间：对于送纬剑，是指其剑尖运动至纬纱剪刀刀刃外侧时的主轴位置角；对于接纬剑，则是指剑头进梭口时，其剑尖运动至右边假边第一根经纱位置时的主轴位置角。剑头出梭口时间，亦称退剑时间：对于送纬剑，是指剑头出梭口时其剑尖和左侧筘边对齐时的主轴位置角；对于接纬剑，则是指其剑尖和右侧筘边对齐时的主轴位置角。

调节剑头进出梭口时间，其方法类似于上述剑头初始位置的调节，只需将织机主轴转至工艺规定的角度（一般，进剑时间为 55°～75°，退剑时间为 280°～300°），将两剑带分别拉至上述规定的位置，再固定传剑齿轮夹紧装置中的螺钉，然后将织机转一转，检查左右两侧剑头是否碰钢筘，如碰钢筘，需再做相应调整。

4. 剑头开夹时间的调节

送纬剑退出梭口后,在 $350°$ 静止点时,吸风口外缘与送纬剑剑尖应有 20 mm 的距离。调节压块压力,使纬纱钳口开启适量(压杆打开约 1 mm),以能使废纱、杂物被全部吸走为准,不宜过大,以免造成不必要的磨损。

接纬剑退出梭口后,调节滑板的左右位置及其与夹纱器的平行度,使钳口始终张开并保持大小不变,同时使纬纱头保持适当长度,一般为 4～6 mm。

(三)剑杆引纬机构调节实例

如在 Somet Thema-11 Excel 190 型剑杆织机上进行有关引纬机构的调节,其基本步骤如下:

① 确定钢筘长度,其算式为:钢筘长度(mm)=左边 20+上机筘幅+右边 30。

② 用大于 8 mm 的废钢筘固定于已确定位置的筘座两侧,钢筘两侧距筘座两端的距离应相等。注意:钢筘的安装需居中(筘座中心的位置)。如图 9-5 所示。

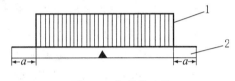

图 9-5　钢筘的定位

1—钢筘　2—筘座

③ 安装钢筘之前,应选择好走剑板的前后导钩位置。左:前后导钩不伸出筘端,又不得伸进大于 25 mm;右:后排第一个导钩应距离筘边 36～60 mm,前排第一个导钩不伸出筘端,又不得伸进大于 25 mm。固定两侧废钢筘(或在上轴后固定钢筘时用力矩扳手 4.9 N)。

④ 安装侧导轨,侧导轨应距离钢筘边缘 3 mm。侧导轨中间如安装短导轨,应保证左、右间距一致,并锁紧螺丝。

⑤ 用定规检查侧导轨与导钩之间的关系。前后位置应居中,筘在最后位置时,伸出定规,仔细观察定规是否在两排导钩的居中位置;侧导轨与导钩的高低位置,应使用测距片,伸出定规,用手轻压定规,导钩与定规之间的间隙为 0.1～0.2 mm,300 mm 处为 0.1～0.2 mm。

⑥ 在左侧边撑架上安装导纱钩,左侧导纱钩要求距离筘边部位 1 mm。

⑦ 调整纬纱剪刀的剪纱程度,两刀片之间的间隙为 0.7～0.8 mm,纬纱剪刀侧距离导纱钩 1 mm。

⑧ 把织机转至 $315°$,将选纬器的刻度对准 $0°$,拧紧紧固螺丝,以固定选纬器在织机上的位置。

⑨ 调整两侧边撑托板。内侧 16 mm(沿托板边缘测量其与托布架之间的距离);外侧放到最低点。

⑩ 安装剑头和剑带。安装前需对剑头底板和剑带进行打磨,保持光滑,并在剑头的活动部件加少许稀黄油或机油,对传剑齿轮上的螺丝加黄油。传剑齿轮的固定夹块螺丝旋转方向应一致向下,这样拧起来比较方便。

⑪ 把织机转到 $180°$,左侧剑头超过中心标志 40 mm。固定之前将紧圈位置按上述说明确定,来回拉动剑头,使剑带与传剑齿轮自然保持平行,然后固定。

⑫ 调整右侧开夹器挡板,利用千分尺进行调整。

⑬ 将右侧剑头拉到中心,并在左剑头上放置一根纱,使纬纱能顺利进入右侧剑头槽,达到顺利交接的目的。在固定之前需将剑带来回拉动,使剑带与传剑齿轮自然保持平行,然后固定。

⑭ 将织机反转至 $64°$,调整左侧剑头动程,左侧剑头尖部与钢筘边缘对齐;将织机反转

至 57°,调整右侧剑头动程,右侧剑头尖部对准钢筘边缘,然后固定动程螺丝;将织机正转一圈,检查右侧剑头是否触碰钢筘,如触碰钢筘,可做一些调整;最后将织机转至 180°,锁紧两侧的动程曲拐螺丝。

⑮ 将织机转至 350°,安装并调整左侧吸风装置,距离剑头尖部 15 mm,并调整开夹高度,将推纬杆抬高 0.5～0.7 mm。右侧吸风装置调整:在托布架边缘定位(注意:不能碰钢筘)。

⑯ 固定右侧边撑托架,边撑托架与钢筘边端对齐,然后固定螺丝。

⑰ 调整边剪(两侧)的剪纱情况。

⑱ 安装并调整织边装置。根据工艺要求或品种,调整两侧织边的综平位置。

(四)剑杆引纬运动与其他机构的运动配合

剑杆引纬运动与其他机构的运动配合关系可用工作圆图表示。图 9-6 所示为某剑杆织机各机构运动的配合关系。其中:打纬止点 0°,纬停 20°,送经 40°,选纬指到位、送纬剑接触纬纱 50°,梭口接近满开 60°,两剑进入地经梭口 68°,梭口满开 70°,两剑交接 180°,梭口开始闭合 190°,选纬指开始运动 210°,两剑退出地经 292°,绞边综平 310°,钢筘接触纬纱 320°,停经点 320°(工作或检测区),织机启动区 40°～310°,两剑检测区 150°～160° 和 200°～210°,纬纱检测区 80°～160° 和 220°～300°。

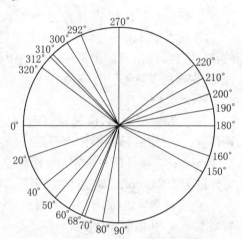

图 9-6　剑杆织机主要机构运动配合的工作圆图

三、喷气引纬工艺设计

喷气引纬工艺设计以"引纬稳定"为目标。引纬稳定要求纬纱适时进入梭口,飞过梭口,并准时到达捕纬侧,纬纱不松弛、不卷缩、不断头。引纬工艺设计的内容十分广泛,涉及主(辅)喷嘴、电磁阀、储纬器和探纬器的工艺配合。这里着重就引纬时间和供气压力进行讨论。

(一)引纬时间的控制与设定

1. 引纬时间控制方式

引纬时间控制分开环和闭环两类。开环控制是指对引纬时间的控制(机械或电气),没有信息反馈自调功能。闭环控制则以纬纱到达捕纬侧的设定时间为目标,由探纬器将实际到达的时间信息送入织机电脑,电脑按设定程序计算并发出指令,调整引纬执行机构(电磁阀开闭或气压大小),自动控制纬纱飞行的到达时间(或到达角)稳定在允许范围内。

图 9-7 为某喷气织机的引纬时间的自动控制框图。该织机带有推荐程序设计,只要向织机输

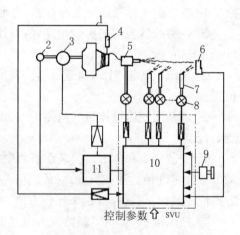

图 9-7　引纬时间的自动控制框图

1—测长储纬装置　2—脉冲发生器　3—电机
4—挡纱磁针　5—主喷嘴　6—探纬器
7—辅助喷嘴　8—电磁阀　8—编码器
9—引纬控制　11—同步控制

入织物品种、规格、速度和引纬到达时间等参数,引纬闭环自控系统(SVU)就能控制电磁针和主(辅)喷嘴的动作,达到稳定引纬的目的。若需对时间参数重新调整(不按照织机自带程序),可另行输入。为防织机启动时第一纬因织机转速未达到正常而导致引纬不正常,织机另外设有第一纬时间控制的设定功能。

2. 引纬飞行时间设定

引纬时间以织机主轴转角度数(°)或时间毫秒数(ms)表示,换算关系为:

$$1° = \frac{60\,000}{N \times 360}(\text{ms}) \quad \text{或} \quad 1\,\text{ms} = \frac{N \times 360}{60\,000}(°)$$

式中:N 为织机转速(r/min)。

(1) 纬纱始飞行角与磁针提升角。纬纱始飞行角指织机的开口和打纬机构允许纬纱进入梭口时的角度,确定方法如图 9-8 所示。把织机转至上层经纱距离筘槽上唇 5 mm,此时主轴的位置角就是纬纱始飞行角。不同机型的始飞行角稍有不同,通常以 80°~90 °为允许纬纱进入梭口的时间。磁针提升角是指纬纱起飞时间。确定储纬器挡纱磁针的提升时间时,应考虑电磁阀的迟滞时间,即应再提前一个角度。不同电磁阀的迟滞量不同,可用度数或毫秒数表示。

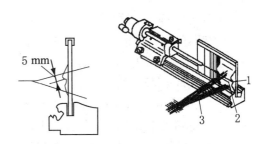

图 9-8　纬纱始飞行角设定

1—筘槽　2—纬纱头　3—左端经纱

> **例 1**　设织机转速为 750 r/min,则:

$$1° = \frac{60\,000}{750 \times 360} = 0.22\,\text{ms}$$

转动织机测得引纬始飞行角为 90°,即 20 ms 时允许引纬。考虑到磁针提升迟滞 5 ms,磁针的设定提升时间应为 20−5=15 ms,即 70°。

> **例 2**　转动织机测得引纬始飞行角为 80°,已知磁针迟滞时间为 18°,则磁针提升时间为 62°。

(2) 辅喷终喷角。辅喷终喷角是指最后一组辅助喷嘴终止喷射的时间,确定方法为:转动织机至上心附近,上层经纱已回到距离筘槽上唇 3~5 mm 处,且辅助喷嘴头已退至下层经纱 1~2 mm,此时的主轴位置就是辅喷终喷角(图 9-9)。

(3) 纬纱总飞行角。纬纱总飞行角是指纬纱始飞行角至辅喷终喷角之间的主轴转角,是允许纬纱在梭口内飞行的总时间。在此时间内,梭口开放,筘座在下

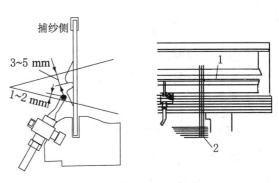

图 9-9　辅助喷嘴终喷角的设定

1—纬纱头　2—右端经纱

心至后心和上心间摆动。超过总时间,纬纱头可能碰撞经纱而导致引纬失败。

例3 测得织机总飞行角为180°,即始飞行角为80°,辅喷终喷角为260°。为安全起见,可设定总飞行角为170°,辅喷终喷角为250°。

(4)纬纱到达角。纬纱到达角是指纬纱到达探纬器时的主轴转角。为了有利于纬纱伸直,纬纱到达角应稍早于辅喷终喷角。即,纬纱飞抵捕纬侧时,辅喷和延伸喷气流尚未关闭。

不同机型的开口和打纬机构不同,允许的纬纱总飞行角也不同。总飞行角大,不仅有利于增加幅宽,还可适当降低气耗。

例4 设纬纱到达角比辅喷终喷角提前20°。若辅喷终喷角为250°或260°,纬纱最大到达时间为230°或240°,目标设定到达时间可为225°或230°。

(二)引纬时间配合

引纬时间配合是指以纬纱按设定时间到达捕纬侧为目标,对磁针、主喷、延伸喷的时间进行选择,使参数形成合理的配合。

1. 引纬时间配合的确定原则

(1)主喷始喷时间早于挡纱磁针升起。主喷始喷时间略早于挡纱磁针升起,有利于纬纱头端先得到气流牵引而伸直。提早量为10°左右。

(2)主喷终止时间早于挡纱磁针落下。主喷终止时间早于挡纱磁针落下,是为了在纬纱从自由飞行状态过渡到约束状态时降低引纬张力峰值,减少断纬。提早量为5°～10°。但此时辅喷并未关闭,目的在于使纬纱在约束牵引时得到伸展,防止弯曲。

(3)前组辅喷的关闭时间晚于后组始喷。前组辅喷的关闭时间晚于后组始喷,是为了使后组辅喷与前组辅喷间有一段重叠时间,以确保纬纱得到足够的能量,使纬纱头端飞行有力、伸直,减少飘飞。第一组辅喷的始喷时间可与主喷相同,以后各组较前组关闭时间早40°～50°开始喷射,最后的1～3组比前一组均提前50°～60°开始喷射,因为纬纱飞抵最后一组时,质量增加,头端不易伸展。

(4)辅喷终喷关闭时间晚于纬纱到达时间。辅喷终喷关闭时间晚于纬纱到达时间,是为了防止纬纱松弛。当纬纱被挡纱磁针挡住时,主喷已经停喷,但最后一组辅喷不能关闭。滞后量为20°～30°。

(5)挡纱磁针在一次引纬储纱圈数的倒数第二圈退绕后落下。挡纱磁针落下时间可用计算如下:

设磁针落下时倒数第二圈已退绕半圈,于是:

磁针落下时间(°)＝

纬纱飞行角＋(一次引纬储纱圈数－0.5)×(设定纬纱到达角－纬纱始飞行角)/
纬纱圈数－磁针感应迟滞角

例5 已知某织物一次引纬储纱圈数为5,设定纬纱始飞行角为80°,纬纱到达角为225°,磁针感应迟滞角为20°。则:

磁针落下时间＝80＋(5－0.5)×(225－80)/5－20＝190.5°(取190°)

(6)开车后第一纬主喷和磁针脱纱时间较正常工艺晚。织机停车后第一转的车速稍慢,有的喷气织机上设有开车后第一纬专调功能,使第一纬主喷和磁针提升(脱纱)时间均晚10°左右。例如,原工艺为60°,第一纬定为70°,主喷关闭时间可不变,磁针落下时间可延后10°。

(7) 综平后延伸喷嘴停止喷射。延伸喷嘴装在纬纱出口侧,位于边纱的外侧。为防止纬纱出现纬缩和扭结,延伸喷嘴的始喷时间在纬纱即将到达捕纬侧时,而关闭时间在纬纱被经纱夹持,即综平后。例如,始喷210°,终喷310°。

2. 喷气引纬时间配合设计实例

由于织机状况、气压状况、产品不同等因素,良好的引纬时间配合应根据纬纱飞行状况进行优化选择。表 9-3 所列是几个品种的引纬时间配合设计实例,供参考。

表 9-3　喷气引纬时间配合设计实例

织物品种	256 19.5×19.5 307×254 涤/棉细布	170 9.7×9.7 571×532 纯棉防羽布	160 82.5 dtex×82.5 dtex 640×280 涤长丝直贡缎
织机型号	Delta-MP-280	ZA209i-190	JA710
织机转速(r/min)	500	650	700
主喷嘴开闭时间(°)	60～170	80～180	85～195
磁针起落时间(°)	65～190	70～190	75～195
辅助喷嘴开闭时间(°)	第一组:60～130 第二组:80～150 第三组:100～170 第四组:120～190 第五组:140～210 第六组:150～220 第七组:160～230 第八组:170～240	第一组:70～160 第二组:100～190 第三组:130～210 第四组:160～240	第一组:80～170 第二组:100～190 第三组:130～220 第四组:160～260 第五组:180～280
纬纱到达角(°)	230	225	240

(三) 喷气压力的设定

确定喷气压力时,既要求纬纱飞行获得足够大的能量,产生必要的飞行速度,又要求尽可能降低气耗,节约能源。

喷气压力的设定项目有主喷、辅喷、剪切喷。调节喷气压力的方法,一般从高压(如 4×10^5 Pa)开始,逐渐降低气压,直至纬纱按设定到达角抵达捕纬侧,且布面不出现织疵为止。

1. 确定气压大小的原则

① 织物幅宽大,气压应大些。

② 织机速度高,纬纱飞行时间减少,要求气压大。

③ 辅喷气压在满足飞行正常的情况下尽量调低,以节约用气。通常与主喷气压相近,或略高于主喷,因主喷压力大容易断纬。

④ 设定总飞行角大,气压可小些。

⑤ 高线密度纱所用气压大于低线密度纱;化纤长丝用作纬纱时,气压要适当加大。

⑥ 剪切喷气压以伸直纬纱为准。

⑦ 电磁阀灵敏、喷射角适当、喷嘴集束性好、喷嘴间距合理、原纱和织轴质量优良、经密小、筘槽质量好时,气压可小些。

2. 喷气压力的设定实例

机型、织物品种、筘幅等不同,使用的气压大小也不同。表9-4所示为三个参考实例。

表9-4 喷气压力设定实例

织机型号	ZAX	OMNI	JAT610
筘幅(cm)	190	190	280
织机转速(r/min)	650	550	520
织物品种	细特纯棉防羽布	棉/锦弹力府绸	人棉/涤纶交织绸
主喷供气压力(MPa)	0.25~0.28	0.36~0.39	0.25~0.30
辅喷供气压力(MPa)	0.30~0.35	0.38~0.42	0.35~0.40

主喷气流,除确定引纬气压外,还需确定主喷嘴剪切喷气流的气压,或称主喷嘴微风气压。剪切喷气流是一路绕过主喷嘴电磁阀,由节流阀控制在 0.07 MPa 左右,直接通入主喷嘴的小气流。当主喷电磁阀关闭时,剪切喷气流能保持纬纱伸直,防止供纬侧剪刀剪断纬纱头端而回缩扭结。

四、 喷水引纬工艺调节与确定

喷水引纬工艺的调节内容主要包括引纬水泵工艺参数、喷嘴的工艺调节,及先行角与飞行角的确定等。下面就有关内容进行分述:

(一)引纬水泵工艺参数的调节

引纬水泵的工艺参数主要有柱塞动程、喷射水量、射流压力和喷射开始时间等。调整工艺时应根据不同织物品种和原料,以利于纬纱飞行为原则。

1. 水量调节

喷射水量的多少主要由柱塞直径与动程决定。柱塞最大动程取决于凸轮大小半径之差和角形杠杆长短臂的尺寸,由定位器的限位螺栓15进行调整(减小)。把限位螺栓的位置提高(拧紧),使凸轮从大半径转到小半径的瞬间,角形杠杆的长臂与限位螺栓接触,短臂上的转子与凸轮小半径之间有一定的间隙,柱塞动程就相应减小,水量也随之减小。一般喷水织机的喷水量范围为 2.41~6.36 mL/纬。

2. 压力调节

射流压力值的大小,与柱塞直径、泵簧的强度和初始压缩量等有关。当柱塞直径与泵簧强度确定后,主要由泵簧的初始压缩量决定。将水泵弹簧座向右拧,则初始压缩量增加,射流压力增大;反之将减小。引纬水泵的最大压力可达 300~350 N/cm²。水压过高或过低,都会给引纬带来不利影响。

3. 喷射开始时间的调节

射流喷射开始时间是由引纬水泵凸轮控制的。当角形杠杆短臂的转子位于凸轮的大半径转向小半径瞬间的位置,此时即为喷射开始时间。若要推迟,只需松开凸轮,将其逆时针转过一个角度,然后紧固凸轮;若要提前,则将凸轮以相反方向转动并固定。喷射开始时间

一般为主轴 $85°\sim90°$。喷射开始时间还与织机筘幅有关。筘幅宽的织机,喷射开始时间可以适当提前。

（二）喷嘴的工艺调节

喷嘴的引纬工艺调整按纬纱密度与原料进行,主要有喷嘴前后方向、上下方向,以及喷嘴开度的调节等。

1. 喷嘴前后方向的调整

将曲柄转至 $85°$,让喷嘴位置前后移动,使得筘在最前位置时与喷嘴的中心一致,且与织口保持平行。

2. 喷嘴上下方向的调整

窄幅时,使开口装置处于闭口状态,轻轻踩踏水泵踏板,调整喷嘴上下位置,使喷射气流到达经纱中心。随着纬纱向对侧喷射,会产生下落的趋势。为此,在宽幅时应使喷嘴中心位于经纱层之上 $1\sim2\,mm$,进行略带仰角的喷射,使纬纱在织口中心部位呈弧状飞行,水流不与经纱层相碰。

3. 喷嘴开度的调整

喷嘴开度在投纬中起着很大的作用。随着纬纱的种类、筘幅、织机转速,以及水泵行程和压力等条件的不同,所需要的喷嘴开口量也不相同。喷嘴开度的调整,依靠螺纹调节导纬管 1 与喷嘴体 3 之间的间隙来进行。间隙小,喷嘴开度小,喷射的水柱细长;反之,开度大,喷射的水柱粗短。

（三）先行角与飞行角的确定

纬纱先行角和飞行角这两个喷水引纬工艺参数的调整和确定,主要由夹纬器上的夹持凸轮来控制和实现。

1. 纬纱先行角及其确定

先行角是指水泵凸轮开始压缩水与夹纬器开始打开的角度差,通常设置在 $10°\sim20°$。设置先行角的目的有二:一是因为纬纱在喷嘴端部到割刀之前被割断后,纬纱被喷到喷嘴一侧,紧贴在喷嘴前,需先将此段纬纱拉直,然后才能使纬纱随射流带引而完成引纬;二是在自由飞行角结束时,必须有 $50\sim100\,mm$ 的先行水量。与飞行中的纬纱相比,喷射水必须超前,当水的超前量小时,飞行纬纱的尖端可能产生弯曲或振动,从而引起引纬失误。先行角由夹纬器中的夹持凸轮控制。

2. 纬纱飞行角及其确定

飞行角是夹纬器自开放至关闭之间所对应的主轴转角,也就是夹纬器保持开放使纬纱自由飞行的角度。纬纱飞行角的大小因纱线种类、织机转速、投纬条件的不同而不同,所以要根据具体条件加以选择。飞行角的调整可通过改变夹纬器中两片凸轮的相对位置来实现。

（四）喷水引纬的工艺设计

喷水织机一般用于大批量平纹织物加工,其常用的引纬工艺如下:

柱塞动程(mm):10;　　　　　　射流速度(m/s):35～40;

弹簧压缩量(mm):15;　　　　　纬纱速度(m/s):30～35;

喷射泵水压(kPa):882～980;　　喷水量(mL/纬):2.5。

喷水引纬与织机主要运动的时间配合如图 9-10 所示。

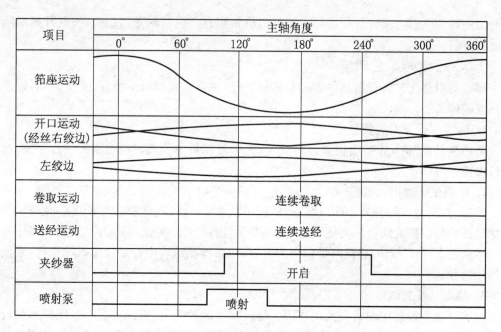

图 9-10　喷水引纬与织机主要运动的时间配合

第三节　打纬与织物的形成

用钢箔将新引入的纬纱推向织口,使之与经纱交织形成织物,是一个极其复杂的过程。在打纬过程中,经纱的上机张力、后梁高低、开口时间等打纬工艺,对织物形成过程具有决定性的影响。

一、打纬工艺与织物形成的关系

(一)打纬的开始时间

综平后的初始阶段,经纬纱相互屈曲抱合而产生摩擦与挤压,形成了阻碍纬纱运动的阻力。但由于此时钢箔离织口有一段距离,这种阻力并不明显。当新引入的纬纱被钢箔推到离织口一定距离(上一纬所在位置)时,会遇到显著增长的阻力。这一瞬间被称为打纬开始。对于不同的织物品种,因经纬交织时作用激烈程度不同,故打纬开始时间不同。

(二)打纬力与打纬阻力

在打纬开始以后,打纬作用波及织口,不仅新引入的纬纱,同时织口也受到钢箔的作用,钢箔遇到的阻力也急剧上升。箔到达最前位置完成打纬时,其阻力值达到最大,这个最大的阻力称为打纬阻力。此刻,钢箔对纬纱的作用力也达到最大,这个力称为打纬力。打纬力与打纬阻力是一对作用力与反作用力。

打纬力的大小表示某一织物可设计的经纬密度与打紧纬纱的难易程度。一定的织物,在一定的上机条件下,打紧纬纱并使纬密均匀所需的打纬力,是不变的。在织机开车和运转过程中,打纬力的变化会引起织物纬密的改变,从而产生稀密路织疵。由于影响织口位置变化的因素比较复杂(如经纱的缓弹性变形等),以及机构间隙的存在,对机件连接间隙较大的刚性打纬机构而言,织造过程尤其是开车过程中很难保证打纬状态不变化。在原打纬机构上增设弹性恒力装置,使其能在一定范围内根据织口位置变化调节打纬动程,以维持恒定的打纬力,是解决织物稀密路织疵的一种可尝试的有效途径。

打纬阻力是由经、纬纱之间的摩擦阻力和弹性阻力合成的。在整个打纬过程中,摩擦阻力和弹性阻力所占比例在不断地变化。在打纬的开始阶段,摩擦阻力占主要地位;随打纬的进行,经纱对纬纱的包围角越来越大,纬纱之间的距离越来越近,弹性阻力迅速上升,对于大多数织物而言,此时弹性阻力往往超过摩擦阻力。

打纬阻力的大小在很大程度上取决于织物的紧密程度、织物的组织,以及纱线的性质等因素。具体分析如下:

① 织物的紧度:织物的经、纬向紧度越大,打纬阻力越大。纬向紧度对打纬阻力的影响尤为明显,织物的纬向紧度大,则打纬阻力大;反之,织物的纬向紧度小,则打纬阻力小。

② 织物的组织:经纬纱平均浮长小的织物组织,打纬阻力大;经浮多而交织次数少的(即平均浮长大)组织,打纬阻力小。因此,平纹组织的打纬阻力较斜纹、缎纹组织大。

③ 纱线的性质:纱线的表面摩擦系数大,打纬阻力大;抗弯强度大的纬纱,打纬阻力大;刚性系数小的经纱,打纬阻力大。

(三) 打纬过程中经纬纱的运动

自打纬开始至打纬终了,经纬纱的移动也是一个复杂的过程,可用图 9-11 所示的模型说明。

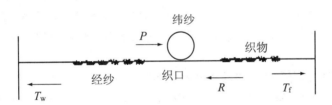

图 9-11　打纬时经纬纱移动模型示意图

自打纬开始之前,纬纱与经纱的摩擦阻力可以忽略,则经纱张力 T_w 等于织物张力 T_f。打纬开始以后,随纬纱向前移动,打纬阻力 R 显著增加。当 $R > T_w - T_f$ 时,经纱和纬纱一起移动(图中为向右移动),移动的结果使经纱被拉而伸长,经纱张力增大。而这个期间,因为经纱被拉伸,织物产生松弛,张力减小,使 $(T_w - T_f)$ 增大,随打纬的进行,便会出现 $R < T_w - T_f$ 的状态,此时纬纱沿经纱做相对滑移。这样,经纱在其本身的张力作用下回缩,而织物伸长,$(T_w - T_f)$ 随即下降,同时随纬纱相对于经纱向前运动,打纬阻力显著增大,再次出现 $R > T_w - T_f$ 的状态,经纱便与纬纱一起移动,这种移动又引起经纱张力的增加和织物张力的减小,随后又出现纬纱相对于经纱的运动。

上述现象在整个打纬过程中不断交替出现。因此,在打纬过程中,经纬纱的运动性质不断发生变化,即经纱和纬纱一起运动与纬纱相对于经纱做相对移动是交替出现的,纬纱相对于经纱的移动最终使织物达到规定的纬密。在这个过程中,经纱呈多次伸长和回缩的循环状态,且每次循环的回缩量渐减,伸长渐增,其累结伸长导致打纬过程中织口的移动。自打纬开始至打纬终了时,织口被推动的距离称为打纬区宽度。织机上织口的位移情况如图9-12所示。图中1—2的纵坐标距离就是打纬区的宽度;2—3是打纬后织口随钢筘后退而向后退的位移量;3—4是综框处于静止时期因送经而产生的织口的波动;4—5为梭口闭合时期随经纱张力减小织口前移的距离。由此可见,织口的位移表示了经纱和织物张力的变化情况。

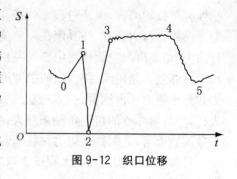

图9-12 织口位移

织物的形成并不是将刚纳入梭口的纬纱打向织口即告完成,而是在织口处一定根数纬纱的范围内,继续发生因打纬而使纬纱相对移动和经纬纱相互屈曲的变化。也就是说,每一根纬纱是在几次打纬之后到离织口一定距离时才能获得稳定的位置,即织物的稳定结构是在一定的区域内逐渐形成的。

当钢筘离开织口至综平时,自最后打入的一根纬纱到不再做相对移动的那根纬纱为止的一个区域,称为织物形成区。织物形成区的大小一般用纬纱根数表示。

织物形成区的存在加剧了经纬纱之间的摩擦,从而有利于织物布面的丰满和纬纱的均匀排列。

二、 经纱上机张力与织物形成的关系

经纱的上机张力是指综平时的经纱静态张力。上机张力大,打纬时织口处的经纱张力也大,经纱屈曲就少,纬纱屈曲就多,使交织过程中经纬纱的相互作用加剧,打纬阻力增大,因经纱不易伸长,打纬区宽度减小;反之,上机张力小,打纬时织口处的经纱张力也小,经纱屈曲就多,纬纱屈曲就少,使交织过程中经纬纱的相互作用减弱,因经纱易伸长,打纬区宽度有所增大。

经纱上机张力大,有利于打紧纬纱和开清梭口,适应经纬密较大的织物的生产。生产中要选择适宜的上机张力,若上机张力过大,因经纱强力不够,断头将增加;若上机张力过小,打纬时使织口移动量过大,同时经纱与综眼作用加剧,断头也会增加。另外,在织制斜纹组织织物时,要考虑其特有的纹路风格,不宜采用过大的上机张力;而生产平纹织物时,在其他条件相同的情况下,为打紧纬纱,应选用较大的上机张力。

三、 后梁高低与织物形成的关系

后梁高低决定着打纬时上、下层经纱间的张力差异。在织机上,一般都是上层经纱张力小于下层经纱张力,故后梁位置越高,上层经纱张力越小,而下层经纱张力越大,上、下层经纱间的张力差异就越大。下层经纱张力大,有利于引纬时作为一个支撑通道。上、下层经纱间的张力差异大,纬纱易与紧层经纱做相对移动,受到的弹性阻力小,故打纬阻力小,而且由于紧层经纱的作用,织口移动也小,即打纬区小。

后梁位置高,上、下层经纱间的张力差异大,从而造成经纬交织过程中松层经纱屈曲较大,打纬后易发生横向移动,有助于消除因筘齿厚度造成的"筘痕"。

在生产中,应视具体情况来确定后梁高低。除从织物外观质量考虑,要求上、下层经纱张力有不同的比例外,还应顾及这种比例是否影响织造生产的顺利进行。如:制织中线密度中密织物时,宜采用较高的后梁位置,以消除"筘痕"的影响;对于低线密度高密织物,后梁位

置可略低,以免上层经纱张力过小而引起开口不清,造成跳花等织疵,以及造成下层经纱的断头增加;织制斜纹织物时,宜采用较低的后梁工艺,使上、下层经纱张力接近相等,这是由斜纹织物的外观质量要求(即纹路"匀""深""直")决定的;织制缎纹和小花纹织物时,一般将后梁配置在上、下层经纱张力相等的位置,即后梁更低而处于经直线位置上,使经纱的断头率减小,花纹匀整,但在制织较紧密的缎纹织物时后梁应略微抬高。

四、 开口时间与织物形成的关系

开口时间的迟早,决定着打纬时梭口高度的大小;而梭口高度的大小,又决定着打纬瞬间织口处经纱张力的大小。开口时间早,打纬时梭口高度大,经纱张力大,筘对经纱的摩擦作用增强,且上、下层经纱张力差异大。因此,开口时间早,相当于增加上机张力和提高后梁高度。

开口时间早,打纬时经纱张力增大,其作用大于上、下层经纱张力差异的影响,故打纬阻力增加,对构成紧密织物有利;同时,因打纬时经纱张力增大,上、下层经纱张力差异也增大,故有利于减小织口的移动,即打纬区减小。

但是,开口时间对织造能否顺利进行起着独特的影响。由于打纬时梭口高度不同,织口处下层经纱的倾斜角不同。因此,经纱层受到的摩擦作用长度也不同。开口时间越早,摩擦作用长度就增大,使纱线更容易遭受破坏而产生断头。所以,开口时间的迟早,由于打纬时梭口高度不同,打纬时两层经纱对纬纱的包围角也不一样,造成打纬阻力和打纬后纬纱产生的反拨量不同。开口时间早,打纬阻力小,纬纱反拨量就小,易形成厚实紧密的织物;反之,则相反。另外,开口时间的迟早还将影响引纬器进出梭口的挤压程度。

在实际生产中,应根据不同品种的要求,选用合适的开口时间,使开口时间与引纬、打纬运动相协调。

第四节　纬 密 调 节

织物纬密的大小主要依靠织机的卷取机构加以控制。当需要改变织物纬密时,对机械式卷取机构,须改变卷取机构上的纬密变换齿轮;而对于电子卷取机构,则较为方便,只需在织机电脑的有关菜单上直接设置。

当织造条件发生变化时,会使织物的纬密发生变化,也要求改变纬密变换齿轮或在织机电脑上重新设置。因此,纬密调节是正常的工艺调整工作之一。

一、 纬密计算公式

纬密是指织物经向单位长度上的纬纱根数。有公制和英制之分,公制是指 10 cm 长的织物内所含有的纬纱根数,英制是指每英寸内含有的纬纱根数。

根据公制纬密的定义,可得出纬密计算公式:

$$P'_{\mathrm{w}} = \frac{10}{L} = \frac{10}{\pi D n'}$$

式中:P'_{w} 为机上纬密,即织物在织机上承受一定张力时的纬密,是理论纬密(根/10 cm);L 为织机主轴一回转,卷取辊卷取织物的长度(cm/纬);n' 为织机主轴一回转,卷取辊转过的转数；D 为卷取辊的直径(cm)。

由卷取轮系的传动比求 n'，得：

$$n' = \frac{n}{i_{首-末}}$$

式中：n 为织机主轴转一转，卷取轮系中首轮转过的转数；$i_{首-末}$ 为卷取轮系中首轮对末轮的传动比。

由前文纬密计算，不难发现：

$$i_{首-末} = \frac{n}{n'} = \prod_{i=1}^{m} \frac{Z_{被i}}{Z_{主i}}$$

代入 P'_w 算式，可得：

$$P'_w = \frac{10}{\pi D n} \times \prod_{i=1}^{m} \frac{Z_{被i}}{Z_{主i}}$$

P'_w 为织物的机上纬密。织物下机后，由于张力的消失，织物的长度方向会产生收缩，从而使织物的实际纬密增大，因此下机纬密为：

$$P_w = \frac{P'_w}{1-a} = \frac{10}{\pi D n} \times \frac{1}{1-a} \times \prod_{i=1}^{m} \frac{Z_{被i}}{Z_{主i}}$$

式中：a 为织物的下机缩率。

根据不同织机的卷取轮系中齿轮的实际齿数，代入上式可得相应的纬密公式。

下机纬密随纱线原料、织物组织结构、经纬纱密度、纱线线密度、上机张力、车间温湿度等因素的变化而变化。所以，在调整纬密牙后需进行纬密偏差的计算：

$$纬密偏差 = \frac{实际纬密 - 标准纬密}{标准纬密} \times 100\%$$

国家标准对各类织物的纬密偏差有一定的规定，如中档棉织物的下机纬密不得小于规定纬密的 1%（即纬密偏差控制在 −1%～1%）。而对于生产企业来说，总希望纬密偏差控制在 −1%～0。

二、机械式卷取机构的纬密计算实例

例 1 1511 型和 1515 型织机的七轮间歇式卷取机构的纬密计算。

织制 160 14.5×14.5 532×320 的斜纹织物，已知下机缩率为 3%，如标准齿轮为 37 齿，变换齿轮的齿数应为多少？

解 $P_w = \dfrac{141.3}{1-a} \times \dfrac{Z_变}{Z_标}$

将上述各值代入，求得：

$$Z_变 = Z_标 \times P_w \times \frac{1-a}{141.3} = 37 \times 320 \times \frac{1-3\%}{141.3} = 81 \text{ 齿}$$

如用英制纬密（P_{we}）计算，有：

$$P_{we} = \frac{35.89}{1-a} \times \frac{Z_变}{Z_标} = \frac{35.89}{1-3\%} \times \frac{Z_变}{37}$$

则 $P_{we} = Z_变$，所以 $Z_变$ 为 81 齿。

如果织物的下机缩率为 3％，标准齿轮为 37 齿，则变换齿轮的齿数正好等于下机织物的英制纬密。可免去计算。

当工厂中的备用齿轮种类较少，没有合适的齿轮时，往往需将变换齿轮和标准齿轮一起变换，以满足纬密的要求。

例 2　1511S 型、1511T 型和 GA747 型织机的蜗轮蜗杆式卷取机构的纬密计算。

织制 145　14.5×14.5　532×320 纯棉被单布，下机缩率为 2.3％，如每一纬变换锯齿轮转过 3 齿，求变换锯齿轮的齿数。

解　$P_w = \frac{11.78}{1-a} \times \frac{Z_变}{m}$

将上述已知值代入，得：

$$Z_变 = m \times P_w \times \frac{1-a}{11.78} = 3 \times 320 \times \frac{1-2.3\%}{11.78} = 79.6 \text{ 齿} \quad (\text{取 80 齿})$$

试织后检验纬密偏差，才能确定纬密牙。

第五节　上机张力的调节

适当的经纱张力是开清梭口和打紧纬纱的必要条件。上机张力通常是指织机综平时经纱的静态张力。它是经纱在各个时期所具有张力的基础，在上机时必须加以设置。具体的调整方法随送经装置而异。

一、经纱张力的影响因素

在运转的织机上，经纱所受的张力自织轴到织口是逐渐增加的。开口过程中经纱所受的张力，是上机张力和经纱因开口运动而增加的张力之和；织物形成时的经纱张力，则包括上机张力、打纬时的开口张力，以及打纬时因打纬阻力而产生的张力三个部分的总和；织造过程中的经纱张力呈周期性的变化，张力峰值一般出现在打纬终了时，但稀薄织物的张力峰值出现在梭口满开时。故经纱张力的主要影响因素有开口运动、打纬运动、织轴直径的变化，及织机主轴回转不匀率。

二、上机张力确定原则

上机张力小，打纬时经纱在综眼中移动，易发生摩擦断头，且纬纱不易打紧；上机张力小，经纱张力的均匀性差，布面也不均整，易出现条影；上机张力小，还易造成开口不清。若上机张力过大，将使纱线断头增加、布面不丰满。上机张力还影响织物的幅宽和长度，上机张力过小时，织物幅宽增加，而长度出现短码；反之，上机张力过大时，织物幅宽减小，长度增加。因此，适当的上机张力，能使断头率降至最低，并可使织物具有较好的外观效应和物理机械性能。

在实际生产中，应根据织物的结构和质量要求，以及前织准备的织轴质量，选定适宜的上机张力,使织造加工顺利进行。在确定经纱上机张力时,应考虑:①有利于降低经纱断头率;②有利于形成比较清晰的梭口;③有利于打紧纬纱,以及织成的织物有均匀良好的外观。在一般情况下,经纱密度大或经纱毛羽多时,要适当加大上机张力,以利于开清梭口;制织纬密较大、经纬纱交织次数多的织物时,要适当加大上机张力,以利于打紧纬纱;经纱强力低时,要适当减小上机张力,以降低断头;无梭织机的梭口高度小,应适当加大上机张力,以利于开清梭口。

在生产中经纱张力是否合适,视上轴开机织制时织物的幅宽是否符合规定的要求而定,如织物幅宽比规定的窄或宽,就得重新调整上机张力。

三、上机张力调节

织机上的单纱上机张力不大于原纱断裂强力的 30%。在生产中,常根据机上布幅来掌握上机张力。根据织物品种规定机上布幅(在卷布辊上进行测量)与成品幅宽的差值,并随时测量机上布幅,以掌握和调节上机张力,并保证活动后梁在允许范围内跳动。这是工厂实践中常采用的一种简易方便的方法。但是,机上织物与成品的幅差仅反映了经纱上机张力的大小,并非成正比关系。对于有些无梭织机的上机张力,应用张力仪测试确定。其实,这些无梭织机已配有电脑控制的张力检测装置,必须在织机电脑上合理设置上机张力参数,以达到预期效果。

目前,各类织机上用于调节经纱上机张力有两种方式,即张力重锤和张力弹簧。在前文的送经机构内容中已介绍,这里不再重复。对于张力重锤式张力装置,只需改变张力重锤的质量(重锤数量)或改变重力作用的力臂长度,便可调节经纱的上机张力,达到工艺设计规定的数值;而对于张力弹簧式张力装置,只需合理选择张力弹簧的刚度及初始压缩长度,在满足经纱张力调节均匀的前提下,可以使经纱张力调节装置的工作比较平稳、均匀。

第六节　织机各机构工作的配合

在织机上应当正确地安排各机构运动时间的配合关系,使织机整体工作协调。如果各机构的运动时间配合不当,将引起种种机械故障,并增加织物的织疵和经纬纱断头率,使织机效率下降,产品质量下降,原材料消耗增加,因而影响经济效益。

织机上各机构的工作配合,主要指开口、引纬、打纬、卷取、送经,及辅助机构如选纬、剪纬、废边开口等各个运动的时间安排及其配合关系。开口(包括废边)和引纬(包括选纬、剪纬)的时间是织造工艺参数,因织机类型和织物品种而不同。卷取、送经、打纬等时间,一般在织机设计时已经确定。

对于各种类型的织机(如有梭、剑杆、片梭、喷气、喷水)的有关引纬、打纬时间,以及不同类型的开口机构(如凸轮、多臂等)的开口时间的配合,在前文已做介绍,这里不再重复。

为了分析织机主要机构的工作配合情况,常用工作圆图或时间配合图解表达。这两种方法在前文已介绍,它们各有特色:前者比较直观,使用广泛;后者虽不如前者直观,但有其优点,能较好地反映各机构的运动情况与变化周期。

评定织机主要机构工作的配合是否协调,一般以减少织物疵点、提高织物质量和降低经纬纱断头率为依据。通常用实验的方法进行分析。

有关工艺参数的选择，可用正交设计试验方法进行优选，以减少试验时间，节省试验材料。具体方法可参考相关文献。

【思考与训练】

一、基本概念

织造工艺参数、固定参数、可调参数、顶向经位置线、梭口高度、剑杆动程、交接冲程、进剑时间、退剑时间、圆射流、纬纱始飞行角、辅喷终喷角、纬纱到达角、水射流、纬丝先行角、纬丝飞行角、打纬开始、打纬力、打纬区宽度、织物形成区、上机张力、纬密、织机主要工作配合。

二、基本原理

1. 织造工艺参数分类如何？制定织造参变数的原则有哪些？
2. 开口工艺参数主要包括哪些内容？如何调节？
3. 片梭引纬工艺的调节重点是什么？试举例说明。
4. 试用纬纱交接原理阐述两剑顺利交接纬纱的基本条件。
5. 如何进行剑杆引纬工艺参数的调节？
6. 喷气引纬工艺参数调整的基本原则有哪些？
7. 如何进行喷水引纬工艺参数的调节？
8. 影响织物形成区的因素有哪些？
9. 打纬过程中经纬纱的运动过程如何？
10. 论述经纱上机张力、后梁高低、开口时间和打纬工艺与织物形成的关系。
11. 经纱张力变化的主要影响因素有哪些？
12. 经纱上机张力的确定原则是什么？在织机上如何调节？
13. 织机主要机构运动配合的表示方法有哪两种？它们各有何特点？

三、基本技能训练

技能训练 1：在实训基地内的 GA606 型有梭织机和 GA747 型剑杆织机上，进行综平时间调试训练。

训练项目 2：在意大利天马剑杆织机上，结合品种翻改，进行梭口高度调节，基本掌握其主要操作步骤。

训练项目 3：在国产 GA747 型剑杆织机上，进行剑杆引纬工艺调试，熟练掌握其主要操作要领。

训练项目 4：在国产 GA708 型喷气织机上，结合品种翻改，进行喷气引纬工艺参数设计与调试，掌握其主要操作步骤。

训练项目 5：到校内实训车间观察打纬工艺与织物形成的关系。

训练项目 6：到实训基地现场，根据织物纬密的变化进行纬密牙变换，并织制检验。

训练项目 7：在校内实训室，对有关织机进行上机工艺参数调试，并分析其对织造生产的影响，写出试验报告。

教学单元 10　下机织物整理与织疵识别

【内容提要】　本单元主要介绍下机织物的整理工艺与设备和织物常见织疵及其成因，并对剑杆织机的常见织疵和维护措施、喷气织机的纬缩成因和解决措施进行重点探讨。通过本单元教学，学生可以掌握有关整理工艺的关键技术，了解常见织疵，并能在实际的生产过程中排除一些常见织疵。

第一节　整理工艺与设备

织机上形成的织物需卷在卷布辊上，卷到几个联匹后，从织机上取下卷布辊，由于机械或操作上的原因，布面还留有疵点和棉粒等杂质，且织物尚未整齐折叠。为了改善织物外观，保证织物质量，必须送整理车间进行检验、修补、折叠、定等和成包等一系列工作。这个工序称为下机织物的整理，是纺织厂生产织物的最后一道工序。

整理工艺的任务包括：①按国家标准和用户要求，保证出厂的产品质量和包装规格；②在一定程度上消除产品疵点，提高质量；③通过整理，可以找出影响质量的原因，便于分析追踪，并落实产生疵品的责任；④测量织机和织布工人的产量。

整理工艺的要求包括：①检验、评分和定等，力求准确，减少和避免漏检、错评、错定；②计长正确，避免差错，成包合格；③在有关标准的允许下，尽可能提高产品质量，但不应给用户和印染厂带来不利因素。

整理的工艺流程应根据织物的要求而定，棉、毛、丝、麻织物，各不相同。以棉织物为例，其坯布一般经过验布→折布→分等→打包几个工序。某些疵点可通过整修予以消除。对于有特殊要求的织物，需在验布之后经过烘布和刷布。

一、验布

验布的目的是按标准的规定逐匹检查织物的外观疵点并给予评分，在布边做各种标记；同时对部分小疵点，如拖纱、杂物织入等，在可能的条件下，予以清除。若遇上匹印、班印等，也在布边做标记，以便后工序掌握。

验布用的机械称为验布机，如图 10-1 所示。织物从卷布辊 1 上退解出来，绕过踏板 2 的下方，经导辊 3 和呈 45°倾斜的验布台 4，进入托布辊 5 和橡胶压辊 6 之间，再经导辊 7 和摆布斗 8，送入运布车 9 中。

织物的运动主要依靠托布辊 5，其速度为 15～20 m/min。验布机上设有倒顺转装置，通过齿轮箱内的离合器实现托布辊的顺转、反转或停转。反转的目的是使已检验的一段织物倒回，以便复查。另外，为增加托布辊对织物的握持力，在其上方压有橡胶压辊 6。

验布工人站在踏板 2 上,用目光对验布台 4 上缓慢前进的织物进行检查。对于宽幅织物,则由两人共同检查。由于验布采用目光,所以应有良好的光线,一般照度需为 300 lx 左右,且不能直接照射工人眼睛。除采用上述灯泡照明外,为加强检验工作,使筘路、针路、拆痕等疵点容易检验,有些工厂增加下灯光照明装置,即在玻璃台下方增加灯光透视织物,但玻璃台必须用磨砂玻璃,以保护视力。

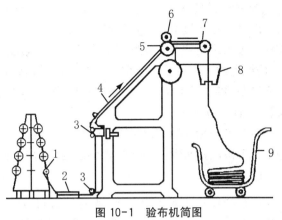

图 10-1 验布机简图

1—卷布辊 2—踏板 3—导辊 4—验布台 5—托布辊
6—橡胶压辊 7—导辊 8—摆布斗 9—运布车

用目光检测运动的织物上的疵点,不仅损伤视力、工作效率低,而且检验的准确性也很不稳定。因此,许多新型的验布方法应运而生,光电验布就是其中的一种。光电验布采用普通灯泡或激光为光源,用半导体光电元件、硅光电池作为接收器,发现布面疵点时,接收器发出信号,并在布上做出标记或控制验布机自动停车。

二、 刷布

刷布的目的是除去织物上的白星、破籽等杂物,通过刷布机的砂辊和毛刷的磨刷作用,使织物表面光洁。一般市销布或出口布,可根据需要,在出厂前经刷布处理;而需印染加工的坯布,一般不经过刷布。

刷布在刷布机上进行,如图10-2所示。织物 1 受托布辊 2 的托引,经过导布辊 3,4,5,6,7,8,9 进入刷布工作区,先经过两根砂辊 10 和 11,再经过四根毛刷辊 12,13,14 和 15,最后由拖布辊引出。砂辊和毛刷辊的回转方向与织物行进方向相反,织物两面残留的杂物被砂辊和毛刷辊清除。使用刷布机时,应注意调整织物对砂辊和毛刷辊的包围角大小,若过大,会引起过度磨刷,降低织物的强度;若过小,除杂效果不良。

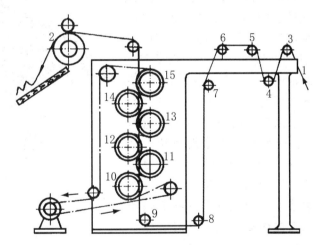

图 10-2 刷布机简图

1—织物 2—托布辊 3,4,5,6,7,8,9—导布辊
10,11—砂辊 12,13,14,15—毛刷辊

三、 烘布

为防止织物因长期储存而发霉,可进行烘布处理。若储存期短或直接供印染厂加工,可不必烘布;市场销售布的回潮率适宜时,也不必烘布。因为,使用烘布机不仅消耗蒸汽,而且容易使织物伸长。

图 10-3 为烘布机示意图。它主要由两个烘筒构成,内通蒸汽。织物从刷布机引出后,经导辊 1、扩布铜杆 2、导辊 3 和扩布铜杆 4 进入烘筒部分。织物绕过导辊 5 后,紧贴在上烘筒的表面,使织物的一面接受烘干作用。然后,织物以另一面与下烘筒表面紧贴,接受烘干作用。织物离开烘筒后,经导辊 6 和 7 与出布辊 8,落入布斗内。

烘布机一般与刷布机相连,所以烘布机没有独立的传动,而是由刷布机的托布辊以同样的表面速度传动烘筒。

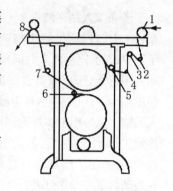

图 10-3 烘布机示意图

1,3,5,6,7—导辊
2,4—扩布铜杆 8—出布辊

四、折布

折布的任务是将从验布机(或通过烘布、刷布工艺)下来的织物按规定的折幅折叠织物,并按班印标记测量、计算织机和织布工人的下机产量。一般折幅的公称长度为 1 m,考虑出厂后织物长度会缩短,应适当加放,加放长度随品种等因素而定。

折布在折布机(图 10-4)进行。织物从运布车或储布斗引出后,沿倾斜导布板 1 上升,再往下穿过往复折刀 2,通过折刀的往复运动与压布运动、折布台下降运动的相互配合,将织物一层一层地折叠在折布台上。因此,折布是由下列三个运动实现的:

(1)折刀往复运动。折刀往复运动是折叠织物的主要运动,其往复的动程决定折幅。根据所需的加放长度,往复动程可调节。由齿轮 3 和 4 与连杆 5 和 6 组成的一套连杆机构的运动,使扇形齿轮 7 产生回转运动。而扇形齿轮 7 的回转,又使与折刀 2 相连的链条 8,借助齿轮 9 和链轮 10 的回转而做直线往复运动。折刀活穿在滑杆 11 上,滑杆绕上支点回转。这种机构使折刀在往复运动的同时做摇摆动作。

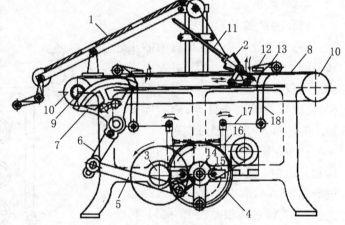

图 10-4 折布机简图

1—导布板 2—折刀 3,4—齿轮 5,6—连杆
7—扇形齿轮 8—链条 9—齿轮 10—链轮
11—滑杆 12—压布针板 13—压布杆
14—凸轮 15—转子 16,17,18—连杆

(2)压布运动。压布是压住已折好织物的两端,使其在折刀往复运动时不致跟随滑脱。压布作用由压布针板 12 的上下运动来实现。压布针板 12 安置在压布杆 13 上,其上下运动是通过凸轮 14 的回转作用于转子 15 与连杆 16,17 和 18 而获得的。当折刀行进到折幅端部时,压布针板 12 上抬,以便折刀送入织物。当折刀退回时,压布针板 12 迅速下降压住织物,防止织物回退。

(3)折布台运动与自动送布装置。压布针板 12 每次下降都必须到达一定的位置,因此,随着折叠层数的增加,折布板自动地逐渐下降,以保证其正常工作。如图 10-5 所示,折布台 19 的质量,是通过链条 20、链轮 21 和 22,被重锤 23 和挂轮 24 所支撑。调节重锤质量,可以改变折布台对织物的压力。

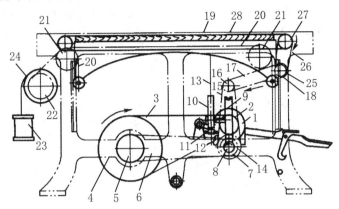

图 10-5　折布台运动

1—电动机　2,4—皮带盘　3—皮带　5,7—链轮　6—链条　8—蜗杆　9—蜗轮
10—凸轮　11—转子　12—杠杆　13,15,17,20,26—链条
14,16,17,21,22,25,27—链轮　19—折布台　23—重锤　24—挂轮　28—运输带

当折布满匹(联匹)后,自动控制装置使电动机 1 倒转。电动机 1 通过皮带盘 2、皮带 3 传动中间轴的皮带盘 4。皮带盘 4 平时的转向与图中箭头指向相反。因此,旁边的超越离合器不回转。离合器与链轮 5 一起用套筒活套在轴上。当皮带盘 4 通过离合器传动链轮 5 时,再经链条 6 传动链轮 7,同轴的蜗杆 8 传动蜗轮 9,与蜗轮同轴的凸轮 10(图 10-6)转动,其大半径压下转子 11,通过杠杆 12 和链条 13 拉下折布台19。当折布台下降到一定位置时,由扩张式摩

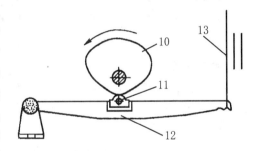

图 10-6　扩张式摩擦装置的传动装置

10—凸轮　11—转子　12—杠杆　13—链条

擦装置传动链轮 14,通过链条和链轮 15,16,17,18,25,26 传动链轮 27,再传动运输带 28,织物就自动送到折布台上。

五、 分等

分等是织物整理中一项较重要的工作,主要是依据织物外观疵点进行评分。它是整理车间的关键性工作,分等人员需具备熟练的技术和高度的责任感。具体步骤如下:

(1)复验。根据验布工在布边做的标记,逐匹检查其检验结果是否正确,最后决定该织疵的评分。

(2)定等。根据布面疵点的评分数,按国家标准的分等规定,确定每匹织物的品等。

(3)开剪定修。按国家标准的开剪规定和修织洗范围,对某些织疵进行开剪,并确定应进行整修的织疵。开剪是将织物上的某些织疵剪开或剪下,不仅可以提高织物的质量和品等,更主要的是避免了这些织疵给消费者和印染厂造成的损失。但开剪之后,规定长度的整

段布被剪成不规则的零段布,给剪裁、销售和印染加工带来不便。为了方便印染连续加工,减少印染厂的零段布的缝头连接,对一些不影响印染加工的织疵可进行"假开剪"处理。缝头不仅会减少布的长度,增加印染厂的工作量,而且有损印染质量。"假开剪"是对消费者负责。这些织疵必须开剪,但不在织厂剪断,而是做上标记,待印染加工后再行开剪。

(4)分类。准确地按品种、品等、修、织、洗、开剪等类别分类,定点堆放,以便整修或成包。

六、整修

为了减少降等布,提高出厂织物的质量,在不影响使用牢度和印染加工的条件下,可对某些织疵进行修、织、洗,以消除这些织疵。国家标准对织物的修、织、洗范围和方法做了规定。整修的内容包括:

(1)修织补。如织补跳花和断经、更换粗经、修除粗竹节、刮匀小经缩等。

(2)洗涤。如洗油污、铁锈等。

七、打包

这是织厂的最后一道工序。凡作为商品销售的市销布或运往印染厂加工的坯布,都要打包。对织染联合厂,用绳捆紧即可。

国家标准对织物的成包方法有规定,并要求在包外刷上厂名、商标、布名、规格、长度、日期等标志;供印染厂的坯布,还需标明漂白坯、染色坯、印花坯等。

打包一般用油压打包机进行,有的配有自动上包装置。

八、整理的产量、质量指标与计算

整理工序的主要任务就是对织物进行检验、整修、打包和入库,因此,织物的产量和质量完成情况都在整理工序反映出来,及时认真地做好统计与计算工作,才能起到指导生产的作用。整理工序的主要指标有以下几项:

(1)入库一等品率。入库一等品率是指经过修、织、洗等整理工序后入库的一等品产量占入库总产量的百分数,是考核企业织物质量的重要指标。计算公式如下:

$$入库一等品率 = \frac{入库一等品数}{总入库数} \times 100\%$$

(2)入库产量。整理的入库产量逐日统计,月底盘存的入库产量能反映当月的产量完成情况,更重要的是反映了企业织物产量完成情况。产值、劳动生产率等指标,均以产量为依据,计算企业完成计划情况。根据行业规定,不合格的纺织产品不能计算产量。不合格的纺织产品包括:不能列入一、二、三等品的等外品,不能列入一等品的中零和全部小零。

(3)漏验率。在成品出厂前,按质量标准对织物进行抽样检查。一般情况下,抽查数量为总匹数的 $5\% \sim 15\%$,不符合评分限度的即为漏验,按匹计算,包括局部降等和累计降等两个方面。计算公式如下:

$$漏验率 = \frac{抽查时漏验匹数}{抽查总匹数} \times 100\%$$

织物出厂后,在生产厂家与收货方双方的验收复验中,如果织物的不符品率超过一定的比率,生产厂家将按漏验率折合全部数量调换或补偿品等差价。

（4）假开剪率。为减少印染加工中的缝头，提高印染加工的效率，对于某些布面疵点可允许假开剪。假开剪的织物应单独成包，且应在包外做出标记，以便统计。

应当注意，不符合落布长度的织物不允许假开剪。假开剪率的计算公式如下：

$$假开剪率 = \frac{该品种假开剪产量（件）}{该品种加工坯布总产量（件）} \times 100\%$$

（5）拼件率。因疵点开剪等原因，造成不足联匹落布长度要求的织物允许拼件成包。每件包的段数最多为联匹落布长度段数的 200％，各段织物的长度允许一段 10～19.9 m 的大零，其余各段长度应在 20 m 及以上。加工坯拼件的织物不允许有假开剪。

$$加工拼件率 = \frac{该品种加工坯拼件产量（件）}{该品种加工织物总产量（件）} \times 100\%$$

$$市销拼件率 = \frac{该品种市销拼件包数}{该品种市销总包数} \times 100\%$$

国家标准规定，联匹拼件率不能超过 10％，假开剪率和联匹拼件率合计不得超过 25％，涤/棉产品的假开剪率和联匹拼件率合计不得超过 30％。

（6）纱织疵率。纱织疵是指织物疵点中一处性降等疵点和一次性降等疵点（以布长 0.5 m 内同一名称疵点评分满 11 分的疵点为"一处性"；连续性疵点以连续量其长度满 11 分的疵点为"一次性"）。纱织疵率是指纱织疵降等米数与入库总米数的百分比。纱织疵率的高低反映了企业的管理水平、技术水平和质量水平。因此，纱织疵率是一项重要的质量指标。目前，行业标准的分档指标：一档为 3％，二档为 5％，三档为 7％。

$$纱织疵率 = \frac{纱（织）疵匹数 \times 匹长}{入库产量} \times 100\%$$

（7）出口合格率。出口合格率即出口品种中符合出口要求并按出口要求打包入库的产量占整个出口品种总入库量的百分比。在出口品种中，收货单位一般提出要求，如某些疵品加严到什么程度等，包装标志另有要求，并要求按此出口。凡因不符合出口要求而转为内销的部分，往往在质量和价格上受到影响。因此，出口合格率的高低反映了出口产品的质量水平和效益高低。

$$出口合格率 = \frac{该品种纯出口入库产量}{该品种总入库产量} \times 100\%$$

纺织品出口部门一般要求出口合格率达到 90％，其中联匹成包出口达到出口量的 90％，单双联或乱码成包出口不能超过出口量的 10％。

第二节　织疵识别

织疵是影响织物质量、决定织物品等的主要因素，同时也是衡量企业生产水平和管理水平的重要标志。织疵的种类很多，其形成原因也是多方面的，有纺部的责任，有织前准备的责任，也有织造本身的责任。因此，提高织物的质量，不仅是织厂的任务，而是在形成织物的全过程中各工序、各环节的共同职责。因此,应进行工序控制,防止本工序产生疵品,并防止疵品流入下道工序,从而积极地防止织疵的产生。另一方面,整理车间检测所得的织疵,将通过信息反馈,进行质量跟踪,找出形成该织疵的责任工序、机台和个人。这样,不仅落实了责任,而且也有利于改进技术和工作,提高产品质量。本节对常见织疵及其主要形成原因进行介绍,重点对剑杆织机的常见织疵和喷气织机的纬缩成因进行研讨。

一、常见织疵的种类与定义

织造过程中常见织疵的种类与定义见表10-1所示。

表10-1 常见织疵类型

织疵名称	定义
断经	经纱断头后,未织入布内,布内经纱断缺,如图10-7所示
断疵	经纱断头,纱尾织入布内,如图10-8和图10-9所示
穿错、花纹错乱	织物纵向有稀密的一条,小花纹织物留有这种疵点时,花纹图案外形显得模糊、紊乱
吊经纱	在布面上1~2根经纱因张力较大而呈紧张状态,在丝织中称为宽急经
经缩	部分经纱受意外张力而松弛等原因,使织物表面呈块状,轻度者称为经缩波纹,重度者称为经缩浪纹(属严重疵点类),如图10-10所示
纬缩	纬纱扭结织入布内或起圈呈于布面的一种密集性疵点,如图10-11所示
跳纱	1~3根纱线脱离组织跳过另一方向的纱线5根以上者,如图10-12所示
跳花	3根及以上的经纬纱相互脱离组织(包括隔开一个完全组织),并列跳过多根纬纱或经纱而呈"井"字形浮于织物表面,如图10-13所示
星跳	1根纱线脱离组织跳过另一方向的纱线2~4根,形成一直条或分散星点状,如图10-14所示
双纬	在平纹织物上,当纬纱在布边处断头,梭子将纱尾带入织物中继续引纬,而纬纱又不起关车作用,在布面上形成缺纬,如图10-15所示
百脚	在斜纹织物上,当纬纱在布边处断头,梭子将纱尾带入织物中继续引纬,而纬纱又不起关车作用,在布面上形成缺纬,如图10-16所示
脱纬	引纬过程中,纬纱从纡子上崩脱下来,使同一梭口内有3根及以上的纬纱
稀纬	织物的纬密低于标准,在布面形成薄段的疵点
密路	织物的纬密高于标准,在布面形成厚段的疵点
断纬	织物上缺少一段或一根纬纱
云织	布面纬纱一段稀一段密
豁边	有梭织造时,在布边组织内有3根及以上的经纬纱共断或单断,经纱形成布边豁开
烂边	在边组织内只断纬纱,使其边部经纱不与纬纱交织,或绞边经纱未按组织要求与纬纱交织,致使边经纱脱出毛边之外
边撑疵	边撑或卷取刺辊不良将织物中的纱线勾断或起毛
毛边	有梭织造时,纬纱露出布边外成须状或成圈状;无梭织造时,废纬纬纱不剪或剪纱过长
油经纬	经纱、纬纱上有油污
油渍	布面有深色、浅色油渍
浆斑	布面有浆糊干斑

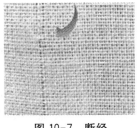

图 10-7　断经

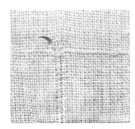

图 10-8　断疵

图 10-9　断疵

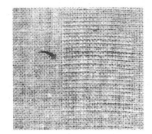

图 10-10　经缩

图 10-11　纬缩

图 10-12　跳纱

图 10-13　跳花

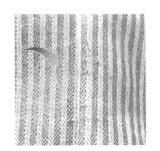

图 10-14　星跳

图 10-15　双纬

二、剑杆织机常见织疵成因分析与防治措施

（一）百脚（双纬）

剑杆织机产生的百脚（双纬），按布面上呈现形状可分为全幅百脚、四分之一幅百脚（双纬）、边百脚（双纬）与规律性百脚（双纬）。

1. 边百脚（双纬）

图 10-16　百脚

① 引纬长度超过设定长度过多，纬纱在接纬剑侧布边外多出一段纱尾，当接纬剑在下一次进入梭口时，将此纱尾带入梭口，使接纬剑侧布边处形成边百脚。防治措施：调节纬纱释放器的释放时间，使每根纬纱在接纬侧梭口外释放时，均能保持 5～10 mm 的长纱尾。

② 纬纱张力过大，则纬纱在接纬侧布边外释放后回弹，纬纱缩进梭口内，使该侧布边纬纱短缺一段而形成边百脚。防治措施：合理调节储纬器纬纱清洁毛圈、鼓轮绕纱间隙和夹纱片张力。

③ 接纬剑纬纱夹持器与释放开口器接触过小，或开口器磨灭起槽，接纬剑在接过纬纱退回时纬纱释放受阻，使织物接纬剑侧布边外纱尾过长；如接纬剑纬纱夹持器与开口器接触过大，纬纱尚未引出梭口就提前释放，则织物在接纬剑侧布边会产生纬纱短缺百脚。防治措施：正确校正接纬剑纬纱夹持器与接纬剑侧开口器的接触程度，调换或修补磨损的开口器，以保证纬纱准确顺利释放。

④ 纬纱未引出，梭口即闭合，纬纱在右侧布边处断裂，造成右侧 10～20 cm 长百脚；纬纱已引出，梭口尚未闭合，纬纱回缩，右侧布边缺纬，形成边百脚；某些品种织口跳动大，当织口偏下时，轨道片会把纬纱勾向反面，造成 3～5 cm 短百脚。防治措施：校正开口时间（280°～300°）和退剑时间，使两者配合协调；调整经位置线，增加织口握持装置。

⑤ 对于高弹力织物，由于纬纱弹力大，纬纱释放后，向左侧回缩，右侧布边产生边百脚。防治措施：增加废边根数，提早开口时间。

2. 四分之一幅百脚（双纬）

① 由于剑带松动太大、剑头底部胶木板磨损、剑头下沉、两剑头交接尺寸不符合工艺要求、送纬剑剑头对纬纱夹持过松或过紧等原因，使引纬交接失败，纬纱引到梭口中央时仍被送纬剑剑头带回，布面则出现四分之一幅百脚。防治措施：减少剑带与导轨间的松动，加强引纬工艺检查和调整，保证接、送纬剑剑头动作正常，交接顺利，尤其要注意接纬剑冲程和两剑头各自的动程。

② 由于选纬杆过高、纬纱张力过小或其他原因，导致纬纱松弛，使得纬纱虽然进入钳口，但未能被钳口后端的托纱针勾住，引纬失败。防治措施：检查选纬杆高度，选纬钢丝绳拉足时，选纬杆头端距导轨 1.5 mm；检查纬纱张力大小，使之适中。

③ 剑头交接时动作不一致，导致交接失败。防治措施：将织机转至 180°，松开零度齿轮固定螺丝，将扇形齿轮拉至最前端，重新固定零度齿轮螺丝。

3. 全幅百脚（双纬）

① 纬纱张力太小，尤其在同时使用正反捻向的纬纱时，纬纱易缠绞成双纱而被剑头引入，造成全幅百脚。防治措施：调整引纬张力，使其适当，防止纬纱缠绞。

② 纬纱边剪不锋利，纬纱剪不断，同时引入双根纬纱，造成全幅百脚。防治措施：加强纬纱边剪定期维修保养工作，可结合上轴检修进行，及时调换磨灭的边剪轴颈、不锋利刀片。

4. 规律性百脚（双纬）

引纬机构件发生故障，开口机构纹纸错误或者飞花堵塞孔眼，造成提综错误；拉刀磨灭，与拉钩啮合太浅而滑脱。规律性百脚的形态特点是每条百脚之间的间隔几乎一致。防治措施：加强对引纬、开口部件的检修，检查纹纸，清洁龙头，更换上下拉刀。

5. 其他

吊综高低不平或一边高一边低，造成局部开口不良，从而形成区域或半幅性百脚；综框综卡脱落、综丝打断或脱下，也会造成局部百脚；起综各连杆在某处断裂或某处轴与铜轴套磨灭过大，综框啮合松动大，引起起综不匀、开口不良，而形成半幅或小片段百脚。防治措施：加强对开口机构的维护，认真调校吊综，加强对综框综丝的检查。

接纬剑夹持纬纱弹力不足，夹持器弹簧片有飞花、毛羽，储纬器纬纱张力过大等，造成剑头夹不住纬纱，滑脱在梭口内，在右侧布边形成百脚。防治措施：做好剑头的维修保养，使纬纱夹持器工作正常，控制好纬纱张力。

（二）"三跳"

① 织造时，经纱纱疵往往和邻纱缠绕，使部分经纱开口不清；浆纱质量差，毛羽多，使开口不清，布面张力松弛时更为严重；织轴回潮率过高，织造时停经片间易积飞花，使断经关车失灵，织机继续运转，断经的纱尾缠绕邻纱，引起开口不清，均造成"三跳"疵点。防治措施：从前纺与半制品各工序入手，提高原纱和浆纱质量，及时做好清洁；正确掌握回潮率，织造车间的相对湿度在80％以上时，浆纱回潮率可控制在7％～8％；挡车时要及时剥剪纱疵。

② 开口时间与进剑时间的配合不协调，造成在织口高度不足的情况下，剑头进出剑道，产生边部跳花、跳纱。防治措施：将送纬剑的进剑时间适当延迟，接纬剑的进剑时间适当提早，使送纬剑进入比较清晰的织口。

③ 在制定后梁与停经架工艺时，过于追求布面丰满，将后梁抬得过高，开口时上层经纱松弛，易产生跳花；停经架两端位置高低不一，造成边跳花、跳纱；边撑位置太高，布面中央易产生细小跳花；边撑位置太低，布面两边易产生细小跳花、星跳。防治措施：根据产品的实际情况，调节经位置线的高低。

④ 吊综过低，上层经纱松弛、开口不清，易使剑头穿越松弛的经纱而造成全幅性的细小跳花、跳纱；吊综过高，送纬剑从悬浮的下层经纱上面通过，可以形成反面跳纱；综框不平齐，使全幅经纱张力不同，吊综部件松动或磨损，以及综夹脱落或综夹间隙过大等，都会造成部分经纱松弛下垂，易使剑杆穿越而产生跳纱或星跳。防治措施：一般掌握下层经纱位置稍低勿高，以剑头进织口不与上、下层经纱相碰为佳，上轴、检修时要对吊综进行调整。

⑤ 上机张力小，造成三跳疵点。防治措施：适当增加上机张力。

（三）纬缩

剑杆织机上的纬缩织疵形同有梭织机，主要是引纬终了时纬纱未充分拉直而收缩呈圈状织入布内。其纬缩常发生在织物特定部位，即接纬侧布边处，有时也分散在全幅布面，并带有布边处小缺纬。

① 在织造过程中，如果经纱的毛羽比较多，片纱张力不匀，则梭口清晰度较差。这样，既会影响纬纱在梭口中的伸直状态，又会影响经纱与纬纱的交织形态。交织后纬纱在织口中的屈曲状态差异比较大，因而布面效果不够好，出现纬缩或类似纬缩的疵点。防治措施：适当增减上机张力。

② 纬纱张力的大小与稳定，在较大程度上影响着纬纱的回弹效果，张力过大或过小，都会影响到纬缩疵点的产生和布面质量。纬纱张力小时，纬纱在牵拉过程中的伸直状态不够理想，易产生纬缩疵点，同时经纬纱交织时纬纱屈曲增加，纬纱用量增加；纬纱张力大时，释纱后纬纱的回弹比较明显，同样会形成纬缩疵点。张力大小不同，所形成纬缩疵点的表现形式和分布区域也会不同。在实际生产过程中，应区别对待，并保持纬纱张力大小稳定。防治措施：纬纱张力大小适当。

③ 纬纱动态张力过大，接纬剑在布边外释放纬纱后，整幅纬纱因突然失去牵引力，迅速反弹后退而产生纬缩。防治措施：恰当控制纬纱张力，使纬纱被接纬剑释放后能充分伸直而不反弹扭结。

④ 纬纱定捻不良，易扭结。防治措施：提高原纱质量，减少纺纱纱疵，提高纱线光洁度，严格控制络筒清纱质量和筒子卷绕成形质量。

⑤ 开口时间太迟或接纬剑头释放纬纱时间过早,纬纱释放时梭口未充分闭合,纬纱未被边经纱夹紧而在梭口内收缩。防治措施:调整开口工艺和纬纱释放时间。

⑥ 织机右废边纱根数少,右废边纱闭合时间推迟,使右边纱无法及时夹紧引入的纬纱头而产生纬缩。防治措施:调整接纬剑侧废边开口时间,适当提前,保证在接纬剑夹持纬纱到达时废边纱能夹住纬纱。

（四）稀密路

① 织机停机后启动,由于开口运动时经纱张力的变化,造成织口位移量变化而产生稀密路。尤其是下层经纱张力过大、上层经纱张力过小时,更易出现该疵点。防治措施:合理控制上、下层经纱张力差异,减少织口位移,提高挡车工的操作水平。

② 剑杆头有纱头缠绕,开车时,纬纱不能顺利夹持、接送而产生稀密路。防治措施:及时做好剑头清洁工作。

③ 织机停机后重新启动时,打纬力比正常运转时小,所以开车后几根纬纱打不到位,从而产生稀路。防治措施:控制停机位置,使其在综平时间,减少停机频次。

④ B6×B7 啮合太浅、滑牙造成稀纬;外送经卡死造成密路;卷取撑牙打滑造成密路;操作工未及时处理织轴倒断头、并头、绞头等疵点造成布面稀密路;断纬操作处理不当,收放牙不准确,纬纱用错,造成稀密路。防治措施:调节 B6×B7 啮合恰当;检查送经机构;提高挡车工操作水平。

⑤ 刺毛辊表面磨损打滑,飞花黏附过多,造成卷布时无法平衡有效而形成密路。防治措施:做好刺毛辊表面的清洁工作,及时更换芝麻皮。

三、 喷气织机纬缩成因探析与解决措施

（一）纬缩成因分析

1. 纬纱质量造成的纬缩

喷气织机以气流作为引纬柔性载体,属于消极式自由端引纬,因此对纬纱质量的要求很高。由于气流的作用,强捻纬纱在引纬过程中,其自由端会退捻,使毛羽数量和长度增加,同时纬纱头端的动能非常小,一旦纬纱毛羽与经纱或其他器件相碰,就会形成纬缩。另外,纬纱回潮率过低、纬纱筒子成形不良等,也会造成纬缩。

2. 开口不清造成的纬缩

喷气织机的特殊引纬方式,要求在引纬过程中纬纱在引纬通道上不能受到任何阻碍,哪怕是极轻度的纱线松弛和纤维间的粘连,也会使纬纱受阻而造成纬缩。这就对开口的清晰度提出了很高的要求。据资料表明,经纱上的毛羽纱、大棉结等显性纱疵,以及因纱线之间的黏滞性引起的"瞬时粘连缠绞"隐性纱疵,在织造过程中会牵连住相邻的经纱,使开口不清,造成阻挡性纬缩。另外,综框开口高度偏小、后梁太高、织轴边纱松、绞边纱和废边纱张力小等,都会使引纬系统受阻而造成纬缩。

3. 引纬系统不良造成的纬缩

（1）主喷嘴的位置安装不良造成纬缩。主喷嘴的作用是将一定压力和速度的气流,充分地作用于纬纱表面,使纬纱从静止加速到引纬所需的飞行速度,同时确定纬纱进入异形筘槽内的角度和位置,并将纬纱输送到异形筘槽内。如果主喷嘴的位置安装不当,会使主喷嘴射出的气流扩散,减少气流对纬纱的牵引,使纬纱在引纬过程中不能得到有效的控制,使

得纬纱的前端产生卷曲和扭结,从而造成纬缩。

(2)辅助喷嘴的位置安装不良造成纬缩。辅助喷嘴的作用是以高速气流和摩擦力维持纬纱引导端的速度,以保证纬纱在梭口内以平衡的速度飞行。辅助喷嘴的安装位置正确与否,是使纬纱沿着筘槽飞行的重要保证。若辅助喷嘴的角度安装不当,使纬纱飞行不稳,则造成纬缩。

另外,安装短纬检测器时,必须注意安装的位置,否则可能会发出错误的纬缩停车信号。左边夹纱器不良、剪刀不锋利,也会引起纬纱回弹而造成纬缩。

4. 引纬工艺参数设置不合理造成的纬缩

(1)气流压力造成的纬缩。在引纬过程中,纬纱飞行速度取决于气流的速度,而气流的速度则由气流压力决定。若气流压力过小、过大或气压不稳定,会影响纬纱的飞行速度和稳定性,使纬纱在一个引纬过程中无法到达终点,造成纬缩。

(2)纬纱飞行角设置不合理造成的纬缩。纬纱飞行角是指引纬时间与到达时间之差。飞行角越大,可以降低张力峰值与纬纱强力的比值,减少断头。但是,引纬太早,开口高度不够,容易出现由于经纱毛羽及其他疵点造成纬纱飞行不畅而使纬缩增加的现象。同时,若纬纱飞行时间超出纬纱总飞行角,纬纱头端可能与经纱相碰,导致纬纱受阻而形成纬缩。

另外,喷射时间配合不当,当纬纱到达某处时,该处的辅助喷嘴电磁阀没有及时开启,造成纬纱在松弛状态下飞行,形成纬缩。

(二)解决纬缩的技术措施

1. 纬向系统

(1)纬纱质量与筒子卷绕成形。喷气织机采用气流引纬,若纬纱毛羽多,毛羽将和气流产生摩擦,从而影响引纬力,造成纬缩。因此,喷气织机要求将纬纱的毛羽控制在最低限度。主要措施如下:

① 加强纺部质量控制,尽量采用新型纺纱技术,如喷气纺、紧密纺等,减少纬纱毛羽。有资料表明,紧密纺使 2 mm 以上的毛羽数减少 85％,基本上消除了 3 mm 及以上的有害毛羽。

② 为光洁低线密度、强捻、混纺纬纱的表面,以达到减少纬纱毛羽的目的,可在纬纱络筒时上蜡。

③ 对低线密度纱、强捻纱或棉/锦等混纺纬纱,可采取热湿定捻来稳定纬纱的捻度,增加纤维间的抱合力,使纱层间附着力增加,减少纬缩。同时,湿度的增加使纱线的回潮率增大,不易起圈。定捻最好采用热定捻锅,其热湿定捻效果好。

④ 纬纱筒子成形良好,以便引纬时退绕轻快且退绕张力小,筒子硬度以偏硬为较好,使用前最好储放至少 24 h。

(2)储纬器。挡纱针是电子储纬器中用来控制织机运转时纬纱退绕启动时间和退绕圈数的机构,其升降时间决定了纬纱飞行早晚,也直接影响纬纱到达右侧的时间。必须合理设置挡纱针的升降时间,使纬纱自由飞行和约束飞行有效配合,避免纬纱头端弯曲和卷缩。由于织机门幅宽,挡纱针释放要早。若挡纱针释放时间晚,势必导致纬纱到达时间晚,需大大提高喷嘴压力。

(3)主辅喷嘴。合理固定主辅喷嘴位置:主喷嘴位置若过后,剪纬时纬纱张力太大,纬纱回弹;过前,剪纬时纬纱张力太小,左侧纬纱留有余纱,纬纱起圈而造成纬缩。随着纬纱被牵引,逐渐通过梭口,射流逐渐衰减,而射流场中的纬纱质量增大。为了加强射流对纬纱的牵引作用,离主喷嘴远的辅助喷嘴安装间隙小,其安装角度一般为2°。辅喷的角度偏差太大,容易造成喷射气流方向偏斜,使纬纱的飞行方向发生改变而造成纬缩。

① 设置供气压力:主喷嘴喷射的气流对纬纱起加速作用,使纬纱以较快速度进入梭口飞行。因此,调节纬纱飞行速度时,主要调节主喷嘴的供气压力。若主喷嘴压力过小,使纬纱到达右边的时间过迟,纬纱还没完全伸直,织机已经打纬,形成纬缩;压力过大时,一方面纬纱上有细节、弱捻等疵点,在引纬飞行中容易被吹断,另一方面,高速飞行的纬纱很容易产生纬小结。辅助喷嘴喷射的气流主要起维持纬纱飞行速度、控制纬纱飞行状态的作用。因此,控制纬纱飞行状态时,主要调节辅助喷嘴的供气压力。一般情况下,辅喷压力大于主喷压力。主喷嘴供气压力高,纬纱飞行速度快时,辅助喷嘴的供气压力也必须高,其喷射的高速气流才能对纬纱进行有效控制,否则纬纱会前拥后挤。供气压力需根据纬纱到达时间设置,若纬纱到达时间早,说明喷气压力偏高,能耗大,纬纱断头增加,织造效率低;反之,则会造成纬缩。

② 设置喷嘴开闭时间:主喷嘴开闭时间,是根据织机车速和引纬时间确定的。若设置不当,纬纱飞行时产生前后拥挤现象,不能平直飞过梭口。第一组辅助喷嘴的始喷时间可与主喷嘴的始喷时间相同,第一组辅助喷嘴的关闭时间和以后各组辅助喷嘴的开闭时间可以根据辅喷先行角和辅喷滞后角确定。最后一组辅助喷嘴在主喷嘴关闭后需继续供气,以保证引纬结束后到综平前的这段时间内纬纱处于伸直状态,防止纬纱弯曲形成纬缩。

③ 主喷嘴微风:当纬纱还没有从储纬器上脱下时,微风使纬纱在主喷嘴内得到一个预张力,引纬时纬纱头端挺直飞入梭口,同时使纬纱在进梭口时的头端跳动现象减弱,避免纬缩。通常这个压力为 0.08 MPa 左右。

(4) 异型筘。为保证引纬顺畅,必须保证筘槽内清洁无杂物。异型筘上设置引流槽,可改善主喷气流对纬纱的控制能力。

(5) 主喷侧边剪。主喷侧边剪不锋利或剪纱时间过迟,纬纱不能及时被剪断,引起纬纱回弹而造成纬缩,剪纱时间如果过早,主喷嘴内纬纱与剪刀静片相遇,纬纱被拉紧,张力增大,剪断后容易产生回弹。一般将边剪的剪切时间设置为15°~20°。

2. 经向系统

(1) 织轴质量。络筒工序是产生毛羽的主要工序。由于络筒速度、络筒张力与纱线的毛羽成正比,为减少经纱的毛羽,在保证正常生产的情况下,络筒速度以低为宜,络筒张力以较小为佳。同时,气圈破裂器的安装高度,高线密度纱应偏高,低线密度纱应偏低,以有利于控制毛羽的增加。

为提高片纱的张力均匀度,整经应采用间歇整经、集体换筒方法,合理地分段分层配置整经张力,采用多头少轴工艺,并增加边纱张力盘质量,以增加边纱张力。

浆纱的主要目的是贴伏毛羽,提高浆纱耐磨性。在浆纱过程中,尽可能采用多根湿分绞和双浆槽,使片纱在浆槽和预烘房中的覆盖率不超过 50%～60%,以避免相邻经纱缠连而引起的毛羽;采用高压上浆,使经纱上浆均匀,降低毛羽;浆前应用预加湿技术,可使浆后经纱毛羽减少 40%以上;合理选择新型浆料,是减少经纱毛羽、增强纱线耐磨的重要途径。若把浆前预加湿技术、"两高一低"高压上浆和新型浆料开发与应用相结合,会取得更加令人满意的上浆效果。

　　为使经纱表面光滑,减少织造过程中的摩擦,宜采用后上蜡,用量控制在 0.3% 左右为宜,如采用水溶性蜡、单面上蜡。有条件可采用双面上蜡,进一步改善上蜡的均匀度。

　　织轴卷绕需均匀,避免浆纱前排各梳片的角度变化引起的整幅纱排列不均匀,适当增加托纱辊压力,并将边对齐,保证整个织轴平整、紧密。织轴的硬度以肖氏 50～60 度为宜。

　　(2) 合理选用开口机构。不同的开口机构所形成的梭口、梭口稳定性和清晰度不同。喷气织机多采用全开梭口方式的开口机构,经纱运动较少,梭口比较稳定,且经纱相互摩擦少,不易起毛,梭口清晰,有利于纬纱通过梭口,减少因绊纬而造成纬缩。

　　(3) 梭口尺寸的优化配置。缩短梭口长度,可减少经纱与经纱、经纱与综眼的摩擦,使经纱的毛羽减少。同时,梭口长度缩短后,在梭口前后对称度不变的情况下,梭口的前部长度也减小,则同样的开口高度所形成的梭口,其前梭口角大,增大了梭口的引纬空间,有利于开清梭口,防止经纱相互粘连。

　　(4) 后梁高低的确定。高后梁能减少打纬阻力,有利于打紧纬纱,而且能使经纱产生侧向移动,消除方眼、筘痕。但后梁过高,易使上层经纱张力过小,造成开口不清而发生纬缩。所以,同一种织物,在喷气织机上织造时,其后梁高度应适当低于用其他织机生产时的高度。应根据织物组织中经纬组织点的比例来调节后梁高低,经面组织的织物一般采用高后梁,同面组织一般采用等后梁,纬面组织一般采用低后梁。

　　(5) 上机张力。上机张力是指综平时的经纱静态张力。打纬时,经纱在综眼内的摩擦移动量与上机张力成反比。上机张力小,经纱在综眼内易磨损起毛,引起开口不清,造成绊纬而形成纬缩。因此,适当增大上机张力,可减少经纱起毛,提高开口清晰度,减少纬缩,且能改善经纱张力不匀,提高织造效率和质量。喷气织机的梭口高度较有梭织机小,为保证喷气织机的梭口清晰,将其上机张力提高(约大于有梭织机的上机张力 30%)。

　　为了解决喷射受阻造成的纬缩,可合理调整前梭口的几何形状,增加开口清晰度,并适当增加上机张力。上机张力的大小,应在断经少与开口清晰之间选择合理方案。

　　(6) 废边纱。废边纱夹持力要求良好,穿法要确保每次开口时都能交织,尽可能使用强力高、弹性好的纱线,以避免废边纱夹持所造成的纬缩。

　　3. 生产环境

　　(1) 温湿度。车间温湿度控制得是否适当,将直接影响喷气织机生产能否顺利进行。若车间温湿度偏低,使纬纱收缩性质发生变化,影响纬纱飞行。为了维持良好的运转环境,织布车间要保持一定的温湿度。织布车间最适合的温度、湿度,按照纱线种类有所差异。温湿度标准的制定要根据气候的变化,推荐如下:温度为 25～30 ℃,相对湿度为65%～75%。

　　(2) 空压机供气质量。为保证织机正常喷气,对空压机供气有压力、流量、压力的稳定性等要求。只有同时具备压力、流量、压力的稳定性,才能保证织机气流的正常喷射、连续喷射和流量相等。若用气量大于空压机的出气量,就不能满足喷嘴所需的压力,使纬纱飞行不平直。另外,空压机供气应清洁、干燥,不含水或杂质,否则将导致喷嘴电磁阀堵塞、损坏,易造成大面积纬缩。因此,必须定时将管道内的水分或杂质清除。

【思考与训练】

一、 基本概念

入库一等品率、漏验率、假开剪率、加工拼件率、市销拼件率、纱织疵率、出口合格率、经缩、纬缩、跳纱、跳花、星跳、百脚。

二、 基本原理

1. 下机织物整理的目的和要求是什么？

2. 下机织物整理各工序的任务是什么？

3. 整理工艺流程包括哪些工序？不同品种和厂家是否采用一样的流程？为什么？

4. 什么是开剪和假开剪？

5. 织物分等的具体步骤有哪些？

三、 基本技能训练

训练项目1:深入企业收集下机织物整理的有关工艺与设备,并对各种整理工艺进行技术分析。

训练项目2:深入企业收集织物疵点的有关资料,并分析疵点成因,提出改进措施。

训练项目3:以纯棉织物为例,在纺织实训中心的喷气织机上进行试织,分析喷气织机的主要疵点成因,提出解决措施。

训练项目4:在纺织实训中心的剑杆织机上进行试织,分析剑杆织机常见织疵产生的原因,提出解决措施。

附件:

模块二考核评价表

知识点(应知部分)考核与评价(成绩评定权重为40%)

教学单元	知识点	比例(%)	考核形式	评价方式
单元6:络筒工艺设计与质量控制	络筒工艺设计内容与原则 络筒工艺设计方法 络筒质量分析与控制	10	闭卷 理论考试	教师评价
单元7:整经工艺设计与质量控制	分批整经工艺设计内容与原则 分批整经上机工艺参数设计 分批整经工艺计算 经轴质量分析与控制 分条整经工艺设计内容与原则 分条整经上机工艺参数设计 分条整经工艺计算 织轴质量分析与控制	20		
单元8:浆纱工艺设计与质量控制	主浆料类型与上浆性能 助剂种类与作用 浆液配方制定原则与方法 调浆工艺与浆液质量控制 浆纱上浆工艺设计内容与原则 浆纱质量控制与检验	35		
单元9:织机上机工艺设计	开口工艺参数设计内容与方法 剑杆引纬工艺设计的内容与原则 喷气引纬工艺设计的内容与原则 纬密计算方法 经纱上机张力设计原则与方法	25		
单元10:下机织物整理与织疵识别	下机织物整理的工艺流程 织疵分类方法与常见类型 织疵成因分析	10		

技能点(应会部分)考核与评价(成绩评定权重为50%)

教学单元	知识点	比例(%)	考核形式	评价方式
单元6:络筒工艺设计与质量控制	络筒上机工艺参数设计	10	工艺设计方案 上机工艺调试 PPT汇报 小论文答辩	学生自评 教师评价
单元7:整经工艺设计与质量控制	分批整经上机工艺参数设计 配轴计算 分条整经上机工艺参数设计 配条计算	20		

技能点(应会部分)考核与评价(成绩评定权重为 50%)

教学单元	知识点	比例(%)	考核形式	评价方式
单元 8：浆纱工艺设计与质量控制	浆液配方的制定 调浆工艺与操作 浆液常见质量指标测试 上浆工艺参数设计 新型浆料的技术分析(专题小论文)	30	工艺设计方案 上机工艺调试 PPT 汇报 小论文答辩	学生自评 教师评价
单元 9：织机上机工艺设计	开口时间上机调试 剑杆引纬工艺调节 喷气引纬工艺调节 纬密调节 上机张力调节	30		
单元 10：下机织物整理与织疵识别	织疵识别与成因分析	10		

学习态度考核与评价(成绩评定权重为 10%)

考评项目	权重(%)	学生互评占比(%)	教师评价占比(%)
平时学习表现	25	50	50
作业完成情况	40	30	70
团队意识	20	70	30
职业素质养成	15	40	60

模块二　理论测试样卷

一、名词解释（每题 1.5 分，计 15 分）

1. 共聚浆料　　　　2. 浆纱减伸率　　　3. 毛羽指数　　　　4. 经位置线

5. 综平时间　　　　6. 剑杆交接冲程　　7. 纬丝先行角　　　8. 织物下机缩率

9. 下机一等品率　　10. 跳花织疵

二、选择题（每题 1 分，计 20 分）

1. 络筒时，确定导纱距离的要求是不宜采用（　　）。

A. 长导纱距离　　　　　　　　　　　B. 中导纱距离

C. 短导纱距离　　　　　　　　　　　D. 无所谓导纱距离大小

2. 板式机械清纱器的缝隙一般为纱线直径的（　　）倍。

A. 2～3　　　　　　B. 4～5　　　　　　C. 1.5～2.5　　　　D. 1～2

3. 整经时须做到"三均匀"，是指（　　）。

A. 张力、密度、排列　　　　　　　　B. 张力、卷绕、排列

C. 速度、排列、卷绕　　　　　　　　D. 张力、卷绕、速度

4. 在分条整经机上进行色织物整经，确定各条带的经纱根数时，应遵循的原则是（　　）。

A. 每条经纱数为总经根数与条带数之商

B. 每条经纱数为每条花数与每花配色循环之积

C. 每条经纱数为总经根数与筒子架容量之商

D. 每条经纱数为总经根数与每花配色循环之商

5. 淀粉大分子中羟基与醇发生反应，可得到（　　）。

A. 酸化淀粉　　　　B. 氧化淀粉　　　　C. 醚化淀粉　　　　D. 酯化淀粉

6. PVA 的水溶性取决于其（　　）。

A. 聚合度　　　　　　　　　　　　　B. 醇解度

C. 聚合度和黏度　　　　　　　　　　D. 聚合度和醇解度

7. 聚丙烯酰胺浆的浆膜具有（　　）的特点。

A. 高强低伸　　　　B. 高强高伸　　　　C. 低强低伸　　　　D. 低强高伸

8. 目前工厂中广为使用的三大浆料是指（　　）。

A. 淀粉、PVA、丙烯酸类　　　　　　B. 淀粉、PVA、CMC

C. 淀粉、PVA、CMC　　　　　　　　D. PVA、CMC、丙烯酸类

9. 硅酸钠在浆料中是一种（　　）。

A. 吸湿剂　　　　　B. 淀粉分解剂　　　C. 防腐剂　　　　　D. 柔软剂

10. 低线密度纱的上浆方针是（　　）。

A. 增强为主、减磨为辅。　　　　　　B. 减磨为主、增强为辅。

C. 增强和减磨兼顾、上浆率大些。　　D. 增强和减磨兼顾、上浆率小些。

11. 调制化学浆时,应采用的方法是( )。
   A. 混合法　　　　　B. 溶解法　　　　　C. 定浓法　　　　　D. 定积法

12. 控制上浆率的主要途径是掌握好( )。
   A. 压浆力和压浆辊的表面状态　　　　　B. 浆纱机的车速
   C. 浆槽内纱线的张力　　　　　　　　　D. 浆液的浓度和黏度

13. 在浆纱过程中,稳定回潮率的最有效的方法是控制好( )。
   A. 烘房温度　　　　　　　　　　　　　B. 浆纱机车速
   C. 浆纱上浆率　　　　　　　　　　　　D. 浆槽内纱线的张力

14. 公制筘号是指( )钢筘长度内的筘齿数。
   A. 1 cm　　　　　　B. 10 cm　　　　　C. 1 in　　　　　D. 2 in

15. 在苏尔寿片梭织机上制织上机筘幅为 320 cm 的织物时,需配( )只片梭。
   A. 7　　　　　　　　B. 13　　　　　　　C. 18　　　　　　　D. 135

16. 对于表面粗糙、毛羽较多的短纤纱,喷气引纬时宜采用的射流为( )。
   A. 高压大流量　　　B. 低压大流量　　　C. 高压小流量　　　D. 低压小流量

17. 对于斜纹织物的生产而言,宜采用( )。
   A. 较小的上机张力,较高的后梁,较早的开口
   B. 较小的上机张力,较低的后梁,较迟的开口
   C. 较大的上机张力,较低的后梁,较早的开口
   D. 较小的上机张力,较低的后梁,较早的开口

18. 在下列织造工艺参数中,属于固定工艺参数的是( )。
   A. 开口时间　　　　B. 筘座动程　　　　C. 织机车速　　　　D. 梭口高度

19. 无梭织造时纬纱出口侧的废边的开口时间应比地经( )。
   A. 早 25°～30°　　B. 迟 25°～30°　　C. 早 10°～15°　　D. 迟 10°～15°

20. 3 根及 3 根以上纬纱脱离组织,并列跳过多根经纱浮于织物表面的叫( )。
   A. 脱纬疵　　　　　B. 星跳疵　　　　　C. 跳纱疵　　　　　D. 跳花疵

三、填空题(每空 0.5 分,计 15 分)

1. 确定络筒张力时,一般根据_____进行调节,同时应保持_____。络筒张力通常以单纱张力的_____为宜。

2. 电子清纱器的清纱设定值一般包括确定_____、_____和_____三类纱疵的清纱范围。

3. 确定整经根数时,应考虑_____和_____这两个原则。

4. 某浆料代号为"PVA-1799",其含义是_____、_____、_____。

5. 调浆过程中所说的"六定"是指定_____、定_____、定_____、定_____、定_____和定_____。

6. 确定浆液配方时,低线密度纱考虑_____兼顾_____,上浆率可大一些;捻度大的纱需增加_____,股线以_____为主,长丝要求集束性好,因此浆料的_____要高。

7. 浆液的黏度包括_____黏度和_____黏度。工厂一般采用_____黏度来指导车间生产。

8. 某织物总经根数为 4 320 根,已知穿筘筘幅为 120 cm,筘穿数采用 2 入,其公制筘号

为_____,英制筘号为_____。

9. A 和 B 两种织物,已知其开口时间分别为 280°和 300°,则_____织物的开口时间较早;C 和 D 两种织物,已知其开口时间分别为 222 mm 和 229 mm,则_____织物的开口时间较早。

10. 下机纬密与成品纬密偏差,按国家标准,不得低于工艺设计所规定的成品纬密的_____%。

11. 某织物,已知其规格为 111.7　28×28　259.5×236,则其英制纬密为_____根/in。

四、简答题(每题 4 分,计 20 分)

1. 工艺员在确定浆纱工艺时应综合考虑哪些因素?

2. 简述经纱上机张力的确定原则与调节方法。

3. 确定织造参变数应遵循哪些原则?

4. 简述下机织物整理的一般流程。

5. 简述纬缩织疵的成因。

五、计算题(每题 5 分,计 15 分)

1. 某织物总经根数为 5 684 根。若采用分批整经,已知筒子架的最大容量为 720 个。问共需几个经轴? 每个经轴的经纱根数分别是多少?

2. 某织物色经排列为"(12a, 7b, 11c, 55b)×2, 20a, 14c",总经根数为 4 920 根,边纱每边 12 根。若采用分条整经,已知筒子架的最大容量为 714 个。求整经条带数和每条带的经纱根数。

3. 织制 165　13×13　533×394 涤/棉府绸,若织物下机缩率为 4%,经织缩为 9%。

(1) 若采用蜗轮蜗杆式卷取机构,如何调节纬密?

(2) 试计算理论每纬送经量。

六、综合题(第 1 题 8 分,第 2 题 7 分,计 15 分)

1. 有一对 T65/C35 45^s 纱的上浆浆液配方,如下表:

成分	PVA	TB-225	PMA	抗静电剂	乳化油	硅酸钠	2-萘酚
质量(kg)	20	40	10	5	3	1	0.5

(1) 试说明上表中各主浆料的特性与各助剂的作用。

(2) 请指出上述浆料配方中的不当之处,如何加以改正,并说明理由。

2. 有一纯棉重磅牛仔布,在 GA747 型剑杆织机上制织。试制定其织造工艺参数,并做定性分析说明。

模块三

织造综合技能训练

【学习指南】

本模块是该课程的综合技能训练环节,分设"织机故障诊断与排除""白坯织物生产工艺设计""色织物生产工艺设计"和"机织生产计划安排"4个教学单元。它是学完前面两大模块的教学内容后进行的强化实战训练,旨在培养学生综合运用从本课程中所学到的知识来分析和解决机织生产中的实际问题,为以后承担企业中的相关技术性工作任务打下一定的基础。主要学习内容为:

① 织机的常见故障诊断与排除。

② 白坯织物生产工艺总体设计与质量控制。

③ 色织物生产工艺与经浆排花工艺设计。

④ 机织生产计划调度(或机器配台)。

教学单元 11　织机故障诊断与排除

【内容提要】　本单元首先对织机上的机电一体化应用情况做全面阐述,在此基础上对织机故障的类型与诊断方法进行系统介绍,然后以实例形式分别就织机常见机械与电气故障进行全面剖析,使学生对织机故障诊断与排除有一个初步认识,为以后从事相关工作打下一定的基础。

第一节　织机的机电一体化

随着微电子技术在无梭织机上的广泛应用,各类无梭织机的电控系统日趋成熟与完善。现在每一台先进的高速无梭织机都体现出高度的机电一体化水平。织机的机电一体化应用主要体现在以下几个方面:

一、织机工作状态的调整、监控与生产管理

为了使织机工作状态的调整、监控与生产管理更为方便、高效,配有微机的织机上绝大多数装有单机控制台、键盘输入、显示器和模块输入转移装置。微机能收集、存储、传递织机的各项数据,操作人员可通过键盘,随时按需要将信息显示在显示屏上;反之,也可随时将信息通过键盘输入织机上的微机。通过模块转移装置,操作人员可将织机上的各种参数、信息在织机间进行传递,大大提高了生产管理水平。

进入 20 世纪 80 年代以后,单机台微机与车间中央计算机的双向通讯技术日趋完善:中央计算机由 16 位机发展为 32 位机,进行复杂控制运算的能力大大加强;中央计算机与单机台微机间的通讯采用光缆连接,信息量大,抗干扰能力强;中央计算机可以在车间控制室对全部织机的生产进行监督、控制。屏幕显示技术也有了新的发展,从开始的液晶显示到触摸式多层图像显示技术,使织机的操作更为便利。

操作台式中央计算机的键盘功能主要包括:

1. 织机参数的设置

① 织物组织输入电子多臂:包括逐行配置、修改、插入、删除、复制、子图案调用等键盘功能。

② 织物色纬输入电子选色:包括逐行输入、修改、插入、删除、子图案复制、逆子图案、漏纬等功能。

③ 织物长度预制(米/码):预制停车方式(停/显示/关)。

2. 工艺参数设置

① 喷气引纬参数设置:包括主喷嘴和辅助喷嘴的气流压力、电磁阀控制的喷气时间与

流量。由于采用微机控制,使气流消耗在织制同样品种的条件下,比采用凸轮控制的机械阀时减少很多。在采用气流折入边的情况下,微机还可对回喷喷嘴进行控制。

② 纬密及其变化规律的设定。

③ 开口时间设定(电子多臂和电子提花)。

④ 送经张力设定。

其他还有经纬停灵敏度、纬纱检测区、停车位置设定。

3. 织机工作状态监测

包括引纬计数或产量计数、主轴位置、织机车速、生产效率、剑头进出梭口位置、片梭制梭位置、喷气引纬出梭口位置、停车次数与时间、织机制动角、经纬纱停车百分比与分区百分比等数据显示。

4. 生产数据转移

① 生产数据通过存储模块在单机间或用袖珍编程卡进行传递。

② 生产数据通过中央计算机双向通讯系统在单机台间进行传递。

5. 织机信息显示

包括织机停台原因、织机故障原因、织机报警、电控系统故障等。

二、 提高织机的产品质量及品种适应性

采用机电一体化,为织造性能、质量的提高和花色品种的扩展提供了极为方便有利的条件。其主要机构和装置有:

1. 电子多臂

在先进的回转多臂机上配以微机控制,能迅速而方便地在织机上进行产品的更改与试织,并可将织物组织数据在多机台间进行传递和保存。提综数一般为 20,22 或 28 页,纬纱循环可达几千甚至上万纬。

2. 电子提花

电子提花机控制针数可达到 1 344 针或 2 688 针甚至上万针,采用复动式刀架和挠性竖钩装置,高速适应性好,织物组织数据同样可输出、传递和保存。

3. 电子选色

目前,剑杆和片梭织机上已广泛采用纹板纸-光电偶合-电磁铁联动电子选色 ECS (Electronic Colour Selection)机构,或直接利用微机控制信号与选色电磁铁,共同完成选色功能。特别是选色与纬纱检测器相配合,可实现漏纬(打空纬)功能,可生产仿透孔组织织物;与带电磁离合器的卷取机构相配合,可实现密纬功能,以生产纬向缎条或仿缎条织物。

4. 电子卷取

采用电子卷取 ETU(Electronic Take-up)装置,可从织机控制台输入卷取伺服电机的卷绕速度,以控制织物的纬密。ETU 的最大优点,在于卷取伺服电机的卷绕速度可以在操作台上很方便地预选设定其变化规律,以任意变换织物纬密。

5. 电子送经

目前各类高水平的织机上几乎都配备了电子送经 ELO(Electronic Let-off)装置,送经电动机可采用交、直流伺服电动机、力矩电动机、步进电动机或变频调速电动机。张力检测所用的半导体接近开关,能输出数字信号,抗干扰能力强,控制电路相对简单,主要用于间歇送经;电容式或应变片式张力检测,可输出模拟信号,用于连续送经。

6. 自动找梭口与防开车档

即 APF & ASM(Automatic Pick Finding and Anti-start Mark),由开口、卷取、送经、选色联动反转机构和控制电路组成。当纬停或停经后,主电动机失电,由找纬电动机通过找纬离合器实现联动反转,而打纬、引纬、选纬杆均不动作。由于采用了微机控制,APF & ASM 的工作方式达 6～9 种,以适应不同的品种。APF & ASM 亦可由手动方式控制,使联动机构不仅能反转,亦能正转,回转圈数由按钮作用时间的长短确定。

7. 引纬张力程序控制

即 PPT(Programming Pick Tension)。采用微机程控引纬张力器,只有在需要时才在纬纱上施加张力,张力器呈周期性开启,故飞花、灰尘不易积聚,张力较稳定,且张力盘质量可降低。

8. 纬纱定长与时间控制

喷气织机上采用微机控制的定长与时间控制装置 ATC(Automatic Timing Control),其长度误差小于 5 mm。在出梭口侧钢筘边,与纬纱检测器并列装有一个 ATC 传感器,根据纬纱到达出梭口侧的时间与标准设定时间的差异,调节定长装置和主喷嘴的压力,以消除供纬筒子从满筒至空筒时的引纬时间差异所造成的每次引纬长度的变化。

9. 开车补偿

由于开车第一纬时织机尚未达到额定转速,若此时即启用 ATP 系统,会导致无法开车。因此,在喷气织机上设置一套主喷嘴压力补偿装置,由微机进行控制。该补偿装置与纬纱检测器开车置位电路,共同保证织机的顺利启动。

10. 自动修纬

即 APR(Automatic Pick Repair)系统。为了减少断纬后操作造成的疵点,提高操作效率,在喷气织机上首先采用 APR 系统。当发生断纬后,首先启动 APR 装置,退回到发生断纬的梭口;然后 APR 系统开始工作,先用纱夹拨出断纬,再由吸嘴吸出,自行清除梭口断纬后,自动开车,继续生产。还可配用自动穿纱装置 WAT(Weft Automatic Threading),自动从筒子上引纬至储纬器和主喷嘴中,并自行开车,以解决纬纱从筒子至布边间断纬的问题。

11. 自动修经

即 AWR(Automatic Warp Repair)。自动修经系统仍处于研发阶段,设置一套 AWR,比设置一套 APR 复杂、困难得多。

三、 方便织机的操作与维修

在织机上广泛采用电气按钮操作、经纬纱检测(自停)与显示、织物定长显示等设施外,为了方便挡车工和检修人员的操作,提高织机效率,出现了以下新的技术进步:

1. 断纬不停车

在不配自动穿纱的织机上,为解决从供纬筒子到储纬器之间断纬不停车的问题,可采用储纬器前断纬不停车 PSO(Prewinder Switch Off)系统和备用筒子。当断纬发生在筒子至储纬器之间时,送纬器就选取相应的备用纬纱,织机不停车而继续运转,随后由挡车工接续断纬。

2. 自动换筒系统

即 PPS(Package Supply System)系统。当接收到换筒信息后,架空小车就开至织机筒子架处,将空筒管取出,装上新筒子,并生头备用。

3. 自动落布

车式自动落布装置 ACD(Automatic Cloth Doffer) 由地面或地下无线电导向。当 ACD 接收到织机满卷信号后,即带着从仓库架上取出的空卷布辊开到织机前面。ACD 上的机械手自动取出织机上的满卷布辊,同时切断织物,将织机上的布端卷绕至空卷布辊上后,将其放入布辊托架,并使之与卷布机构啮合。最后,满卷布辊由 ACD 运至仓库上架。全部过程无人工操作。

4. 自动上轴

随着织机门幅与织轴直径的增加,上轴成为一项既费时又费力的工作,对应的措施,一是机上自动结经,二是自动上轴,后者对提高织机的效率更为有利。自动上轴车 ALR(Automatic Looming Robot) 包括落轴、上钢筘、综框、停经片和织轴。全部过程只需一人操作。

5. 自动实现最高生产率

最高生产率系统即 PUMP(Program for Upholding Maximum Productivity)系统。在织机中预先设定一些标准值,如效率、停台、产量等,与织机实际运转值相比较后,PUMP 系统会自动调节车速,以达到最大生产率。这一技术已在部分织机上应用。

6. 自动加油系统

自动集中加油系统简称 ACO(Automatic Centralized Oiling),由油泵、油路、电磁阀和微机控制电路等组成。根据所织品种和工艺参数,其润滑间隔时间由微机处理机控制,单独润滑点则由电磁阀控制供油时间与供油量,油杯中的油位、压力和电磁阀的工作状况亦由微机控制。发生故障时,发出信号,并使织机停车。

7. 电路诊断

电路诊断系统简称 LDCD(Lightening Diode Circuits Diagnosing)系统。运用该系统的控制电路均设计成接插部件,并有锁定编码。对任何故障与差错,均可以方便地发现,并校正更换。各种功能元件、传感器、限位开关、继电器、织机转角编码器、电磁铁和织机的工作状况,都能通过电控箱表面各发光二极管的发光情况迅速得到检查,而无需打开控制箱。

四、织机的安全保护和环境

织机的机电一体化,使得织造全过程能够更安全、有效地进行。

1. 机械设备的保护

① 梭口保护:只有当剑头全部退出梭口后方才进行找纬。

② 片梭制梭调节:制梭箱内的一组传感器对片梭位置进行测定,通过步进电动机调节制梭松紧,以延长寿命。

③ 片梭飞行监控:片梭飞行遇故障时停机报警。

④ 主电动机过载保护:是指与找纬电动机工作唯一性保护,避免机械故障产生的过载保护。

⑤ 主电动机、找纬电动机、吸尘电动机的过热保护。

2. 电控系统的保护

电控系统的各主要回路都备有熔断器,当某一回路因故障而产生过流时,相应的熔断器熔断而切断电路,防止故障的蔓延。

3. 人身保护

① 开车保护:因各种原因手动停车时,须拔出卡式按钮才能开车,以避免误触启动按钮

而导致人身危险;有时也采用双联启动按钮来保证开车安全;若出现故障停车,在排除故障前,则无法启动织机。

② 手动织机延时保护:织机在停车且切断主电源的情况下,保证电磁离合器延时(90 s)后,才再次吸合、脱离制动,而手动织机,防止主电动机因惯性驱动织机,造成伤害事故。

③ 光电安全保护:安装在织机各危险部位的光电保护装置,一旦发现该区域内有障碍物进入,织机便立即停车。

④ 紧急制动:按下外压式紧急停车按钮,织机立即停车而不顾及停车位置。

⑤ 电控箱保护:电控箱上有一微动开关,当电控箱门开启时,可自动切断电控箱内的高压源,以保护电气维修人员的安全。

4. 改善织造环境

如采用隔音防护板,以进一步降低噪声。注意造型设计,美化织机外观,一些新型高档无梭织机的外形美观、色泽明亮,给人以一种艺术享受。

第二节　织机的故障类型与诊断

各类无梭织机安装、调试、投入运转后,就进入了维修管理阶段。采用先进的维修技术、合理的维修措施,使其生产效率不断提高,并使其维修费用为最低,是加强设备维修管理的目的。而故障是影响设备效率、影响企业经济效益的主要因素之一。企业普遍重视无梭织机的维修管理,以减少故障,提高织机效率。织机原设计缺陷、安装调试质量和操作保养不良、使用不合理、润滑不良和自然磨损等因素,都将使织机不同程度地产生各类故障。

一、织机故障分类

织机出现故障之后,可从其运转情况和织物状态反映出来,其表现形式各种各样,但都可根据直观感觉进行大体上的范围判断。如无故停经或纬停、拒动或拒停、不正常的撞击声、冒烟或打火、织物连续织疵等。

属于电气方面的故障,一般可在配电箱上通过发光二极管的显示情况进行判断,但有些指示灯在故障状态下仅有瞬间的闪烁,往往不被人注意,观察时需细心。机械性故障一般比较直观,相对来说容易处理。

就检修难度而言,电气故障发生部位的判断比较困难,而一旦找到故障点,排除故障并不困难;机械故障虽较直观,修理却颇费时间。因此,故障的分析判断主要指电气故障。一起故障发生之后,明显属机械和电气原因纠缠在一起的,可采用更换印刷电路板的方法,并检查有关熔断器。当确实难以判断故障范围时,可采用调换配电箱的方法,这样可以很快区分故障范围。

一般来说,织机拒动或开车不停,以及停车不执行程序,均属于电气故障;停车不到位,有电气与机械两种可能。若想迅速地排除电气故障,应根据随机提供的电气接线图加以简化,使线路清晰。各功能途经元件一目了然,可迅速沿线逐点查找故障。

二、故障信息的收集与分析

进行故障分析,首先要具备一定的故障信息。这是一项复杂而长期的基础性工作。信息来源于三个方面:一是故障现场记实;二是故障件材质性能分析;三是故障的有关历史资料。从故障现场记实中获取信息,是最基本的、可行的方法。采用故障记实表格形式,将每天的织机故障和排除做较详细的记录,有效地收集大量的故障信息,经分析,归纳成两个部分(一是典型故障模式,二是主要部件失效形式),再将这两个部分作为故障分析的基础。

1. 典型故障模式

当织机在运转中发生故障时,挡车工或修机工首先接触到的是故障现象。全面、准确地搞清故障现象,是故障分析的前提条件。故障现象往往与其功能密切相关。也就是说,某功能失效伴随着其故障现象的出现。例如:如果慢速功能失效,按压慢速按钮时就会出现织机不动作或动作失常的现象;再如:现代无梭织机本身具有故障自诊断系统,当织机的某一功能失效,相应故障信息就会反映在终端显示屏上。无论是故障现象还是故障信息,都是反映故障的特征,而不是故障原因。有些故障的特征明显,如不送经、不卷取、某构件断裂,综框运动规律发生错误,以及布面上反映的机械疵点等;而有些故障的特征不明显。无论是明显故障还是不明显故障,其最终目的都是找到确切原因并迅速排除。因此,若想在短时间内找到确切的故障原因,掌握典型故障的模式是必要的。

2. 主要部件的失效形式

以喷气织机为例,其主要部件指电磁离合器、主喷嘴、辅喷嘴、储纬器、电机、电磁阀、绞边件、缓冲件和控制电路板等。主要部件的失效是织机故障的主要原因,也是分析和判断故障的依据。喷气织机主要部件的失效形式归纳于表 11-1 中。

表 11-1　喷气织机主要部件的失效形式

主要部件	失效形式	主要部件	失效形式
储纬器	弹簧,磁针磨损,转子轴承座磨损,磁芯磨损,导纱管断裂,光电管烧坏,摆动盘磨损	开口机构	开口拉杆(钢丝绳)磨损断裂,钢丝导盘磨损,铰链轴或回转管磨损,齿轮托脚断裂
电磁离合器	轴承磨损,离合器盘磨损,刹车磁盘磨损,离合器盘弹簧片断裂,轴磨损	17 牙传动件	同步带磨损断裂,17 牙轴断裂,17 牙轮轴键磨损,固定螺丝断裂
慢速机构	慢速墙板断裂,齿轮磨损,连杆断裂,气管脱落或破裂,连杆位置或接近开关调节不良,气电机轴承磨损,轴头弯曲,风叶,顶针磨损,断裂,漏油	电磁阀	线圈烧掉,弹簧磨损,密封垫变形
		无级变速器	输入,输出轴磨损,油封磨损
		纱罗	导针变形,磁块磨损
织边机	夹纱,剪刀组件断裂,夹纱针磨损,剪刀磨损,凸轮磨损,夹死,钩针变形,漏油	边撑刺	刺环运转不活,针磨损,变形
		探纬器	接线不良,灵敏度调节不当,电路板故障
游星	传动齿轮磨损,行星齿轮磨损,筒管轴磨损	主喷嘴辅喷嘴	磨损,变形,墙塞,主喷主体松动

上表中所列的失效形式,有自然失效,也有人为失效。为此,在实际故障分析中要仔细分析,判断属于何种失效,并采取有效措施进行预防和控制。

三、 故障诊断与分析

故障诊断与分析的核心问题是搞清楚发生故障的原因和机理,否则,就不可能制定有效的维修对策。各类无梭织机的故障分析往往很复杂,特别是涉及到机电一体化部位的故障,其分析难度更大。但是,故障必定有其自身的规律和特点,而且故障特征给定了一定的故障区域。如:储纬器故障,就在储纬器上找原因;纬停率高,就在引纬系统中找原因;慢速失常,就在慢速机构上找原因;等等。若想快速找出故障原因,必须对织机上各机构特征和主要部件的失效形式,以及由此产生的后果,有足够的了解。

1. 分析的原则

故障的发生受空间、时间、设备内部和操作多方面因素的影响,有的是某一种因素起主导作用,有的是几种因素综合作用的结果。因此,紧紧围绕故障现象的特征,对故障多方位地考虑、分析,同时应该认识到同一故障现象的发生原因不一定相同。例如:喷气织造时断纬后织机不能启动,可能是喷嘴质量、气压、流量的影响,也可能是引纬工艺参数未处于最佳状态,或工艺与机械不匹配,以及纱线质量不良等。因此,故障分析的原则是把握故障现象的特征,思路开阔,先易后难,从简单到复杂,逐步解剖和分析。

2. 故障树分析法

故障树分析也叫故障因果图分析或故障逻辑查找法。运用这种方法对织机进行故障分析,可取到良好的效果,并为今后的故障诊断与排除打下良好的基础。下面以 PAT 型喷气织机的慢速机构故障分析为例:

(1)慢速机构简述。PAT 型喷气织机的慢速机构,在织造过程中起着不可缺少的作用。每次织造的开始和终结,都是由它来联系的。在整机中,它基本是一个独立的机构,具有低速、重载的特点。其工作原理与过程如图 11-1 所示。

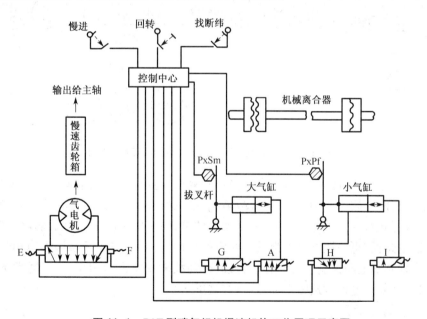

图 11-1　PAT 型喷气织机慢速机构工作原理示意图

该机构的运动是通过 5 个气阀、6 个控制点和气电机、变速箱、机械离合器(爪式)、活塞等部件共同完成的,是典型的机电一体化机构。当按压慢速按钮后,控制中心指令相应的电磁阀供(断)气,通过活塞的运动使拔叉与 PxSm 或 PxPf 接近;然后,接近开关将电信号反馈给控制中心;控制中心得到信号后,经过处理,再给予 3 位 5 通阀上的控制点指令,使气电机按需要正(反)转;气电机驱动慢速箱内的变速齿轮,从而带动主轴慢速转动,实现织机慢速运动和找断纬运动。

(2)故障树分析法。通过对慢速机构原理与过程的简述,可看出慢速机构在 PAT 型喷气织机上是非常重要的慢速功能执行机构。在多数情况下,它的任一环节发生故障,都将导致其功能的丧失;而且,每一个环节间的联系都具有系统性、复杂性、装配精度要求高的特点。针对这一特点,为了准确、及时地分析和处理故障,根据故障树理论,得出故障树分析图(图 11-2)。图中,希腊数字表示故障在图中所处的阶段,阿拉伯数字表示该阶段的故障原因。它给我们提供了一个直观、易掌握的一般分析方法。

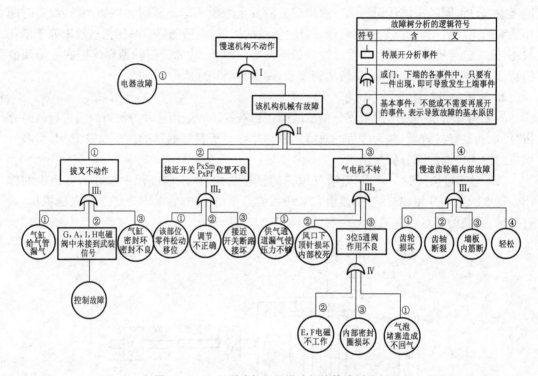

图 11-2　PAT 型喷气织机慢速机构故障树分析图

图 11-2 从上至下,针对故障现象,从简单到复杂,逐步查找。根据该机构的机电一体化特点,图中列出两种故障范围:一是电气故障;二是机械故障。无论是哪一种故障,都要根据故障现象仔细判断,一一排除。再者,需要说明的是,喷气织机上的大多数弱电控制都采用插接式印刷电路板,每一块电路板都具有对应的功能控制,并与实际操作密切相关,从故障现象可直观地判断电路控制正常与否;机械故障与故障现象也密切相关,但通常不直观,须进一步分析,其分析过程可按图中标号进行,这里从略。

第三节　织机常见机械故障诊断与排除

由于无梭织机的种类与型号繁多,在机械故障诊断与排除时就存在一定差异,但其分析方法可以相互借鉴。这里仅以剑杆织机为例做重点介绍。

一、 织机运转初期常见机械故障

以剑杆织机为例,在织机运转初期,常见机械故障如下:

① 零部件磨损:刹车及离合器、剑带、卷取离合器、导轨片、电机皮带、纬纱释放板、断纬刀片等。

② 零部件破损:剑头、纬纱释放器架、选纬器推架等部件,边剪、综框顶杆与导杆、综框木滑板等。

③ 零部件变形:刹车及离合器弹性圈、筘座、绞边架、钢筘等。

④ 调节不当:释放器及定纬器的安装位置、断纬刀动作不同步、选纬器不同步、吊综不齐、纬纱及经纱上机张力、经轴松经和松边等。

此外,停经片与综丝等器材应与织物配套,否则易发生断头、开口不清等问题。剑头积绒也是增加"断纬"停车的主要原因。

二、 织机主要机构的常见机械故障诊断与排除

对于剑杆织机而言,其五大机构及主要辅助机构中,引纬和送经机构出现各类机械故障的频率较高,故以比利时 Picanol 公司 GTM-AS 型剑杆织机为例进行系统介绍。

(一)引纬机构的机械故障诊断与排除

GTM-AS 型剑杆织机采用双剑带,中央交接,单侧供纬,纬纱交接时间为 $180°$,$80°$ 时左剑头钳住纬纱进入织口,$300°$ 时右剑头退出织口将纬纱交边纱握持。由微机分两个区域对纬纱张力进行监测,第一引纬区在纬纱交接前 $80°\sim160°$,第二引纬区在纬纱交接后 $210°\sim300°$。$160°\sim210°$ 为纬纱交接区,在这个区域,纬纱张力变化太大,不能监测。

1. 布面呈现缺纬或小于半幅的断纬停机

① 选纬针下落时间不准或位置偏高,左剑头到达夹纱位置时夹不住纬纱。

② 压电陶瓷传感器灵敏度过高,或纬纱通过压电陶瓷传感器的角度太大。

③ 储纬器及张力夹纱片张力调节不当,左剑头夹纱不紧或剑头夹纱器内有杂物。

④ 纬纱剪刀时间不准,或夹纱器位置调节不当,不能准确在 $72°$ 时剪断纬纱。

2. 布面呈现半幅或大于半幅的断纬停机

① 纬纱的张力太小,在交接纬纱时,右剑头未将纬纱拉入钳口。

② 剑带及运剑轮、导钩磨损,走剑板不平整,剑带运行不稳而出现微跳,以及剑带位置调节不当,在交接纬纱时,不能准确地实现纬纱交接。

③ 右剑头钳口磨损,对纬纱的握持力不够,不能将纬纱拉出织口。

上述故障的排除与预防措施如下:

① 加强各工种的巡回检查,察看织机的布面情况,发现问题及时分析、处理,避免布面出现连续性的断纬疵点。

② 减少引纬机构的故障,最关键的是加强每日、每周等预防检修和维护保养工作。如:每天用慢动作察看纬纱剪刀时间、夹纱器位置、混纬针时间、纬纱张力,以及剑头有无变形、螺丝有无松动或磨损;每周着重检查剑带运行是否正常、剑带与运剑轮有无磨损、剑带与盖板的间隙、储纬器与张力片是否完好、剑头左右开夹胶木是否磨损;等等。

③ 结合季度保养,对储纬器进行拆开检查和彻底清洁,检查并正确调整走剑板的平直度和高度、经纱导板的高度、钢筘与边撑位置、平综开口时间等。

3. 开车痕

开车痕是开车过程中由于经纱起毛、褪色或张力变化而引起的纬向疵点。GTM-AS型剑杆织机虽有自动寻纬装置,且性能较好,但对高密度及粗厚织物,开车痕仍难消除,是织造工序的主要疵点。导致这种疵点产生的因素较多:

① 由于两个皮带轮上的三角皮带过松,启动时皮带打滑,离合器启动摩擦盘与活动盘的平行度不好、接触不良,或共轭凸轮与转子之间的间隙过大等因素,使织机在启动时,难以迅速达到正常速度,造成打纬力量不足,纬纱未能被打到正常位置,布面上出现较稀的开车痕档。

② 送经频率选择不当,阻尼器性能不佳,固定后梁两端的托脚和螺丝断裂,停机后将影响经纱张力的变化,或者送经制动鼓上的制动片渗油、磨损,不能及时制动等,都会造成开车后布面上出现开车痕,严重的会出现云织疵点。

③ 卷取辊胶皮的粗糙度降低,不能有效地握持布面,打纬时因张力作用使经纱向机后产生微量移动,开车后布面呈现较密的开车痕。

④ 挡车工操作不当(如按动按钮失误等)或处理停台不及时,停机时间较长,使经纱张力发生变化,都易造成开车痕。

此故障的排除与预防措施如下:

① 结合周期保养,加强对离合器、送经制动装置等机构的维修工作。检查共轭凸轮与转子的间隙、阻尼器的性能、固定后梁两端的托脚和螺丝、卷取辊胶皮粗糙度,以及压布辊两端的垫片,发现问题及时处理,随时检查并调整皮带张力。

② 不断提高挡车工的技术操作水平,加强巡回检查,力求处理停台及时准确,尽可能不按动张紧或松弛经纱的按钮,提高织机效率,减少停台。

4. 色档

在色织生产时,由于有些纱线的色牢度较差,局部色经因所受的摩擦力较大,布面呈现条形色差,称为色档。其主要原因有:

① 织轴卷绕或上轴、结经时分纱不匀,经纱张力分布不均,剑带在运行中与张力较小的经纱的摩擦力较大。

② 绞边和开口时间调节不当,或边部咬头造成开口不清晰,以及剑带磨损等。

③ 边撑位置过低,刺毛辊有倒刺或夹有杂物。

④ 钢筘质量不好,筘齿密度分布不均或有毛刺坏齿,片综穿纱孔磨损而有沟槽。

可采取的预防措施如下:

① 提高准备各工序的工作质量,重点抓好整经、浆染联合的张力控制和分纱均匀,保证织轴质量。

② 加强综筘保养,定期手工上轴,整台更换和维护保养综丝、综框、钢筘、停经片,保证质量要求。

③ 经常检查和校正绞边和开口时间、边撑位置。查看剑带有无磨损,刺毛辊有无倒刺或损坏。及时处理分纱不匀现象,保证开口清晰、张力均匀。

(二)送经机构的机械故障诊断与排除

GTM-AS型剑杆织机配备了先进的电子送经装置,有连续和间歇送经两种。这里以间歇式电子送经为例进行介绍。

1. 工作原理

该送经机构主要由传动和后梁(张力调节)两个部分构成。

传动部分如图 11-3 所示。送经电机 1 通过自身所带的减速器 2 与制动鼓 3 相连,制动鼓 3 外包有制动皮 4,再驱动锥形齿轮 Z_1 和 Z_2,经变速后带蜗轮机构 5,传动送经齿轮 Z_3 和 Z_4,至织轴 6。

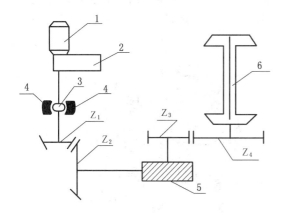 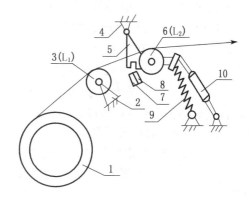

图 11-3　GTM-AS 型剑杆织机送经机构传动简图

1—送经电机　2—减速器　3—制动鼓
4—制动皮　5—蜗轮机构　6—织轴
Z_1,Z_2—锥形齿轮　Z_3,Z_4—送经齿轮

图 11-4　GTM-AS 型剑杆织机送经机构
后梁结构图

1—织轴　2—后梁支座　3—后梁　4—摆臂支座
5—摆臂　6—张力辊　7—PXB
8—PXM　9—弹簧支架　10—阻力器

后梁部分如图 11-4 所示。当经纱放松时,经纱从织轴上经后梁送出,此时摆臂 5 受弹簧支架 9 的作用而绕其支座 4 逆时针旋转,使张力辊 6 被抬起;反之,经纱收紧时,经纱张力产生顺时针力矩,使张力辊 6 绕支座 4 顺时针旋转而被压下。在摆臂 5 的下面装有经纱保护接近开关 PXB 7 和用于控制经纱张力接近开关 PXM 8。随经纱张力变化和摆臂旋转的影响,PXM 通过电脑发出信号,启动或停止送经电机运行,及时调整经纱张力;或遮挡 PXB,使织机停止运行,达到经纱保护作用。

2. 常见故障现象

(1) 送经电机轴承损坏及减速箱内伞齿轮的运转磨灭。产生这类故障的原因,一般是织机长时间运转,轴承的使用寿命已到而未及时更换;减速箱密封圈老化、渗油,增加了两个伞齿轮啮合的阻力。

(2) 送经齿轮 Z_3 和 Z_4 及织轴托脚磨灭或损坏。送经齿轮上的螺丝松动或断裂,Z_3 和 Z_4 啮合不佳;经轴与托脚频繁摩擦,加油不及时,润滑不良,使托脚孔扩大,织轴在运行中出现微跳,给送经齿轮 Z_3 和 Z_4 造成冲击力。

此故障的排除与预防措施如下:

① 对送经电机和减速箱定期检修,发现轴承损坏、密封圈老化,及时更换。

② 经常检查送经齿轮的啮合状况,如有螺丝松动、损坏、托脚磨灭现象,及时更换修复。

③ 结合日常保养、检查,及时更换磨损严重的制动片。

④ 根据车速与织物密度,合理选择齿轮 Z_1 和 Z_2 的比值,调节适当的送经频率。

⑤ 根据幅宽要求,合理调节和确定弹簧的张力、送经频率、送经制动张力和两根后梁的

相对位置等,力求经纱张力一致。

三、 几种主要部件的修复

1. 刹车离合器总成的修理

刹车离合器总成长期在摩擦状态下工作,由于磨损而失灵,极为常见。减少磨损的有效办法:一是减少停开车次数;二是保持其具有足够的抱合力,尽量减少滑动。也就是保证具有良好的经纬纱和织轴质量,严格上机工艺,磨损超限后及时调节修理。

某剑杆织机刹车离合器的结构原理如图 11-5 所示。在不通电的情况下,刹车离合器总成随主轴 1 处于游离状态,用手扳动手轮 2,即可使织机运转。当打开总开关后,刹车线圈 3 即被励磁,刹车盘 4 克服弹簧盘圈 5 的拉力与刹车线圈吸合,此时用手无法扳动织机运转。如能通过手轮扳动主轴转动,就说明刹车力严重不足。

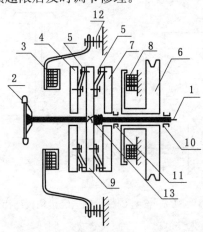

图 11-5　刹车离合器的结构原理图

1—主轴　2—扳动手轮　3—刹车线圈
4—刹车盘　5—弹簧盘圈　6—皮带轮　7—离合器盘
8—离合器线圈　9—基盘　10,11—轴承　12,13—垫片

在启动电机之后,皮带轮 6 开始在主轴上转动,因刹车盘 4 仍处于刹车状态,织机仍未运转,电机只是处于空转状态。此时再按开车按钮,几乎在释放刹车盘的同时,离合器盘 7 被离合器线圈 8 吸向皮带轮的凸缘,与皮带轮一齐转动。于是,基盘 9 与主轴 1 通过弹簧盘圈,随皮带轮一起转动,织机进入运转状态。如果在电机空转时,此处有明显的轰响,而开车后声音消失,说明皮带轮上的两个轴承 10 和 11 存在故障。因为开车后主轴与皮带轮一起转动,不存在相对位移,轴承处于相对静止状态,因此不会发出轰响。

刹车无力或刹车后滑动角度太大,往往是由于有关间隙太大而造成的。该间隙分别在刹车线圈与刹车盘和皮带轮凸缘与离合器盘之间。若间隙过大,可以观察到两个弹簧盘圈 5 有明显的扭曲变形。间隙调整可以采用递减垫片的方法,减少垫片 12 可减小刹车间隙;减少垫片 13 可减小离合器间隙。校正弹簧盘圈变形可采用"矫枉过正"的方法,也可以拆下使其转动一个螺孔位的角度进行错位安装,改变受力方向。

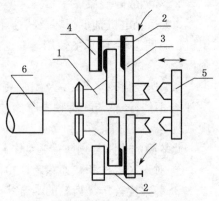

图 11-6　卷取离合器结构简图

1—锥形链轮　2—螺栓　3,4—夹盘
5—离合器　6—布卷

2. 卷取离合器的故障与修理

经过长期使用,卷取离合器极易发生断链条、跳齿,以致将齿牙磨平、摩擦片磨失等故障,使其无法自动卷布。卷取离合器的传动原理如图 11-6 所示。

在正常情况下,链条拉动锥形链轮 1 转动,在螺栓 2 上紧的情况下,两片夹盘 3 和 4 夹持链轮随其一起转动。链轮与夹盘相互接触的表面均贴有摩擦片（图中涂黑部位），以增加摩擦力。同时在离合器 5 向前扣合时带动布卷 6 转动。当布卷过紧时，阻力增加，摩擦片间出现滑动，布卷不再与链轮同步转动。如果螺栓 2 上得太紧，使链轮与夹盘成为一体，在布卷半径不断增大的情况下，由于织物拉力越来越大，从而无法保证与链轮同步跟踪，于是就出现前述故障。当螺栓 2 上得太松时，使摩擦片失去作用，造成链轮空转，也无法卷布。因此，调节螺栓 2 的松紧度就变得至关重要，但实际执行起来有一定的难度。比较好的解决方法是把螺栓 2 加长，然后在图 11-6 中箭头所指的一组螺栓下各垫一个直螺旋弹簧，同时把螺栓头改装成便于用手拧动的形式。这样，调节时就便于掌握松紧度，避免夹盘抱死或过松现象。

3. 送纬剑头

在织造过程中频频出现脱纬（甩头）而导致停车的现象，除了与纬纱通道各环节的张力状态有关外，送纬剑头对纬纱夹持状态的波动也是主要原因之一。要做到每一次的送纬状态一致，提高夹纬成功率，纬纱压簧片的压力必须大小适中，对低线密度纬纱更是如此，压力过大反而易使纬纱滑脱，压力过小则因夹持力不足，也会造成纬纱过早释放。压簧的配备一般有两种规格：低线密度纱一般采用平片压簧；高线密度纱采用沟槽式压簧，对纬纱的压力较大而不易滑脱。此外，剑头夹缝内积绒也易造成脱纬。有些配备有吹风自洁装置的织机，要减少积绒，必须保证压簧与纬纱接触的部位具有光滑的表面，同时压簧压力和纬纱张力都不能过大。脱纬严重时应取下剑头进行检查，不宜在机上进行侥幸式的调整。检查时用手以与通道相似的张力模拟夹纬过程，凭手感来感觉簧片压力是否适中，以拉纬过程中无抖动阻滞且不破坏纬纱纤维为宜。纤维积绒往往由剑头压纱面粗糙所致，有时不易为肉眼所察觉，使用细砂纸进行打磨，即可消除故障。

第四节　织机常见电气故障诊断与排除

织机电气故障因织机种类或型号而异。常见电气故障现象与部位如表 11-2 所示。这里仅选取几种主要常见电气故障进行介绍。

表 11-2　常见电气故障现象与部位

故障现象	故障部位
调节不良	微型行程开关，传感器叶片角度，纬纱传感器灵敏度
元器件损坏	厚模电路、集成电路、其他元器件（电阻、电容等），保险丝（熔断器）
接触不良	控制和操作电器，插吸插头（含集成块和机油传感器），端子箱
误操作	断线，电路板过热，停经箱，短路

一、主离合器故障

无梭织机的主离合器部分一般都装有一套专门的电子驱动控制系统。图 11-6 所示为某织机的主离合器传动结构简图。

由主电机皮带轮 1，经单根三角皮带，传动离合器大皮带轮 2，其上装有启动线圈 C_1 和铁质摩擦盘 R，内孔装有两个轴承与离合器主轴连接。主轴上装有一个活动盘 F，F 的外圈是摩擦区，通过两片环状弹簧片与装在主轴上的内圈铆接在一起。制动线圈 C_2 装在靠里侧的壳体上。开车启动时,由控制按钮使 C_1 通电,R 产生磁场,克服 F 上弹簧片的阻力,将 F 外圈(摩擦区)吸附在 R 上而形成回路,使主轴随同大皮带轮 2 一起转动,通过 Z_1 传动全机各部机构;停车制动时,启动线圈 C_1 断电,F 上的弹簧片复位,C_2 通电,将 F 上的摩擦区吸附在制动盘上,使主轴迅速停转,大皮带轮 2 在主轴上空转。

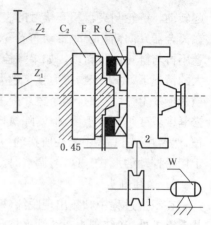

图 11-6　主离合器传动结构简图

(一)常见故障现象与成因

1. 离合器空转时有异响,织机振动增大

这类故障大部分是由于皮带轮内的轴承损坏、主轴和皮带轮内孔磨灭严重造成的。

① 由于皮带轮的质量较大,在空转时与主轴有一定的相对运动,造成轴承升温。停车次数愈多,时间愈长,轴承温升愈高。当轴承温度过高时,造成轴承内润滑脂流失。或者传动三角皮带调节过紧,使皮带轮对轴承压力加大,造成或加速轴承的损坏。

② 轴承损坏未及时修复或更换,皮带轮在空转时与主轴做相对运动,即造成主轴或皮带轮内孔磨灭。

2. 制动角度过大,离合器内有金属滑哨声

这类故障原因多为活动盘磨损或损坏。

① 活动盘与启动摩擦盘的间隙调节不当(超过 0.9 mm)、活动盘制造精度差、平行度不良等,都会造成制动角度过大。

② 停机次数多,频繁的启动与刹车,会加快活动盘的磨损与弹簧片的损坏。

(二)故障排除与预防

① 离合器发生异响,应及时拆开检查,并更换轴承;发现主轴磨损和大皮带轮内孔磨大,应及时修复或镶套处理。

② 经常检查制动角度(一般要求为 $120°\sim150°$),如制动角度超出 $200°$,应拆开检查活动盘,如有磨损或弹簧片断裂,需及时更换。

③ 抓好织轴和原纱的质量,减少停机次数,以延长活动盘和线圈上摩擦盘的使用寿命。

④ 严把主要零配件的质量验收关,不合格的零配件不上机。

二、断纬停车

包括真断纬和假断纬。不规律的断纬频次太高,肯定属于机械方面的问题。纬纱通道(从纬纱筒、导纱孔到送、接纬剑头)沿途,与纬纱相接触的所有部件都可能造成纬纱传输不良。从电气方面看,在一次完整的输纬过程中,对纬纱的存在与否进行检测,是由纬纱传感器完成的。开车时,纬纱在传感器的探孔中滑动所产生的微弱机械振动,通过机-电转化、放大,送出"有纬"信号,保证织机运转。当发生断纬时,纬纱停止滑动,传感器立即发出停车信号。但是,即使织机处于正常状态,在接纬剑头退出梭口和两剑头进行中央交接这两个短暂时间内,纬纱也处于停止状态,类似于断纬而发出停车信号。为弥补这两处的信号断档,防止停车,织机上特设专门传感器,传感器上的两片传感片,分别对应上述两处纬纱停止运动的织机运转角度。因此,传感器的调整角度非常重要。如角度不正确出现信号断档,必然造成断纬停车。但这是假断纬。此外,还可以在电路板上对传感器的灵敏度进行调节,但过于灵敏易造成误停车,灵敏度过低则易造成断纬不停车,需根据织物特点进行调节,逆时针调节为提高灵敏度。

三、 断纬或断经不停车

对这种故障现象,最直观的感觉是传感器件失灵,即使故障不在此处,也属电气故障。这种故障往往伴随着运转继电器显示运转信号。也就是故障发生后其继电器不能断电释放。除了可能是电路板的故障外,还有继电器本身接点卡死或开车按钮发生故障的可能。

开车按钮发生故障后,使电路始终处于人为开车位置。此时即使按下停车按钮,也无济于事,只能关闭总开关,使织机停止运转。

四、 拒动

织机拒动即无法开车,除由于电路板故障或其他故障、调节不当而出现自锁外,在外围电路上,一是启动回路故障处于无法导通状态,二是停车回路故障处于断电状态。织机上,启动回路有多处按钮、并联接线,触点为常开接点,一处无法导通,不足以影响全部按钮,可换位检查;但停车按钮是串联的常闭接点,一处故障即无法开车。因此,除重点检查熔断器以外,应检查停车按钮回路。

五、 停车不到位

还包括停车不定位。停车不定位指慢动电机没有根据程序指令运转,重点应检查微型行程开关的调定位置。刹车装置间隙过大或刹车无力,均能造成刹车不到位。刹车无力,除机械原因外,还可能是电气故障。电气故障导致的刹车无力,除了离合器部分存在剩磁外,刹车助力电容回路未投入是主要原因。这可从电路板的指示灯的闪烁信号状态得到证实。

六、 厚模电路(块)

厚模电路是电子元件中最易损坏的部件,是在一小块印刷电路板上焊装三极管、二极管、稳压管和电阻电容,然后封装在一个小型外壳内,外面露出接头(管脚)。构成厚模电路的都是一般的分离元件,打开封装即可看清。在接线原理上,一般分放大反相和稳压跟随两种作用,都被安装在可插式印刷电路板的电路输入端。厚模电路出现故障伴随着开车故障,多数在电路板上有异常的灯光显示,也可在机下进行测量判断。换取厚模电路,最好用专门的吸锡烙铁,各地均可买到;无此工具时可用空心针(注射用针),将管脚套住,逐个焊开取下。内部故障多出现在二极管或三极管部分,对应型号更换新封装即可,手头无封胶可不必上封。

七、 油路故障

各类织机上,除油箱和油脂进行局部润滑外,还设有一套中央润滑系统,定时定量地给悬装齿轮等部件提供机油润滑。该系统供油,每 3 s 在配电箱上闪烁显示一次供油信号,3 s 后无油到达信号,织机即自动停车。为了提供初次开车后管道充油排气的时间,每次休后开车提供 128 s 的可无油时间,128 s 后无油供应,织机亦自动停车。通过发光二极管判断为油路故障,停车后按启动按钮,开车 3 s 仍然停车,可确诊为油路故障。这时可关掉配电箱的总开关,油路电气控制回路的电子元件即自动归零。再打开总开关,电子元件即伺服准备计时。这时再开车可以使织机延长至 128 s,其后无油即自动停车,再次开车仍为 3 s 停车,无济于事。如果 128 s 后织机继续运转,说明油路故障自动修复,否则应进一步查找原因。当采用更换插电路板的方式仍不能清除故障时,即可确定故障在外围电路或油路堵塞或中途漏油,在外围电路应着重检查熔断器、机油传感器、接线端子箱等部位。注意:不排除机油黏度偏高的可能。

【思考与训练】

一、 基本原理

1. 现代织机上机电一体化技术的应用情况如何?

2. 织机故障如何分类?

3. 试以某喷气织机为例,列举其故障现象与部位。

4. 织机故障诊断与分析时应遵循哪些原则?

5. 剑杆织机运转初期常出现哪些机械故障?

6. 当织造过程中出现"开车痕"时,如何排除?

7. 如何进行刹车离合器的修复?

8. 织机拒动属何类故障? 如何排除?

二、 基本技能训练

训练项目 1:上网收集或到校外实训基地,了解有关织机的机电一体化技术应用情况,写出调研分析报告。

训练项目 2:以校内实训基地的 GA747 型剑杆织机为例,采用故障树分析法,画出其故障分析图。

训练项目 3:在校内实训基地的天马剑杆织机上,进行引纬机构常见机械故障排除训练,并总结出故障诊断步骤。

训练项目 4:在校内实训基地的 GA708 型喷气织机上,进行常见电气故障排除训练,并总结出织机电气故障排除的一般方法。

教学单元 12　白坯织物生产工艺设计

【内容提要】　本单元首先对各类机织物的加工工艺流程、设备要求等进行综合分析与讨论,然后对白坯织物的生产工艺计算做全面介绍,使学生对白坯织物的生产工艺设计有一个较为全面而系统的认识,为以后的工作打下基础。

第一节　各类机织物的加工要求

各种织物在纤维材料、织物组织、织物规格和用途等方面都具有各自的特殊性,所以,在机织加工过程中,要针对这些特殊性,选择适宜的加工流程、加工设备、环境条件,同时还应注意原纱质量。

一、　棉型织物的加工流程和工艺设备

棉型织物生产主要分为白坯织物生产和色织物生产两大类,其中大部分为白坯织物的生产。

白坯织物以本色棉纱线为原料,织物成品一般经漂、染、印等后道加工。白坯织物生产的特点是产品批量很大,大部分织物的组织比较简单(主要是三原组织),在无梭织机上加工时,为减少织物后加工时出现染色差异,纬纱一般以混纬方式织入。

根据经纬纱线的形式和原料,白坯织物织造时的工艺流程通常有以下几种:

1. 单色纯棉织物

经纱　原纱→络筒→分批整经→浆纱→穿结经 ┐
纬纱 ⎰ 原纱直接纬或间接纬→给湿 ──────── ├→织布→检验→修整
　　 ⎱ 原纱→络筒 ─────────────── ┘

2. 单纱涤/棉织物

经纱　涤/棉原纱→络筒→分批整经→浆纱→穿结经 ┐
　　　　　　　　　　　　　　　　　　　　　　　 ├→织布→检验→修整
纬纱　涤/棉原纱→络筒→蒸纱定捻→卷纬 ────── ┘

3. 股线织物

经纱　股线→络筒→分批整经→并轴上轻浆或过水→穿结经 ┐
纬纱 ⎰ 股线管纱 ──────────────────── ├→织布→检验→修整
　　 ⎱ 股线→络筒 ──────────────────── ┘

纺部供应的经纬纱线,首先经络筒加工。采用电子清纱器、捻接技术和捻接后的验结,是络筒加工的发展方向。在涤/棉纱络筒时,为了减少静电和毛羽的产生,应尽量使用电子清纱器。

整经加工的重点是控制纱线的单纱和片纱的张力均匀程度,为此提出了络筒定长和整经集体换筒的要求。为适应整经高速化的需要,整经筒子架和张力装置一般选用低张力的 V 形筒子架,筒子架上的导纱棒式张力装置产生较低的经纱张力,主要利于经纱张力均匀程度的分区调整。

棉型经纱上浆通常以淀粉、PVA 和丙烯酸类浆料作为黏着剂,上浆的重点在于降低纱线毛羽,增加浆膜的完整性和耐磨性。高线密度纱以被覆为主,低线密度纱则着重浸透和增强。以各种变性淀粉取代原淀粉对棉或涤/棉经纱上浆时,可适当减少或完全取消浆料配方中 PVA 的用量,以明显改善上浆效果。

采用单组分浆料或组合浆料是上浆技术的发展方向,不仅简化了调浆操作,而且有利于浆液质量的控制和稳定。上浆过程中合理的浸压方式、压浆力,以及湿分绞、分层预烘、分区经纱张力控制等,都是保证上浆质量的重要措施。

在高密阔幅织物加工时,经纱在浆槽中的覆盖系数是上浆质量的关键,覆盖系数应小于 50%。为解决这一矛盾,普遍采用双浆槽上浆方法。双浆槽上浆有利于降低覆盖系数,但是对两片经纱的平行上浆工艺参数控制提出了很高的要求,两片经纱的上浆率、伸长率应均匀一致。

在高密和稀薄织物的加工中,有梭织机的产品质量往往不能满足高标准的织物质量要求,织物横档一直是主要的降等疵点。无梭织机的应用大大缓解了这些问题。无梭织机从启制动、定位开关车、电子式送经、连续式卷取、电脑监控和打纬机构的结构刚度、机构加工精度等方面对织机综合性能进行优化,消除了各种可能引起横档织疵的因素。

对于高密织物的加工,应当慎重选择符合要求的织机。部分无梭织机对适用的织造范围给出了一个判别指标,即适宜加工的最大织物覆盖率。织物覆盖率的计算式如下:

织物经向覆盖率
$$H_j = \frac{P_j(d_j n_j + d_w t_w)}{n_j \times 100} \times 100\% \qquad (12-1)$$

织物纬向覆盖率
$$H_w = \frac{P_w(d_w n_w + d_j t_j)}{n_w \times 100} \times 100\% \qquad (12-2)$$

织物的覆盖率
$$H = \frac{H_j N_j + H_w N_w}{N_j + T_w} \qquad (12-3)$$

式中:P_j,P_w 分别为织物经、纬向密度(根/10 cm);d_j,d_w 分别为经、纬纱直径(mm);N_j,N_w 分别为经、纬纱线密度(tex);n_j,n_w 分别为一个组织循环中经、纬纱根数;t_j,t_w 分别为一个组织循环中每根经纱的平均交叉次数和每根纬纱的平均交叉次数。

织物经(纬)向覆盖率表示织物经(纬)向的实际密度与极限密度之比。织物覆盖率在一定程度上反映了织物加工的难易。

织机在加工覆盖率超出适用范围的织物时,会表现出力所不能及的预兆,如机构变形、机构磨损严重,最明显的往往是织机上织物打纬区密度增加,织物达不到预期的紧密程度。在白坯织物生产中,轻薄、中厚织物的加工通常采用喷气织机,重厚织物加工一般使用剑杆织机或片梭织机。

二、 毛织物的加工流程和工艺设备

毛织物主要分为精梳毛织物和粗梳毛织物两大类。精梳毛织物表面光洁、有光泽、织纹清晰,一般为轻薄型织物,手感坚、挺、爽。粗梳毛织物整理后表面有茸毛,一般织纹不明显,多为厚重型织物,手感松软且有弹性。毛织物的幅宽较宽,常带边字,主要用作高档的服装面料。毛织物的品种很多,通常生产批量较小,组织比较复杂,花色比较丰富。

根据毛织物及其原料的特点,其常用的加工工艺流程如下:

1. 精梳毛织物

由于毛单纱的强力和毛羽问题,精梳毛织物生产时多采用股线,其工艺流程如下:

毛股线以精梳毛纱通过并、捻、定形加工而成,加工流程为:

毛股线加工流程中,先络筒后并捻的流程的生产效率高,纱线质量好,适宜于大批量生产;先并捻后络筒的工艺流程比较适合小批量、多品种的毛织生产,仍被广泛采用。通常,各毛织厂根据织物要求、自身设备条件、传统生产习惯等因素来选择适宜的工艺流程。

2. 粗梳毛织物

毛织生产中,经纱一般不经过专门的上浆工序,只有在低线密度精梳单纱轻薄织物生产时,才采用类似棉织的分批整经和上浆加工,或采用单纱上浆再进行分条整经加工。前者的生产效率高,适用于批量很大的织物品种生产;后者的生产效率较低,但上浆质量很好,且能符合小批量、多品种的市场需求。为防止高速整经时产生静电,并适应无梭织机的高速、高张力织造,在分条整经加工时对经纱给油(上蜡或乳化液),以代替浆纱。

根据毛织物的特点,用于毛织物生产的织机为阔幅织机,经常配有多臂开口机构,并且具有很强的多色选纬功能。目前,有梭毛织机的使用比例还很大。有梭毛织机采用短牵手四连杆打纬机构,以适应打纬力较大和阔幅织机上纬纱飞行时间较长的需要。织机常为用于多色纬织造的双侧升降式多梭箱织机,自动换纡方式对于多梭箱织机的自动补纬比较方便。为保证织物质量,纬纱一般采用间接纬,纡子卷绕密度大、成形好,纬纱疵点也有所减少。

剑杆织机和片梭织机在毛织生产中的应用很广,均能适应重厚或轻薄型织物的加工。剑杆头和片梭对纬纱做积极式引纬,对纬纱的控制能力强,引纬质量高。片梭织机可以进行4~6色任意选纬;剑杆织机的选纬功能更强,任意选纬数可达8~16色。由于片梭在启动时的加速度很大,使纬纱张力发生脉冲增长,容易引起纬纱断头,因此,使用片梭织机加工毛织物时,应对纬纱的质量提出较高的要求。

三、真丝织物的加工流程和工艺设备

真丝织物产品的种类很多,有纺类、绉类、绫类、罗类、绸类、锦类和缎类等。各类织物都

具有自己独特的外观风格和手感特征。因此,它们的加工流程和工艺存在一定差异。真丝织物的经丝准备加工流程较短,纬丝准备加工流程较长。忽略一些微小的流程差异,真丝织物的工艺流程主要有:

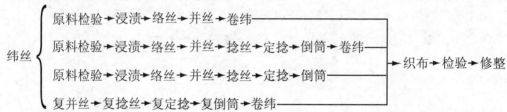

真丝十分纤细,卷绕时容易产生嵌头、倒断头等疵点,致使退解时丝线兜攀,不仅造成原料浪费,而且影响产品质量和生产的顺利进行。因此,准备工序的重点是保证卷装成形正确良好、退解方便;同时,要控制丝线张力,不但张力大小要恰当,而且张力要均匀,只有保证单丝张力和片丝张力的均匀程度,才能有效地防止经柳、横档等织疵的产生。

桑蚕丝的吸湿量对丝线的强力、伸长产生显著影响,在准备和织造过程中应控制丝线的回潮率均匀程度,避免因原料回潮率之间的差异而引起丝线的伸长差异,从而造成经柳、横档织疵。在桑蚕丝织物加工中,这一因素尤其受到重视。

真丝织物的经丝通常由两根、三根或四根 22.2/24.4 dtex 的桑蚕丝经无捻并合而成,有时加有极少的捻度。经丝的断裂强度较低,织造过程中不宜经受较大的拉伸张力,否则会引起断丝,影响织机上经丝开口。因此,丝织加工的特点是织机采用较大的梭口长度和较小的梭口高度,从而降低开口过程中经丝的伸长变形和张力,使得经丝得到保护。丝织机采用较大的机身长度,可达 2.4～2.9 m。

为了减少开口动力消耗,便于挡车工操作,以及保护绸面清洁,真丝织物在织机上通常为反织。在反织条件下,一般采取后梁低于胸梁的经位置线,以有利于突出纬丝效应。在提花真丝织物加工时,为显现良好的纬花效应,保持织物外观光亮,后梁低于胸梁的值应比平素织物大一些。后梁低于胸梁的织造工艺,即采用等张力梭口,并且开口时间较迟或为 0°,还有助于织物平挺、织纹清晰、手感丰满。

在开口清晰的前提下,经丝上机张力以小为宜。加工平素织物时,为获得较大的织物密度,可以适当增加经丝上机张力;熟织的经丝因脱胶而强力下降,其上机张力要低于生织的经丝。

用于真丝织物加工的织机常配用多臂开口机构或提花开口机构。目前,有梭织机仍占真丝织物加工织机的很大比例。在类型众多的无梭织机中,剑杆织机比较适应批量小、花色品种繁多的丝织生产,并且剑杆对纬纱的控制能力强,引纬动作比较缓和,在真丝织物加工中得到了广泛应用。剑杆织机的机型以选择加工轻薄型织物者为宜,常采用单后梁结构。与双后梁结构相比,单后梁结构的经纱张力感应部件对经纱张力的变化比较敏感,送经调节灵敏度高,同时后梁摆动对经纱的补偿较大,在轻薄织物加工时,有利于克服织物横档疵点。

四、 合纤长丝织物的加工流程和工艺设备

合纤长丝织物主要指涤纶和锦纶的长丝织物。锦纶长丝常用于产业用纺织品加工,其典型的产品是尼丝纺,用作伞布和滑雪衫面料。涤纶长丝经常用于加工服装面料和装饰织

物。近年来,随着涤纶长丝纤维趋向多样化、异形化、复合化、变形化和特色功能化,涤纶长丝的仿真丝绸、仿毛、仿麻产品得到了相应的快速发展。

目前,涤纶长丝织物的织造生产设备有两种类型:一种由有梭织机及其配套的传统前织设备组成;另一种由无梭织机及其配套的整、浆、并等设备构成。后者的投资较高,但设备性能好,生产效率和产品质量高,具有竞争力,是合纤长丝织造技术的发展方向。

1. 合纤长丝仿真丝绸织物

合纤长丝仿真丝绸产品主要有纺类、缎类、双绉类、乔其类等,尼丝纺是纺类的一种。以无梭织机加工长丝仿真丝绸的流程为:

(1) 纺类、缎类

```
经丝  长丝→分批整经→浆丝→并轴→穿结经 ┐
                                      ├→织布→检验→修整
纬丝  长丝 ─────────────────────────┘
```

(2) 双绉类

```
经丝  长丝→分批整经→浆丝→并轴→穿结经 ┐
                                         ├→织布→检验→修整
纬丝  长丝→络丝→捻丝→定捻→倒筒 ───────┘
```

(3) 乔其类

```
经丝  长丝→络丝→捻丝→定捻→倒筒→分批整经→穿结经 ┐
                                                  ├→织布→检验→修整
纬丝  长丝→络丝→捻丝→定捻→倒筒 ──────────────┘
```

捻丝加工通常在倍捻机上进行,部分倍捻机上装有电热定捻装备,可以将捻丝和定捻加工合为一道工序,大大缩短了生产流程,称为一步法工艺。但是这种定捻方式的定捻时间短,定捻效果不如二步法工艺(捻丝和定捻分为两道工序),对双绉、乔其类的产品风格有一定影响,因此大多数工厂使用二步法工艺路线。

考虑到国内长丝的质量,经丝准备常采用整、浆、并三步加工方式。这样的加工流程显然较长,但对于产品质量有利。

用于合纤长丝仿真丝绸加工的无梭织机以喷水织机为主。近年来,剑杆织机和喷气织机也有较多使用。喷水织机用于纬向强捻的双绉和乔其类织物加工时,由于水束对纬纱的控制能力有限,容易造成织物的纬向疵点;采用剑杆织机则可克服这一问题,使这类织物的幅宽可以进一步加宽。

2. 合纤长丝仿毛、仿麻织物

目前,合纤长丝的仿毛、仿麻加工主要指涤纶长丝的仿毛、仿麻织造加工。涤纶长丝的仿毛、仿麻品种繁多,仿真效果可达乱真的水平。原料除涤纶复丝外,经常使用的还有涤纶空气变形丝、网络丝等。用无梭织机加工的涤纶长丝仿毛、仿麻产品,质量好,产品的附加值也高,比较受市场的欢迎。其织造加工流程为:

```
经丝  涤纶复合丝→整浆联合(或整浆分开)→并轴→穿结经 ┐
                                                     ├→织布→检验→修整
纬丝  涤纶复合丝 ───────────────────────────────┘
```

或者

```
经丝  涤纶空气变形丝→分条整经→穿结经 ┐
                                      ├→织布→检验→修整
纬丝  涤纶复合丝、空气变形丝、网络丝 ─┘
```

为适应小批量、多品种的仿毛、仿麻织物生产,织机通常为选色功能极强的剑杆织机,经丝准备多采用分条整经工艺。

合纤长丝为疏水性纤维,织造过程中要尽量减少导纱部件对经丝的摩擦,减少毛丝和静电的产生。前织设备上通常装有静电消除装置或适量给油,以消除加工过程中产生和积聚的静电。为避免毛丝对织机开口的不良影响,部分整经机上配备了毛丝检测装置,对毛丝进行检测和清除。

合纤长丝加工的张力要控制适中,过大容易引起大量毛丝或断头,过小则会产生半成品卷装和织物的疵点(如经轴小轴松塌、宽急经织疵等)。

合纤长丝上浆决定着织造加工的成败。根据合纤长丝的特点,上浆工艺要掌握"强集束、求被覆、匀张力、小伸长、保弹性、低回潮率和低上浆"的原则。上浆率应视加工织物品种不同而有所差异。上浆通常采用丙烯酸类共聚浆料,以克服摩擦静电引起丝条松散、织造断头。经丝上浆时采取后上抗静电油(或静电蜡)措施,以增加丝条的吸湿性、导电性和表面光滑程度。用于上浆加工的合纤长丝的含油率要控制在 1.5% 以下,过高的含油将导致上浆失败。

合纤长丝的受热收缩性能决定了上浆、烘燥的温度不宜过高,特别是异收缩丝,高温烘燥会破坏其异收缩性能。烘燥温度要自动控制,保证用于并轴的各批浆丝的收缩程度均匀一致,防止织物条影疵点的产生。

近年来,新型合成纤维以仿丝、仿毛、仿棉、仿羽绒等仿天然纤维为目标的仿真技术的发展十分迅速。新一代的合成纤维将天然纤维的服用舒适性和合纤的优良特性兼收并蓄。除涤纶、锦纶外,丙纶、氯纶、氨纶等合纤长丝都得到了较快的发展。仿真合纤长丝主要有异形丝、改性丝、共混丝、复合丝、混纤丝、超细丝、特粗丝、异收缩丝和特种功能丝(如高吸水、高收缩、超高强高模、抗静电、导电等长丝)。各种合纤长丝的高仿真性能是合纤长丝织物绚丽缤纷、以假乱真的基础。

合纤织物在外观、手感、服用舒适性等方面的高仿真性能和产品的高附加值,是通过各种特色染整深度加工来实现的。良好的染整加工使合纤织物的预期设计风格得到了淋漓尽致的体现。用于仿真丝绸的染整方法有碱减量处理、染色、印花、机械超喂整理,以及柔软整理、砂洗整理、磨绒整理、树脂整理、抗静电整理、轧光和轧纹整理等;用于仿毛加工的有全松式染整加工、树脂整理、抗起球整理、阻燃整理、亲水整理等。

五、 苎麻织物的加工流程和工艺设备

苎麻纤维具有许多独特的优点:纤维长度长,强度高,光泽洁白,热、湿传导性能良好。苎麻服用织物能及时排除汗液,降低温度,外观粗犷,手感挺爽,夏季穿着舒适、透气。为此,苎麻织物以单纱织物为主,经、纬向紧度不宜过大,一般经向紧度为 45%~55%,纬向紧度为 40%~50%。织物组织常采用重平、方平组织,使麻纱线粗细不均匀的风格特征更加突出。但是,苎麻纤维的大分子结晶度高,分子排列倾角小,表现为苎麻织物的抗折皱性和弹性差,不耐磨,易起毛。因此,产品设计时通常采用混纺、交织和麻纤维改性等措施,达到扬长避短的效果。苎麻织造的工艺流程为:

```
经纱   络筒→分批整经→浆纱→穿结经──┐
                                    ├→织布→检验→修整
纬纱   直接纬或间接纬───────────────┘
```

苎麻织物以单纱作为经纱。单纱的特点是纱体松散,粗细节、麻粒、毛羽和纱疵多。因此,经纱的准备加工是织造的重点,其中又以浆纱为关键。

络筒加工应采用电子清纱器,纱线通道宜光滑,尽量减少对纱线的摩擦,防止毛羽增生。同时,宜采用较小的络筒张力和较慢的络筒速度,以保持纱线的强度和弹性,避免纱线条干恶化。络筒中清疵去杂的对象是大粗节、羽毛纱、飞花附着和粗大麻粒。对于一些短小粗节,可以保留。这些短小粗节残留于织物表面,有助于苎麻织物独特风格的形成。

苎麻纱在整经过程中容易断头,合理的整经工艺是:轻张力、慢速度,片纱张力尽可能均匀。

苎麻纱上浆的要求是浆膜坚韧完整,纱身毛羽贴伏,使经纱在织机上开口清晰,顺利织造。通常,上浆采用成膜性、弹性、强度均佳,以 PVA 为主的混合浆料。为提高浆纱的柔韧和平滑性能,可以用适量油脂或其他柔软剂,如采用浆纱后上蜡工艺,则效果更为显著。浆纱过程中,必须对湿浆纱采用湿分绞、分层预烘等保护措施,并且严格控制浆槽中的纱线覆盖系数,必要时采用双浆槽浆纱机。浆纱的质量指标通常为:上浆率 8%～10%,回潮率 5%～6%,增强率 15%,减伸率 20%。

苎麻织物织造时,为了开清梭口,防止毛羽缠绕,上机张力要适当增大。上机张力增大以后,经纱张力均匀程度改善,打纬力增大,使织物丰满均匀。为了减少下层经纱的断头,后梁位置比其他同类织物可以偏低一些,以减小上、下层经纱的张力差异。

为了进一步减少经纱毛羽相互粘连的现象,改善梭口清晰度,可以用多页多列综框,以减少综丝密度,从而减少经纱的相互摩擦黏结。采用双开口凸轮,即两次开口,也是行之有效的办法。另外,还可以在有梭织机的后梁的停经架之间加装活络绞杆,实现强迫开口,以便于织造顺利进行。在加工特阔苎麻织物时,重新设计开口凸轮、延长静止角、缩短开口角等,都是改进开口效果的有力措施。

苎麻纱上浆后变得手感粗硬、刚性强、弹性差,不耐屈曲磨损,因此浆纱回潮率和织造车间温湿度要加以控制,使苎麻浆纱保持一定的水分,从而改善浆纱的弹性、韧性和耐磨性。加工涤/麻织物时,织造车间的温度为 25～27 ℃,相对湿度为 72%～77%。

六、 绢织物的加工流程和工艺设备

丝茧下脚通过绢纺工艺所加工的各种规格、品质优良的绢纺纱,称为绢丝;在绢丝加工中,又会产生相当数量的下脚,称为落绵;以落绵经紬丝纺工艺加工而成的产品,称为紬丝。

绢丝,特别是低线密度绢丝,具有丝身光洁、色泽柔和、手感舒适、条干均匀等特点,是一种高档的天然纺织原料。它既具备天然丝纤维的众多优点,如吸湿保温性好、穿着舒适、光泽悦目等,还拥有短纤维的多孔松软、透气性好、色泽柔和的特点。

紬丝手感柔软、丰满,表面有许多细小的绵粒和毛茸。用紬丝织成的绵绸带有一种独特的风格。

以绢丝为原料织成的织物称为绢纺绸,以紬丝为原料织成的织物称为绵绸。二者以平纹组织织物为多数,也有一些斜纹组织品种。绢纺绸和绵绸因原料不同,有纯纺、混纺、交织等类别。绢纺绸属轻薄型织物,光泽柔和,手感滑糯;绵绸以中厚型居多,粗犷厚实,手感舒适。高线密度绢丝还用于编织各种地毯、挂毯等,用作室内装饰。

根据绢丝和紬丝的原料特征,其加工一般采用棉型设备,生产效率比较高,加工流程为:

经纱（烧毛筒子或锥形筒子）→分批整经→上浆→穿结经┐
纬纱（烧毛筒子或锥形筒子）→卷纬─────────────┴→织布→生检→修、补、码、验、打包

绢纺绸的经纱常用 5 tex×2 或 8.33 tex×2 的绢丝，纱线的直径较细，因此准备加工以保伸、保强为主，络筒和整经速度都设计得比较低。用于绵绸加工的经纱通常为 40 tex 的䌷丝，䌷丝纱身毛茸、绵粒多，条干不匀也十分明显，为避免加工中纱线断头过多和条干进一步恶化，络筒、整经也采取低速度。

绢织经纱上浆的浆料一般以 PVA，CMC 和淀粉为黏着剂，部分产品的浆料配方中还用腈纶胶作辅助黏着剂。

目前，用于绢织生产的织机主要是有梭织机，纬纱加工采用间接纬工艺。部分绢纺织厂将绢丝精纺纱直接加工成纡子。这种直接纬工艺可以省略卷纬加工，但纬纱卷装成形和纬纱质量稍差。采用无梭织机和先进的整、浆设备，是绢织技术的发展方向。

七、 特种纤维织物的加工流程和工艺设备

特种纤维织物是产业用纺织品的一个重要部分，用作骨架材料、过滤材料，及绝缘材料、文化体育用品材料、国防工业和汽车工业用材等。特种纤维品种正在不断开发，常用的有玻璃纤维、碳纤维和芳纶纤维等。这些纤维通常具有线密度极小、强度和模量高、抗疲劳、耐热、耐腐蚀、质量小等特点。它们的加工基本上沿用传统的织造和经纬纱准备加工方法。下面介绍两种比较典型的特种纤维织物加工流程。

1. 玻璃纤维织物

玻璃纤维织物的加工原料有连续长丝和短纤纱两种，织造加工流程为：

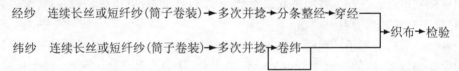

玻璃纤维织物织造可以在有梭织机上进行，纬纱采用间接纬准备工艺。但是，梭子飞行对不耐磨纤维的经纱产生较强的磨损作用，使经纱起毛，影响产品质量。刚性剑杆织机是玻璃纤维织物织造最适宜的机型。剑杆头的截面尺寸小，为减小经纱开口高度创造了条件，对低伸长率的玻璃纤维加工十分有利；另外，引纬过程中剑杆与经纱不发生摩擦，对经纱起到了良好的保护作用。

在芳纶纤维（美商品名为 Kevlar）、高强涤纶纤维、高强锦纶纤维的加工中，"并捻、分条整经、穿经"的经纱准备工艺流程应用得比较普遍，其优点在于：

①工艺流程短，适宜于小批量的织物的生产；②通过并、捻加工提高经纱的可织性，可以避免经纱的上浆工程；③特种纤维上浆采用的浆料一般为非常规浆料，浆料的选择、制备、上浆工作都有较大难度。

2. 碳纤维织物

碳纤维的伸长率一般小于 2％，经并捻加工会产生大量毛丝，因此，碳纤维复合丝通常经上浆处理，以改善可织性，使纤维集束。同时，碳纤维上浆可保护碳纤维的表面活性，增强碳纤维与基本树脂的黏结牢度，提高复合材料的力学性能。碳纤维织物的加工工艺流程一般为：

碳纤维的上浆剂应根据"相似相容"原理进行选择。碳纤维织物用作复合材料增强体时,多用环氧树脂为基体。因此,上浆剂的主成分常为环氧树脂,通过适当方法配制成乳液,进行上浆。

单纱上浆也用于芳纶纤维。单纱上浆的浆纱质量很高,纤维的集束和浆膜完整性远优于其他上浆方法。

碳纤维织造常采用改造后的传统织机或专用织机。刚性剑杆引纬、小开口高度、短筘座动程、经纱开口长度补偿等,都是适应碳纤维低伸长特征和减少纤维磨损的积极措施。

碳纤维和其他一些特种纤维的纱线在断头后很难打结,打结后也极易散结,为此常使用快干树脂黏合剂的黏接方法,进行织造过程中的纱线接头工作。

碳纤维织物作为立体多维骨架材料时,可用立体多维编织机加工。这种立体织物经碳/碳复合后用于航天事业。

第二节　白坯织物工艺计算

通常,把原料制成产品的加工技术称为工艺,把制定工艺、规划工艺流程的工作叫作工艺设计。因此,织物生产工艺设计是指根据产品的技术规格和组织结构的特征,串连各道加工工序,制定一个完善的加工方案。

一、白坯织物来样分析

进行白坯织物工艺设计前,必须进行客户来样分析,其较色织物简单得多,主要分析内容有织物正反面、经纬向、经纬纱原料、经纬纱细度、经纬密度、织物组织、经纬织缩率和幅缩率等。其他分析内容将在色织物设计一节详述。

1. 判断织物正反面

进行织物分析前,首先要确定织物的正、反面。织物的正、反面一般通过观察,对比织物外观效应(如花纹、色泽)、织物质地(如经、纬纱原料,经、纬密度)、表面平整光洁度、外观疵点等方面的区别来判别。常用的判别依据有:

① 织物正面的花纹、色泽一般比反面清晰美观。

② 凸条和凹凸织物,正面紧密而细腻,具有条状或图案凸纹;反面较粗糙,有较长的浮长线。

③ 起毛织物:单面起毛织物,起毛绒的一面为正面;双面起毛织物,绒毛光洁、整齐的一面为正面。

④ 观察织物的布边,织物正面的布边光洁、整齐。

⑤ 双层、多层和多重织物,如正、反面配置的经、纬密度或经、纬原料不同,一般正面具有较大的密度或正面的原料较佳。

⑥ 纱罗织物:纹路清晰、绞经凸出的一面为正面。

⑦ 毛巾织物：毛圈密度大的一面为正面。

织物的正、反面一般有明显的区别。但也有不少织物的正、反面极为相似，两面均可应用。对这类织物，可不强求区别其正、反面。

2. 判断织物经纬向

正确判别织物经、纬向是正确分析织物经、纬密度，经、纬纱线原料组合，以及织物组织的先决条件。有布边的样品，与布边平行的为经纱，与布边垂直的为纬纱；无布边的样品，可根据一般设计规则和实际生产规则判别。判别织物经、纬向的主要规则有：

① 经纱原料一般优于纬纱原料：经向纱线细，纬向纱线粗；经向密度大，纬向密度小。

② 如纱线上有残存浆分，则含浆分的为经纱，不含浆分的为纬纱。

③ 筘痕明显的织物，则筘痕方向为经向。

④ 对于短纤维纱线织物，若一组为股线，另一组为单纱，则通常股线为经，单纱为纬；若经、纬纱均为单纱，但捻向不同，则 Z 捻纱为经，S 捻纱为纬；若经、纬纱捻度不同，则捻度大的为经，捻度小的为纬。

⑤ 若织物中有一组采用了金银闪烁线、圈圈绒线、结子线、大肚纱或雪尼尔纱等花式线，则此组为纬。

⑥ 毛巾类织物，起毛圈的为经，不起毛圈的为纬；双层分割起绒（毛）织物，则起绒（毛）的一组为经，另一组为纬。

⑦ 纱罗组织织物，有相互扭绞的一组为经。

3. 鉴别经纬纱原料

经、纬纱原料鉴别首先是纤维原料属性的定性分析，方法主要有手感目测法、燃烧法、显微镜观察法、溶解法、药品着色法，以及熔点测定法、红外光谱法、双折射率法等。对于由两种或两种以上的不同原料混纺纱线织成的织物，还需进行混纺成分混纺比的定量分析，主要采用化学试剂溶解法。

4. 经纬纱细度的测定

纱线细度的测定方法有两种：一种为比较测定法；另一种为称量法。

称量法在测定前必须检查样品的经纱是否上浆，若经纱上浆，应对试样进行退浆处理。测定时用剪刀将织物上下、左右剪齐，经纱取出 10 根，纬纱取出 10 根，分别称其质量，并准确量取经、纬向长度。测出织物的实际回潮率，在经、纬缩率已知的条件下，可算出经纬纱细度。

5. 测定织物经纬密度

织物经、纬密度一般以 10 cm 织物中的纱线根数表示，是直接影响织物外观品质和内在质量，并关系到产品成本与生产效率的一项重要的织物指标。织物经、纬密度有公制、英制之分，其单位分别为"根/10 cm""根/in"。测定方法主要有：

① 借助照布镜或织物密度分析镜，直接测数织物单位长度内的经、纬纱根数。测数时，镜框或标志线应与纱线平行；数至最后时，如落在纱线上，则计作 0.5 根，以保证密度的精确性。

② 对于组织规则的织物，可采用测数 10 cm 织物长度内的组织循环数，再乘组织循环纱线数，确定织物经、纬密度。

③ 对于密度较大而难以直接测数或者有重叠覆盖的复杂结构织物的经、纬密度测定，可采用拆数法，即剪取单位长度的织物，逐一拆出并数清经纱和纬纱的根数，即可得出织物经、纬密度。织物经、纬密度一般应测取 3～4 个数据，然后取其算术平均值作为测定结果，

精确至 0.5 根。

6. 分析织物组织

正确分析织物中的经、纬纱交织规律，是正确确定织物上机的基础。组织分析常用的工具有照布镜、分析针、剪刀和颜色纸等。用颜色纸的目的是在分析织物时有适当的背景衬托，分析深色织物时可用白色纸，分析浅色织物时可用黑色纸。常用的织物组织分析方法有拆纱分析法和经验分析法。

拆纱分析法是一种常见的组织分析法，也是初学者必须掌握的一种方法，具体操作方法如下：

① 确定分析面。选择织物的哪一面进行分析，一般以看清织物的组织为原则。如起毛类织物，宜选择反面分析。

② 选择拆纱系统。一般将密度较大的纱线系统拆开，留出密度小的纱线系统纱缨。这样更能看清楚经、纬纱的上下沉浮状态，找出交织规律。由于大多数织物为经密大、纬密小，所以通常是拆经纱留纬纱。

③ 拆纱。拆除若干根纱线，留出 10 cm 左右的纱缨。

④ 纱缨分组。若循环小、组织简单，不必分组，直接拆纱分析。对于复杂组织或色纱循环大的组织，用分组拆纱更为精确可靠。取若干根为一组（一般 8 根一组），将拆好的纱缨分成若干组，再将奇数组纱缨与偶数组纱缨分别剪成不同长度，然后分组观察、记录经纬交织关系，方便简捷，也不易出错。

⑤ 拨纱分析。用分析针将纱线逐根轻轻拨入纱缨中，用照布镜观察该根纱线的交织情况，并在意匠纸上按拆纱顺序记录；当分析记录图中的经、纬向交织均达到两个循环以上时，就可停止分析；确定组织循环，并通过分析判断，最终确定织物组织。

也可依靠目力或利用照布镜，直接对织物进行观察，将观察到的经、纬纱交织规律，逐一填入意匠纸的方格中。这种方法简单易行，主要适用于分析单层密度不大、纱线较粗、基础组织较为简单的织物。在分析以某一简单组织为地部，而其他组织起局部花纹的一类织物时，可分别分析地部和花部的基础组织，然后根据花部的经、纬纱根数和花纹的分布，求出一个花纹循环的经、纬纱根数，而不必一一画出每一个经、纬组织点，但须注意地部组织与花部组织起始点的统一问题。分析重组织或双层组织类织物时，在正面分析表层纱线，反面分析里层纱线，找出表、里组织，并结合表、里经纬的排列比和组织配置原理，画出完整正确的组织循环图。分析起绒类组织织物时，应附织物纵向截面图；分析纱罗组织织物，须绘出绞纱部分的组织结构图。

7. 测定经纬纱缩率

经纱织缩率是指上机织造时的经纱长度与形成坯布时的经纱长度的差值对经纱长度的百分比。纬纱织缩率是指上机织造时的门幅与形成坯布时的门幅的差值对机上门幅的百分比。

合理地选择织物的经纬纱缩率，是织物工艺设计的重要内容。经纬纱缩率的变化直接影响织物的外观质量，还影响织物的用纱量、墨印长度、筘幅、筘号等计算，必须认真选择或计算。经纬纱缩率的确定可参考经验数据（表 12-1）或通过理论公式并结合实测加以确定，方法如下：

$$经纱缩率 = \frac{经纱墨印长度 - 坯布墨印长度}{经纱墨印长度} \times 100\%$$

$$纬纱缩率 = \frac{上机筘幅 - 坯布标准幅宽}{上机筘幅} \times 100\%$$

表 12-1　常见本色棉布的织造缩率

织物名称	织缩率(%)		织物名称	织缩率(%)	
	经纱	纬纱		经纱	纬纱
粗平布	7.0~12.5	5.5~8	半线华达呢	10±1	2.5±1
中平布	5.0~8.6	7±1	全线华达呢	10±1	2.5±1
细平布	3.5~13	5~7	纱卡其	8~11	4±1
纱府绸	7.5~16.5	1.5~4	半线卡其	8.5~14	2±1
半线府绸	10.5~16	1~4	全线卡其	8.5~14	2±1
线府绸	10~12	2±1	直贡	4~7	2.5~5
纱斜纹	3.5~10	4.5~7.5	横贡	3~4.5	5.5±1
半线斜纹	7~12.0	5±1	羽绸	7±1	4.3±1
纱哔叽	5~6	6~7	麻纱	2±1	7.5±1
半线哔叽	6~12	3.5~5	绉布	6.5	5.5
纱华达呢	10±1	1.5~3.5	—	—	—

8. 幅缩率的确定

幅缩率是指坯布经过后整理后的纬向收缩程度,其大小视后整理加工的类型、织物技术规格等因素而定。确定时可采用实测法或参考经验数据(表 12-2)。

表 12-2　本色棉布印染幅缩率

档次	成品名称	幅缩率(%)	幅宽加工系数	经密加工系数
一	本光染色平布,丝光、印花、染色平布,漂、色、花的麻纱织物	12.2	0.878	1.139
二	本光、丝光漂白平布,丝光、漂、色、花贡呢、哔叽、斜纹等	12.2	0.878	1.126
三	本光漂白斜纹,丝光、漂、色、花府绸,纱卡其、华达呢等	8.5	0.915	1.093
四	本光漂、色纱卡其,纱华达呢类,丝光漂、色线华达呢等	6.5	0.935	1.070
五	丝光漂、色线卡其类	5.5	0.945	1.058

二、白坯织物生产工艺设计与计算

白坯织物生产工艺设计分为两个部分:一部分为生产工艺计算;另一部分为上机工艺设计,包括前织各工序与织机主要上机参数设计(这部分内容已在模块二重点介绍,这里不再重复)。白坯织物生产工艺计算的内容较为简单,下面结合实例进行介绍:

例　有一织物,规格为 165　JC 11.7 tex×JC 11.7 tex　551×393.5 纯棉精梳防羽府绸坯布,在 GA708 型喷气织机上生产。具体设计与计算过程如下:

1. 织物规格公英制换算

由于目前工厂中常用英制织物规格进行工艺计算,故将上述实例中的公制织物规格换算为英制织物规格(具体的换算方法在下文色织物设计中详细介绍):

$$65 \quad JC\,50^s \times JC\,50^s \quad 140 \times 100 \text{ 纯棉精梳防羽府绸坯布}$$

2. "三率"(指经、纬织缩率和幅缩率)的确定

根据企业以往的生产经验数据,结合该品种特点确定如下:

$$\text{经织缩率为 } 11.5\%, \text{纬织缩率为 } 5.4\%, \text{幅缩率为 } 7\%$$

3. 确定边纱和每筘穿入数

根据织物特点,确定边纱根数为 64 根,地组织每筘齿穿入数为 2 根,边组织每筘齿穿入数为 4 根。

4. 筘号计算

$$\text{英制筘号} = \frac{\text{坯布经密} \times (1 - \text{纬织缩率})}{\text{每筘齿穿入数}} \times 2 =$$

$$\frac{140 \times (1 - 5.4\%)}{2} \times 2 = 132.44 \text{ 齿 /2 in} \quad (\text{取 } 132.5 \text{ 齿 /2 in})$$

$$\text{公制筘号} = \frac{\text{坯布经密} \times (1 - \text{纬织缩率})}{\text{每筘齿穿入数}} =$$

$$\frac{551 \times (1 - 5.4\%)}{2} = 260.62 \text{ 齿 /10 cm} \quad (\text{取 } 260.5 \text{ 齿 /10 cm})$$

5. 上机筘幅计算

$$\text{上机筘幅} = \frac{\text{坯布幅宽} \times \text{坯布经密}}{\text{筘号} \times \text{每筘齿穿入数}} \times 2 = \frac{65 \times 140}{132.5 \times 2} \times 2 = 68.67 \text{ in}$$

或
$$\text{上机筘幅} = \frac{\text{坯布幅宽}}{1 - \text{纬织缩率}} = \frac{165}{1 - 5.4\%} = 174.42 \text{ cm}$$

6. 估算总经根数

$$\text{总经根数} = \text{成品幅宽} \times \text{成品经密} + \text{边纱根数} \times \left(1 - \frac{\text{地组织每筘齿穿入数}}{\text{边组织每筘齿穿入数}}\right) =$$

$$65 \times 140 + 64 \times \left(1 - \frac{2}{4}\right) = 9\,124 \text{ 根}$$

7. 核算坯布经密与上机筘幅

$$\text{坯布经密} = \frac{\text{总经根数}}{\text{坯布幅宽}} = \frac{9\,124}{65} = 140.37 \text{ 根/ in}$$

误差在 0.5 根以内,无需修正上机筘幅。

8. 经、纬纱用量计算

经、纬纱用量计算公式,在下文色织物设计中详细介绍。这里按下式计算:

$$\text{经纱用量} = \frac{100 \times (1 + \text{织物自然缩率}) \times \text{总经根数} \times \text{经纱线密度}}{10^6 \times (1 + \text{经纱伸长率}) \times (1 - \text{经织缩率}) \times (1 - \text{经回丝率})} (\text{kg/100 m})$$

$$\text{纬纱用量} = \frac{100 \times (1 + \text{织物自然缩率}) \times \text{织物幅宽} \times \text{织物纬密} \times \text{纬纱线密度}}{10^7 \times (1 - \text{纬织缩率}) \times (1 - \text{纬回丝率})} (\text{kg/100 m})$$

经查阅有关棉织手册,结合品种特点和织造条件,可知织物自然缩率为 1.125%,经、纬回丝率分别 0.2%和 0.5%,经纱伸长率为 1.2%。将这些参数代入上述公式,可计算出经、纬纱用量:

$$经纱用量 = \frac{100 \times (1 + 1.125\%) \times 9\,124 \times 11.7}{10^6 \times (1 + 1.2\%) \times (1 - 11.5\%) \times (1 - 0.2\%)} = 12.077\,4 \text{ kg}/100 \text{ m}$$

$$纬纱用量 = \frac{100 \times (1 + 1.125\%) \times 165 \times 393.5 \times 11.7}{10^7 \times (1 - 5.4\%) \times (1 - 0.5\%)} = 8.161\,3 \text{ kg}/100 \text{ m}$$

9. 汇总工艺,填写工艺单(表 12-3)

表 12-3　白坯织物工艺单

经纱	JC 11.7 tex	经纱捻向	Z	纬纱	JC 11.7 tex	纬纱捻向	Z
织物	幅宽(cm)	经密(根/10 cm)	纬密(根/10 cm)	织物组织	平纹	经织缩率(%)	11.4
成品	—	—	—	经纱用量(kg/100 m)	12.077 4	纬织缩率(%)	5.4
坯布	165	551	393.5	纬纱用量(kg/100 m)	8.161 3	幅缩率(%)	7
内经根数	9 124 根	边经根数	64	公制筘号	260.5♯(2 根/筘)	上机筘幅(cm)	174.4

【思考与训练】

一、 基本概念

织物覆盖率、绢丝、紬丝、工艺、工艺设计、经织缩率、纬织缩率、幅缩率。

二、 基本原理

1. 试根据机织比较原理,分析棉、毛、丝、麻、化纤等织物的加工特点。

2. 列出棉、毛、丝、麻、化纤等织物的主要产品和用途。

3. 白坯织物样品分析主要有哪些内容? 如何分析?

4. 白坯织物生产工艺计算主要包括哪些内容? 设计时应注意哪些问题?

三、 基本技能训练

训练项目:有一织物,规格为 220　T/C 13 tex×T/C 13 tex　523.5×283 涤/棉府绸坯布,在 JA610 型丰田喷气织机上生产。试进行下列项目的工艺设计:

(1) 设计产品生产工艺流程,并列出主要设备。

(2) 进行织物生产工艺计算。

(3) 进行织物上机工艺参数设计。

将上述工艺设计结果填入"白坯织物的总工艺设计表"(表 12-4)。

表 12-4 白坯织物的总工艺设计表

织物	幅宽(cm)	经密(根/10 cm)	纬密(根/10 cm)	织物组织		经缩率(%)	
成品				经纱用量(kg/100 m)		纬缩率(%)	
坯布				纬纱用量(kg/100 m)		幅缩率(%)	

	项目		单位	参数		项目		单位	参数
络筒工艺	机械类型		/		浆纱工艺	机械类型		/	
	络筒速度		m/min			浆纱速度		m/min	
	预清纱器		mm			浸压形式		/	
	清纱器	棉结	%			浸浆长度		mm	
		短粗节	cm×%			压力	前	kN	
		长粗节	cm×%				后	kN	
		长细节	cm×%			烘房	温度	℃	
	络筒张力		格				压力	MPa	
	打结类型		/			浆槽温度		℃	
	筒子长度		km			浆液黏度		s	
整经工艺	机械类型		/			上浆率		%	
	整经速度		m/min			回潮率		%	
	整经配轴		根数×轴			伸长率		%	
	整经长度		m×轴			织轴轴幅		cm	
	张力	前段	cN			浆轴长度		m×轴	
		中段	cN		穿经工艺	筘号		/	
		后段	cN			筘幅		cm	
		边纱	cN			筘全长		cm	
调浆工艺	和浆成分		/			边纱组织		/	
			/			边纱根数		/	
			/			每筘穿入数	地	/	
			/				边	/	
			/		织造工艺	机械类型		/	
			/			织机轴幅		cm	
			/			织机转速		r/min	
			/			纬密牙		Z_3/m	
	调浆体积		L			开口时间		°	
	含固率		%			进剑时间		°	
	酸碱度(pH 值)		/			后梁高低		mm	
	供浆温度		℃			上机张力		N	
						相对湿度		%	

教学单元 13 色织物生产工艺设计

【内容提要】 本单元首先对色织生产工艺设计做全面分析与讨论,其中,对色织投产工艺(或称总工艺)设计步骤、方法等通过实例进行系统介绍,随后重点介绍色织生产中的难点或重点内容——经浆排花工艺设计,使学生对色织生产有一个较为全面而系统的认识,为以后从事相关工作打下基础。

色织行业是棉纺织行业中的传统优势产业之一,涉及纺、织、染、整四个专业,是涉及多道工序、采用多种设备的深加工行业,也是集资金密集、技术密集、劳动力密集的竞争性较强的行业。色织产品档次相对较高,因为:①可通过不同新型原料的组合搭配、织物组织的变化和流行色彩的运用等时尚元素的复合,以及后整理风格的变化,形成不同的效果,成为服装和家纺企业的设计者颇为青睐的面料之一;②能适应小批量、多品种、季节性、流行色的变化,在纺织品市场中占据相当重要的地位。

原色纱线加工成色织产品,须经过纱线漂染、准备、织造、整理等加工工序,故色织物生产工艺设计是指根据产品的技术规格和组织结构的特征,串连各道加工工序,制定一个完善的加工方案。由此可见,色织物生产工艺设计涉及的内容繁多。这里仅介绍其中比较重要的两个部分的内容,即色织投产工艺设计和经浆排花工艺设计。

第一节 色织投产工艺设计

一、 工艺设计的准备

在进行工艺制定之前,必须做好一系列准备工作,首先必须对制定依据做详细的分析和了解。工艺设计的准备大致有以下内容:

（一）产品的规格要求

工艺设计的主要依据是生产任务书(如合约单、要货单等)。任务书中,对产品要求的原料类别、纱线线密度、密度、幅宽、匹长、生产数量等,一般都有规定,并且附有产品的来样和特殊整理工艺要求,所以要全面分析任务书中提出的工艺规格要求,以便查阅有关技术资料和制定技术措施。

（二）来样分析

生产任务书中所附的来样,目前主要有两种:实物样和纸样。前者指客户订单所附的产品标样,它表明产品的主要织物技术规格、织物组织、花型和配色等内容;后者只表明产品在花型和配色方面的外观要求。织物技术规格和组织等一般用文字表述。

1. 实物样分析

实物样分析内容有如下几项：

（1）技术规格分析。首先确定实物样的经纬向、织物的正反面，然后对其进行原料类别、纱线线密度、织物经纬密度的分析。当实物样的技术规格与产品要求的差异较大时，工艺设计时应做好仿样设计工作。

原料分析时，应注意经纬纱原料是否同类，它们的线密度是否一致，若为混纺纱线，还要分析出其混纺比。

（2）组织分析。对于平纹、斜纹织物，由于组织比较简单，常采用直接观察法分析；缎纹织物的经密或纬密较大，应采用拆纱法分析；当织物组织循环较大时，可用分组拆纱法进行；待分析的样品若是由两种或两种以上组织联合构成的条状或条格织物时，宜采用局部分析法。

复杂组织由于组织重叠、双层状，其组织分析方法和单层组织织物略有不同。如对于重组织织物，应先分析各组织的表、里纱线排列比，然后按顺序一组一组地运用拆纱法进行，便可得出重组织的展开图；对于双层组织织物，在判断经、纬向的基础上，先分析表、里纱线的排列比，再用拆纱法或观察法分析其交织规律，按经、纬向绘出组织图；对于灯芯绒类织物，不能进行正面分析，须从反面着手，先在直条绒根分布处，轻轻地用针拨出两根地纬，观察这两根地纬之间的绒纬固结根数或绒纬固结形式，从而确定地纬和绒纬的排列比和绒纬组织，进而确定地组织，再根据地组织和绒纬组织，运用反面组织绘法即可得出所需组织图。

通过组织分析，可初步估计出产品需用的综页数、是否需用双织轴织造等生产技术条件。

（3）色泽分析。色泽分析是采用对照法，分别分析出经、纬纱的一个配色循环（即一花）。先在实物样上找出一花，将此花内的各色经纱或纬纱，按其排列顺序，记录与各色条形或格形相对应的纱线根数即可。

分析时，应重点注意实物样上是否有染色质量达不到要求（色牢度、色差、色花）的特殊色泽，配色方面应注意单色产品的经、纬纱颜色，条格形产品应注意主辅色。通过分析，掌握色纱的选色和使用标准。按色谱对色法是目前普遍采用的选色方法。

2. 纸样分样

重点是做好附样的花型和配色分析与设计，其他内容可参照实物样的分析法进行。对于纸样的色泽分析，一般采用测量推算法，步骤如下：

① 量出纸样一花内经、纬向的各色宽度（公制精确到 1 mm，英制精确到 1/16 in）。

② 将经、纬向的各色宽度分别乘成品的经、纬密度，求出经、纬纱各色根数，即为一花的经、纬纱排列根数。

③ 修正计算根数。在修正经、纬纱排列根数时，如出现小数，一般遵循四舍五入的处理原则；但对于要求格形方正的产品，可适当增减各色根数来满足此要求。

例　某产品用纱为 13 tex×13 tex，成品密度为 472 根/10 cm×268 根/10 cm，成品门幅为 148 cm，格形参照纸样。其经、纬纱分析结果如表 13-1 所示。

表 13-1　某色织物配色分析结果表

		白	蓝	红	白	黑	蓝
经向	纸样一花内经纱各色的测量宽度(mm)	3.5	12.5	4.8	3.5	9.8	8.2
	按经密比例推算的一花排列根数	16.5	59	22.7	16.5	46.3	38.7
	修正后产品经纱的一花排列根数	16	60	22	16	46	40
纬向	纸样一花内纬纱各色的测量宽度(mm)	白	蓝	红	白	元	蓝
		3.5	12.5	4.8	3.5	9.8	8.2
	按纬密比例推算的一花排列根数	9.4	33.5	12.9	9.4	26.3	22
	修正后产品纬纱的一花排列根数	10	34	14	10	26	22

（三）确定后整理工艺

后整理工艺的目的是提高织物外观效应,改善织物手感和内在质量。任务书有时对整理包装等提出要求,如树脂整理、防缩整理、单面或双面拉绒等;但对于一般整理,往往不做规定。后整理工艺对坯布规格、染色要求各有不同。如由 3 g 橘黄 RT 染成的色纱(一包),其坯布呈橘黄色,若采用不漂整理,其色基本不变;如采用漂白整理,其色泛红,呈血牙色。故在工艺设计之前,应根据产品的后整理要求,确定后整理工艺。

（四）打手织样

根据样品分析结果,在小样试织机上织出不小于 10 cm×10 cm 的布样,经客户确认封样后,作为大货生产和产品验收的依据。手织样应注意花型完整、组织正确、配色准确。

（五）先锋试样

各种新花色、新规格和一些生产难度较大的产品,先进行小批量生产,对产品的工艺特点进行实测。这种实验方法就称为先锋试样,工厂称之为"放大样"。先锋试样是取得生产主动权、防止重大工艺事故的有效方法,也是工艺设计的重要准备工作。

1. 先锋试样的目的

由于各种产品的疑难点不同,先锋试样的目的和要求可以有所侧重。色织产品试样一般要达到如下目的:

① 核实和确定工艺设计内容,如坯幅、经纱长度等工艺数据。

② 了解机械设备状态和生产中可能出现的问题,并提出保证正常生产的技术措施。

③ 摸索产品的织造工艺参变数。对组织结构和规格要求特殊的产品,需通过试样进行摸索,以便制定合理的工艺参变数。

④ 实测织物的经纬织缩率。对于采用高线密度(低支)纱和花式线的产品、组织变化比较大的产品、定长出口的产品,应做先锋试样,测定织缩率,防止产品大量投产时门幅和落布长度偏差过大。

⑤ 确定产品的设计条件。如是否需要双轴生产、停卷装置等。

⑥ 了解整理工艺对产品整理性能和外观的影响。

此外，可以通过试样来验证产品对纱线染色的质量要求、试样穿综工艺是否合理、熟悉产品的织布操作要领、分析各种疵点产生的原因等。

2. 先锋试样的方法

先锋试样的方法，根据产品的整个工艺流程和试样的目的确定，主要有以下几种：

① 预先染一部分纱，或者从已入仓库的色纱中取出一部分，整成小轴进行试织。这种方法的正确性高，能反映生产中的实际问题，但试样周期较长。

② 选择适当的呆滞纱，整成小轴进行试织。

③ 利用即将了机的小轴，剪下后改穿，作为试样轴。

④ 分批整经的产品，可在浆纱机上落成小轴或先穿一轴试织。

⑤ 用包袱样作为先锋试样。

先锋试样的数量，按品种的难易和需要确定，一般为 50～100 m，长度不宜太短，以保证试样的正确性和代表性。

进行先锋试样需专人负责，宜用专机台织造，并有经验丰富的挡车工、机修工、技术人员参加，对试样目的、方法、效果等一起分析研究，攻克技术关键。试样时，应有先锋试样工艺设计表，便于工艺设计查考。先锋试样工艺设计方法与正常工艺设计基本相同。

二、 工艺规格计算

（一）织物的主要技术条件

色织布的主要规格有纱线线密度（或支数），织物密度、幅宽和长度，1 平方米无浆干燥质量及附样等项目。一般在生产任务书中都有明确的规定。

1. 纱线线密度（或支数）

（1）股线线密度（或支数）的计算

$$\text{同线密度单纱捻合的股线线密度} = \text{单纱线密度} \times \text{根数}$$

例　纯棉 14.6 tex 双股线，可表示为：C 14.6×2 tex

$$\text{同支数单纱捻合的股线支数} = \text{单纱支数}/\text{根数}$$

例　涤/棉 45^{s}双股线，可表示为：T/C 45^{s}/2

$$\text{异线密度单纱捻合的股线线密度} = \text{各单纱线密度之和}$$

例　14 tex 棉纱和 13 tex 黏纤纱的并线，可表示为：C 14 tex＋R 13 tex

$$\text{两根异支纱并捻的股线支数} = \text{单纱支数之积}/\text{单纱支数之和}$$

例　21^{s}棉纱和 30^{s}黏纤纱的并线，则

$$\text{股线支数} = (21\times30)/(21+30) = 12.35^{\text{s}}$$

三或三根以上不同支数并合成一根花线，并合后的支数计算如下：

$$股线支数 = \cfrac{1}{\cfrac{1}{N_1} + \cfrac{1}{N_2} + \cdots + \cfrac{1}{N_n}}$$

计算三根或三根以上不同支数并捻时,无论为一次并捻或两次并捻,并合后的支数均认为相同,但在实际生产中还需考虑捻缩和捻伸。

例 21^S棉纱、30^S黏纤纱与45^S涤纶纱的并合股线,股线支数为:

$$股线支数 = \cfrac{1}{\cfrac{1}{21} + \cfrac{1}{30} + \cfrac{1}{45}} = 8.22^S$$

(2) 花式线并合后支数的计算

花式线是以不同支数、不同纤维,用特种并捻工艺并合而成的多股线,在外观上形成多种花色,如毛巾线、结子线、断丝等。并合后的支数计算如下:

$$并合后的支数 = \cfrac{1}{\cfrac{1}{N_1(1-捻缩率)} + \cfrac{1}{N_2(1-捻缩率)} + \cdots + \cfrac{1}{N_n(1-捻缩率)}}$$

例 $42^S/42^S/42^S/42^S$双色结子线。其中两根42^S芯线,捻缩率均为3.1%;两根42^S饰线,捻缩率均为45.15%。其并合后的支数为:

并合后的支数 $=$

$$\cfrac{1}{\cfrac{1}{42(1-3.1\%)} + \cfrac{1}{42(1-3.1\%)} + \cfrac{1}{42(1-45.15\%)} + \cfrac{1}{42(1-45.15\%)}} = 7.4^S$$

2. 织物密度

色织物的经纬密度是指织物的平均密度。对于平筘(每筘齿穿入数相同)织物,各处经密相同,欲获得经密,要测得单位长度内的经纱根数。对于花筘(每筘穿入数不相同)织物,各处经密不同,织物的经密以一花内经纱平均密度表示,按下式计算:

$$经密 = \frac{一花的经纱根数}{一花宽度}(根/10\ cm\ 或根/in)$$

例 某色织缎条府绸,其中平纹、缎纹组织分别采用2根/筘和4根/筘。显然,这是一种花筘织物。确定经密时,既不能以平纹部分的经密为准,又不能以缎纹部分的经密为准,更不能取两处经密的平均值,而是应采取上述方法。若量取一花宽度为12.3 cm,一花经纱根数为562根,则:

$$经密 = \frac{562}{12.3} \times 10 = 457\ 根/10\ cm$$

纬向密度的测定方法与经向密度相同。

3. 织物幅宽

织物的幅宽主要根据以下因素综合确定:①织物的用途;②机械设备的条件(指有效筘幅等);③加工条件。

色织产品的幅宽,根据各品种的主要用途和生产条件,分为100 cm以下、100~140 cm

和 140 cm 以上三档,各档允许偏差见表 13-2。

表 13-2　色织物幅宽允许偏差

幅宽(cm)	100 以下	100~140	140 以上
允许偏差(cm)	+2.0 -1.0	+2.5 -1.5	+3.0 -2.0

4. 匹长

色织物的匹长指单位长度,以"米(m)"或"码(yd)"为单位。常见的匹长有 30 m、40 m 或 30 码、40 码等,一些特殊外销产品有 40~120 码及乱码成包。

织物的成品匹长是根据生产任务书的规定或使用单位的要求而确定的。坯布匹长是根据后整理加工系数、织物的质量确定的。在实际生产中,为了后整理加工方便,减少浪费和提高劳动生产率,采用联匹落布。联匹数视织物厚薄而定,厚织物适合 2 联匹,一般织物适合 3~4 联匹,薄织物适合 4~5 联匹。

各种产品由于包装方法不同、地区气候、组织规格、储存时间等影响而产生自然回缩,为了保证拆包时产品的匹长符合规定的要求,必须加放一定长度,然后成包。因此,匹长有公称匹长和规定匹长两种:公称匹长是指设计的长度;规定匹长是指码布后的成包匹长。二者之间的关系如下:

$$规定匹长 = 公称匹长 + 加放布长$$

$$自然缩率 = \frac{规定匹长 - 公称匹长}{公称匹长} \times 100\% =$$

$$\frac{成包时织物经向长度 - 相隔若干时间后织物经向长度}{相隔若干时间后织物经向长度} \times 100\%$$

加放布长根据产品的自然缩率的具体情况而定,一般在每层折页处加放 5~10 mm。

凡经小整理或不整理,以成品出厂的产品,其落布长度根据规定匹长,再考虑加放布长。这类产品的自然缩率如表 13-3 所示。

表 13-3　某些小整理或不整理色织产品的自然缩率

品　种	男女线呢	被单布	色织绒布	二元元贡
自然缩率(%)	0.55	0.55	0.55	1.0

例　有一色织绒布,规格为 27.8×27.8　283×244,公称匹长为 40 m,求其规定匹长。则:

$$加放布长 = 公称匹长 \times 自然缩率 = 40 \times 0.55\% = 0.22 \text{ m}$$
$$规定匹长 = 40 + 0.22 = 40.22 \text{ m}$$

大整理产品也应根据自然缩率考虑加放长度。但对坯布可以不考虑自然缩率。防缩产品坯布根据加工系数考虑加放长度,对成品有自然回伸,可不考虑加放长度。

5. 1 平方米织物无浆干燥质量

计算 1 平方米织物无浆干燥质量的目的,主要是控制用纱量和织物质量:

1 平方米织物无浆干燥质量＝1 平方米成布经纱干燥质量＋1 平方米成布纬纱干燥质量

$$1 \text{平方米成布经纱干燥质量} = \frac{\text{经密} \times 10 \times \text{经纱纺出标准干燥质量} \times (1 - \text{经纱总飞花率})}{(1 - \text{经纱缩率})(1 + \text{经纱总伸长率}) \times 100}$$

$$1 \text{平方米成布纬纱干燥质量} = \frac{\text{纬密} \times 10 \times \text{纬纱纺出标准干燥质量}}{(1 - \text{纬纱缩率}) \times 100}$$

式中：

$$\text{经（纬）纱纺出标准干燥质量} = \text{公制号数} \times \frac{0.921\,66}{10} = \frac{53.74}{\text{英制支数}} (\text{g}/100\,\text{m})$$

经纱总飞花率：粗特织物为 0.2％，中特平纹织物为 0.6％，中特斜纹织物为 0.9％，细特织物为 0.8％，绒织物为 0.6％。

经纱总伸长率：上浆单纱为 1.2％（包括络、整、浆）；上浆股线，10×2 tex 以上（$60^s/2$ 以下）为 0.3％，10×2 tex 以下（$60^s/2$ 以上）为 0.7％。

计算精确到两位小数，经、纬相加后根据四舍五入规则取一位小数，生产成品必须达到国家标准要求。

（二）产品工艺规格的计算

要使生产的色织产品符合任务书的要求，必须对产品的上机工艺规格进行计算。因此，上机计算是保证产品达到预期规格要求的重要工作，计算是否正确，选择是否合理，直接影响产品的质量。计算项目如下：

1. 确定经、纬纱织缩率

选择经、纬纱缩率的方法有以下两种：

第一种是实测纱线的长度和被测纱线织成织物的长度，计算如下：

$$\text{经纱织缩率} = \frac{\text{经纱墨印长度} - \text{坯布墨印长度}}{\text{经纱墨印长度}} \times 100\%$$

$$\text{纬纱织缩率} = \frac{\text{上机筘幅} - \text{坯布标准幅宽}}{\text{上机筘幅}} \times 100\%$$

第二种是根据织物样品的长度和织物中纱线伸直后的长度计算，计算公式如下（此公式的计算值由于测量误差而较大，故不甚正确）：

$$\text{经纱织缩率} = \frac{\text{经纱长度} - \text{织物的经向长度}}{\text{经纱长度}} \times 100\%$$

$$\text{纬纱织缩率} = \frac{\text{纬纱长度} - \text{织物的纬向长度}}{\text{纬纱长度}} \times 100\%$$

影响经、纬纱织缩率的因素很多，主要有以下几种：

① 经纬纱支数。当经纱支数比纬纱支数小时，即经粗纬细，则经纱缩率小，纬纱缩率大；反之，经纱缩率大，纬纱缩率小。

② 经纬密度。随着经密增加，经纱缩率逐渐减少；当经纬纱密度同时增加时，经纬纱缩率也同时增加。所以，高经密织物经缩大，高纬密织物纬缩大。

③ 织物组织。在经纬密度均不大的条件下，由于织物组织不同，经纬纱屈曲次数不同，

屈曲次数多的,缩率大;反之,缩率小。所以,在同样条件下,平纹组织织物的缩率比其他组织织物大。

④ 纱线刚度。刚度大的纱线缩率小,刚度小的纱线缩率大;如同细度的全棉与涤/棉纱线,全棉的刚性小,缩率大。

⑤ 纱线的捻度。纱线的捻度大,缩率小;捻度小,缩率大。

⑥ 上机张力。织物上机张力大,经纱缩率小,而纬纱缩率大;反之,上机张力小,经纱缩率增大,纬纱缩率减小。

⑦ 车间的温湿度。车间温湿度大,使经纱易伸长,经纱缩率减小,纬纱缩率增大。

⑧ 上浆率。上浆率高,经纱缩率减小;上浆率低,经纱缩率增大。

有的工厂也采用以下经验公式来估算经纱织缩率:

$$经纱织缩率 = 纬密(根/in) \times 经织缩系数$$

其中:经织缩系数 $= \dfrac{织物组织系数}{\sqrt{纬纱平均支数}}$。

上式中的织物组织系数如表 13-4 所示。

表 13-4　色织物组织系数

档次	织物组织	织物组织系数		备注
		纱经	线经	
1	$\frac{1}{1}$ 平纹	0.694 8	0.764 3	蜂巢组织亦按此计算
2	$\frac{2}{1}$ 或 $\frac{1}{2}$ 或 $\frac{1}{2}\ 2$ 斜纹	0.637 0	0.700 7	绉组织亦按此计算
3	$\frac{2}{2}$ 或 $\frac{1}{3}$ 或 $\frac{3}{1}$ 或 $\frac{3}{2}\ 1$	0.624 0	0.686 4	—
4	$\frac{2}{3}$ 或 $\frac{3}{2}$ 或 $\frac{4}{1}$ 或 $\frac{1}{4}$ 或 $\frac{3}{2}\ \frac{1}{4}\ \frac{2}{3}$ 或 $\frac{4}{2}$ 或 $\frac{2}{4}$ 或 $\frac{3}{4}\ \frac{3}{2}$ 等	0.611 0	0.672 1	—
5	7 枚及以上缎纹组织	0.545 0	0.599 5	二六元直贡按此计算

使用经验公式法估算经纱织缩率,应注意的事项如下:

① 经验公式法估算经纱织缩率,只适合于织物组织、纱线规格不太复杂的品种。如品种较为复杂时,仍需采用上述介绍的第一种方法。

② 使用此公式时,织物规格一律用英制表示,即纱支用"英支"表示,密度用"根/in"。如不是,一定要将其转换成英制表示法。

③ 当纬纱采用多种不同支数的纱线时,应取其纬纱平均支数,计算方法是取一花纬纱中的各种支数,求其加权平均支数。

例 1　有一色织青年布,其织物规格为 57/58　21×21　69×61,估算其经纱织缩率。

计算如下:

根据表 13-4,计算经织缩系数为:

$$经织缩系数 = \frac{织物组织系数}{\sqrt{纬纱平均支数}} = \frac{0.694\,8}{\sqrt{21}} = 0.151\,6$$

$$经纱织缩率 = 61 \times 0.151\,6 = 9.25\%$$

例 2 有一纯棉色织斜纹布,其织物规格为 57/58　40/2×(21+32/2)　80×68,组织为 $\frac{3}{2}\frac{1}{1}$ 复合斜纹。经分析,一花纬纱中,21^{s} 为 20 根,$32^{\text{s}}/2$ 为 12 根,估算其经纱织缩率。计算如下:

先计算纬纱平均支数:

$$纬纱平均支数 = (21 \times 20 + 32/2 \times 12)/(20 + 12) = 19.125^{\text{s}}$$

再根据表 13-4,计算经织缩系数为:

$$经织缩系数 = \frac{织物组织系数}{\sqrt{纬纱平均支数}} = \frac{0.686\,4}{\sqrt{19.125}} = 0.157$$

$$经纱织缩率 = 68 \times 0.157 = 10.67\%$$

2. 确定幅缩率

影响幅缩率的因素有下列几种:

① 由于后整理工艺的不同,使幅缩率发生变化。如:丝光大整理时,由于后整理工序多,幅缩率大;而拉绒整理,由于整理工序少,幅缩率也小。

② 织物的技术规格不同,使幅缩率发生变化。如同线密度品种,由于密度不同,幅缩率不同,一般密度稀的织物,幅缩率大;密度高的织物,幅缩率小。

③ 不同织物组织会使幅缩率发生变化。一些松组织,如透孔组织、凸条组织等,织物的幅缩率比紧组织(如平纹)织物大。

④ 不同的原料也会使幅缩率发生变化。如全棉织物的幅缩率和涤/棉混纺织物的幅缩率不同。

确定色织物的幅缩率时,可参照有关类似产品的经验数据或与整理厂取得联系后确定。如色织府绸的幅缩率可定为 6.5~7.0%。

3. 坯布幅宽的确定

生产任务书中标明的是成品幅宽,要达到成品幅宽,必须准确确定坯布幅宽。

色织产品根据是否需要后整理加工来确定坯布幅宽。直接成品的坯布幅宽接近成品幅宽,通常坯布的幅宽比成品幅宽增加 0.6~1.5 cm。间接成品是指下机坯布须经大整理加工的产品,如青年布、牛津纺、中长花呢、府绸等。由于坯布在后整理的加工过程中受到拉伸作用,使间接成品沿经向发生伸长,而纬向收缩,其坯布幅宽比成品幅宽增加 5~15 cm,可按下式计算:

$$坯布幅宽 = \frac{成品幅宽}{1 - 幅缩率} = \frac{成品幅宽}{幅宽加工系数}$$

例 某涤/棉府绸,其成品幅宽为 148 cm,参考同类产品,取幅缩率为 6.5%,所以:

$$坯布幅宽 = \frac{148}{1-6.5\%} = 158.3 \text{ cm}$$

4. 初算筘幅

织物上机筘幅,先按下式初步确定,待确定筘号后再修正:

$$初算筘幅 = \frac{坯布幅宽}{1-纬纱织缩率}$$

上式中的纬纱织缩率可参考类似品种确定,色织大类品种的纬纱织缩率参考经验数据。

例　涤/棉府绸,规格为"13×13　440.5×283",纬纱织缩率为 5%,坯布幅宽为 158.3 cm,则:

$$初算筘幅 = \frac{158.3}{1-5\%} = 166.6 \text{ cm}$$

5. 每筘穿入数和边纱根数确定

(1) 每筘穿入数。在比较复杂的色织物组织中,平纹采用 2 穿入或 3 穿入,斜纹采用 3 穿入或 4 穿入,5 枚缎纹采用 3～5 入。对于联合组织,可以在不同的部位采用不同的穿入数。这种不同穿入数的穿法,称为花筘穿法。在花筘穿法中,每筘穿入数最多不超过 6 根,因为穿入数过多,会使筘齿内的经纱密度加大,导致经纱开口不清而造成跳花、筘路和纬纱起圈等织疵。

此外,同一品种可采用不同的穿入数。例如:规格为 13×13　440.5×283 的涤/棉色织府绸,可采用 2 穿入、3 穿入,甚至 4 穿入。采用 2 穿入,布面丰满匀整,颗粒清晰,实物质量好,其缺点是断头率高;采用 4 穿入,布面有明显筘路,开口不清,易产生星跳、沉纱织疵而影响布面质量,但经纱断头率低。因此,涤/棉府绸类织物可以采用 2 穿入,以提高织物的外观质量。在地经用单纱、花经用同线密度双股线的场合,如果采用 4 穿入(2 地 2 花),相当于每筘有 6 根经纱穿入,显得穿入数过多。所以,采用股线、结子线、毛巾线、花线作经纱时,宜减少每筘的穿入数。

考虑到有些品种会采用空筘或花筘穿法等,需计算平均每筘穿入数,一般小数点后保留两位,可用下式计算:

$$平均每筘穿入数 = \frac{一花经纱数}{一花经纱占用筘齿数}$$

例　有一色织物,其一花经纱排列为:红 10 蓝 15 白 24 绿 20 白 24 蓝 15。其中:红、白色经纱为平纹,2 根/齿;蓝色经纱为斜纹,3 根/齿;绿色经纱为小提花,4 根/齿。求平均每筘齿穿入数。计算如下:

一花经纱数 = 10＋15＋24＋20＋24＋15 = 108 根

一花经纱占用筘齿数 = (10＋24＋24)/2＋(15＋15)/3＋20/4 = 44 齿

则

$$平均每筘齿穿入数 = \frac{108}{44} = 2.45(根／齿)$$

(2) 边纱根数。色织物的布边宽度,一般每边取 0.5～1 cm,边纱根数为 40～80 根,常取 48 根。但边纱根数和穿法无统一规定,有时为满足劈花的需要,可适当加宽布边。布边的经密一般等于或大于布身经密。中线密度纱色织物的边纱,每边最外端一般用 2 个 4 穿入(2 根经纱穿 1 综,2 综穿 1 筘),最少有 1 个 4 穿入;对低线密度纱色织物,最外端一般用 3~4 个筘齿,4 穿入。例如某色织涤/棉府绸,边纱穿筘法为"(3×4+4×3)×2",表示每边最外端有 3 个筘齿为 4 穿入,内边有 4 个筘齿为 3 穿入,两边共 48 根边纱。又如某厂的被单布,边纱穿法为"(2×4+8×2)×2",表示每边最外端有 2 个筘齿为 4 穿入,内边有 8 个筘齿为 2 穿入,两边共 48 根边纱。又如涤/黏中长花呢,边纱穿法为"1×4×2",表示每边只有 1 个筘齿为 4 穿入,两边共 8 根边纱。

6. 总经根数计算

各类本色棉布的总经根数都有国家标准,但各类色织物的总经根数无国家标准,各厂可按生产实际自行决定。

$$总经根数 = 坯布幅宽 \times 坯布经密 + 边纱根数 \times \left(1 - \frac{布身每筘齿平均穿入数}{布边每筘齿平均穿入数}\right)$$

或   总经根数 = 布身经纱根数 + 布边经纱根数

总经根数、每花经纱根数、劈花、上机筘幅、筘号、每花穿筘数等技术条件,是彼此密切相关的,变动其中一项,与之相关的某些项目则随之变动,所以在设计中需要反复计算。一般先初算总经根数,待下述有关项目确定后再决定确切的总经纱数。初算总经根数的公式如下:

$$总经根数 = 坯布幅宽 \times 坯布经密$$

例　某色织缎条府绸,坯布幅宽为 61.5 in,坯布经密为 112 根/in,边纱用 48 根,每筘齿穿入数为 4 根。布身一花中:地组织为平纹,共 48 根,每筘齿穿入数为 2 根;缎条部分,12 根,每筘齿穿入数为 3 根。试计算总经根数。计算如下:

$$布身每筘齿平均穿入数 = \frac{48 + 12}{\frac{48}{2} + \frac{12}{3}} = \frac{60}{28} = 2.14 \text{ 根 / 齿}$$

$$总经根数 = 61.5 \times 112 + 48 \times \left(1 - \frac{2.14}{4}\right) = 6\,910.32 \text{ 根}$$

取整,总经根数为 6 910 根。

注:采用上述方法计算总经根数时,计算结果中绝不能出现小数,同时要考虑扣除边纱后布身经纱数能满足穿筘循环数为整数;另外,后续劈花时,根据需要可能还要做必要的修正。

7. 全幅花数的确定

全幅花数可用下式计算:

$$全幅花数 = \frac{总经根数 - 边纱根数}{一花经纱根数}$$

当全幅花数不为整数时,要做加减头处理,为了书写方便,一般在加头(或减头)中选小的一方。故上式不能整除时,若余数小于一花经纱根数的 1/2,做加头处理,加头数便是其余数;若余数大于一花经纱根数的 1/2,做减头处理,全幅花数须加"1",减头数等于一花经纱根数减去其余数。

例 1　某织物的总经根数为 5 848 根,边纱数为 48 根,一花经纱数为 74 根,求全幅花数。计算如下:

$$全幅花数 = \frac{5\,848 - 48}{74} = 78\ 花余\ 28\ 根$$

此时,需做加头处理。故结果为 78 花加头 28 根。

例 2　某织物的总经根数为 4 620 根,边纱数为 48 根,一花经纱数为 112 根,求全幅花数。计算如下:

$$全幅花数 = \frac{4\,620 - 48}{112} = 40\ 花余\ 92\ 根$$

此时,需做减头处理,减头数 = 112 − 92 = 20 根。故结果为 41 花减头 20 根。

8. 劈花

确定经纱配色循环的起迄点位置,称为劈花。在工艺设计中,劈花以一花为单位。劈花的主要目的是保证产品达到拼幅与拼花的要求,同时利于浆纱排头、织造和整理加工。劈花的位置宜选择在色纱根数多、颜色浅、组织比较紧密的地方。具体掌握如下:

① 提花、缎条等松结构组织和泡泡纱的泡泡部分,不能接近布边,即这些组织不能作为每花的起点,要求距离布边处有 1~1.5 cm 的平纹或斜纹,以保证织物在织造时不会被边撑拉破、大整理时不被夹头拉坏。当不能满足上述要求时,可适当增加边纱的根数(如原边纱用 48 根,可增加到 56 根)。为了保证织物外观,与布身相近的边纱色泽宜与布身相同。

② 劈花一般劈在白色和浅色格形比较大的地方,并使两边色经排列尽量对称或接近对称,使织物外观漂亮,且便于拼花。

③ 对花型完整性要求较高的品种,如内销女线呢、被单布等,被单布的全幅花数应是整数,以便双幅拼用;女线呢也尽可能为整数,如有加头,应很少,以便在缝制中式罩衫接袖时减少浪费。

例 1　某织物花纹配色循环的色经排列规律为:

黄	黑	红	黑	红	黄	红	黑	黄	白
4	40	8	9	4	9	8	40	4	60/共 186 根

全幅共 10 花。根据上述劈花原则,可从白色经纱 60 根的 1/2 处劈花,则色经的排列调整如下:

白	黄	黑	红	黑	红	黑	红	黑	黄	白
30	4	40	8	9	4	9	8	40	4	30/共 186 根

调整后,布幅两侧的花纹互相对称,较为理想。

例 2　某女线呢,总经很数为 2 648 根,其中边经 38 根,每花 180 根,色经排列如下:

红	血牙	红	血牙	红	血牙	酱	血牙	酱	血牙
30	1	2	2	1	3	1	2	1	1

2 次

酱	黑	绛	黑	绛	黑	绛	黑	红[①]	黑	黑[①]	红
2	1	2	2	1	3	1	14	8	54	16	30

根据上述资料,算出全幅花数为:

$$(2\,648-38)/180=14\,花+90\,根$$

因女线呢品种的拼花要求高,花数最好为整数。如果保持总经根数和筘幅不变,可适当改变每花根数,一般在色经根数较多的色条部分适当减少或增加。此例中,可将左边 30 根经纱的红色凸条组织减去一个凸条(6 根),即每花根数改为 174 根。这时,全幅花数为 15 花。调整后的色经排列如下:

红	血	牙	红	血	牙	红	血	牙	酱	血	牙	酱	血	牙
24	1	2	2	1	3	1	2	1	1

$$\diagdown\diagup$$
$$2\,次$$

绛	黑	酱	黑	绛	黑	绛	黑	红①	黑	黑①	红
1	2	2	1	3	1	1	14	8	54	16	30/共 174 根

注:①为提花组织,其余为凸条组织。

上述两例为整花数或为拼幅需要将有加减头的情况调整为整花数的劈花。在实际的生产工艺设计过程中,也会出现加减头,下面介绍其劈花方法:

(1) 加头时劈花。首先将色经排列中最宽且较浅色条的经纱调至色经排列的首位,其数值设为 A,将加头数设为 B,将 A 与 B 相加,取其数值的一半,即为 $(A+B)/2$。然后将调至首位的色条分为两个部分,$(A+B)/2$ 的部分放在色经排列的首位,$A-(A+B)/2=(A-B)/2$ 的部分放在末位。这样,色经排列中首尾色纱基本对称,劈花即完成。如出现 A 小于 B 的情况,可将首位附近色条并入 A,设为 A',直至 A' 大于 B。

例 有一色织物,其总经根数为 5 776 根,其中边经 48 根,色经排列如下:

黑	绿	白	黄	红
4	8	20	10	6 /共 48 根

将上述品种合理劈花。步骤如下:

$$全幅花数 = \frac{5\,776-48}{48} = 119\,花余\,16\,根(即\,119\,花加\,16\,根)$$

显然,这属于加头处理的劈花。将色经排列中的最宽白色经纱调至首位,色经排列调整如下:

白	黄	红	黑	绿
20	10	6	4	8

将 20 根白色经纱分为两个部分,首位的数值为 $(20+16)/2=18$,末位的数值为 $(20-16)/2=2$,得到最终色经排列如下:

边	白	黄	红	黑	绿	白	边
24	18	10	6	4	8	2	24

$$\diagdown \qquad 119\,花 \qquad \diagup$$（最后一花后加白纱 16 根）

(2) 减头时劈花。首先将色经排列中最宽的较浅色条的经纱调至色经排列的首位,其数值设为 A,将减头数设为 B,将 A 与 B 相加,取其数值的一半,即为 $(A+B)/2$。然后将调至首位的色条分为两个部分,$(A+B)/2$ 的部分放在色经排列的末位,$A-(A+B)/2=(A-B)/2$ 的部分放在首位,这样色经排列中的首尾色纱基本对称,劈花就完成了。如出现 A 小于 B 的情况,可将首位附近色条并至 A 条,设为 A',直至 A' 大于 B。

例　有一色织物,其总经根数为 4 840 根,其中边经 48 根,色经排列如下:

$$
\begin{array}{ccccc}
红 & 蓝 & 白 & 绿 & 黄 \\
8 & 12 & 40 & 8 & 6 \quad /共 74 根
\end{array}
$$

将上述品种合理劈花。步骤如下:

$$
全幅花数 = \frac{4\,840 - 48}{74} = 64 \text{ 花余 } 56 \text{ 根（调整为 65 花减 18 根）}
$$

显然,这属于减头处理的劈花,将色经排列中的最宽白色经纱调至首位,色经排列调整如下:

$$
\begin{array}{ccccc}
白 & 绿 & 黄 & 红 & 蓝 \\
40 & 8 & 6 & 8 & 12
\end{array}
$$

将白色经纱分为两个部分,末位的数值为 $(40+18)/2 = 29$,首位的数值为 $(40-18)/2 = 11$,得到最终色经排列如下:

$$
\begin{array}{cccccccc}
边 & 白 & 绿 & 黄 & 红 & 蓝 & 白 & 边 \\
24 & 11 & 8 & 6 & 8 & 12 & 29 & 24
\end{array}
$$

$$
\diagdown \quad 65 \text{ 花} \qquad\qquad /（最后一花中 29 根白纱中减去 18 根）
$$

9. 全幅筘齿数的确定

当全幅经纱(包括边纱)的每筘齿穿入数相同时:

$$
全幅筘齿数 = \frac{总经根数}{经纱每筘齿穿入数}
$$

当边纱的每筘齿穿入数与布身不同时,则:

$$
全幅筘齿数 = \frac{布身经纱根数}{布身每筘齿穿入数} + \frac{边纱根数}{布边每筘齿穿入数}
$$

当布身采用花筘穿法时,则:

$$
全幅筘齿数 = 每花筘齿数 \times 全幅花数 \pm 加（或减）头筘齿数 + 边纱筘齿数
$$

10. 筘号计算

目前色织中常用的筘号为 $34 \sim 105$ 齿/2 in。采用标准筘号时,需修改筘幅或纬纱缩率。筘幅的修正一般在 6 mm 以内。

例　某织物全幅筘数为 2 500 齿,上机筘幅为 62 in,求其筘号。计算如下:

$$
英制筘号 = \frac{2\,500}{62} \times 2 = 40.32 \text{ 齿 } /2 \text{ in}
$$

实际取 40 齿/2 in,但计算筘号有一定误差,故须修正筘幅:

$$
修正筘幅 = \frac{2\,500 \times 2}{40} = 62.5 \text{ in}
$$

由于 $(62.5 - 62) \times 25.4 = 12.7 \text{ mm} > 6 \text{ mm}$,须进一步修正上机筘幅。

设计新品种时,由于全幅筘齿数不一定能直接求得,可采用下式确定筘号:

$$
筘号 = \frac{坯布英制经密 \times （1 - 纬纱缩率）}{经纱平均每筘齿穿入数} \times 2（齿 /2 \text{ in}）
$$

当经密为 50~100 根/in 时,按下式计算:

$$\text{筘号} = \frac{\text{坯布经密} - 4}{\text{经纱平均每筘齿穿入数}} \times 2(\text{齿}/2\,\text{in})$$

当经密在 100 根/in 以上时,按下式计算:

$$\text{筘号} = \frac{\text{坯布经密} - 5}{\text{经纱平均每筘齿穿入数}} \times 2(\text{齿}/2\,\text{in})$$

11. 确定 1 米经长

1 米经长是指 1 m 织物所需的经纱长度。它取决于织物的经向缩率,经向缩率大的织物,所需的经纱长度大;反之则短。

$$1\,\text{米经长} = \frac{1.098\,6}{1 - \text{经向缩率}}(\text{yd})$$

$$1\,\text{米经长} = \frac{1}{1 - \text{经向缩率}}(\text{m})$$

注:1 yd = 0.914 4 m,则 1 m = 1.098 6 yd。

12. 用纱量计算

色织产品的用纱量是指百米织物所需的纱线质量,由经纱用纱量和纬纱用纱量组成。

色织布的用纱量计算,可分为下列三种情况:

第一种:按色织坯布用纱量计算。凡是大整理产品,按色织坯布的用纱量计算,可以不必考虑自然缩率。

第二种:按色织成品用纱量计算。凡小整理产品、拉绒或不经任何处理直接以成品出厂的产品,均按此类计算,计算时要考虑自然缩率、小整理缩率或伸长率。

第三种:按白坯布用纱量计算。凡纬纱全部用本白纱的产品,计算纬纱用纱量时,它的伸长率、回丝率须按本白纱的规定计算。

用纱量计算的目的,是为了结合生产任务制定分色用纱量,供填写发染单用。用纱量的计算,各地区、各厂并不一致,但基本的计算原理相同。

(1) 色织坯布用纱量计算通用公式。以下三组计算公式是基于用纱量计算的基本原理而建立的,由于需要确定或选取的工艺参数较多,目前在工厂投产计算时使用不多:

① 用英制支数计算百米色织坯布用纱量

各种经纱用纱量 =

$$\frac{\text{各种经纱根数} \times \text{百米经长(yd)} \times 0.453\,6}{\text{英制支数} \times 840 \times (1 - \text{染缩率})(1 + \text{伸长率})(1 - \text{回丝率})(1 - \text{捻缩率})}(\text{kg/100 m})$$

各种纬纱用纱量 =

$$\frac{\dfrac{\text{一花中各种纬纱根数}}{\text{一花总根数}} \times \text{纬密(根/in)} \times \text{筘幅(in)} \times 109.86 \times 9.453\,6}{\text{英制支数} \times 840(1 - \text{染缩率})(1 + \text{伸长率})(1 - \text{回丝率})(1 - \text{捻缩率})}(\text{kg/100 m})$$

注:1 lb = 0.453 6 kg。

② 用线密度计算百米色织坯布用纱量

各种经纱用纱量 ＝

$$\frac{各种经纱根数×百米经长(m)×纱线线密度}{1\,000×1\,000×(1＋伸长率)(1－回丝率)(1－染缩率)(1－捻缩率)}(kg/100\ m)$$

各种纬纱用纱量 ＝

$$\frac{\frac{一花中各种纬纱根数}{一花总根数}×纬密(根/10\ cm)×筘幅(m)×100×纬纱线密度}{1\,000×100×(1＋伸长率)(1－回丝率)(1－染缩率)(1－捻缩率)}(kg/100\ m)$$

③ 用公制支数计算百米色织坯布用纱量

各种经纱用纱量 ＝

$$\frac{各种经纱根数×百米经长(m)}{公制支数×1\,000×(1＋伸长率)(1－回丝率)(1－染缩率)(1－捻缩率)}(kg/100\ m)$$

各种纬纱用纱量 ＝

$$\frac{\frac{一花中各种纬纱根数}{一花总根数}×纬密(根/10\ cm)×筘幅(m)×100}{公制支数×1\,000×100×(1＋伸长率)(1－回丝率)(1－染缩率)(1－捻缩率)}(kg/100\ m)$$

色织成品布用纱量计算公式如下：

色织成品布经纱(或纬纱)用量 ＝

$$坯布经纱或纬纱用纱量×\frac{1＋自然缩率}{1＋后整理伸长率}(kg/100\ m)$$

或 $$坯布经纱或纬纱用纱量×\frac{1＋自然缩率}{1－后整理缩短率}(kg/100\ m)$$

对于上述公式中的几个工艺参数，说明如下：

a. 染缩率是指色纱染后长度对漂染前原纱长度的百分比(表 13-5)。

表 13-5 各类色纱的染缩率

纱线类型	棉单纱	棉股线	丝光纱	涤/棉纱	中 长		黏纤纱
					浅色	深色	
染缩率(%)	2.0	2.5	4	3.5	4	7	2

实际计算时，有时不分纱线，不分漂染工艺，不分丝光本色，一律取 2%。

b. 捻缩率是指股线、花式线的捻后长度对并捻前原纱长度的百分比(表 13-6)。有时，并捻花线，10.5^s 及以下为 3.5%，10.6^s～15.9^s 为 2.5%，16^s 及以上为 2%。

表 13-6 花式线的捻缩率

花线类型	平花线	复拼花线	棉纱、人造丝复拼花线	毛巾节子线	一次拼三股
捻缩率(%)	0	0.5	4	实测	0

c. 伸长率是指纱线在加工过程中的伸长对原纱长度的百分比(表 13-7)。

表 13-7　各种纱线的伸长率

纱线类型		单纱色纱	股线色纱	本白纱线	人造丝
伸长率(%)	经纱	0.6	0.6	股线 0	0
	纬纱	0.7	0.7	单纱 0.4	0

有时,色纱不分经纬,单纱取 1%,股线(包括花线)取 0.5%;原色棉纱(线)不分经纬,一律不计伸长率。

d. 回丝率是指加工过程中的回丝量对总用纱量的百分比(表 13-8)。

表 13-8　各类纱线的回丝率

纱线类型	经纱回丝率(%)	纬纱回丝率(%)	拼线工序回丝率(%)
18^S 及 18^S/2 以下色纱	0.6	0.7	0.6
20^S 及 20^S/2 以下色纱	0.5	0.6	0.6
用于花线的人造丝	0.5	0.5	0.6
75～120 D 人造丝单丝,用于经纱线	0.2	—	—

有时,不分纱支、不分经纬,棉纱(线)取 0.6%,人丝和其他化纤取 1%。

(2) 色织物用纱量计算实用公式

上述各组公式在使用过程中显得较繁琐,为了计算方便,可预先计算出色织坯布的经、纬纱用纱量计算常数(表 13-9)。

表 13-9　用纱量计算常数

纱线类型	原料类型			
	漂染股线	漂染单纱	原色纱线	染色花式线
棉纱线	0.060 834	0.060 533	0.059 916	0.062 394
涤/棉纱线	0.061 363	0.061 059	0.060 542	0.062 280
中长、化纤纱线	0.063 260	0.062 954	0.062 313	0.065 563

为此,得出一组色织物用纱量计算实用公式如下:

$$各种经纱用量 = \frac{各种经纱根数}{1 - 经织缩率} \times \frac{用纱量计算常数}{各种经纱英制支数} \text{(kg/100 m)}$$

$$各种纬纱用量 = \frac{\dfrac{一花中各种纬纱根数}{一花总根数} \times 纬密(根/in) \times 筘幅(in)}{各种纬纱英制支数} \times 用纱量计算常数\text{(kg/100 m)}$$

使用上述公式时的几点说明:

① 使用条件是英制织物规格。如以旦尼尔为单位,英支=5 314.5/旦尼尔值;若为公支,英支=公支×0.590 5;若为特克斯,对于棉纱,英支=583.1/特克斯值,对于化纤纱,英支=590.5/特克斯值。

另外,若采用无梭织机织造,筘幅应加废边,宽 4 in。

② 如经、纬纱原料、细度、色泽不同,应分别将有关参数代入计算。

③ 若为泡泡纱品种,计算泡经用纱量时,根据起泡尺寸,应乘相应的泡比,泡比一般为 1.25～1.35。

④ 如经、纬纱中有弹力纱,其用纱量应乘系数 1.06～1.12;若用竹节纱,其用纱量应乘上系数 1.03～1.05;

⑤ 如经、纬纱中有麻纱,可参照棉纱品种计算,但用纱量应乘上系数 1.10 左右。

例 1　已知色织纬长丝织物,经、纬纱分别为 40^s(14.6 tex)棉纱和 100 D 涤长丝,密度为 120 根/in×80 根/in(472 根/10 cm×315 根/10 cm),经织缩率为 10%,全幅总经根数 6 922 根,其中边纱 48 根,色经排列为"红 8 绿 6"。这样全幅 491 花,其中,红经纱 3 928 根、绿经纱 2 946 根,纬纱为白色长丝。在剑杆织机上织造,筘幅为 61.5 in(156.2 cm)。试计算其经、纬纱百米用纱量。

解　用上述公式计算各色经纱百米用纱量如下:

$$40^s 红经纱用纱量 = \frac{3\,928}{1-10\%} \times \frac{0.060\,533}{40} = 6.605 \text{ kg/100 m}$$

$$40^s 绿经纱用纱量 = \frac{2\,946}{1-10\%} \times \frac{0.060\,533}{40} = 4.954 \text{ kg/100 m}$$

$$40^s 边纱用纱量 = \frac{48}{1-10\%} \times \frac{0.060\,533}{40} = 0.081 \text{ kg/100 m}$$

经纱百米用纱量 = 6.605 + 4.954 + 0.081 = 11.64 kg/100 m

由于在剑杆织机上织造,筘幅加 4 in,纬纱细度 100 D 换算成 53.15^s。计算结果如下:

$$100 \text{ D } 纬纱用纱量 = \frac{80 \times (61.5+4)}{53.15} \times 0.062\,313 = 9.456 \text{ kg/100 m}$$

例 2　已知某纯棉色织泡泡纱织物,规格为"145/147　(14.6 tex + 18.2 tex×2)× 14.6 tex　315×268" [57/58　(40^s + 32^s/2)×40^s　80×68],经织缩率为 8.5%,全幅总经根数 4 620 根,其中,边纱 48 根。色经排列为"白 10 红 8",全幅 254 花,其中,40^s白纱 2 540 根,32^s/2 红纱 2 032 根;色纬排列为"白 8 红 6";泡比为 1.28。在剑杆织机上织造,筘幅为 61.5 in(156.2 cm)。试计算其经、纬纱百米用纱量。

解　用上述公式计算各色经纱百米用纱量,计算泡经时需乘上泡比,具体计算结果如下:

$$40^s 白经纱用纱量 = \frac{2\,540}{1-8.5\%} \times \frac{0.060\,533}{40} = 4.201 \text{ kg/100 m}$$

$$32^s/2 红经纱用纱量 = \frac{2\,032}{1-8.5\%} \times \frac{0.060\,834}{32/2} \times 1.28 = 10.808 \text{ kg/100 m}$$

$$40^s 边纱用纱量 = \frac{48}{1-8.5\%} \times \frac{0.060\,533}{40} = 0.079 \text{ kg/100 m}$$

经纱百米用纱量 = 4.201 + 10.808 + 0.079 = 15.088 kg/100 m

由于在剑杆织机上织造,筘幅加 4 in,计算结果如下:

$$40^s 白纬纱用纱量 = \frac{\frac{8}{14} \times 68 \times (61.5+4)}{40} \times 0.060\,533 = 3.852 \text{ kg/100 m}$$

$$40^s \text{ 红纬纱用纱量} = \frac{\frac{6}{14} \times 68 \times (61.5 + 4)}{40} \times 0.060\,533 = 2.889 \text{ kg/100 m}$$

$$\text{纬纱百米用纱量} = 3.852 + 2.889 = 6.741 \text{ kg/100 m}$$

例 3 某牛仔布,成品规格为"127 $(58.3\,\text{tex OE} + 72.9\,\text{tex SB}) \times (58.3\,\text{tex} + 7.8\,\text{tex} + 72.9\,\text{tex SB})$ 409×173 $\frac{3}{1}\nearrow$"{50 $(10^s\text{OE} + 8^s\text{SB}) \times [(10^s + 70\,\text{D}) + 8^s\text{SB}]$ 104×44 $\frac{3}{1}\nearrow$}。其中:OE 表示气流纺纱,SB 表示竹节纱,$10^s + 70\text{D}$ 表示氨纶弹力包芯纱。经纱中 OE 纱与 SB 纱的配比为 3:1,纬纱中弹力纱与 SB 纱的投梭比为 3:1。在剑杆织机上织造,幅缩率为 20%,经织缩率为 11%,纬织缩率为 6%。试计算其经、纬纱百米用纱量。

解 先计算与用纱量有关的工艺参数如下:

坯幅 $= 50/(1 - 20\%) = 62.5 \text{ in}$

筘幅 $= 62.5/(1 - 6\%) = 66.5 \text{ in}$

总经根数 $= 104 \times 50 = 5\,200$ 根(其中边纱 48 根)

坯布经密 $= 5\,200/62.5 = 83$ 根/in

根据生产经验,坯布纬密定为 42 根/in。

按各自的配比计算两种经纱的百米用纱量,计算 SB 纱时需乘上系数。具体计算结果如下:

$$10^s\text{OE 经纱(色纱)用纱量} = \frac{5\,152}{1 - 11\%} \times \frac{0.060\,533}{10} \times \frac{3}{4} = 26.281 \text{ kg/100 m}$$

$$8^s\text{SB 经纱(色纱)用纱量} = \frac{5\,152}{1 - 11\%} \times \frac{0.060\,533}{8} \times \frac{1}{4} \times 1.03 = 10.95 \text{ kg/100 m}$$

$$10^s\text{OE 边经纱(原纱)用纱量} = \frac{48}{1 - 11\%} \times \frac{0.059\,916}{10} = 0.323 \text{ kg/100 m}$$

按各自的投梭比计算两种纬纱的百米用纱量,牛仔布的纬纱一般使用原纱,计算弹力纱、SB 纱时需分别乘上各自的系数。具体计算结果如下:

$$(10^s + 70\text{D}) \text{ 纬纱用纱量} = \frac{\frac{3}{4} \times 42 \times (66.5 + 4)}{10} \times 0.059\,916 \times 1.08 = 14.37 \text{ kg/100 m}$$

$$8^s\text{SB 纬纱用纱量} = \frac{\frac{1}{4} \times 42 \times (66.5 + 4)}{8} \times 0.059\,916 \times 1.03 = 5.71 \text{ kg/100 m}$$

(3)棉织物用纱量经验公式

工厂在实践中摸索的经验公式为近似计算公式,仅供参考。

$$\text{棉织物用纱量} = [(\text{经密} + \text{纬密}) \div \text{纱支}] \times \text{布幅} \times \text{系数}(\text{kg/100 m})$$

使用该公式的几点说明:

① 上述公式的使用条件是英制织物规格。如不是,须转换成相应的英制规格。

② 式中系数一般为 $0.063 \sim 0.070$。如采用有梭织造,取 $0.064\,5$;无梭织造时,取

0.066。

③ 若经、纬纱支数不同,应分别计算经、纬纱用纱量。

例　有一色织物,其规格为"C40^s×C40^s　133×72　47"。求其百米用纱量。

解　用纱量＝（133＋72）÷40×47×0.0645＝15.54 kg/100 m

13. 穿综工艺

穿综工艺应确定的内容包括:①综丝粗细;②综页数和综丝密度;③吊综弹簧和综页前后位置安排,由织物组织的上机内容决定。

综丝直径可根据纱线细度和每页综上的综丝数进行选用,但具体情况应具体分析。如J14.5 tex×J14.5 tex府绸,采用0.45 mm的综丝比较合适。提花经纱在每页综上仅100根左右,由于每页综上的综丝太少,会使每根综丝的负荷增加而造成综丝断裂。这种情况下,可以选用直径较粗的综丝。此外,可以采用预备综丝的方法解决,如穿1备1;也可应用综丝一样的铁条,将其穿在综丝杆上,以减小综丝负荷。

在经密不大的情况下,不同运动规律的经纱可分穿在不同的综页内。当经密较大时,为减少经纱断头,应该减少每页综上的综丝密度。综丝最大密度如表13-10所示。

表 13-10　综丝最大密度选择

纱线类别	高特纱（32 tex 以上）	中特纱（21～31 tex）	低特纱（11～20 tex）
综丝最大密度（根/cm）	6	10	12

根据采用的综页数和穿综方法,即可算出各页综上的综丝根数:

每页综上的综丝数＝每花穿入本页综的综丝数×全幅花数＋穿入本页综的多余经纱数

（或减去分摊于本页综的不足经纱数）＋穿入本页综的边综丝数

例　已知某色织涤/棉纱织物（13 tex×13 tex）,织物的总经根数为4 300根左右,一个花纹循环的经纱根数为72根,每个花纹循环包括:平纹49根,提花花经1根,$\frac{3}{1}$↗斜纹16根,$\frac{3}{3}$经重平组织6根。其综页数的计算步骤如下:

① 计算一个花纹循环中各种组织的经纱比例:

平纹组织经纱的比例为 $\frac{49}{72}$

花经纱的比例为 $\frac{1}{72}$

$\frac{3}{1}$↗斜纹组织经纱的比例为 $\frac{16}{72}$

$\frac{3}{3}$经重平组织经纱的比例为 $\frac{6}{72}$

② 总经根数在各种组织中的根数分配:

平纹组织的经纱根数为 $4\,300×\frac{49}{72}≈2\,930$ 根

花经纱根数为 $4\,300×\frac{1}{72}≈60$ 根

$\dfrac{3}{1}\nearrow$ 斜纹组织的经纱根数为 $4\,300\times\dfrac{16}{72}\approx956$ 根

$\dfrac{3}{3}$ 经重平组织的经纱根数为 $4\,300\times\dfrac{6}{72}\approx360$ 根

③ 决定各种组织的经纱所用的综页数：

根据综丝最大密度的控制范围和组织要求，各种组织的综页数可确定如下：

平纹组织的综页数为 $\dfrac{2\,930}{600}\approx5$ （取 6 页）

花经的综页数为 $\dfrac{60}{600}<1$ （取 1 页）

$\dfrac{3}{1}\nearrow$ 斜纹组织的综页数为 $\dfrac{956}{600}<2$ （取 4 页）

$\dfrac{3}{3}$ 重平组织的综页数为 $\dfrac{360}{600}<2$ （取 2 页）

共计采用 13 页综进行制织。

三、色织物工艺设计综合实例

任务书规定生产树脂色织涤/棉府绸，规格为"$(13\ \text{tex}+13\ \text{tex}\times2)\times13\ \text{tex}\quad472\times283$"$[(45^{\text{S}}+45^{\text{S}}/2)\times45^{\text{S}}\quad120\times80]$，成品幅宽 148 cm，成品匹长 30 m，附有来样。

设计过程如下：

经分析来样，知组织为：单纱构成的平纹地部，股线构成经起花且浮长较长。必须采用双轴织造。

经纱配色循环如下：

```
        提花                        提花
        ∧                           ∧
白 咖 白 白 黄 白 咖 白 红   白 咖 白 白 蓝 白 咖 白 红
6  2  10 1  1  12 2  6  11  2  2  16 1  1  18 2  2  11
        ∨                           ∨          /共 158 根
        14 次                       14 次
```

（1）初步确定坯布幅宽

参考经验数据，幅缩率取 6.5%，则：

$$坯布幅宽 = \dfrac{成品幅宽}{1-幅缩率} = \dfrac{148}{1-6.5\%} = 158.3\ \text{cm}$$

（2）初算总经根数

$$总经根数 = 坯布幅宽\times坯布经密 = 158.3\times472/10 = 7\,472\ 根$$

（3）每筘穿入数

测定蓝色提花部分的成品幅宽为 4.5 mm，共 28 根经纱，其经纱密度（成品）为 28 根/4.5 mm$\approx$600 根/10 cm。

提花之间的平纹宽度为 11.5 mm，共 51 根经纱，其经纱密度为 51 根/11.5 mm$\approx$450 根/10 cm。

故花、地经密的比值为 $600/450 \approx 4/3$。

可见平纹地部每筘齿穿 3 根，花部每筘齿穿 4 根，较为妥当。边部穿法根据工厂经验为 $(3 \times 4 + 4 \times 2) \times 2 = 40$ 根，共 12 个筘齿。

（4）初算筘幅

参考经验数据，取纬纱织缩率为 4.5%，则：

$$\text{筘幅} = \frac{\text{坯布幅宽}}{1 - \text{纬纱织缩率}} = \frac{158.3}{1 - 4.5\%} = 165.8 \text{ cm}$$

（5）每花筘齿数

每花平纹地部共用筘齿数为 $\dfrac{158 - 56}{3} = \dfrac{102}{3} = 34$ 齿

每花提花部分共用筘齿数为 $28 \times 2/4 = 56/4 = 14$ 齿

所以每花筘齿数为 $34 + 14 = 48$ 齿，故：

$$\text{平均每筘穿入数} = 158/48 \approx 3.29 \text{ 根 / 齿}$$

（6）全幅花数

全幅花数＝（初算总经根数—边经根数）/每花根数＝$(7\,472 - 40)/158 = 47$ 花＋6 根

（7）劈花

该花纹本身不对称，又为花筘穿法，劈花主要顾及拼花方便，以及使每花穿综数达到循环。考虑到红色接近布边不太理想，如加 6 根白色，不但拼花方便，而且穿综数达到循环。因此，确定全幅花数为 47 花＋6 根白纱，总经根数不变。

（8）全幅筘齿数

$$\text{全幅筘齿数} = \text{每花筘齿数} \times \text{花数} + \text{多余经纱筘齿数} + \text{边经筘齿数} =$$
$$48 \times 47 + 6/3 + 12 = 2\,270 \text{ 齿}$$

（9）公制筘号

$$\text{筘号} = \frac{\text{全幅筘齿数}}{\text{筘幅}} \times 10 = \frac{2\,270}{165.8} \times 10 = 136.91 \text{ 齿 /10 cm}$$

取整，选用筘号 137 齿/10 cm。

一般情况下，不修改总经根数，不变动筘齿数，而是对筘幅做适当的修正。

修正后的筘幅为：

$$\text{筘幅} = \frac{\text{全幅筘齿数}}{\text{筘号}} \times 10 = \frac{2\,270 \times 10}{137} = 165.7 \text{ cm}$$

与初算筘幅 165.8 cm 相差 0.1 cm，在允许范围内。

（10）核算坯布经密

$$\text{坯布经密} = \frac{\text{总经根数}}{\text{坯布幅宽}} = \frac{7\,472}{158.3} = 472 \text{ 根 /10 cm}$$

核算所得经密与任务书中规定的经密相同，可填入工艺设计表。

（11）穿综

经组织分析，知不同运动规律的经纱共有 13 种，其中平纹用 2 页综，提花用 11 页综，各

页综丝密度如下：

平纹：

$$\frac{102}{158} \times 7\,472 \approx 4\,824 \text{ 根}$$

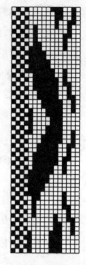

由于最大用综数为 16 页，而花经已用 11 页，故平纹最多用 4 页。则平纹部分每页综上的综丝数为 $\frac{4\,824}{4} = 1\,206$ 根，则：

$$\text{综丝密度} = \frac{\text{每页综上的综丝数}}{\text{筘幅} + 2} = \frac{1\,206}{165.7 + 2} \approx 7.19 \text{ 根/cm}$$

参照综丝密度表，综丝密度在最大范围内，故平纹用 4 页综。花经各页综丝上的综丝密度远小于标准，在允许范围内。

平纹在前，提花经纱在后，绘作纹板图，如右图。

对每花色经循环的穿综筘安排如下：

白	咖	白	白	黄*		白	咖	白	红	白	咖	白	白	蓝*		白	咖	白	红	
6	2	10	1	1		12	2	6	11	2	2	16	1	1		18	2	2	11/	共158根

$$\underbrace{\qquad}_{14 \text{ 次}} \qquad\qquad \underbrace{\qquad}_{14 \text{ 次}}$$

注：*经纱为乙轴；纬纱：特白一色。

穿综：

左边：$\underset{1 \cdot 1 \cdot 2 \cdot 2 \cdot 3 \cdot 4 \cdot 4 \cdot 1 \cdot 1 \cdot 2 \cdot 2}{\overset{4 \text{ 入}}{\rule{6cm}{0.4pt}}}$ $\underset{3 \cdot 4 \cdot 1 \cdot 2}{\overset{3 \text{ 入}}{\underbrace{\rule{2.5cm}{0pt}}_{2 \text{ 次}}}}$

布身：$\underset{3 \cdot 4 \cdot 1 \cdot 2 \cdot 3 \cdot 4}{\overset{3 \text{ 入}}{\underbrace{\rule{2.5cm}{0pt}}_{4 \text{ 次}}}}$

$\overset{4 \text{ 入}}{1 \cdot 11 \cdot 2 \cdot 10 \cdot 3 \cdot 9 \cdots 4 \cdot 8 \cdot 1 \cdot 7 \cdot 2 \cdot 6 \cdots 3 \cdot 5 \cdot 4 \cdot 5 \cdot 1 \cdot 6 \cdot 2 \cdot 7 \cdot 3}$

$\underset{8 \cdot 4 \cdot 9 \cdot 1 \cdot 10 \cdot 2 \cdot 11}{\overset{4 \text{ 入}}{\rule{4cm}{0.4pt}}}$ $\underset{3 \cdot 4 \cdot 1 \cdot 2}{\overset{3 \text{ 入}}{\rule{2.5cm}{0.4pt}}}$

$$\underbrace{\qquad\qquad}_{13 \text{ 次}}$$

$\overset{4 \text{ 入}}{5 \cdot 3 \cdot 5 \cdot 4 \cdot 15 \cdot 1 \cdot 14 \cdot 2 \cdot 13 \cdot 3 \cdot 5 \cdot 4 \cdot 12 \cdot 1 \cdot 12 \cdot 2 \cdot 5 \cdot 3 \cdot 13}$

$\underset{4 \cdot 14 \cdot 1 \cdot 15 \cdot 2 \cdot 5 \cdot 3 \cdot 5 \cdot 4}{\overset{4 \text{ 入}}{\rule{4cm}{0.4pt}}}$ $\underset{1 \cdot 2 \cdot 3 \cdot 4 \cdot}{\overset{3 \text{ 入}}{\rule{2.5cm}{0.4pt}}}$

$$\underbrace{\qquad\qquad}_{8 \text{ 次}}$$

右边：$\underset{1 \cdot 2 \cdot 3 \cdot 4 \cdot}{\overset{3 \text{ 入}}{\underbrace{\rule{2.5cm}{0pt}}_{2 \text{ 次}}}}$ $\underset{1 \cdot 1 \cdot 2 \cdot 2 \cdot 3 \cdot 3 \cdot 4 \cdot 4 \cdot 1 \cdot 1 \cdot 2 \cdot 2}{\overset{4 \text{ 入}}{\rule{6cm}{0.4pt}}}$

各页综上的综丝数为：

第 1 页：平纹 32 根×47 花+1 加头+10 根边=1 515 根

第 2 页：平纹 32 根×47 花+1 加头+10 根边=1 515 根

第 3 页:平纹 33 根×47 花＋2 加头＋10 根边＝1 563 根

第 4 页:平纹 33 根×47 花＋2 加头＋10 根边＝1 563 根

第 5 页:提花 8 根×47 花＝376 根

第 6~15 页:提花 2 根×47 花＝94 根

(12) 1 米经长

根据生产经验,取经纱织缩率为 10.5%(地经,甲轴)。

$$1 \text{ 米经长} = \frac{1}{1 - 10.5\%} = 1.117 \text{ m}$$

$$\text{坯布落布长度} = \frac{\text{成品匹长} \times \text{联匹数}}{1 + \text{后整理伸长率}} = \frac{30 \times 4}{1 + 1\%} = 118.8 \text{ m}$$

注:涤/棉织物的后整理伸长率取 1%。

$$\text{甲轴浆纱墨印长度} = \text{坯布落布长度} \times \text{每米经长} = 118.8 \times 1.117 = 132.7 \text{ m}$$

花经(乙轴)长度取地经(甲轴)长度的 97.25%,则:

$$\text{花经(乙轴)浆纱墨印长度} = 132.7 \times 97.25\% = 129 \text{ m}$$

(13) 分色、分细度、分经纬的用纱量计算

各色经纱根数分别为:

45^s 白色:72 根×47 花＋6 加头＋40 根边 ＝ 3 430 根

$45^s/2$ 白色:28 根×47 花 ＝ 1 316 根

45^s 咖色:8 根×47 花 ＝ 376 根

$45^s/2$ 黄色:14 根×47 花 ＝ 658 根

$45^s/2$ 蓝色:14 根×47 花 ＝ 658 根

45^s 红色:22 根×47 花 ＝ 1 034 根

筘幅换算成英制:165.7/2.54 ＝ 65.24 in

将上述数据代入色织物用纱量计算实用公式,便可得到:

$$45^s \text{ 白经纱用纱量} = \frac{3\,430}{1 - 10.5\%} \times \frac{0.061\,059}{45} = 5.2 \text{ kg/100 m}$$

$$45^s/2 \text{ 白经纱用纱量} = \frac{1\,316}{1 - 10.5\%} \times \frac{0.061\,363}{45/2} \times 0.972\,5 = 3.9 \text{ kg/100 m}$$

$$45^s \text{ 咖经纱用纱量} = \frac{376}{1 - 10.5\%} \times \frac{0.061\,059}{45} = 0.57 \text{ kg/100 m}$$

$$45^s/2 \text{ 黄经纱用纱量} = \frac{658}{1 - 10.5\%} \times \frac{0.061\,363}{45/2} \times 0.972\,5 = 1.95 \text{ kg/100 m}$$

$$45^s/2 \text{ 蓝经纱用纱量} = \frac{658}{1 - 10.5\%} \times \frac{0.061\,363}{45/2} \times 0.972\,5 = 1.95 \text{ kg/100 m}$$

$$45^s \text{ 红经纱用纱量} = \frac{1\,034}{1 - 10.5\%} \times \frac{0.061\,059}{45} = 1.57 \text{ kg/100 m}$$

$$45^s \text{ 白纬纱用纱量} = \frac{80 \times (65.24 + 4)}{45} \times 0.061\,059 = 7.52 \text{ kg/100 m}$$

(14) 纬密变换牙的计算

纬密变换牙的计算公式因使用的织机型号而异。这里仅介绍国产 GA747 型剑杆织机

采用蜗轮蜗杆卷取机构的纬密计算公式：

$$坯布纬密 = \frac{11.78}{1-a} \times \frac{Z}{m}(根/10\ cm)$$

式中：m 为每织入一纬棘爪撑动变换棘轮转过的齿数（1～3 齿）；Z 为变换棘轮的的齿数（25～70 齿）；a 为下机缩率（其值与织物结构和上机张力有关，一般为 3%～5%）。

本产品的成品纬密为 283 根/10 cm，由于其整理伸长率为 1%，则：

$$坯布纬密 = 成品纬密 \times (1+整理伸长率) = 283 \times (1+1\%) = 286 根/10\ cm$$

若取下机缩率 a 为 4%，$m=3$，则：

$$286 = \frac{11.78}{1-4\%} \times \frac{Z}{3}$$

可得变换棘轮的的齿数 $Z = 69.92$，取 70 齿。

第二节　色织物经浆排花工艺设计

一、概述

经纱上浆质量的好坏，直接影响织造生产效率的高低和产品质量的优劣。合理选择上浆工艺，提高浆纱质量，是整个织造生产过程的关键工序之一。

色织生产中，经纱上浆以往多采用绞纱上浆方法，加工工序多，浆纱质量不高，经纱经过绷纱、络筒、整经等工序的机械拉伸、摩擦后，会引起剥浆和浆膜破损等现象。目前，高线密度（低支）、中线密度（中支）棉纱和经纬密度不高的织物仍使用这种工艺。随着色织生产的发展、织造无梭化、纤维原料多样化和筒子染色工艺的普遍使用，绞纱上浆方法显然已不能适应和满足色织生产的要求，而广泛被浆纱机的片纱上浆工艺所代替。

浆纱机上浆方式有以下几种：

1. 轴经上浆法

由轴经整经机分批整经，再由浆纱机并轴上浆。适合于生产大批量品种。生产效率高，浆纱质量好，但色纱半制品的储备量大，对计划安排和生产调度工作的要求高，要求色纱质量好，筒脚余纱多。

2. 单轴上浆法

由分条整经机分条整经，再由浆纱机单轴上浆。适合于多品种、小批量生产。色纱质量差时便于弥补，筒脚余纱少，色纱半制品的储备量小，便于生产调度。整经时要求分条张力均匀，接绞均匀，放绞理绞清。批量大时生产效率较低。浆轴上、了机频繁，浆纱质量不够稳定。

3. 分条整浆联合法

分条整经和上浆同机联合进行。适合于多品种、小批量生产。适用于某些特殊品种（如：色纱繁多排列复杂、色泽相近难以区分的织物，双轴织物，花经根数过少不宜轴经上浆的产品），特别适用于新品种小批量试样等。整经断头率高时，影响生产效率和浆纱质量，所以要求筒子质量好，断经自停效果好。

这里仅介绍色织企业中普遍使用的轴经上浆工艺与分条整经工艺设计的有关内容。

二、 轴经上浆工艺设计

轴经上浆是棉纺织厂生产本色坯布普遍采用的上浆工艺,生产效率高,浆纱质量稳定,适合于组织结构简单或细号纱线的色织布大批量上浆。

色织物品种繁多、组织结构复杂,采用轴经上浆法必须掌握以下特点:

① 经纱均为色纱,且有两种及以上的颜色,按组织花型要求、根数多少,使阔狭条形有规律地排列。

② 经纱为相同或不同线密度(支数)的纱线(包括花式线),以及不同纤维的纱线相结合。

③ 各类织物组织的变化运用,经纱与纬纱交织点的浮长不一,使同幅经纱的织缩率不一致。

因此,采用轴经上浆工艺生产色织物,必须掌握色织物的品种特点,分析织物组织和花型结构,考虑设备技术条件,合理设计整浆排花工艺,使浆轴经纱排列匀直,排花成型良好,张力均匀适当,浆轴卷绕平整或配置双轴织造,以利于穿综、织造生产的顺利进行,确保色织物成品的组织花型和外观特征。

(一)经浆排花工艺项目

经浆排花工艺主要包括以下内容:

1. 确定整经轴个数

根据产品总经根数、色经排列要求,并结合整经机筒子架最大容量和浆纱机经轴架个数等条件,估算整经轴个数,在保证浆轴质量的前提下,经轴个数以少为宜,以利于提高劳动生产率。一般经轴个数小于浆纱机的经轴架数,每轴经纱根数小于筒子架最大容量。

2. 确定整经轴绕纱根数

经轴绕纱根数,不宜过密,也不宜过稀:过密则断头增多,而且纱与纱的间距小,断头后邻纱易相互纠缠,造成经纱理头不清、浆纱并头,影响浆轴质量;过稀则增加经轴数,而且纱与纱的间距大,卷绕时纱线容易滑移,造成断头后嵌入邻纱,影响浆轴质量。所以,为了提高整经轴卷绕质量,整经轴绕纱根数视整经机工作幅宽和经纱粗细而定。如幅宽为1 400 mm,一般掌握在400 根左右;幅宽为1 600 mm,一般掌握在500 根左右;幅宽为1 800 mm,一般掌握在600 根左右。对于低线密度纱,可适当增加。

3. 确定整经机伸缩筘规格

由于色织产品的花型变化繁多,且每个产品的批量小,虽然为同一规格,但因色经排列各异以及排花方法不同,各经轴的卷绕根数不同。为了保证经轴卷绕平整、密度均匀,根据每个经轴的卷绕根数和伸缩筘的有效幅宽,选用不同密度的伸缩筘。目前普遍采用的伸缩筘有15♯,17♯,19♯,21♯,23♯和25♯(即每片的筘齿数)等,可以灵活选用。

4. 确定浆纱机伸缩筘的筘齿数和每筘齿经纱穿入数

根据产品幅宽、总经根数、纱线细度和浆纱机伸缩筘的有效筘幅等,每个品种使用的最多筘齿数应小于浆纱机伸缩筘的总筘齿数,而使用的最少筘齿数应大于极限筘齿数。如某厂的极限筘齿数,幅宽1 800 cm 的产品用650 筘,若少于这个极限筘齿数,伸缩筘的伸度已无法扩大,即不能达到要求的工艺幅宽。

$$总筘齿数 = 每花筘齿数 \times 花数 + 加头所需筘齿数 + 边纱筘齿数$$

$$每筘齿平均穿入数 = \frac{总经根数}{总筘齿数}$$

5. 确定分绞线

由于产品设计的要求，一个产品往往采用多种色纱。这些色纱中有色泽近似、不同纱支、不同捻向、不同原料的。虽可在整经时分别成轴，但浆纱并轴后不易分开，给织造操作带来不便。因此浆纱时须根据需要分色、分层放置绞线，目的是使各色分清，便于穿经插筘，即浆轴落轴前，按要求放入分绞线。绞线一般不宜超过 3 根（即分隔 4 层），过多也会给穿综和织造带来不便。

（二）经浆排花工艺的有关问题

1. 整经机经轴卷绕方向

整经机的类型不同，其经轴的卷绕方向可能不同，会直接影响色织物的经纱花型排列。因此，应视整经机的经轴卷绕方向和筒子架上筒子的插筒方向而定，两者之间的方向不能搞错，否则将造成工艺事故。

2. 整经轴在浆纱机轴架上的位置与经轴引纱方式和经纱花型排列的关系

经轴在浆纱机轴架上的排列形式有多种，目前采用的有单排交叉引出。经纱自轴架上退绕时，根据经轴在轴架上的排列位置，有两种回转方向，如自机前向机后依次为轴①③⑤⑦做顺时针回转，轴②④⑥⑧为逆时针回转。这种方式对单色经纱上浆不存在经纱色泽排列问题，不同的退绕方向对经轴合并无影响。但它直接影响色织物的经纱花型排列，轴①③⑤⑦上的经纱花型排列方向必须与轴②④⑥⑧相反，才能在并轴时取得一致花型。这样，轴①③⑤⑦整经时，筒子架上的插筒方向必须自右下方向左上方，则经纱花型排列自右向左；轴②④⑥⑧整经时，筒子架上的插筒方向必须自左下方向右上方，则经纱花型排列自左向右。

对于组合式经轴架，一般以四个经轴为一组，其中两个经轴的回转方向与另外两个不同，即自机前向机后依次为轴①②⑤⑥做顺时针回转，轴③④⑦⑧为逆时针回转。这样，轴①②⑤⑥整经时，筒子架上的插筒方向必须自右下方向左上方，则经纱花型排列自右向左；轴③④⑦⑧整经时，筒子架上的插筒方向必须自左下方向右上方，则经纱花型排列自左向右。

3. 浆纱机伸缩筘的每筘穿入数

为保证浆轴上的色纱排列与产品风格保持一致，故色纱上浆时应进行合理排花，其主要工作集中在浆纱机排筘。为了便于浆纱工操作，在不影响穿综质量的前提下，同一筘齿中应尽量穿同一色经纱；如不能，每筘齿中尽可能少穿入几种色纱，一般控制在 2 种以内。为了保证浆轴质量，使浆纱卷绕均匀，每筘齿穿入数应力求一致。否则，由于连续出现过稀过密的穿入，致使浆轴卷绕密度不均匀，形成软硬段，而影响织造生产。故每筘穿入数相差不宜过大，一般控制在 3 根以内。

（三）经浆排花工艺

由于色织产品的多样性、复杂性，这里仅介绍几种典型的经浆排花工艺方法和特点。

1. 分色分层法

将不同色泽或不同线密度（支数）的经纱，按其根数进行分轴整经，并轴上浆后用绞线分开，使片纱呈分色分层状，浆纱机是否排筘，应视色条阔狭而定。

此法适用于不同色泽、纱线细度、原料、组织、捻向等色经排列循环较为简单的细条间隔排列、辐射型排列等产品。此法优点如下：

① 经纱不排花型。筒子、整经、浆纱操作方便，生产效率高。

② 当产品批量小并且多花号（即花型相同，但对应色号的色泽不同）时，可将不同色泽

的经纱连续整在同一经轴上(俗称叠轴),以减少经轴的落轴和换筒子次数,减轻挡车工的劳动强度,提高整经效率。

③ 由于浆纱不排花型,所以每一次色经上浆时,浆槽内的浆液无需排放,既可提高浆纱机的生产效率,节约浆料,又可减少浆斑疵点。

此法的缺点有:

① 由于浆纱不排花型,所以浆轴花型不清,而且伸缩筘中的片纱密度不均匀,穿综时容易造成小绞头,影响浆轴质量。

② 如遇浆轴缺头,穿综时无法确定缺头位置。织造时会造成拉头现象,影响好轴率。

采用此法分色分轴时,为了穿综上机工作便利,应把根数少的放在上层,根数多的放在下层;当根数接近时,色泽深、颜色种类多的放在上层;等。

例1　色经排列为"白4绿4",每花8根,总经6 284根,全幅779花,加头4根(白),边纱(白)24×2＝48根。

解　整经分为10轴,具体配置如下:

上层绿色,共3 116根:轴1,轴3,轴5,轴7,各623根,共4轴;

轴9, 624根,共1轴。

下层白色,共3 168根:轴2,轴4,轴6,各634根,共3轴;

轴8,轴10,各633根,共2轴。

由于经纱条形较狭,条子间隔不超过10根,浆纱时可不排花型,只需将浆纱分摊均匀,自由落筘。浆轴落轴时,放1根分色绞线。

例2　色经排列:

白	红	白	红	白	红	红	红	白	红	白	红	白	红
4	3	3	2	2	1	4	1	2	2	3	3	4	8

　　　　2次　　　2次　　　2次　　　2次　　　2次　　　2次

每花72根,总经4 200根,全幅57花,加头56根(白),边纱(白)20×2＝40根。

解　整经分为10轴,具体配置如下:

上层红色,共2 077根:轴1,轴3,轴5,各415根,共3轴;

轴7,轴9,各416根,共2轴。

下层白色,共2 123根:轴2,轴4,轴6,各425根,共3轴;

轴8,轴10,各424根,共2轴。

该品种为辐射型排列,由于经纱条形较狭,条子间隔不超过10根,浆纱时可不排花型,只需将浆纱分摊均匀,自由落筘。浆轴落轴时,放1根分色绞线。

2. 分层排筘法

将分布较稀疏的少量色经嵌线分别整经,并轴时按其与其他色纱在色经排列循环中的分布比例分配在筘齿中,使浆轴上的色纱排列基本符合织物组织花型的色经排列要求。并轴上浆后,用绞线将嵌线部分分开,以便于穿综。

此法适用于统色底、少数线条排列的产品。此法特点与分色分层法基本相同,由于嵌线按比例分配在筘齿中,所以嵌线的排列基本符合工艺要求。

例 3 色经排列：

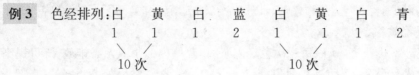

每花 46 根,总经 3 760 根,全幅 80 花,加头 40 根,其中白 19、黄 19、蓝 2,边纱(白)20×2＝40 根。

解 整经分为 9 轴,具体配置如下：

上层经,轴 1 为 322 根,共 1 轴,色纱排列：

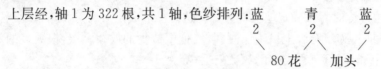

中层黄色,共 1 618 根:轴 3,轴 5,各 404 根,共 2 轴;
轴 7,轴 9,各 405 根,共 2 轴。

下层白色,共 1 820 根:轴 2,轴 4,轴 6,轴 8,各 455 根,共 4 轴。

此品种属异色嵌线,间隔底色排列。蓝色和青色纱为嵌线,合为一轴,放在上层的一个轴架上。黄和白按分色分层法整经,分摊均匀。蓝色和青色按工艺要求分布在筘齿中,即先在 2 个筘齿中各放 1 根蓝纱,隔开 1 个筘齿,再在 2 个筘齿中各放 1 根青纱……落轴时,在嵌线、黄经和白经之间各放 1 根绞线,以便于穿综。

3. 分条排花型法

将色经排列循环中的各色经均匀分配给各经轴进行整经,浆纱时按工艺要求排筘,浆轴花型符合产品工艺中的色经排列要求,不需要放绞线。

分条排花型法在分配各色经时,尽量使各经轴上每花的色经排列根数相同,以减少换筒次数或变换色纱筒子,有利于提高整经效率和减少络筒个数。

此法适用于阔条型排列的色织产品,其优点为：

① 浆纱机上排花型,因此浆轴上的花型排列完全符合工艺要求,花型清晰,如有缺头、穿错,能及时发现,便于后道操作。

② 经轴上的色经按工艺要求分摊,所以出烘房的片经纱路直,伸缩筘处的经纱密度均匀,浆轴质量好,有利于提高后道工序的生产效率和产品质量。

此法缺点有：

① 整经、浆纱都要排花型,使整经机和浆纱机的效率低。

② 排花型时停车时间较长,剩浆不能利用,而且由于排花而造成的浆斑和局部经纱黏并现象有所增加。

例 4 色经排列：

	白	绿	黄	青	红
	40	40	20	30	50

每花 180 根,总经 5 780 根,全幅 32 花,减头 20 根(白),边纱(白)20×2＝40 根。浆纱机伸缩筘允许筘齿数为 640 筘。

解 (1) 整经配轴工艺

整经分为 10 轴,具体配置如下：

上层:轴 1,轴 3,轴 5,轴 7,轴 9;插筒方向:自右向左

下层:轴1,轴3,轴5,轴7,轴9;插筒方向:自右向左

各经轴色纱排列:边　白　绿　黄　青　红　白　边
　　　　　　　　2　　2　　4　　2　　3　　5　　2　　2
　　　　　　　　　　　　　＼　　　　　　／
　　　　　　　32花,最后一花减白2根

各经轴经纱数:18×32－2＋4＝578根

(2)浆纱排筘工艺

先估算平均每筘齿穿入数:

$$平均每筘齿穿入数 = \frac{总经根数}{使用总筘齿数} = \frac{5\,780}{640} = 9.03\,根/齿$$

根据上述结果并结合色经排列,每筘齿穿入数可取10根/齿,则浆纱排筘结果如下:

左、右边各20根,各排2齿;白纱40根,排4齿;绿纱40根,排4齿;黄纱20根,排2齿;青纱30根,排3齿;红纱50根,排5齿。每花筘齿数为18齿。全幅32花,最后一花减20根,少排2齿。则:

$$总筘齿数 = 18×32－2＋4＝578齿＜640齿$$

此花型属阔条品种,各色经按色泽次序均匀分配在各经轴上,只需换筒2次,并轴后按工艺要求排筘,使浆纱排列和成品花型一致,完全符合工艺要求,不需要放绞线。

4. 分区分层法

将全幅色经排列分成若干区段,把各区段中的相同色经合并,再将合并后的不同色经分上、下层交替排列整经,浆纱机按工艺要求排筘,上浆并轴后,片纱呈分区交替上下分层状态,用绞线分开,以便穿综。

分区的区段尽量分成偶数,以减少络筒个数和整经换筒次数。各区段中各色经纱根数应满足两个条件:一是各色经纱根数所经轴的倍数,二是各色经纱循环根数的倍数。

此法适用于不同色泽、原料、捻向等色经排列循环较为简单的中细条间隔排列、幅射型排列等产品。其优点包括:

① 浆纱机上需要排花型,所以浆轴的花型排列符合工艺要求,花型清晰,如遇浆头或穿错,能在小区段内及早发现,便于重穿,并且可减少绞头和拉头现象,有利于提高浆轴质量,便于后道操作。

② 对于朝阳格、色白格类品种,采用分区分层法可减少络筒个数和整经时的换筒次数,使筒脚纱减少,提高整经效率。

此法缺点为:

① 浆纱机上排花型,使浆纱机效率降低。

② 排花型时因停车时间较长,不能利用剩浆,并且增加了因停车而造成的浆斑疵和局部轻浆现象。

例5　色经排列为"白8红8",每花16根,总经4 200根,全幅260花,边纱(白)20×2＝40根。

解　此品种属狭形的朝阳格,整经时把全幅分成26个区段,每区段的经纱根数是色纱循环根数的整数倍,即每区段10花,每区段的色经呈交替排列。经浆排列如下:

```
边   白   红   白   红   边
20  80  80  80  80  20
  ╲ ╱   ╲ ╱   ╲ ╱
   10 花      10 花
       ╲      ╱
      重复 13 次
```

整 10 个经轴，每轴 420 根经纱。浆纱并轴后，1～5 轴的白色纱(或红色纱)与下层 6～10 轴的红色纱(或白色纱)对应复合。浆纱前按工艺要求排筘，使浆轴上的花型与成品花型一致。

对某些辐射型的品种，可采用分区分层法，可按色经排列循环特点划分区段。

例 6 色经排列：
```
红   咖   红     白   黄   白   黄   白
 2    1   1      1    2    2   1    4
  ╲  ╱    ╲  ╱    ╲  ╱    ╲  ╱
  15 次     25 次     15 次    5 次
  第一区段  第二区段  第三区段
```

每花 180 根，总经 4 255 根，全幅 23 花，加头 75 根，边纱(白)20×2＝40 根。

解 此品种属于间隔辐射型排列，按色经循环的特点划分成三个区段，各区段中相同色经合并，并把合并后的不同色经分上、下层进行整经，使相邻区段的相同色经呈交替排列，便于复查，并轴后，经纱在浆纱机前伸缩筘处按工艺要求进行排筘，落轴前穿分色绞线，以便于穿综。

具体经浆排花工艺如表 13-11 所示。

表 13-11 经浆排花工艺表

每筘穿入数	白 7×2 6×1	红6咖3/筘 ×5		红5白5/筘 ×5		黄4白7/筘 ×3 黄5白5/筘 ×5		红6咖3/筘 ×5		红5白5/筘 ×3		白 7×2 6×1	共 428 筘 4 255 根
穿筘数	3	5		5		8		5		3		3	
色纱排列	白边	红	咖	红	白	黄	白	红	咖	红	白	白边	
经纱根数	20	30	15	25	25	35	50	30	15	15	15	20	
花数				23 花					加头				
轴次 1	2	6			5	7		6			3	2	427 根
轴次 2	2	6			5	7		6			3	2	427 根
轴次 3	2	6			5	7		6			3	2	427 根
轴次 4	2	6			5	7		6			3	2	427 根
轴次 5	2	6			5	7		6			3	2	427 根
轴1～5插筒方向：从右向左，放分绞线1根													
轴次 6	2		3	5		10		3	3			2	424 根
轴次 7	2		3	5		10		3	3			2	424 根
轴次 8	2		3	5		10		3	3			2	424 根
轴次 9	2		3	5		10		3	3			2	424 根
轴次 10	2		3	5		10		3	3			2	424 根
轴6～10插筒方向：从左向右													

5. 综合排花型法

在实际生产中,色织物的色经排列循环是复杂多变的。目前,色经的色泽应用逐渐趋多而近,简单的排花型工艺已不能满足生产要求,因此要运用上述四种基本方法综合处理,以满足生产工艺要求,便于生产过程顺利进行。

此法按产品的色经排列循环特点分成若干区域,然后根据各区域的特点,分别运用上述四种基本方法排花型,并综合色经排列分轴整经,浆纱并轴后按工艺要求排筘,落轴前放绞线,便于穿综。此法适用于色经排列循环复杂、色经多或有特殊工艺要求的品种。

例7　色经排列:边　　白　　黑　白　黑　白　黑　白　黑　白　　边
　　　　　　　　20　2 264　14　4　1　2　4　2　1　4　　20
　　　　　　　　　　　＼　　　　　　　24 次　　　　　／
　　　　　　　　第一区域　　　　　　　第二区域

总经 3 072 根,边纱(白)20×2＝40 根。

解　此品种是胸襟花,经向排列较为复杂,不适用单一的排花型方法,故采用综合排花型法,共整经 8 轴。再按色经循环特点分成两个区域,其中:白经纱 2 264 根为第一区域,采用分条排花型法,均匀分布于 8 个经轴;而黑—白条部分采用分区分层法,分成 8 个区段,每区段的经纱根数是色经循环根数的整数倍(即"黑 60 白 36"为一个区段),每区段中色经呈上下交替排列。在浆纱机前伸缩筘处按工艺要求进行排筘,使浆轴花型基本符合工艺要求,落轴前,放分色绞线,便于穿综。

具体经浆排花工艺可参照表 13-11 给出,此处从略。

色织物经浆排花工艺设计是一项细致工作。实际生产中,不同品种可采用不同的经浆排花工艺;即使同一品种,也可采用几种经浆排花工艺。但不论采用哪一种,都必须符合提高经浆生产效率、保证浆纱质量、便于各工序操作的原则,按照织物中不同色纱的细度、捻度、织缩等情况,选择最佳的排花方法。

三、色织分条整经工艺设计

分条整经机是目前色织厂中常用的整经设备,适应小批量、多品种和以粗号纱线为经纱的色织物生产。其工艺设计必须在织物的上机工艺设计完成后才能进行。现将其工艺设计内容介绍如下:

(一)分条整经工艺设计的主要项目

1. 列出上机工艺设计的有关数据

① 总经根数、边纱根数、每花经纱数。

② 劈花后的一花色经排列。

③ 筒子架容量、织轴宽度、定幅筘筘号等。

2. 确定整经条数

要求每条经纱根数小于筒子架供整经用的有效容量,每条经纱根数应为一花经纱数的整数倍(最后一条例外),各条经纱根数应尽可能接近,每条经纱数能带动测长辊转动而无不正常的滑动,如最后一条的根数过少,可从前面几条匀过来数根。

　　　　　筒子架供整经用的有效容量 ＝ 筒子架容量 － 边纱根数

$$每条花数 \leqslant \frac{筒子架供整经用的有效容量}{每花经纱根数}(取整数,舍小数)$$

$$整经条数 = \frac{全幅花数}{每条花数}(小数部分进1)$$

多余筘齿部分作为一花设计。

3. 计算各条经纱根数(条数和经纱的顺序自右至左,和穿综插筘相反)

第1条:左边纱数＋一花经纱数×每条花数

第2～(N-1)条:一花经纱数×每条花数

第N条:一花经纱数×每条花数±加减头(加头取"＋",减头取"－")＋右边纱数

4. 确定各条幅宽

$$每条幅宽 = 织轴幅宽 \times \frac{每条经纱根数}{总经根数}$$

计算结果保留两位小数。

5. 确定每条占用定幅筘齿数和每筘齿穿入数

$$每条占用定幅筘齿数 = 每条幅宽 \times \frac{定幅筘公制筘号}{100}$$

$$每筘齿穿入数 = \frac{每条经纱根数}{每条占用定幅筘齿数}$$

每筘穿入数取上述整数部分,多余的几根经纱均匀、间隔地穿入筘齿中。如为双分绞,每筘穿入数必须为偶数。

(二)分条整经工艺设计实例

例 已知:某色织物总经根数为 4 632 根,边纱为 48 根,每花 120 根,全幅 38 花,加头 24 根,筒子架容量 800 个,织轴宽度 1 780 mm,定幅筘筘号 40 齿/10 cm,劈花后色经排列如下:

白	绿	白	红	黑	白	黄	白
32	10	20	10	10	20	10	8

解 (1)确定整经条数

$$每条花数 = \frac{800-48}{120} = 6.27 \quad (取6花/条)$$

$$整经条数 = \frac{38}{6} = 6.33 \quad (取7条)$$

(2)计算各条经纱根数

第1条:$24+120 \times 6 = 744$ 根

第2～6条:$120 \times 6 = 720$ 根

第7条:$120 \times 2+24+24 = 288$ 根

(3)确定各条幅宽

第1条:$1 780 \times \frac{744}{4 632} = 285.91$ mm

第 2～6 条：$1\,780 \times \dfrac{720}{4\,632} = 276.68$ mm

第 7 条：$1\,780 \times \dfrac{288}{4\,632} = 110.67$ mm

（4）确定每条占用定幅筘齿数和每筘齿穿入数

第 1 条占用定幅筘齿数 $= 285.91 \times \dfrac{40}{100} = 114.36$ 齿　（取 114 齿）

每筘齿穿入数 $= \dfrac{744}{114} = 6.52$ 根（每筘齿中可穿入 6 根或 7 根）

$744 - 6 \times 114 = 744 - 684 = 60$ 根，即每筘齿中可穿入 6 根共 60 齿，每筘齿中可穿入 7 根共 54 齿，并且要求均匀分布。

第 2～6 条占用定幅筘齿数 $= 276.68 \times \dfrac{40}{100} = 110.67$ 齿　（取 111 齿）

每筘齿穿入数 $= \dfrac{720}{111} = 6.49$ 根（每筘齿中可穿入 6 根或 7 根）

$720 - 6 \times 111 = 720 - 666 = 54$ 根，即每筘齿中可穿入 6 根共 54 齿，每筘齿中可穿入 7 根共 57 齿，并且要求均匀分布。

第 7 条占用定幅筘齿数 $= 110.67 \times \dfrac{40}{100} = 44.27$ 齿　（取 44 齿）

每筘齿穿入数 $= \dfrac{288}{44} = 6.545$ 根（每筘齿中可穿入 6 根或 7 根）

$288 - 6 \times 44 = 288 - 270 = 24$ 根，即每筘齿中可穿入 6 根共 24 齿，每筘齿中可穿入 7 根共 20 齿，并且要求均匀分布。

四、 特殊品种的经浆工艺

1. 双轴织造品种

在生产由各种组织联合而成的色织物品种时，由于各种组织的织缩率不同，若并在一个织轴中，会给织造带来困难。往往将织缩率差异大的经纱另浆副轴，使它与主轴配合进行织造。这就是色织行业中俗称的双轴织造。

副轴的排花方法与主轴相同。由于织机上副轴的色纱引出转向一般与主轴相反，所以副轴的排花方向应与主轴相反（如果引出方向相同，排花方向应与主轴相同）。由于副轴的色纱根数较少，因此需在浆纱机前部排筘，以达到排列均匀、卷绕成形良好的目的。副轴的经纱根数，按机型不同，一般不少于 400 根，否则会给生产带来困难，生产品种因此受到一定限制。有的品种因根数少不宜采用轴经上浆时，可采用特殊绞纱上浆或整浆联合机浆纱。

2. 花式线品种

色织物的组合情况复杂，一个品种可以采用不同细度的纱线，有些特殊的花式线，如花式结子线、毛巾线、断丝线等，都在织物中起点缀作用，从而更突出色织物的风格特征。要使上浆工艺同时适应这些花式线，又利于织造，就必须采用特殊的上浆工艺。当织物全幅的花式线根数超过 100 根时，都要分轴整经，以便浆纱机上按不同花式线的上浆要求进行上浆。

当花式线的捻度小于 10 捻/in 时，往往需要上薄浆，从该经轴引出的纱线可不经过浸没辊，而是直接引入压浆棍和上浆辊之间轧浆，由上浆辊附带的浆液轻拖（俗称过桥上浆）。当花式线的捻度大于 10 捻/in 时或采用毛巾结子等花式线捻线时，不需要上浆，从该经轴引出的片纱越过浆槽，直接引入烘房。

当织物中的花式线根数少于 100 根时，就无法在整经机上单独整经。这时，有的花式线须与其他经纱同轴整经。整经时，逢花式线就必须在伸缩筘处放一个空筘，减少粗纱的卷绕厚度，以保证经轴卷绕平整，使经纱引出时张力均匀，避免浆纱时产生浪纱现象。有些不经上浆的毛巾线和结子线，当根数少于 80 根时，可制作简易筒子架，将这些纱从浆纱机上引出，在浆纱机伸缩筘处与其他片纱并轴。

3. 不宜双轴织造的特殊组织品种

在实际工作中，会碰到一些特殊品种。如某个品种中，有粗细不同的纱线，且根数较多；又如某品种，虽然纱线粗细一样，但组织松紧不同，而松组织的根数大于紧组织的根数。对这些品种，由于设备条件的限制和操作不便，不宜制作双轴。若采用一般的单轴工艺，则织造过程中会因粗纱和松组织的经纱张力较小而出现荡停经片现象，影响正常生产。对这些品种，除了工艺设计时对这些经纱采用插密筘，增加它们的织缩外，还需在浆纱时对织缩小的经纱先给予预伸，以减少其在织造过程中的伸长和松弛现象，避免停经片下垂引起的空关车，使生产顺利进行。

当这些经纱根数少于总经根数的一半时，可把这些经纱的经轴放在浆纱机后面的轴架上进行过桥上浆，浆纱时增加这些经轴的制动力，使引出张力增加，给予较大的预伸。当这些经纱根数大于总经根数的一半时，由于经轴数多，且预伸所给予的张力过大，一般过桥上浆不能负担，可把待预伸的几个经轴放在前面，除增加经轴的制动力外，将引纱辊的积极传动改为消极传动，以达到预伸目的。当弱捻线与较细单纱并用时，弱捻线只需拖薄浆，可跳过浸没辊，只从上浆辊与压浆辊之间轧过。当一般股线与单纱并用时，有时股线（或花式线）可不上浆，也可跳槽，在烘房（或烘房前导辊处）与浆纱并合。

4. 金银丝品种

随着色织品种的发展，金银丝的运用越来越多。目前，金银丝补加方法按其质量情况有三种：

① 对耐高温的金银丝，为了简化上浆工艺，往往把金银丝与其单纱同轴整经，采取相同的上浆工艺。

② 在浆纱机后另用一特制的筒子架，将金银丝从架子上引出后，过张力调节辊，引入烘房（不经浸浆和压浆），与湿浆纱合并。

③ 对不耐高温的金银丝，可在浆纱机烘房前上方安装特制筒子架（每个筒子旁边应有制动装置，防止松弛），引出后经导辊下方，再按要求放在相应的伸缩筘中，随浆纱一起经过拖引辊，绕入上浆辊（即不浆不烘）。

由于金银丝为扁平形，且表面光洁，所以滑移性大，加上金银丝的伸长大，伸长后又不易复原，为了避免金银丝断头、倒塌现象，在金银丝与其他单纱同轴整经时，要注意以下几个方面：

① 由于金银丝扁平光滑，在整经过程中容易左右滑移，而经轴盘板属硬性材质，在整经过程中不能起缓冲作用等，因此金银丝不能放在靠近经轴盘边处，否则容易造成嵌边现象，

浆纱时造成倒断头,影响浆轴质量。如果在整经排列时,金银丝正好排在边部,应采用边纱补在边部。

② 金银丝与低线密度单纱整经时,必须放空筘(与股线同时整经,则不需放空筘)。由于金银丝比低线密度单纱粗,如不放空筘,整经过程中会使金银丝隆起,引起倒塌,压断相邻的低线密度单纱,造成无法生产现象。

③ 金银丝不宜单独整经,如和其他并列整经,必须与其他细度的经纱间隔排列,否则会造成嵌边断头现象。

④ 金银丝整经时,必须垂直于轴线方向引出,如沿筒子轴向引出,会使金银丝加捻而影响织造生产,增加断头率,因此整经机上应加装简易筒子架。

5. 左右捻品种

对于左右捻隐条、隐格产品,可将一种捻度的纱线先进行上色,然后分轴整经,在浆纱机上并轴后,放分色绞线,以便于穿综(或在筒子端染色,便于整经时区别)。

【思考与训练】

一、基本概念

先锋试样、劈花、每米经长、染缩率、捻缩率、分色分层法、分层排筘法、分条排花法、分区分层法、综合排花法。

二、基本原理

1. 色织物生产有何特点?
2. 色织实物样与纸样分析有何区别? 分别如何进行?
3. 如何进行先锋试样?
4. 色织物工艺规格设计主要包括哪些内容?
5. 试述劈花的原则与方法。
6. 使用色织物用纱量实用公式时,应注意哪些问题?
7. 经浆排花主要有哪些方法? 各适用于哪些色织产品?
8. 色织分条整经工艺设计主要包括哪些内容?

三、基本技能训练

训练项目 1:提供一块色织样布,进行色织总工艺设计。具体要求如下:

(1) 进行来样分析,写出分析过程;
(2) 进行工艺计算,写出计算过程和依据;
(3) 将分析与计算结果填入色织工艺表(表 13-12)。

训练项目 2:提供几块色织样布,进行色织物经浆排花工艺设计。具体要求如下:

(1) 分析来样特征,确定合适的经浆排花方法;
(2) 进行经浆排花工艺设计(色织整经与浆纱排花工艺);
(3) 选一品种,进行色织分条整经工艺设计。

表 13-12　色织总工艺表

201　年　月　日

编号		筘号	每米经长	织缩率	经 纬	百米用纱（kg）	幅宽		经密		纬密		百米用纱（kg）
品种		筘幅	捻度 捻向	综页 组织		坯布 成布	in cm	每花根数	根/in 全幅花数	根/10cm 全幅根数	根/in	根/10cm	

经向：各色经纱排列

花号 纱支								每花根数					
边纱													
备注													

合计

纬向：各色纬纱排列

| 花号 纱支 | | | | | | | | 每花根数 | | | | | |
| 备注 | | | | | | | | | | | | | |

合 计

纬密牙　　备注

设计：　　　　审核：

教学单元 14　机织生产计划安排(机器配台)

【内容提要】　本单元对机器参数选择、单台定额产量和机器配台计算做系统介绍,使学生对机器配台计算或机织生产计划调度有一个较为全面而系统的认识,为今后从事相关工作打下基础。

　　织部机器配台,一般根据生产任务书或订单要求中的产品方案,以及织制该产品所需的天数或允许的机台数,参考机器产品说明书推荐的速度范围选择一种速度,然后根据经验或统计资料选定有关工艺参数,如时间效率、计划停台率等,经过计算(有时需调整某些工艺参数),最后得出机器配备台数或生产计划安排。在机器配台或生产计划安排时,应注意"统筹兼顾、留有余量"。配台方法一般采用倒推法,即根据产品总用纱量,根据生产工艺流程,由后向前进行推算。

第一节　机器配台的参数选择

　　在机器配台计算前,必须进行有关机器配台的参数选择,具体如下:

一、时间效率

　　如果机器在一定时间内不停地运转,这个时间称为理论生产时间;一台(锭)在单位时间内的生产量,称为理论生产率。

　　机器在实际生产过程中,经常因纱线断头、半成品更换或进行其他操作而停止运转。这样,机器的实际生产时间小于理论生产时间。

　　在一定时间内,机器的实际生产时间对理论生产时间的百分率,称为机器的有效时间效率,简称时间效率。时间效率常用机器的实际产量对理论产量的百分率表示。

二、计划停台率

　　为了维持棉织工厂的正常生产,宜对机器实施有计划的定期保全、保养和揩车等设备维修制度。即对全部机台分批、分期进行大修理、小修理、部分保全(保养)和揩车等一系列预防性的计划修理。这类修理所引起的机器停车率,均在计划范围以内,称为计划停台率。计划停台率是指一个大修理周期内,各项保全与保养等工作造成的停台时间,对理论运转时间的百分比。

　　现以 GA747 型剑杆织机为例,其计划停台率见表 14-1 所示。

表 14-1　GA747 型剑杆织机计划停台率

项　目	周期	每次操作		大修理周期内		计划停台率（%）
		延续时间(h)	停车时间(h)	操作次数(h)	停机(h)	
大修理	2 年	8	8	1	8	0.051
小修理	6 个月	4	4	3	12	0.076
自动检修	1 月	4	4	20	80	0.506
投打检修	3 天	1	1	140	140	0.889
30 min 以上修理	—	—	—	—	—	0.476
合计	—	—	—	—	—	2

注：① 一个平车队配备 5~6 人。
　　② 一年以 350 个工作日计(四班三运转的年工作日)。

上表的计算依据——织机计划停台率计算书如下：

① 大修理周期 $B_1 = 2$ 年 $= 350 \times 2 \times 22.5 = 15\,750$ h，大修理次数 $n_1 = 1$ 次，大修理每次延续时间 $C_1 = 8$ h，

$$大修理停台率 A_1 = \frac{8 \times 1}{15\,750} = \frac{8}{15\,750} \times 100\% = 0.051\%$$

② 大修理周期内小修理次数 $n_2 = 4 - 1 = 3$；小修理每次延续时间 $C_2 = 4$ h，

$$小修理停台率 A_2 = \frac{3 \times 4}{15\,750} \times 100\% = 0.076\%$$

③ 大修理周期内检修自动部分次数 $n_3 = 24 - 1 - 3 = 20$ 次，检修自动部分每次延续时间 $C_3 = 4$ h，

$$检修自动部分停台率 A_3 = \frac{20 \times 4}{15\,750} \times 100\% = 0.508\%$$

④ 大修理周期内检修投打部分次数 $n_4 = \frac{2 \times 350}{5} = 140$ 次，检修投打部分每次延续时间 $C_4 = 1$ h，

$$检修投打部分停台率 A_4 = \frac{140}{15\,750} \times 100\% = 0.889\%$$

⑤ 修理 30 min 以上的坏车停台率 A_5 估计为 0.476%。

织机计划停台率 $A = A_1 + A_2 + A_3 + A_4 + A_5 =$
0.051% + 0.076% + 0.508% + 0.889% + 0.476% = 2.0%

三、织厂主机速度、效率和计划停台率

织厂主要机器速度、效率和计划停台率如表 14-2 所示。

表 14-2　织厂主机速度等参数的参考数据

机器名称	机件名称与速度	工艺设计数据	时间效率（％）	计划停台率(％)
自动络筒机	筒子卷绕平均速度	1 000～1 200 m/min	80～90	5
一般槽筒络筒机	筒子卷绕平均速度	500 m/min	65～75	5
高速整经机	经轴卷绕线速度	250～350 m/min 500～700 m/min	50～60 50～55	4～6 4～5
浆纱机	织轴卷绕线速度	20～40 m/min 30～60 m/min	65～70 70～75	6～8 7
穿筘机	穿综插筘平均速度	平纹、斜纹：1 100～1 200 根/h 小花纹：700～800 根/h	—	—
结经机	打结平均速度	150～300 结/min		
200 cm 筘幅喷气织机	弯轴回转速度	450～600 r/min	90～95	2
200 cm 筘幅剑杆织机	弯轴回转速度	400～500 r/min	92～95	2
GA615-105 型织机	弯轴回转速度	185～215 r/min	85～92	2～3
GA615-135 型织机	弯轴回转速度	160～180 r/min	85～90	2～3
GA615-180 型织机	弯轴回转速度	145～165 r/min	80～90	2～3
GA801 型验布机	导布辊速度	18～20 m/min	25～30	1
GA841 型折布机	折幅刀折幅速度	45 m/min；76 m/min	40～50	1
G331 型烘布机	烘布辊筒速度	45 m/min；54 m/min	40～50	—
A752 型中打包机	打包机工艺平均速度	3 000～7 200 m/min	—	—

四、 回丝率

经纬纱在织造过程中,为了保证质量,必须将纱尾和残次品剔除。这样,原料的极小部分就变成回丝。回丝在生产过程中超过规定量是一种浪费现象。为了节约原料,工厂必须加强管理,提高挡车工人的操作水平。经纱的回丝名称与长度见表 14-3 所示,纬纱的回丝名称与长度见表 14-4 所示。

表 14-3　经纱的回丝名称与长度

回丝名称	回丝长度
筒子接头回丝	接头回丝,约长 40 cm
弱捻纱、筒底攀丝筒子、张力小的松绕筒子纱	—
整经回丝	换筒接头回丝,每根约长 50 cm 筒子接头回丝,每次约摘除 80 cm
浆纱白回丝	浆纱机上一组整经轴卷装退绕(一缸浆)的白回丝,0.8～1.0 kg
织轴上了机回丝	上机回丝长 20～30 cm,了机回丝长 100～160 cm
刀口布(产生于整理间)	—
倒断头、个别情况下整经轴上混入 1～2 根不同粗细的经纱	—

表 14-4 纬纱的回丝名称与长度

项　　目	回丝长度
换纬回丝	每一卷装摘除 1.5～2.0 m
油污或脏纬纱	—
了机超织长度	超织 5 cm
拆布回丝	织布时,内销布百米拆 1.5 cm,出口布根据具体情况而定
卷装不良纱和坏纱	0.04%

工厂在正常生产时,回丝的数量很小,只有在管理不善和工人未按工作法操作时才会有较多的回丝量。在定额用纱量中,统一规定经纱回丝率为 0.4%,纬纱回丝率为 1.0%。设计时,经纱一般取 0.4%～0.8%,纬纱取 0.8%～1.0%。无梭织机因需割去加边的回丝,纬纱回丝率为 3%～5%。

五、 伸长率

经纱在准备过程中,由于承受络筒、整经和浆纱的多次拉伸作用而伸长,经纱变细,线密度变低。纱线的伸长,主要在浆纱过程中形成(特别是热风和热风喷嘴式浆纱机)。工艺设计时,一般单纱的伸长率取 1.2%;10 tex×2 以上的股线,过水伸长率取 0.3%;10 tex×2 及以下的股线,过水伸长率取 0.7%;涤黏中长纤维股线,如华达呢经线,其伸长率取 0.3%。

六、 加放率

加放率是由匹长加放和开剪、拼件耗损造成的。坯布在形成过程中,经纱被拉伸,在仓库中堆放一定时期后,由于经纬向张力平衡,坯布的经向有一定的收缩。为了保证坯布的每匹长度不小于其公称匹长,实际生产时常在布端加放适当长度(加放长度在确定浆纱墨印长度时已考虑)。

坯布长度加放一般包括折幅加放和布端加放两个部分。折幅加放长度和折幅长度之比,称为坯布自然缩率。

坯布自然缩率随织物品种的不同而略有不同,一般平纹织物是 0.6%左右,斜纹织物是 0.8%～1.0%。布端加放率根据印染厂或客户的要求而定。

设计时,为了简化起见,可将布端加放率和坯布自然缩率等并入加放率,一般取 0.9%。外销坯布的加放率应大些,具体数值根据客户要求而定。

第二节　织厂机器配台的定额计算公式

一、 每米织物的经、纬纱用量

$$\frac{每米织物}{经纱用量} = \frac{总经根数 \times 纱线线密度 \times (1+加放率)}{1\,000 \times (1-经纱缩率)(1+经纱伸长率)(1-经纱回丝率)} (g/m)$$

$$\frac{每米织物}{纬纱用量} = \frac{纬密 \times 布幅 \times 纱线线密度 \times (1+加放率)}{10 \times 1\,000 \times (1-纬纱缩率)(1-纬纱回丝率)} (g/m)$$

二、 织厂各工序定额产量的计算

1. 织机

$$织机理论产量 = \frac{60 \times 织机转速}{10 \times 纬密}[m/(台 \cdot h)]$$

$$织机实际产量 = 织机理论产量 \times 时间效率 [m/(台 \cdot h)]$$

$$织机定额台数 = 织机配备台数 \times (1 - 计划停台率)$$

$$织物的总产量 = 织机配备台数 \times (1 - 计划停台率) \times 织机实际产量$$

2. 络筒机

$$络筒机理论产量 = \frac{络筒线速度 \times 60 \times 纱线线密度}{1\,000 \times 1\,000}[kg/(锭 \cdot h)]$$

$$络筒机实际产量 = 络筒机理论产量 \times 时间效率 [kg/(锭 \cdot h)]$$

3. 整经机

$$整经机理论产量 = \frac{整经机速度 \times 60 \times 每轴经纱根数 \times 纱线线密度}{1\,000 \times 1\,000}[kg/(台 \cdot h)]$$

$$整经机实际产量 = 整经机理论产量 \times 时间效率 [kg/(台 \cdot h)]$$

4. 浆纱机

$$浆纱机理论产量 = \frac{浆纱机线速度 \times 60 \times 织物总经根数 \times 纱线线密度}{1\,000 \times 1\,000}[kg/(台 \cdot h)]$$

$$浆纱机实际产量 = 浆纱机理论产量 \times 时间效率 [kg/(台 \cdot h)]$$

5. 穿筘架

穿筘架的定额产量一般取 1\,100 根/(台 · h),提花织物取 700 根/(台 · h)。

6. 验布机

$$验布机理论产量 = 验布机线速度 \times 60 [m/(台 \cdot h)]$$

$$验布机实际产量 = 验布机理论产量 \times 时间效率$$

时间效率:狭幅布为 30%;阔幅布左右侧各验一次,故为 15%;涤/棉布亦为 15%。

7. 折布机

$$折布机理论产量 = 折布机线速度 \times 60 [m/(台 \cdot h)]$$

$$折布机实际产量 = 折布机理论产量 \times 时间效率 [m/(台 \cdot h)]$$

8. 中包机

中包机定额产量一般取 12 包[7\,200 m/(台 · h)]。

三、 每小时织物的经、纬纱用量

$$每小时织物的经纱用量 = \frac{每小时织物总产量 \times 每米织物经纱用量}{1\,000}(kg/h)$$

$$\frac{每小时织物}{的纬纱用量} = \frac{每小时织物总产量 \times 每米织物纬纱用量}{1\,000}(kg/h)$$

四、织厂各生产工序机器配备的计算

织机配备台数 = 待定

$$络筒机定额锭数 = \frac{每小时织物的经纱（纬纱）用量}{每锭时实际产量}$$

$$络筒机计算配备锭数 = \frac{定额锭数}{1 - 计划停台率}$$

$$整经机定额台数 = \frac{每小时织物的经纱用量}{每台时实际产量}$$

$$整经机计算配备台数 = \frac{定额台数}{1 - 计划停台率}$$

$$浆纱机定额台数 = \frac{每小时织物的经纱用量}{每台时实际产量}$$

$$浆纱机计算配备台数 = \frac{定额台数}{1 - 计划停台率}$$

$$穿筘架计算配备台数 = \frac{织轴总经根数}{穿筘定额} \times \frac{每小时织物总产量}{每织轴可织布长度}$$

$$验布机定额台数 = \frac{每小时织物总产量}{验布机实际产量}$$

$$折布机定额台数 = \frac{每小时织物总产量}{折布机实际产量}$$

$$中包机定额台数 = \frac{每小时织物总产量}{中包机实际产量}$$

考虑经纬纱缩率、回丝、伸长和加放率后，百米织物的经、纬纱需要量（用纱量）为：

$$\frac{百米织物}{经纱需要量} = \frac{总经根数 \times 经纱线密度 \times (1 + 加放率)}{10 \times 1\,000 \times (1 - 经纱缩率)(1 + 经纱伸长率)(1 - 经纱回丝率)}(kg/100\ m)$$

$$\frac{百米织物}{纬纱需要量} = \frac{纬密 \times 布幅 \times 纬纱线密度 \times (1 + 加放率)}{100 \times 1\,000 \times (1 - 纬纱缩率)(1 - 纬纱回丝率)}(kg/100\ m)$$

第三节　机器配台实例

一、产品和规模

J14.5 tex×J14.5 tex 纯棉精梳府绸的有关工艺和技术设计资料

产品名称:纯棉精梳纱府绸　　　　　织物组织:平纹

织物幅宽:160 cm　　　　　　　　　织物匹长:40 m

线密度:J14.5 tex×J14.5 tex　　　　经纬纱密度(根/10 cm):523.5×283

总经根数:8 376　　　　　　　　　　经纱缩率:11%

纬纱缩率:2.2%　　　　　　　　经纱伸长率:1.2%

织物加放率(放长率):1%　　　　经纱回丝率:0.4%

纬纱回丝率:0.8%

二、 喷气织机配备台数与原料用量

喷气织机的配备台数与原料用量见表 14-5 所示。

表 14-5　喷气织机配备台数与原料用量

产品名称	喷气织机配备台数(台)	织物产量(m/h)	织物年产量(km)	原料用量	
				kg/h	t/年
纯棉精梳府绸	200	1 869.84	14 725	383.48	3 019.9

注:一年工作 350 d,一天工作 22.5 h,一年工作 7 875 h。

三、 织造工艺生产流程

织造工艺生产流程以配备的机器名称表示:

经纱:络筒机 → 整经机 → 浆纱机 → 穿筘机 ┐
　　　　　　　　　　　　　　　　　　　├→ 喷气织机 → 验布机 → 折布机 → 中包机
纬纱:络筒机 ────────────────────┘

四、 机器配台计算

(一)每米织物的经、纬纱用量

$$每米织物经纱用量 = \frac{总经根数 \times 纱线线密度 \times (1+加放率)}{1\,000 \times (1-经纱缩率)(1+经纱伸长率)(1-经纱回丝率)} =$$

$$\frac{8\,376 \times 14.5 \times (1+1\%)}{1\,000 \times (1-11\%)(1+1.2\%)(1-0.4\%)} = 136.74 \text{ g/m}$$

$$每米织物纬纱用量 = \frac{纬密 \times 布幅 \times 纱线线密度 \times (1+加放率)}{10 \times 1\,000 \times (1-纬纱缩率)(1-纬纱回丝率)} =$$

$$\frac{283 \times 160 \times 14.5 \times (1+1\%)}{10 \times 1\,000 \times (1-2.2\%)(1-0.8\%)} = 68.35 \text{ g/m}$$

(二)各生产工序的定额产量计算

1. 织机

$$织机理论产量 = \frac{60 \times 织机转速}{10 \times 纬密} = \frac{60 \times 500}{10 \times 283} = 10.6 \text{ m/(台·h)}$$

$$织机实际产量 = 织机理论产量 \times 时间效率 = 10.6 \times 90\% = 9.54 \text{ m/(台·h)}$$

设织机的计划停台率为 2%,则:

$$织机定额台数 = 织机配备台数 \times (1-计划停台率) = 200 \times (1-2\%) = 196 \text{ 台}$$

$$织物总产量 = 织机配备台数 \times 0.98 \times 织机实际产量 = 196 \times 9.54 = 1\,869.84 \text{ m/h}$$

2. 络筒机

$$络筒机理论产量 = \frac{络筒线速度 \times 60 \times 纱线线密度}{1\,000 \times 1\,000} =$$

$$\frac{1\ 100 \times 60 \times 14.5}{1\ 000 \times 1\ 000} = 0.957\ \text{kg/(锭·h)}$$

$$络筒机实际产量 = 络筒机理论产量 \times 时间效率 =$$
$$0.957 \times 90\% = 0.861\ \text{kg/(锭·h)}$$

3. 整经机

$$整经机理论产量 = \frac{整经机速度 \times 60 \times 每轴经纱根数 \times 纱线线密度}{1\ 000 \times 1\ 000} =$$

$$\frac{500 \times 60 \times 598 \times 14.5}{1\ 000 \times 1\ 000} = 260.13\ \text{kg/(台·h)}$$

$$整经机实际产量 = 整经机理论产量 \times 时间效率 =$$
$$260.13 \times 55\% = 143.07\ \text{kg/(台·h)}$$

4. 浆纱机

$$浆纱机理论产量 = \frac{浆纱机线速度 \times 60 \times 织物总经根数 \times 纱线线密度}{1\ 000 \times 1\ 000} =$$

$$\frac{30 \times 60 \times 8\ 376 \times 14.5}{1\ 000 \times 1\ 000} = 218.61\ \text{kg/(台·h)}$$

$$浆纱机实际产量 = 浆纱机理论产量 \times 时间效率 = 218.61 \times 70\% = 153.03\ \text{kg/(台·h)}$$

5. 穿筘架

纱府绸的定额产量为 1 200 根/(台·h)。

6. 验布机

$$验布机理论产量 = 验布机线速度 \times 60 = 18 \times 60 = 1\ 080\ \text{m/(台·h)}$$

设生产宽幅棉布的时间效率为 25%,则:

$$验布机实际产量 = 验布机理论产量 \times 时间效率 = 1\ 080 \times 25\% = 270\ \text{m/(台·h)}$$

7. 折布机

$$折布机理论产量 = 折布机线速度 \times 60 = 76 \times 60 = 4\ 560\ \text{m/(台·h)}$$

$$折布机实际产量 = 折布机理论产量 \times 时间效率 = 4\ 560 \times 40\% = 1\ 824\ \text{m/(台·h)}$$

8. 中包机

中包机定额产量一般取 12 包[7 200 m/(台·h)]。

(三)每小时织物的经、纬纱用量

$$每小时织物的经纱用量 = \frac{每小时织物总产量 \times 每米织物的经纱用量}{1\ 000} =$$

$$\frac{1\ 869.84 \times 136.74}{1\ 000} = 255.68\ \text{kg/h}$$

$$每小时织物的纬纱用量 = \frac{每小时织物总产量 \times 每米织物的纬纱用量}{1\ 000} =$$

$$\frac{1\ 869.84 \times 68.35}{1\ 000} = 127.8\ \text{kg/h}$$

(四) 各生产工序机器配台的计算

1. 某工序机器计算配备机台数的基本公式

$$某工序定额机台数 = \frac{某工序总产量(某织物的经纱或纬纱用量)}{每台(锭)时实际产量(定额产量)}$$

$$某工序计算机台数 = \frac{某工序定额机台数}{1 - 计划停台率}$$

2. 络筒机

$$络筒机定额锭数 = \frac{每小时织物的经纱(纬纱)用量}{每锭时实际产量}$$

$$络经纱的络筒机定额锭数 = \frac{每小时织物的经纱用量}{每锭时实际产量} = \frac{255.68}{0.861} = 296.96 \text{锭}$$

设计划停台率为 5%，则：

$$络经纱的络筒机计算配备锭数 = \frac{定额锭数}{1 - 计划停台率} = \frac{296.96}{1 - 5\%} = 312.59 \text{锭}$$

$$络纬纱的络筒机定额锭数 = \frac{每小时织物的纬纱用量}{每锭时实际产量} = \frac{127.8}{0.861} = 148.43 \text{锭}$$

$$络纬纱的络筒机计算配备锭数 = \frac{定额锭数}{1 - 计划停台率} = \frac{148.43}{1 - 5\%} = 156.24 \text{锭}$$

由于经纬同线密度纱府绸的经纬纱的捻度不同，为了避免经纬纱混杂，经纬纱不在同一台络筒机上络筒。设车间内配置的自动络筒机每台 60 锭，则络经纱的机台配 6 台，络纬纱的机台配 3 台，共配备 9 台络筒机。

3. 整经机

设整经机的计划停台率为 4%。

$$整经机定额台数 = \frac{每小时织物的经纱用量}{每台时实际产量} = \frac{255.68}{143.07} = 1.79 \text{台}$$

$$整经机计算配备台数 = \frac{定额台数}{1 - 计划停台率} = \frac{1.79}{1 - 4\%} = 1.86 \text{台(取 2 台)}$$

4. 浆纱机

设浆纱机的计划停台率为 7%。

$$浆纱机定额台数 = \frac{每小时织物的经纱用量}{每台时实际产量} = \frac{255.68}{153.03} = 1.67 \text{台}$$

$$浆纱机计算配备台数 = \frac{定额台数}{1 - 计划停台率} = \frac{1.67}{1 - 7\%} = 1.80 \text{台(取 2 台)}$$

5. 穿筘架

$$穿筘架计算配备台数 = \frac{织轴总经根数}{穿筘架定额产量} \times \frac{每小时织物总产量}{织轴可织布长度} =$$
$$\frac{8\,376}{1\,200} \times \frac{1\,869.84}{1\,200} = 10.88 \text{台}$$

考虑到喷气织机车间的大了机因素（每班上了机次数不均匀），可配穿筘架 11 台或 12 台。

6. 验布机

$$验布机定额台数 = \frac{每小时织物总产量}{验布机实际产量} = \frac{1\ 869.84}{270} = 6.93\ 台$$

$$验布机计算配备机台数 = \frac{6.93}{1 - 1\%} = 7\ 台（取\ 7\ 台）$$

7. 折布机

$$折布机定额台数 = \frac{每小时织物总产量}{折布机实际产量} = \frac{1\ 869.84}{1\ 824} = 1.03\ 台$$

$$折布机计算配备机台数 = \frac{1.03}{1 - 1\%} = 1.04\ 台（取\ 2\ 台）$$

8. 中包机

$$中包机定额台数 = \frac{每小时织物总产量}{中包机实际产量} = \frac{1\ 869.84}{7\ 200} = 0.26\ 台（取\ 1\ 台）$$

五、 机器配台汇总

织物工艺设计与机器配台见表 14-6 所示。

【思考与训练】

一、 基本概念

时间效率、计划停台率、回丝率、加放率、自然缩率。

二、 基本原理

1. 机器配台前应进行哪些参数选择？

2. 机器配台应遵循哪些原则？如何进行？

3. 写出机织生产各主要设备的代表速度和单台定额产量的计算公式。

三、 基本技能训练

训练项目：织物规格为 175 T/C11.8×T/C11.8 685×503.5 涤/棉小提花布，计划产量为 $10×10^4$ m，交货期为 40 d。试进行有关机织生产计划安排，设计内容如下：

(1) 确定工艺流程、设备型号和机器参数选取；

(2) 织物总工艺计算（用纱量、总经根数等）；

(3) 各工序机台定额单产；

(4) 机织生产安排表（即各工序生产天数或台套数规划）；

(5) 机器配台计算；

(6) 参照表 14-6 填写汇总表。

表 14-6　CJ14.5 tex×CJ14.5 tex 纯棉精梳府绸的织造工艺设计与机器配台表

织物及纱线工艺参数

织物名称	纯棉精梳府绸		
织物组织	平纹		
幅宽	160 cm		
匹长	40 m		
布重	kg		
经纱线密度	14.5 tex		
纬纱线密度	14.5 tex		
密度	经纱 523.5 根/10 cm；纬纱 283 根/10 cm		
总数	8376	加放率	1%
缩率	经向 11.0%；纬向 2.2%	伸长率	—
回丝率	—		
消耗率	经向 1.2%；纬向 0.4%	上浆率	0.8%
每米织物用纱量	经纱净重(无浆) 136.74 g；纬纱净重 68.35 g	纱总重	205.09 g
	布净重 g		
需要总用纱量	经纱 255.68 kg/h；纬纱 127.8 kg/h		

机器配台表

1	2	3	4	5	6	7	8	9	10	11	12	13	14	15	16	17	18
机器名称	线密度(tex)	弯轴滚筒拖引辊转速(r/min)	滚筒拖引辊直径(mm)	线速度(m/min)	纱线根数	理论产量(kg/h)(m/h)	时间效率(%)	实际产量(kg/h)(m/h)	总生产量(kg/h)(m/h)	消耗率(%)	定额机台或锭数	计划停台率(%)	计算工作机台或锭数	台数	每台锭数	总台或数锭数	备注
经绺筒	14.5			1100	1	0.957	90	0.861	255.68		296.96	5	312.59	6	60	360	
纬绺筒	14.5			1100	1	0.957	90	0.861	127.8		148.83	5	156.24	3	60	180	
共计													468.83	9	60	540	
整经	14.5			500	598	260.13	55	143.07	255.68		1.79	4	1.86	2		2	
浆纱	14.5			30	8376	218.61	70	153.03	255.68		1.67	7	1.80	2		2	
穿筘				1 200 根/h	8376				1 869.84②		10.88		10.88	11		11	
织布		500				10.6②	90	9.54②	1 869.84②		196	2	200	200		200	1 200①
验布				18		1 080②	25	270②	1 869.84②		6.93	1	7	7		7	
折布				76		4 560②	40	1 824②	1 869.84②		1.03	1	2	2		2	
中包								7 200②	1 869.84②		0.26		1	1		1	

注：① 一个织轴绕纱可织布的长度为 1 200 m。
② 络筒、整经、浆经、浆纱产量计量单位为"kg/h"，其余以"m/h"为计量单位。

附件：

模块三考核评价表

知识点（应知部分）考核与评价（成绩评定权重为40%）				
教学单元	知识点	比例（%）	考核形式	评价方式
单元11：织机故障诊断	织机故障类型 织机故障排除方法	20	闭卷 理论考试	教师评价
单元12：白坯织物生产工艺设计	白坯织物生产工艺设计内容与原则 白坯织物生产工艺计算及方法	20		
单元13：色织物生产工艺设计	色织物生产工艺设计内容与原则 色织物生产工艺计算与方法 经浆排花方法与工艺 色织分条工艺设计的内容与方法	30		
单元14：机织生产计划安排	机器配台原则与方法 单产定额计算 生产计划安排或机器配台	30		

技能点（应会部分）考核与评价（成绩评定权重为50%）				
教学单元	知识点	比例（%）	考核形式	评价方式
单元11：织机故障诊断	织机故障现场诊断与排除	15	织机故障现场排除 机器配台方案 织物生产工艺表制作 PPT汇报	学生自评 教师评价
单元12：白坯织物生产工艺设计	白坯织物生产工艺表制作	15		
单元13：色织物生产工艺设计	色织物生产工艺表制作 经浆排花工艺设计 色织分条工艺设计	40		
单元14：机织生产计划安排	机器配台方案设计	30		

学习态度考核与评价（成绩评定权重为10%）			
考评项目	权重（%）	学生互评占比（%）	教师评价占比（%）
平时学习表现	25	50	50
作业完成情况	40	30	70
团队意识	20	70	30
职业素质养成	15	40	60

模块三　理论测试试卷

1. 简述 GA747 型剑杆织机停经故障的成因。（6分）

2. 试述 GA708 型喷气织机纬停故障的成因与解决措施。（9分）

3. 写出络筒机、分批整经机、浆纱机，及织机单台定额产量的计算公式。（8分）

4. 机器配台的主要原则有哪些？如何进行？（7分）

5. 来样中的实物样与纸样有何区别？（4分）

6. 什么叫先锋试样？其有何目的？（5分）

7. 什么叫劈花？其主要原则有哪些？（5分）

8. 织物规格公英制换算。（6分）

T/C45^s/2 = _____ tex　　70D = _____ dtex　　30 公支 = _____ tex

C27.8 tex = _____^{s}　　150D = _____^{s}　　1 oz/yd^2 = _____ g/m^2

9. 有一纯棉色织斜纹布，织物规格为"57″/58″　C40^s/2×(C21^s+C32^s/2)　90×60″，组织为平纹。经分析，一花纬纱中，C21^s 为 12 根，C32^s/2 为 8 根。试估算其经纱织缩率。（3分）

10. 有一色织物，其一花经纱排列为"红 10 蓝 15 白 24 绿 20 白 24 蓝 15"。其中：红、白色经纱为平纹，2 根/筘；蓝色经纱为斜纹，3 根/筘；绿色经纱为小提花，4 根/筘。求平均每筘穿入数。（3分）

11. 某牛仔布，成品规格为"58　(C12^{s}OE+C8^{s}SB)×[(C12^s+70D)+C8^{s}SB]　84×50 $\frac{3}{1}$ ↗"。其中：OE 表示气流纺纱，SB 表示竹节纱，C12^s+70D 表示氨纶弹力包芯纱。经纱中，OE 纱与 SB 纱的配比为 3∶1；纬纱中，弹力纱与 SB 纱的投梭比为 3∶1。另已知：在剑杆织机上织造，幅缩率为 20%，经织缩率为 11%，纬织缩率为 6%。试计算其经、纬纱百米用纱量。（8分）

12. 有一色织物，规格为"57″　T/C 45^s×T/C 45^s　120×80 色织涤/棉缎条府绸"，经纱配色为"白 20（白 1 黄 1）×10 蓝 20"，其中米通条部分为缎条，其组织为 5 枚缎，并知经织缩率 10%、纬织缩率 5%、整理幅缩率 6%、边经纱 48 根。请设计下列工艺：（16分）

(1) 总经根数，坯幅，坯经密，筘幅，筘号，每米经长；

(2) 全幅花数，全幅筘齿数，并劈花；

(3) 确定综页数。

13. 某织物的色经排列为：

白	红	咖	红	白	黄	白	黄	白	绿	白
20	2	1	1	1	2	2	1	5	1	1

　　＼　／　＼　／　＼　／　＼　／　＼　／
　　15 次　　25 次　　15 次　　5 次　　20 次

总经 5 780 根，边纱 40 根，筒子架容量 640 个，浆纱机伸缩筘允用筘齿数为 720 筘。试设计其经浆排花工艺。（14分）

14. 已知某色织物,总经根数为 5 468 根,边纱为 48 根,筒子架容量 800 个,织轴宽度为 1 780 mm,定幅筘筘号 40 齿/10 cm,色纱排列如下:

白   绿   白   红   黑

20   12   20   12   12

试设计其色织分条整经工艺。(6 分)

参考文献

［1］蔡永东.新型机织设备与工艺［M］.上海:东华大学出版社,2003.

［2］蔡永东.新型机织设备与工艺［M］.2版.上海:东华大学出版社,2008.

［3］朱苏康,高卫东.机织学［M］.北京:中国纺织出版社,2008.

［4］毛新华.纺织工艺与设备(下册)［M］.北京:中国纺织出版社,2006.

［5］刘森.机织技术［M］.北京:中国纺织出版社,2006.

［6］王鸿博,邓炳耀,高卫东.剑杆织机实用技术［M］.北京:中国纺织出版社,2004.

［7］周永元.纺织浆料学［M］.北京:中国纺织出版社,2004.

［8］戴继光等.棉织实用新技术［M］.北京:中国纺织出版社,1996.

［9］戴继光等.机织准备［M］.北京:中国纺织出版社,1997.

［10］钱鸿彬.棉纺织工厂设计［M］.2版.北京:中国纺织出版社,2007.

［11］马昀.色织产品设计与工艺［M］.北京:中国纺织出版社,2010.

［12］有关国内外机织设备使用说明书及技术资料.